高等学校应用型特色规划教材

C++面向对象程序设计
——基于 Visual C++ 2017

吴克力　编著

清华大学出版社
北　京

内 容 简 介

本书以面向对象技术为核心，重点介绍了新标准 C++ 11 的语法规则和编程技术。为便于深入理解C++的基本概念与实现技术，书中利用程序调试工具深入浅出地剖析了重要的语法现象和程序运行机理，使初学者能知其然，更知其所以然。书中用两章的篇幅介绍了 C++/CLI 和 WinForm 窗体应用程序的设计方法，以便拓展学习者用 C++开发应用项目的能力。全书通过丰富的例程、案例和练习培养并锻炼读者的编程能力，使读者能尽快掌握面向对象编程思想和提高编程技能。

本书既注意对基本概念、基础知识的讲解与剖析，更注重实际编程能力的培养，适合作为普通高等院校应用型本科相关专业的C++程序设计课程的教材，也适合作为编程开发人员的培训或自学用书。

图书在版编目(CIP)数据

C++面向对象程序设计：基于 Visual C++ 2017/吴克力编著. —北京：清华大学出版社，2021.1
高等学校应用型特色规划教材
ISBN 978-7-302-57303-6

Ⅰ. ①C… Ⅱ. ①吴… Ⅲ. ①C++语言—程序设计—高等学校—教材 Ⅳ. ①TP312.8

中国版本图书馆 CIP 数据核字(2021)第 005915 号

责任编辑：章忆文 桑任松
封面设计：刘孝琼
责任校对：周剑云
责任印制：杨 艳
出版发行：清华大学出版社
网 址：http://www.tup.com.cn, http://www.wqbook.com
地 址：北京清华大学学研大厦 A 座 **邮 编：**100084
社 总 机：010-62770175 **邮 购：**010-62786544
投稿与读者服务：010-62776969, c-service@tup.tsinghua.edu.cn
质量反馈：010-62772015, zhiliang@tup.tsinghua.edu.cn
课件下载：http://www.tup.com.cn, 010-62791865
印 装 者：三河市铭诚印务有限公司
经 销：全国新华书店
开 本：185mm×260mm **印 张：**27 **字 数：**654 千字
版 次：2021 年 1 月第 1 版 **印 次：**2021 年 1 月第 1 次印刷
定 价：69.00 元

产品编号：088163-01

前　言

1998 年 C++标准委员会发布了第一个 C++标准 C++ 98；2003 年发布了 C++标准第 2 版 C++ 03，它是 C++ 98 的修订版。随着软件技术的进步，2011 年发布了 C++ 11 新标准，这是一次最剧烈的修订，核心语言发生了巨大的变化，引入了大量的新特性。之后，于 2014 年和 2017 年又分别发布了修订版。

随着 C++ 11 新标准的颁布和编译器厂商对标准的支持，高等学校开设的 C++程序设计课程逐渐采用新标准进行教学。微软公司的 Visual C++ 2017 编译器全面支持 C++ 11 新标准，本书的所有例程均在该编译器上编译通过。

本书采用 C++ 11 新标准介绍 C++语言，以面向对象技术为核心，兼顾模板和泛型编程。为强化基本概念的掌握，利用调试跟踪工具剖析关键知识点，化抽象为直观。为提升编程能力，尽量在程序中讲编程。全书有 160 个例程，可供初学者学习和模仿。

本书共有 15 章，大致可分为 5 个部分：程序基础(第 1～4 章)、面向对象技术(第 5～8 章)、模板与标准库(第 9～12 章)、C++/CLI 与窗体应用程序设计(第 13～14 章)、课程设计样例(第 15 章)。

各章节主要内容如下。

第 1 章：C++语言的发展历程和特点，VC++ 2017 编程工具的用法。

第 2 章：数据类型，变量与常量，运算与表达式，数组，指针，枚举，结构体与联合，常用标准库类型 string、vector 和 map。

第 3 章：算法与流程图，程序基本控制结构与语句，异常处理基础，控制强输入与输出。

第 4 章：函数基础，3 种参数传递方式，函数返回类型，函数重载，内联函数，constexpr 函数，递归函数，函数指针，Lambda 函数，C++内存模型，全局与局部变量，作用域与可见性，存储类型和生存期。

第 5 章：类与对象，构造函数，析构函数，this 指针，类中静态成员，类的友元，运算符重载函数，多文件结构与编译预处理。

第 6 章：动态内存的分配与释放，智能指针，移动构造函数，移动赋值，合成的成员函数。

第 7 章：派生类，继承方式与访问控制，同名覆盖与隐藏，派生类与基类的赋值兼容，派生类的构造与析构，多重继承，虚基类。

第 8 章：多态性，虚函数，动态绑定，override 与 final 修饰符，虚析构函数，纯虚函数，抽象类。

第 9 章：函数模板，完美转发，类模板，别名模板，变量模板，嵌套类模板，模板特列化，可变参数模板。

第 10 章：顺序容器，关联容器，无序容器，迭代器，迭代器适配器，泛型算法，函数对象。

第 11 章：流的格式控制，输入流，输出流，文件操作，字符串流。

第 12 章：异常处理，noexcept 说明，异常类，命名空间。

第 13 章：C++/CLI 的基本数据类型，C++/CLI 的句柄、装箱与拆箱，C++/CLI 的字符串与数组，C++/CLI 的类与属性，C++/CLI 的多态与接口，C++/CLI 的模板与泛型，C++/CLI 的异常与枚举，委托与事件。

第 14 章：鼠标坐标的显示窗体程序，倒计时器窗体程序，计算器窗体程序，循环队列演示窗体程序，随机运动的小球窗体程序。

第 15 章：课程设计参考例程：通讯录管理系统的设计与实现。

由于作者水平有限，书中不足之处在所难免，敬请读者不吝批评指正。

编　者

目　录

第1章 绪　论

C++程序设计语言自诞生至今已有30多年的历史，是流行时间长、应用面广的一门计算机程序设计语言。本章主要介绍程序设计范型、C++语言的发展历史、面向对象程序设计的基本概念、运用Visual C++ 2017开发平台进行程序设计和调试的方法。

学习目标：

- 了解机器语言、汇编语言和高级语言的概念。
- 了解结构化程序设计、面向对象程序设计、泛型程序设计和函数程序设计等设计范型。
- 了解面向对象程序设计的特点，C++语言的发展史与特点。
- 掌握Visual C++ 2017集成开发工具的基本用法，学会调试与跟踪工具的使用，能创建控制台和Windows窗体应用程序项目。

1.1 计算机程序设计语言

程序设计语言是编写计算机软件的基础。自第一台电子计算机ENIAC诞生以来，程序设计语言经历了从机器语言、汇编语言到高级语言的发展历程，形成了结构化编程、面向对象编程、泛型编程和函数式编程等多种程序设计范型。

1.1.1 程序设计语言

程序设计是编写解决特定问题程序的过程，通常是以一种或多种程序设计语言为工具，进行复杂且有创造性的工作，获得相应语言下的程序。程序设计语言(Programming Language)是用于编写计算机程序的语言，它让程序员能够准确地定义计算机所需要使用的数据，并精确地定义在不同情况下所应当采取的行动。

1. 机器语言

一台由纯硬件构成的计算机被称为“裸机”，没有安装软件的裸机其实并没有特别高的性能。计算机硬件本身只能完成几十至上百种不同的简单操作，这些操作编辑成一个指令表，每种指令被赋予一个二进制编码。指令是由指令码和内存地址组成，是一个二进制位串，是计算机所能识别的唯一语言，称为机器语言。计算机硬件中的逻辑运算和比较运算指令是使之成为智能设备的根本原因，而计算机系统所具有的高级“智能”，则是人通过编写复杂的软件所赋予的。

1945年，冯·诺依曼在参与研制EDVAC计算机时，提出了在计算机中采用二进制算法和设置内存储器的理论，并明确规定了电子计算机必须由运算器、控制器、存储器、输入设备和输出设备等五大部分构成的基本结构形式。EDVAC于1952年建成，其首次把指令序列形式的程序和数据一同置于磁心存储器中，计算机根据指令序列依次执行指定的操

作，这种工作方式一直延续至今。

机器语言虽然简单，但对于程序员却十分不方便，编程工作枯燥烦琐，程序冗长难读，调试修改和移植维护困难。

2．汇编语言

汇编语言亦称为符号语言，它是用助记符代替机器指令的操作码，用地址符号或标号代替指令或操作数的地址。

20 世纪 50 年代中期，IBM 650 计算机上研制了第一个汇编程序，这种计算机用磁鼓作存储器，每条指令指出后继指令在磁鼓中的位置。

汇编语言指令与机器语言指令基本上是一条对一条或一条对几条，汇编语言编程很快取代了机器语言编程。机器语言和汇编语言都属于低级编程语言，是面向计算机硬件的，与人类自然语言相差很大，不利于大型软件的编写。

3．高级语言

从 20 世纪 50 年代开始，计算机科学家开始研究一种“可以编写程序的程序”，程序员可以用接近人类自然语言的方式编写程序。高级语言是面向人的，编写的程序在计算机上不能直接运行，需要通过专门的程序(称为编译系统)翻译为由机器指令序列构成的程序。

1957 年 4 月，IBM 正式发布了第一个高级程序设计语言 FORTRAN 和编译系统。此后，众多不同的高级语言及其编译系统被相继开发和使用，比较常见的有 LISP、COBOL、BASIC、Pascal、C、C++、Java、C#、Python 等。

在高级语言及其编译系统的帮助下，人们可以编制出规模越来越大、结构越来越复杂的程序，计算机应用领域不断扩展，软件与信息技术服务业已成为国家战略性新兴产业。

1.1.2　程序设计范型

程序设计范型(Programming Paradigm)是指程序设计语言表达各种概念和结构进行程序设计的方式，又称编程范式。典型的程序设计范型有命令式程序设计、面向对象程序设计、泛型程序设计和函数式程序设计等。

1. 命令式程序设计

命令式程序设计(又称过程式程序设计)与冯·诺依曼体系计算机的运行机制高度相符，即依序从内存中获取指令和数据并执行，是用计算机求解问题的基本方式。它需要告诉机器“先做什么，而后再做什么”。

编程语言的演化是渐进的，大多数语言追根溯源是汇编语言的升级。而作为与机器语言一一对应的汇编语言是命令式的，目前绝大多数程序设计语言依然是命令式为主。

结构化程序设计(Structured Programming)是过程式程序设计的一个子集，提倡代码应具有清晰的逻辑结构，以保证程序易于读写、测试、维护和优化，是软件发展的一个重要的里程碑。

1965 年，E. W. Dijikstra 提出了采用自顶向下、逐步求精的程序设计方法，指出程序设计可以使用三种基本控制结构构造程序，任何程序都可由顺序、选择、循环三种基本控制结构构造，解决了当时程序设计中由于使用 goto 语句造成程序流程混乱、理解和调试程序困难的问题。它强调以模块功能和处理过程设计为程序设计原则。结构化程序设计方法的基本思想是，把一个复杂问题的求解过程分阶段进行，每个阶段处理的问题都控制在人们容易理解和处理的范围内。支持结构化程序设计的高级语言在 20 世纪 70 年代初相继诞生，其典型代表有 Pascal 语言、C 语言。

2. 面向对象程序设计

面向对象程序设计(Object Oriented Programming)是过程式程序设计发展的高级阶段，目前主流的 Java、C++、C#等语言都支持面向对象程序设计范型。

结构化程序设计是把数据和处理数据的操作分离为相互独立的实体，当数据结构改变时，所有相关的处理过程都要进行相应的修改，每一种相对于旧问题的新方法都要带来额外的开销，程序的可重用性差。

随着图形用户界面操作系统的出现，程序运行由顺序运行演变为事件驱动，软件使用变得越来越方便，但开发起来却越来越困难，软件的功能很难用结构化方法来描述和实现，开发和维护程序变得非常困难。20 世纪 80 年代，面向对象程序设计范型开始流行，为大型软件的开发提供了方法学上的支撑。

结构化程序设计中数据和处理数据的操作是分离的，而面向对象程序设计是把数据和操作有机地组合成类和对象，具有模块结构清晰、可重用性和安全性好的优势，特别适合大型软件的开发。

3. 泛型程序设计

泛型程序设计(Generic Programming)的目标是编写完全一般化并可重复使用的算法，其效率与针对某特定数据类型而设计的算法相同。泛型即是指具有在多种数据类型上皆可操作的含义，设计实现的算法具有广泛的适用性，不与任何特定数据结构或对象类型相关。

泛型程序设计源于 C++的标准模板库(Standard Template Library)，它是由 Alexander Stepanov、Meng Lee 和 David R. Musser 在惠普实验室工作时开发出来的。当前主流语言 Java 和 C#均支持泛型编程。

4. 函数式程序设计

函数式程序设计(Functional Programming)将计算机运算视为数学中函数的计算，并且避免了状态以及变量的概念。函数是第一要素，函数可以接收函数为输入参数，函数还可以作为返回值输出。编程过程就是把一个复杂的函数构造为若干简单函数的嵌套。

1958 年，人工智能研究的创始人之一 John McCarthy 设计了基于 λ 演算的 LISP(List Processor)语言。LISP 是为人工智能而设计的语言，也是历史上第一个函数式程序设计语言。λ 演算是基于函数组合的通用计算模型，是由计算机科学家 Alonzo Church 发明的，并被证明是与 Alan Turing 发明的通用计算模型在功能上是等价的。

LISP 语言的第一个实现是由 McCarthy 的学生 Steven Russell 在 IBM 704 机器上完成的。

随着多核多线程 CPU 的普及，并行程序设计成为热点。函数式编程在并行程序设计上具有独特的优势，近年开始流行的 Haskell、Erlang、Scala 和 F#等程序设计语言都是函

数式编程的典型。

现代主流编程语言，如 Java、C#、JavaScript、Python 等，对函数式程序设计都做了不同程度的支持。C++ 11 新标准引入了 Lambda 函数，增加了对函数式编程范型的支持。

1.1.3 面向对象程序设计

面向对象程序设计以对象作为程序的基本单元，将数据和操作封装其中，以提高软件的重用性、灵活性和扩展性。面向对象程序设计是以一种更接近于人类认知事物的方法建立模型，以对象作为计算主体，对象拥有自己的名称、状态以及接收外界消息的接口。在对象模型中，产生新对象、销毁旧对象、发送消息、响应消息就构成 OOP 计算模型的根本。面向对象程序设计比结构化程序设计更具有创建可重用代码和更好地模拟现实世界环境的能力。

在面向对象程序设计中，对象是要研究的任何事物。现实世界的诸多有形的实体(如书、汽车、人、商店、图形等)都可看作对象，此外一些抽象的规则、计划或事件也能表示为对象。对象由数据(描述事物的属性)和作用于数据的操作(体现事物的行为)构成一个独立的整体。从程序设计者来看，对象是一个程序模块；从用户来看，对象为他们提供所希望的行为。

类是对一组有相同数据和操作的对象的抽象，一个类所包含的方法和数据描述了一组对象的共同属性和行为。对象则是类的具体化，是类的实例。在面向对象程序设计中，经常用已有的类派生新类，并形成类的层次结构。

消息是对象之间进行通信的一种规格说明。一般它由三部分组成：接收消息的对象、消息名及实际变元。

面向对象的程序设计方法具有如下 3 个特点。

(1) **封装性**。封装是一种信息隐蔽技术。通过类的声明实现封装，是面向对象程序设计的重要特性。封装使数据和加工该数据的方法(函数)组合为一个整体，以实现独立性很强的模块，使得用户只能见到对象的外特性(对象能接收哪些消息，具有哪些处理能力)，而对象的内特性(保存内部状态的私有数据和实现加工能力的算法)对用户是隐蔽的。封装的目的在于把对象的设计者和对象的使用者分开，使用者不必知晓行为实现的细节，只需用设计者提供的消息来访问该对象。

(2) **继承性**。继承性体现在类的层次关系中，派生的子类拥有父类中定义的数据和方法。子类直接继承父类的全部描述，同时可修改和扩充，并且继承具有传递性。继承分为单继承(一个子类仅有一父类)和多重继承(一个子类可有多个父类)。继承不仅为软件系统的设计带来代码可重用的优势，而且还增强了系统的可扩充性。

(3) **多态性**。对象根据所接收的消息而做出动作。同一消息被不同的对象接收时可产生完全不同的行动，这种现象称为多态性。利用多态性，用户可发送一个通用的信息，而将所有的实现细节都留给接收消息的对象自行决定，这样，同一消息即可调用不同的方法。

多态性的实现受到继承性的支持，利用类继承的层次关系，把具有通用功能的声明存放在类层次中尽可能高的地方，而将实现这一功能的不同方法置于较低层次，这样在这些低层次上生成的对象就能给通用消息以不同的响应。C++语言是通过在派生类中重定义基类函数(定义为重载函数或虚函数)来实现多态性。

1.2 C++程序设计语言概述

C++程序设计语言在发展过程中与时俱进，不断引入新特性，成为开发各种系统软件和应用软件的主流语言。2011 年 C++ 11 新标准发布，使 C++成为更易于教学的语言、更适用于系统软件和库设计的语言，并且保证了语言的稳定性和兼容性。

1.2.1 C++语言发展简史

C++程序设计语言是从 C 语言发展而来。C 语言起源于美国 AT&T 贝尔实验室。1969 年 Ken Thompson 为 DEC PDP-7 计算机设计了一个操作系统软件，这就是最早的 UNIX。之后，Ken Thompson 又根据剑桥大学 Martin Richards 设计的 BCPL 语言为 UNIX 设计了一种便于编写系统软件的语言，命名为 B。B 语言是一种无类型的语言，直接对机器字进行操作。这一点和后来的 C 语言有很大不同。作为系统软件编程语言的第一个应用，Ken Thompson 使用 B 语言重写了其自身的解释程序。1972 年至 1973 年，Ken Thompson 与同在贝尔实验室的 Denis Ritchie 改造了 B 语言，为其添加了数据类型的概念，并将原来的解释程序改写为可以直接生成机器代码的编译程序，然后将其命名为 C。1973 年，Ken Thompson 小组在 PDP-11 机上用 C 重新改写了 UNIX 内核。与此同时，C 语言的编译程序也被移植到 IBM 360/370、Honeywell 11 以及 VAX-11/780 等多种计算机上，迅速成为应用最广泛的程序设计语言。

20 世纪 80 年代初，贝尔实验室的 Bjarne Stroustrup 博士及其同事开始针对 C 语言的类型检查机制相对较弱、缺少支持代码重用的语言结构等缺陷进行改进和扩充，形成了带类的 C(C with Class)，即 C++最早的版本。后来，B. Stroustrup 和他的同事们又为 C++引进了运算符重载、引用、虚函数等许多特性，并使之更加精练。1985 年，B. Stroustrup 完成了经典巨著《The C++ Programming Language》，C++开始受到关注，B. Stroustrup 被称为 C++之父。

1985 年公布了 C++ 1.0 版，1989 年推出了 AT&T C++ 2.0 版，1993 年推出了 C++ 3.0 版。随后美国国家标准化协会(ANSI)和国际标准化组织(ISO)一起进行了标准化工作，并于 1998 年正式发布了 C++语言的国际标准。1998 标准发布后的几年里，委员会处理各种缺陷报告，并于 2003 年发布了一个 C++标准的修正版本。

2011 年 11 月，美国印第安纳州卢明顿市，“8 月印第安纳大学会议”结束，ISO C++标准委员会(WG21)批准通过以 C++ 0x 为代号的 C++ 11 标准。其后，标准委员会又分别于 2014 年和 2017 年先后发布了 C++ 14 与 C++ 17 标准，旨在使 C++成为不臃肿复杂的编程语言，以简化语言的使用，使开发者可以更简单地编写和维护代码。

伴随着 C++新标准的发布，基于 C++语言的编程进入了现代 C++时代。使用 C++不仅可以写出面向对象语言的代码，还能写出过程式编程语言代码、泛型编程语言代码、函数式编程语言代码和元编程编程语言代码。

C++语言在发展过程中不断地从其他计算机程序设计语言中吸收养分，其功能越来越强大，是当今主流的程序设计语言之一，一直位于世界编程语言排行榜的前列。

1.2.2 C++语言的特点

C++是一门“古老”的语言，自诞生至今被广泛应用于系统级和高性能计算等领域的软件开发。随着 C++ 11/14/17 新标准的发布，C++成为具备现代语言特征的程序设计语言。

1. C++是极具代表性的面向对象程序设计语言

面向对象的世界观认为世界是由各种各样具有自己运动规律和内部状态的对象所组成，不同对象之间的相互作用和通信构成了完整的现实世界。

面向对象的编程思想是以对象为程序的基本单元，将数据和操作封装其中，以提高软件的重用性、灵活性和扩展性。

C++语言包括了对象、类、方法、消息、继承和多态等几乎所有的面向对象编程机制，包含了程序设计方法学中众多的新思想和新技术，是 20 世纪 80 至 90 年代面向对象程序设计理论研究和实践成果的体现。面向对象编程语言 Java 就是在 C++基础上衍生出来的，其借鉴了 C++的语法，舍弃了指针、运算符重载、多重继承等较难掌握和使用的技术。

2. C++是支持多种编程范式的语言

C++是 C 语言的超集，支持结构化程序设计。它既保持了 C 语言的简洁、高效和接近汇编语言等特点，又克服了 C 语言的缺点。绝大多数 C 语言程序可以不经修改直接在 C++环境中运行，用 C 语言编写的众多库函数可以用于 C++程序中。

C++支持泛型程序设计。泛型编程是编写完全一般化并可重复使用的算法，其效率与针对某特定数据类型而设计的算法相同。

C++支持函数式编程，C++ 98 中的函数对象，C++ 11 中的 Lambda 表达式、std::function 和 std::bind 让 C++的函数式编程变得容易。

3. C++是一门高效、灵活且不断进步的语言

C++程序的执行效率与 C 语言相当，同时又提供了诸多的高级特性。C++语言为程序员提供了在利用各种编程范型充分表达设计思想、解决问题的同时，保持应用程序的高效运行，这是其他编程语言难以做到的。

C++编程自由且灵活，使之拥有无限的能力。作为一个仍在不断进步的语言，C++在最近几年飞速发展，已经具备了现代编程语言应有的特性。C++ 11 新标准从其他编程语言借鉴吸收了很多旨在改善 C++易用性的新特征。例如：新增了 auto 数据类型，使用它作为变量的数据类型，编译器可以根据变量的初始值自动推断其合理的真实数据类型，省去了程序员确定复杂变量的数据类型的烦琐；开始支持 Lambda 表达式，让 C++中匿名函数的定义和使用成为可能；从 Java 和 C#中借鉴了范围 for 循环语句，使循环遍历容器更加简单；开始支持函数属性，从而可以对函数进行更加灵活的修饰。这些新特性给 C++注入了新的活力，使得 C++重新焕发青春。

1.3　Visual C++ 2017 编程工具简介

微软公司自 1992 年发布 Microsoft Visual C++ 1.0 以来，已先后推出十多个版本，目前最新的版本是 Visual C++ 16.5，即 Visual C++ 2019。本书选用 Visual C++ 2017 为教学软件平台，旨在让初学者直接学习和掌握新的标准、技术与工具。

1.3.1　C++程序生成过程

C++语言是一种面向对象的高级语言，使用高级语言编写的程序是不能直接被计算机识别的，必须经过转换才能被执行。高级语言转换为计算机可识别的机器语言的方式主要有两种。

1. 解释方式

解释方式类似于英语翻译成汉语时采用的同声翻译，应用程序源代码一边由相应语言的解释器翻译成目标代码(机器语言)，一边执行，因此效率比较低，而且不能生成可独立执行的可执行文件，应用程序不能脱离其解释器。但这种方式比较灵活，可以动态地调整、修改应用程序。

2. 编译方式

编译是指在应用源程序执行之前，就将程序源代码翻译成目标代码，它类似于把英语翻译成汉语时所采用的笔译方法，因此其目标程序可以脱离其语言环境独立执行，使用比较方便、效率较高，但修改应用程序很不方便。Visual C++在生成非托管代码(参见 1.3.2 节)时采用编译方式，在生成托管代码时采用的是先编译成中间语言代码，再由.NET 框架的公共语言运行时解释执行。

图 1-1 所示为 C++源程序生成可执行代码所经历的几个过程。

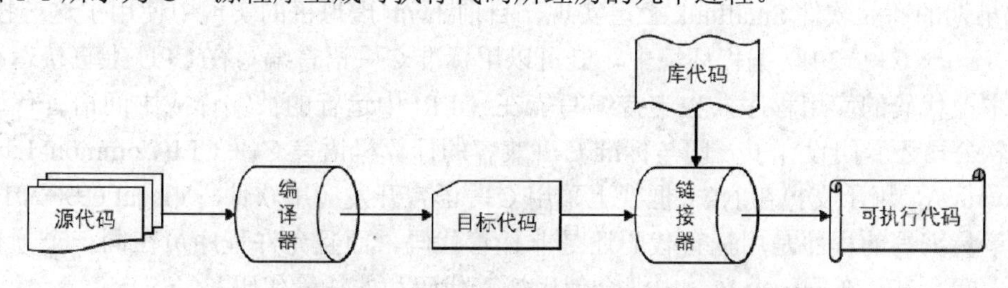

图 1-1　C++源代码生成可执行代码流程图

(1) 编写程序。在文本编辑器中，用 C++语言编写源代码文件，以扩展名.cpp 保存源程序。

(2) 程序预处理。源程序在被编译之前，先由预处理器根据源代码中的预处理器指令在源代码中进行相应的插入与替换字符文本操作。

(3) 编译程序。**编译器(Complier)**将 C++程序翻译成目标代码(本地代码)。如果是在.NET 平台上运行的程序，编译器则将程序编译成中间语言代码(托管代码)。

(4) 链接程序。程序通常包含对标准库或其他类库所定义的函数和数据的调用，**链接**

器(Linker)将被调用的相关代码组合到可执行文件中。最后生成的可执行文件的扩展名为.exe，这是一个在操作系统中或.NET 框架上可运行的程序。

(5) 运行程序。由操作系统加载可执行文件，将其先读入计算机内存，最后 CPU 根据程序中的指令完成各种操作。

(6) 调试程序。程序在编译、连接和运行阶段都可能出现错误，程序员需要用系统提供的调试工具发现并指出错误及原因，修改源程序中的错误。

1.3.2 .NET 框架与 Visual C++ 2017

2000 年，微软执行总裁比尔·盖茨提出了.NET 战略，这是微软面向未来互联网的战略，它包含了一系列关键技术，使程序员可以更快、更方便地开发应用程序。

从技术的角度看，.NET 应用是运行于.NET 框架之上的应用程序。.NET 框架是微软.NET 技术的核心，历经数年的发展，.NET 框架从 1.0 版到目前最新的 4.7 版，使得.NET 已经发展成为构建企业应用程序最重要的平台之一。.NET 框架提供了托管执行环境、简化的开发和部署以及与各种编程语言的集成，是支持生成和运行下一代应用程序及 Web 服务的内部 Windows 组件。.NET 框架的关键组件为公共语言运行时(Common Language Runtime，CLR，也称公共语言运行库)和.NET 框架类库，该类库包括 ADO.NET、ASP.NET、Windows 窗体和 Windows Presentation Foundation。

公共语言运行时(CLR)和 Java 的虚拟机一样，是一个运行时环境，它负责计算机内存的分配和回收等资源管理工作，并保证应用软件和底层操作系统之间必要的分离。在 CLR 上运行的程序通常称为“托管的”(Managed)代码，不在 CLR 上而是直接在计算机 CPU 上运行的程序被称为“非托管的”(Unmanaged)代码(又称本地代码)。在 CLR 上运行的程序先由编译器生成不能在 CPU 上直接运行的中间语言(Intermediate Language)代码，在代码被调用执行时，由 CLR 装载应用程序的中间语言代码至内存，再通过即时(Just-In-Time)编译技术将其编译成能在所运行的计算机上直接被 CPU 执行的本地代码。这种技术在 20 世纪 80 年代早期的商业软件 Smalltalk 上已实现，目前 Java 虚拟机的实现中使用了这一技术。

在 Visual C++ 2017 编程环境中，既可以用标准 C++语言编写在 CPU 上直接运行的被编译为本地代码的应用程序，也支持编写能在 CLR 中运行的被编译成中间语言代码的程序。微软公司还专门设计了一门与标准 C++兼容的计算机语言 C++/CLI(Common Language Infrastructure)，用于支撑在.NET 框架上采用 C++语言开发应用软件。Visual C++ 2017 并不强迫程序员编写的程序是用托管代码还是非托管代码，而且允许程序员在同一个项目中不同程序之间，甚至在同一个文件内混合使用托管代码和非托管代码。

本书在讲授标准 C++语言部分所编写的例程时，全部采用控制台应用程序方式实现，计算机编译生成本地代码。Windows 窗体应用程序设计部分主要采用托管代码。

在使用 Visual C++编程时，通常将设计非托管代码和托管代码应用程序分别简称为创建本地 C++程序和 C++/CLI 程序。

就优缺点而言，非托管代码程序的目标模块非常小，对环境依赖度低，适应性强，安装部署比较容易，偏向于系统级程序的开发，有竞争力，所以多数著名软件及共享软件都是采用这一种。

而托管代码程序可以调用现成的种类丰富的代码库，简化了编程的难度，更适合团队开发，且偏向于互联网应用程序的开发，但生成的可执行文件是依赖于具体.NET 版本的，用户部署应用上存在一定的问题。对于学习面向对象程序设计而言，托管还是非托管差别并不大。

1.3.3　Visual C++ 2017 集成开发环境简介

所谓集成开发环境(Integrated Development Environment，IDE)，是指集成了代码编写功能、分析功能、编译功能、调试功能等于一体的软件开发工具。Visual Studio 2017(可缩写为 VS 2017)产品发布了社区版(Community)、专业版(Professional)和企业版(Enterprise)三个不同的版本。社区版面向一般开发者和学生，提供了全功能的 IDE，而且完全免费。本书采用 Visual C++ 2017 社区版为 C++语言程序设计工具。

Visual C++ 2017 支持快速应用程序开发(Rapid Application Development，RAD)。RAD 工具可以帮助程序员用直观的方式设计软件界面，通过简单的控件拖曳和属性设置，即可完成设计，从而能够把主要精力放到功能设计上。如图 1-2 所示，Visual C++ 2017 开发工具界面由菜单栏、工具栏、工具箱窗口、属性窗口、解决方案资源管理器窗口、设计视图等部分组成。

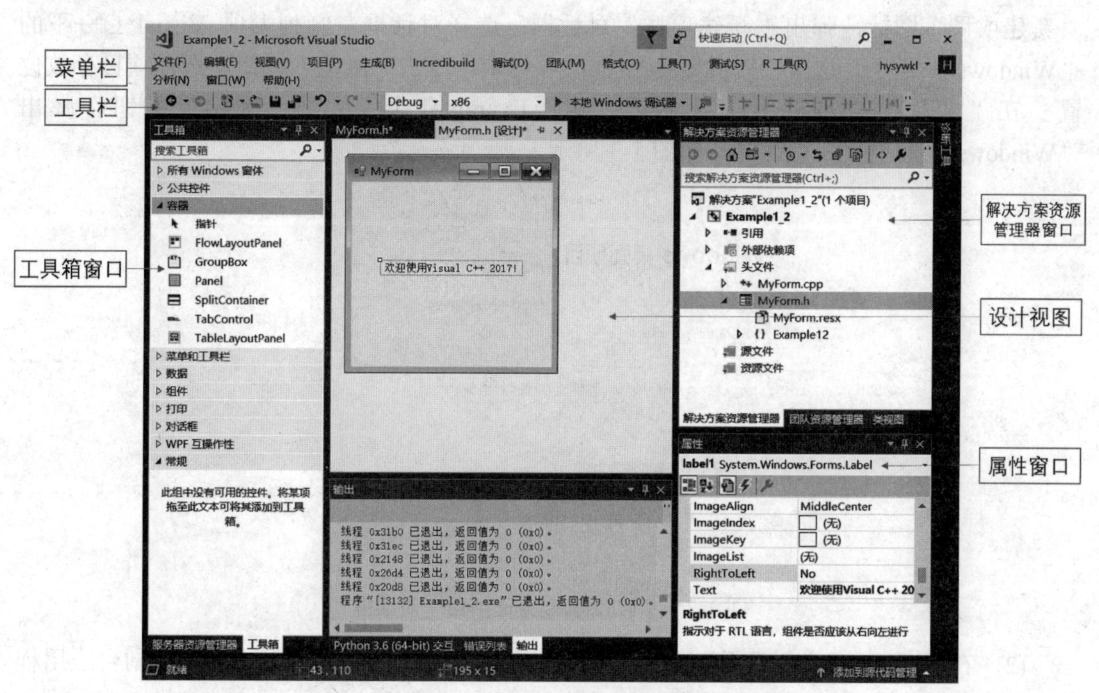

图 1-2　Visual C++ 2017 社区版集成开发环境

菜单栏由多个菜单项组成，菜单包含了用于管理 IDE 以及开发、维护和执行程序的命令。

工具栏中包含了最常用的命令图标，如：新建项目、保存文件、执行程序等。将鼠标指针停留在图标上几秒后，会显示图标的功能描述。

工具箱窗口中分类存放了各种控件，可以将控件拖曳到设计窗体上实现可视化界面设计。如同 Word 软件，鼠标右击工具栏将弹出一个快捷菜单，通过快捷菜单能设置工具栏中的

项目。

属性窗口显示设计视图中当前所选中控件、代码文件的属性。

解决方案资源管理器窗口提供了对设计方案中的所有文件的便捷访问，双击其中的文件项，将打开相应文档。

设计视图位于整个窗体的中间，它使用一种近似所见即所得的视图来显示用户控件、HTML 页和内容页。通过设计视图可以对文本和元素进行以下操作：添加、定位、调整大小以及使用特殊菜单或属性窗口设置其属性。

1.3.4　创建控制台应用程序项目

控制台应用程序是一种 Windows 桌面应用程序，是为兼容 MS-DOS(微软公司早期操作系统)程序而设立的，生成的是本地 C++代码，直接运行在 Windows 操作系统上。例 1-1 演示了在 Visual C++ 2017 中创建控制台应用程序的主要步骤。

【例 1-1】编写输出 Hello,World!字符串的控制台应用程序。

设计步骤如下。

(1) 从菜单栏中选择“文件”→“新建”→“项目”命令，或直接单击工具栏上的“新建项目”图标，弹出“新建项目”对话框；选择对话框左侧列表项 Visual C++下的“Windows 桌面”，选中“Windows 桌面向导”项。单击“浏览”按钮，选择项目存放位置。在“名称”文本框中输入项目名称：Example1_1，单击“确定”按钮，弹出“Windows 桌面项目”对话框，如图 1-3 所示。

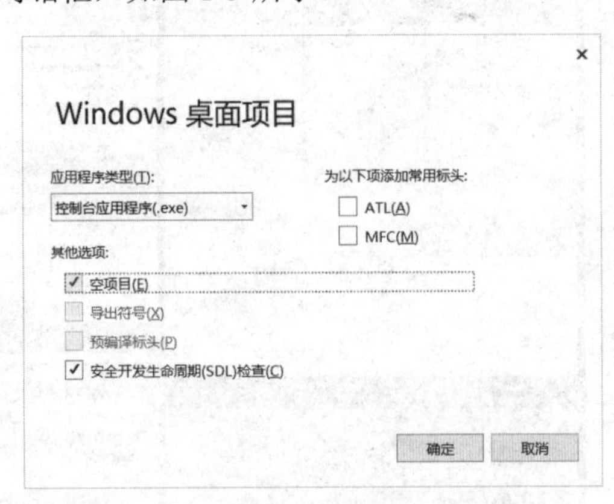

图 1-3　“Windows 桌面项目”对话框

(2) 在“Windows 桌面项目”对话框中，选择“应用程序类型”项为“控制台应用程序(.exe)”，选中“空项目”复选框，然后单击“确定”按钮。

(3) 在解决方案资源管理器窗口中，右击“源文件”选项，从弹出的快捷菜单中选择“添加”→“新建项”命令，弹出“添加新项”对话框。选择“C++文件(.cpp)”选项，输入名称：mainFun1_1，单击“添加”按钮，出现 mainFun1_1.cpp 文本编辑窗口。

(4) 在文本编辑窗口中，输入下面的代码(行号不需要输入)：

```
1  //例 1-1 输出 Hello,World!字符串。
2  #include <iostream>
3  using namespace std;
```

```
4
5  int main()
6  {
7     cout<<"Hello,World!"<<endl;
8     return 0;
9  }
```

(5) 按 Ctrl+F5 组合键，输出如图 1-4 所示的运行结果。

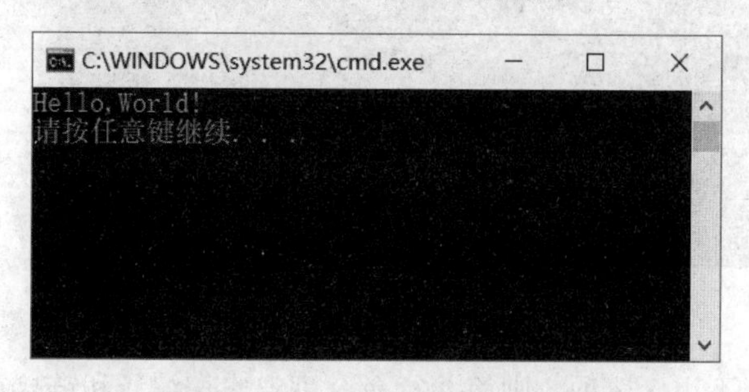

图 1-4 例 1-1 程序运行结果

下面通过对例 1-1 的分析，初步认识 C++程序的基本结构。

第 1 行是注释语句，用于说明整个程序。C++程序有两种注释方法：一种用“//”，其后(在同一行)的内容全部都是注释；另一种用/*开头，以*/结束，中间的内容全部都是注释，这是从 C 语言传承的注释方法。

注释虽然不对程序的运行产生任何作用，但它可以给程序增添可读性。为程序添加注释是一种良好的编程风格。注释还可用于程序调试：在编写程序时，有些语句还不能确定是否需要删除，可以先用注释使其暂时不产生作用，这样可避免语句删除之后发现其有用又要重写的麻烦。

第 2 行是编译预处理指令，它告诉编译器将用于输入输出流的头文件 iostream 包含在该文件中，该文件提供了与输入输出相关的声明，否则编译器将无法识别 cout 对象。

第 3 行是使用命名空间 std。C++标准库中的类和函数是在命名空间 std 中声明，第 2 行的#include 指令告诉编译器程序要用到标准的输入输出流，而本行的 using namespace std;语句表示从命名空间 std 中导入代码。

第 5 行的 main 是主函数名。第 6 行的左花括号和第 9 行的右花括号分别表示函数体的开头与结尾。在设计 C++应用软件的项目中，有且仅有一个 main 函数。该函数是执行程序的入口，程序都是从它开始执行的。

第 7 行是输出语句。计算机调用标准库的功能输出字符串“Hello,World!”。

第 8 行是返回语句。该语句返回 0，告诉系统程序正常结束，否则表示程序有异常。main 函数前面的 int 与该语句相呼应，表示函数需要返回一个整数。

用命令行工具生成并运行程序。在 VS 2017 中包含“适用于 VS 2017 的 x86 本机工具命令提示”工具软件，启动后，界面如图 1-5 所示。

创建 demo 文件夹，复制 Example1_1.cpp 源程序到 demo 中。在命令行中，依次输入下列命令(参见图 1-5)。这里 cl 和 link 分别是 VC++ 2017 提供的编译器和链接器软件。

```
D:\demo>cl /EHsc /c Example1_1.cpp
D:\demo>link Example1_1.obj
```

```
D:\demo>Example1_1.exe
```

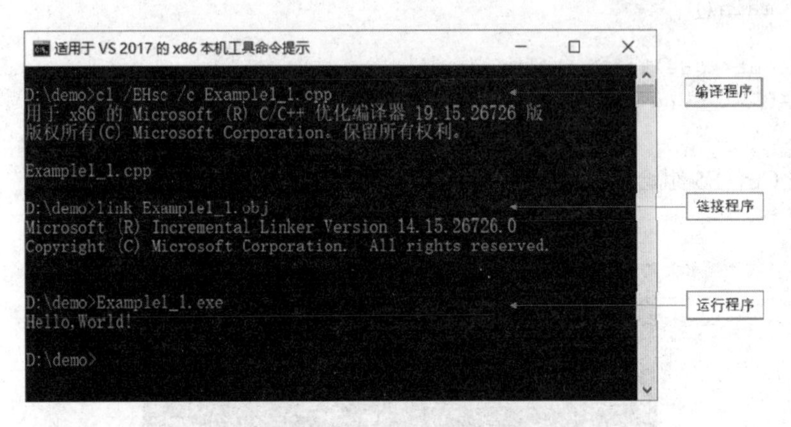

图 1-5　用命令行工具生成可执行代码

若第 1 行命令中不用/c 选项，则第 2 行命令可省略，编译和链接过程一起完成。

1.3.5　创建 Windows 窗体应用程序项目

Visual C++ 2017 支持用 C++/CLI 语言以 RAD 方式快速开发 Windows 窗体应用程序。例 1-2 演示了设计 Windows 窗体应用程序的主要步骤。

【例 1-2】编写在窗体上显示欢迎字符串的窗体应用程序，参见图 1-6。

图 1-6　例 1-2 Windows 窗体应用程序界面

设计步骤如下。

(1) 创建项目。从菜单栏中选择“文件”→“新建”→“项目”命令，弹出“新建项目”对话框。在对话框中选择 Visual C++→CLR→“CLR 空项目”。在“名称”文本框中输入项目名称 Example1_2，单击“确定”按钮。

(2) 添加窗体。在解决方案资源管理器窗口中，右击 Example1_2 选项，从弹出的快捷菜单中选择“添加”→“新建项”命令，弹出“添加新项”对话框。在对话框中选择 UI→“Windows 窗体”项，单击“添加”按钮。因没有添加主函数，窗体设计窗口会出现错误提示，暂时忽略。

(3) 编写主函数。双击“源文件”项中的“MyForm.cpp”文件，添加代码如下：

```
using namespace Example1_2;             //引用 MyForm.h 中定义的命名空间
[STAThread]                             //单线程特性，有些组件要求单线程
int main(array<System::String^>^args)
{
    Application::EnableVisualStyles(); //在创建控件之前启用 Windows 可视化效果
    Application::Run(gcnew MyForm());   //创建主窗口并运行它
    return 0;
}
```

在解决方案资源管理器中，右击 Example1_2 选项，从弹出的快捷菜单中选择“属性”命令，弹出“Example1_2 属性页”对话框。选择“链接器”→“系统”，选择“子系统”项中内容为“窗口 (/SUBSYSTEM:WINDOWS)”。再选择“链接器”→“高级”，

在“入口点”项中输入 main，单击“确定”按钮。

(4) 在解决方案资源管理器窗口中，双击 MyForm.h，窗体设计窗口中出现正常的窗体视图。从工具箱中拖曳“Label 控件”到 MyForm 设计窗体(见图 1-2)。选中 Label 控件，在属性窗口中选择 Text 属性，输入字符串“欢迎使用 Visual C++ 2017！”。

(5) 按 F5 键或 Ctrl+F5 组合键执行程序。执行程序的另一种方式是从工具栏或菜单栏的“调试”项中选择“启动调试”命令。运行结果如图 1-6 所示。

1.3.6 调试与跟踪程序

程序设计是一项复杂的脑力劳动。编程过程中出现语法错误和逻辑错误是十分常见的现象，排除程序中的错误是程序员最常做的工作。工欲善其事，必先利其器。初学者应尽快学会调试工具的使用，这有助于理解 C++语言中的概念和计算机程序的运行机理，解决编程中出现的错误，提高设计能力。

借助于调试工具，能让程序在某个位置暂停运行，进而观察到程序的内部结构和内存的状况，帮助程序员找到错误产生的原因。

Visual C++ 2017(可缩写为 VC++ 2017)的程序调试器是一个功能强大的工具，可以中断(或挂起)程序的执行以检查代码，计算和编辑程序中的变量，查看寄存器，查看从源代码创建的指令，以及查看应用程序所占用的内存空间。使用“编辑并继续”功能，可以在调试时对代码进行更改，然后继续执行。

下面列出在 VC++ 2017 编程环境中调试程序的主要方法。

(1) 设置与取消断点。如图 1-7 所示，单击程序编辑窗口左侧区域或者在光标所在行按 F9 键，设置断点(红色圆点)。关闭断点的方法是单击红色圆点或再次按 F9 键。系统允许在程序的多个位置设置断点。

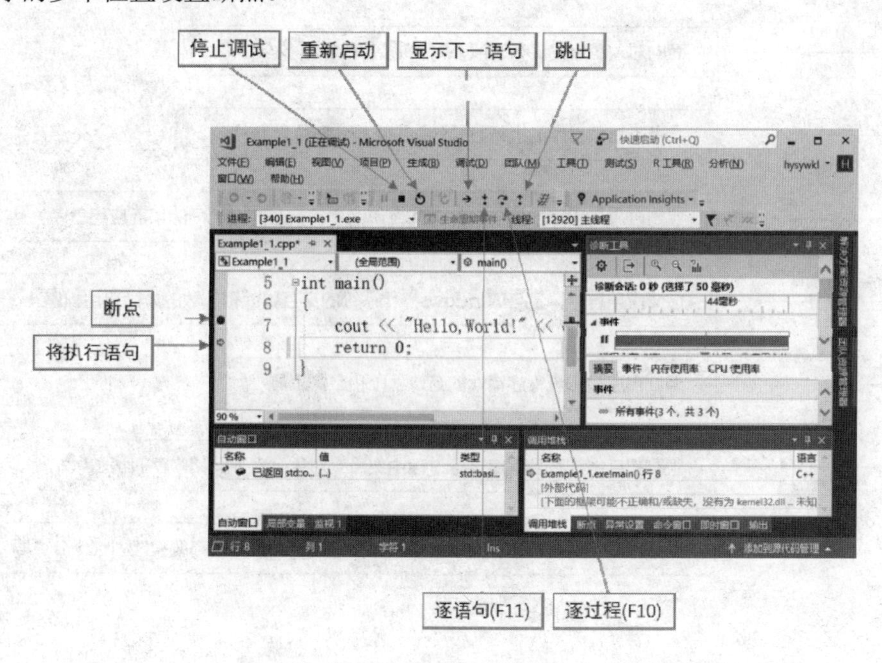

图 1-7　程序调试界面

(2) 启动与停止调试。设置过断点后，从菜单栏中选择“调试”→“开始调试”命令、按 F5 功能键或单击工具栏中的“本地 Windows 调试器”，程序开始运行并在断点处停止。单击“停止调试”按钮，程序从调试状态退出。

(3) 程序跟踪运行。进入调试状态后，通过单击“逐语句”按钮(或按 F11 键)或“逐过程”按钮(或按 F10 键)使程序进入一次执行一行代码的“单步执行”状态。“逐语句”和“逐过程”的差异仅在于它们处理函数调用的方式不同。这两个命令都指示调试器执行下一行的代码，差别在于：如果某一行包含函数调用，“逐语句”仅执行调用本身，然后在函数体内的第一个代码行处停止，而“逐过程”执行整个函数，然后在函数的下一条执行语句处停止。

如果程序调试位于函数调用的内部，立刻返回到调用函数的方法是使用调试器的“跳出”功能。按 Shift+F11 组合键可快速调用跳出功能。

(4) 观察程序内部状态。程序进入调试状态后，可以通过“自动窗口”“局部变量”“监视窗口”查看程序运行到当前语句时内存中变量、寄存器等状态。

1.4 本章小结

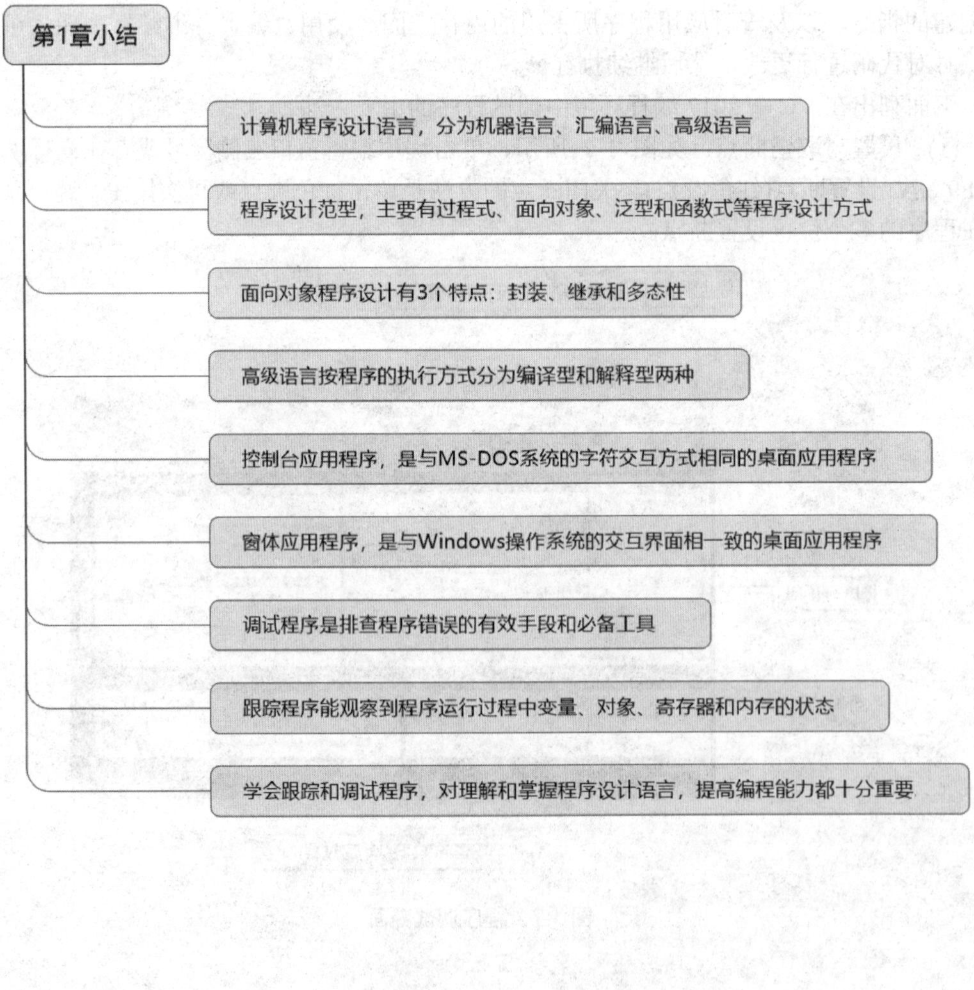

- 第1章小结
  - 计算机程序设计语言，分为机器语言、汇编语言、高级语言
  - 程序设计范型，主要有过程式、面向对象、泛型和函数式等程序设计方式
  - 面向对象程序设计有3个特点：封装、继承和多态性
  - 高级语言按程序的执行方式分为编译型和解释型两种
  - 控制台应用程序，是与MS-DOS系统的字符交互方式相同的桌面应用程序
  - 窗体应用程序，是与Windows操作系统的交互界面相一致的桌面应用程序
  - 调试程序是排查程序错误的有效手段和必备工具
  - 跟踪程序能观察到程序运行过程中变量、对象、寄存器和内存的状态
  - 学会跟踪和调试程序，对理解和掌握程序设计语言，提高编程能力都十分重要

1.5 习 题

一、填空题

1. 面向对象的程序设计具有________、________、________三大特点。

2. 开发一个 C++应用程序，通常包括________、________、________、________、和________等步骤。

3. 在 Visual C++ 2017 集成开发环境中，按组合键________开始执行程序，按功能键______进入逐过程调用状态。在编辑窗口设置断点的方法有________或________。

二、简答题

1. 查阅文献资料，综述 C++语言的发展历史和现状。

2. 简述面向对象程序设计与结构化程序设计方法的差异。

三、编程题

1. 编写一个控制台应用程序，分行输出你所在的学校、学院、班级和姓名等信息。

2. 编写一个窗体应用程序，窗体中间有一个按钮，单击按钮弹出消息对话框。

第2章　数据类型与基本运算

计算机能处理整数、实数、字符、图像、声音等各种类型的数据。C++是一种强类型的语言，支持的数据类型分为基本数据类型和构造数据类型。本章介绍整型、浮点型、字符型、数组、指针、引用和枚举等数据类型。

现代高级语言用运算符描述各种运算。C++的运算符丰富，支持多种运算，常用的有算术运算、关系运算、逻辑运算、赋值运算、位运算以及取地址运算等。此外，C++允许对运算符进行重载，赋予运算符特殊的功能。

学习目标：

- 掌握数据类型、变量、常量、标识符、分隔符和运算符等基本概念。
- 了解 auto 类型说明符与 decltype 类型指示符。
- 理解算术、关系、逻辑、赋值等运算符的语义，掌握表达式的语法规则。
- 掌握取地址、逗号、条件运算符的用法，了解位运算、圆括号、sizeof 等运算符的作用。
- 理解左值、右值、纯右值、将亡值等概念。
- 掌握一维数组、多维数组、字符数组的基本概念与用法。
- 掌握指针类型的概念，能正确定义和使用指针，掌握指针运算、指针与数组等基础知识。
- 掌握引用类型的概念与用法，了解左值引用与右值引用的差异。
- 掌握枚举类型的概念与用法，了解强类型枚举。
- 掌握标准库类型 string、vector 和 map 的基本用法。
- 了解结构体类型的定义与用法，了解联合类型。

2.1　数 据 类 型

数据类型(Data Type)是程序的基础，描述了程序中数据的取值范围以及定义在这个值集上的操作，决定了数据和操作的意义。例如：语句 z=x+y;中的+操作是根据 x 和 y 的数据类型确定的。如果 x 和 y 所声明的数据类型是整数型，则加号运算表示是两个数据整数相加。如果 x 和 y 所声明的数据类型是字符串类型，则加号运算的意义是两个字符串首尾相接。C++语言支持的数据类型如图 2-1 所示。

基本数据类型，又称**内置数据类型**，是系统已定义的常用的数据类型，应用十分普遍，是创建构造数据类型的基础。

构造数据类型，又称**复合数据类型**，是用户根据设计需要按照一定的语法规则自定义的数据类型。重要的构造数据类型有数组、结构体、指针、类等。此外，C++标准库中定义了一些复杂的数据类型供程序员使用，如：字符串、向量、列表等。

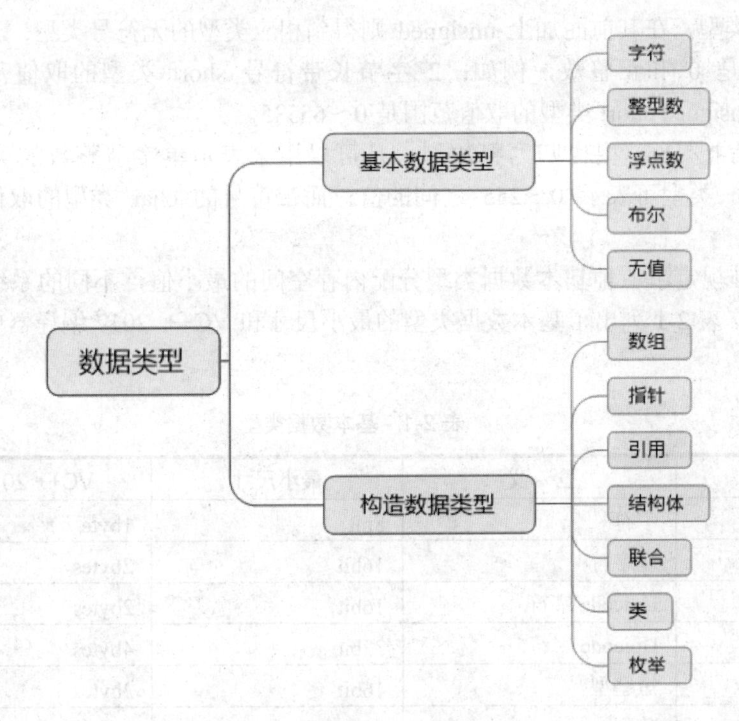

图 2-1　C++语言支持的数据类型

2.1.1　基本数据类型

C++语言标准定义了一组基本数据类型，分别是字符型、整数型、浮点数型、布尔型和无值型，并规定了每种类型的最小尺寸，即占用位数的最小值。

(1) **字符型**用关键字 char 表示，用于处理字符，保存的是该字符的 8 位 ASCII 码，占一个字节。例如，字母 A 的 ASCII 编码是十六进制数 41，字节中保存的值为 01000001。

C++ 11 新增了 char16_t 和 char32_t 字符类型用于扩展字符集，分别存储 UTF-16 和 UTF-32 编码的 Unicode 数据。

(2) **整数型**用关键字 int 表示，用于处理整型数。整数型分为短整型 short、整型 int、长整型(32bit)long 和长整型(64bit)long long。

(3) **浮点数型**用关键字 float、double 和 long double(C++ 11 新增)表示，用于处理数学中的实数。其中 float 类型的大小为 32bit，可表示的浮点数范围是$-3.4\times10^{38}\sim3.4\times10^{38}$，能满足一般应用问题的精确度要求。而 double 类型的大小是 64bit，可表示$-1.7\times10^{308}\sim1.7\times10^{308}$之间的实数，精度小到$1.0\times10^{-308}$。

(4) **布尔型**也称逻辑型，用关键字 bool 表示。布尔值只有两个值：true 和 false，分别表示逻辑“真”与“假”。C 语言用数 0 表示逻辑“假”，而用非 0 值表示逻辑“真”。例如：int 型值 0 表示假，而非 0 值 68 表示真。C++同时支持两种方法，建议尽可能用 true 和 false。

(5) **无值型**又称空类型，用关键字 void 表示。不能用它来声明变量，主要用于声明函数形参和返回值，以及可指向任何类型的指针。

带符号类型(signed)和**无符号类型(unsigned)**。类型 char、short、int、long 和 long long

都是带符号类型，在其前面加上 unsigned 则得到相应类型的无符号类型。无符号类型的取值范围只能是 0 和正整数，例如：2 字节长带符号 short 类型的取值范围是-32768～32767，而 unsigned short 类型的取值范围是 0～65535。

C++语言把 char 型也归为整数型，是可以用来表示单字节整数的类型。单字节的 unsigned char 类型可表示 0～255 之间的值，而带符号的 char 类型的取值范围是-128～127。

C++标准规定了各种基本数据类型分配内存空间的最小值，不同的系统中，分配的空间可以不同。表 2-1 列出了基本数据类型的最小尺寸和 VC++ 2017 编译器中实际分配的字节数。

表 2-1 基本数据类型

类 型	含 义	最小尺寸	VC++ 2017 中字节数
char	字符	8bit	1byte
wchar_t	宽字符	16bit	2bytes
char16_t	Unicode 字符	16bit	2bytes
char32_t	Unicode 字符	32bit	4bytes
short	短整型	16bit	2bytes
int	整型	16bit	4bytes
long	长整型	32bit	4bytes
long long	长整型	64bit	8bytes
float	单精度浮点数	6 位有效数字	4bytes
double	双精度浮点数	10 位有效数字	8bytes
long double	扩展精度浮点数	10 位有效数字	8bytes
Bool	布尔型	1	1byte
Void	无值型		

【例 2-1】查询 VC++ 2017 编译器给基本数据类型分配的尺寸。

程序代码：

```
#include <iostream>
using namespace std;
int main() {
    cout << "Visual C++ 2017 中基本数据类型占用字节数：" << endl;
    cout << typeid(char).name() << ":\t\t" << sizeof(char) << endl;  //①
    cout << typeid(wchar_t).name() << ":\t" << sizeof(wchar_t) << endl;
    cout << typeid(char16_t).name() << ":\t" << sizeof(char16_t) << endl;
    cout << typeid(char32_t).name() << ":\t" << sizeof(char32_t) << endl;
    cout << typeid(short).name() << ":\t\t" << sizeof(short) << endl;
    cout << typeid(int).name() << ":\t\t" << sizeof(int) << endl;
    cout << typeid(long).name() << ":\t\t" << sizeof(long) << endl;
    cout << typeid(long long).name() << ":\t" << sizeof(long long) << endl;
    cout << typeid(float).name() << ":\t\t" << sizeof(float) << endl;
    cout << typeid(double).name() << ":\t\t" << sizeof(double) << endl;
    cout << typeid(long double).name() << ":\t" << sizeof(long double) << endl;
```

```
    cout << typeid(bool).name() << ":\t\t" << sizeof(bool) << endl;
    cout << typeid(void).name() << endl;                          //②
    return 0;
}
```

运行结果：

```
Visual C++ 2017 中基本数据类型占用字节数:
char:           1
wchar_t:        2
char16_t:       2
char32_t:       4
short:          2
int:            4
long:           4
__int64:        8
float:          4
double:         8
long double:    8
bool:           1
void
```

程序说明：

① 运算符 typeid 返回一个表达式的数据类型信息。运算符 sizeof 以字节为单位计算数据类型或变量所占用内存空间的大小并返回。

② 若语句中插入 sizeof(void)，编译器会报错，错误信息是“不允许使用不完整的类型”。

2.1.2 构造数据类型

基本数据类型能单独处理一些比较简单的数据。对于一些复杂的数据，需要用构造数据类型进行描述。例如：在班级成绩管理程序的设计中，一个班级有几十个学生，每个学生又有学号、姓名、邮政编码、家庭地址、语文成绩、数学成绩、英语成绩等信息，仅用基本数据类型很难描述。

C++语言支持的构造数据类型有数组、指针、引用、类、结构体、联合和枚举等。

对于班级成绩管理程序的数据处理，使用构造数据类型可较方便地描述学生和班级信息。例如：

- 用字符数组存储学号、姓名、邮政编码、家庭地址等文字信息，用实型数组存储各门课程的成绩。
- 用结构体描述学生的基本信息，结构体中包含学号、姓名、成绩等信息。
- 用学生结构体定义数组描述班级信息，班级数组中的一个单元存储一个学生的基本信息。

数组、类、结构、指针和引用等构造数据类型是 C++语言的基石，掌握构造数据类型的定义和使用对于提高程序设计能力非常重要，需要在编程实践中不断揣摩。

2.2 变量与常量

如同自然语言一样，C++语言也有自己的词法及语法规则，其中字符集、关键字、运算符、标识符和分隔符等均是编写程序的基础。

程序中用变量和常量表示数据。在程序运行过程中，变量所表示的数据的值可能发生改变，而常量却一直保持不变。

C++ 11 中关键字 auto 和 decltype 被用于程序编译时的类型推导，使 C++具有与 Python 编程语言类似的“动态类型”特征。

2.2.1 词法及其规则

1. 字符集

字符集(Character Set)是构造程序设计语言基本词法单位的字符的集合。C++语言使用的字符主要为键盘上的字符，包括如下几种字符。

- 26 个大写英文字母：ABCDEFGHIJKLMNOPQRSTUVWXYZ
- 26 个小写英文字母：abcdefghijklmnopqrstuvwxyz
- 10 个数字：1234567890
- 其他符号：! # % ^ & * ( ) - + _ = { } [ ] \ | “ ‘ ~ : ; < > , . ? / 空格

2. 关键字

关键字(Keyword)又称保留字，是系统预先定义的具有特别用途的英文单词，不能另做他用。表 2-2 列出了 C++ 11 标准的 73 个保留字，其中后 10 个加下划线的关键字为新增项，auto 关键字的语义被重新定义。此外，标准库中还保留了一些名字。

表 2-2 C++语言保留的关键字

asm	auto	bool	break	case	catch
char	class	const	const_cast	continue	default
delete	do	double	dynamic_cast	else	enum
except	explicit	extern	false	float	for
friend	goto	if	inline	int	long
mutable	namespace	new	operator	private	protected
public	register	reinterpret_cast	return	short	signed
sizeof	static	static_cast	struct	switch	template
this	throw	true	try	typedef	typeid
typename	union	unsigned	using	virtual	void
volatile	wchar_t	while	alignas	alignof	char16_t
char32_t	constexpr	decltype	noexcept	nullptr	static_assert
thread_local					

3. 标识符

标识符(Identifier)是由程序员定义的，是用于对变量、函数及用户定义数据类型等进行命名的字符串。如同每种动物、植物都有自己的名称一样，为能区分程序中不同对象，科学地给函数、变量和常量命名是一种良好的编程风格。比较流行的标识符命名规则有：**骆驼(Camel)命名法和帕斯卡(Pascal)命名法**。

骆驼命名法是通过混合使用大小写字母来构成变量和函数的名字，例如 userName、displayInfo()等。帕斯卡命名法与骆驼命名法的区别在于第一个英文字母是否大写。程序设计时，应尽可能用有意义的标识符命名变量和函数，以增加程序的可读性。

C++语言中的标识符应遵行下面的语法规则：

- 标识符的第一个字符必须是字母或下划线开头，其余为字母、数字、下划线的字符串。例如，birthDay，studentID，num1，my_File，_var 等都是合法的标识符；而 Fun+1，12Var，name.s 等则是非法的标识符。
- 标识符不能与关键字同名。
- 标识符中字母的大小写是敏感的，myFile 与 MyFile 是两个不同的标识符。
- 标识符不宜过长。

4. 分隔符

分隔符(Separator)是用于分隔 C++语言中的语法单位的符号，它表示前一个语法实体的结束和下一个语法实体的开始。分隔符有空格符、制表符 Tab、回车符 Enter、注释符//和/* */、逗号,、分号;、大括号{}、小括号()、井号#、双引号”、单引号’、冒号:等。其中：

- 分号(;)表示语句结束符，也表示空语句。
- 大括号{}用于表示复合语句的开始与结束。
- 逗号(,)用作数据之间的分隔符，也可作为运算符。
- 双引号(”)表示字符串的开始与结束。

5. 运算符

运算符(Operator)又称操作符，是程序中用于表示各种特定操作的符号。C++语言的运算符种类丰富，功能强大，主要有以下类型的运算符。

- 算术运算符：+、–、*、/、%、++、--。
- 关系运算符：==、!=、>、<、>=、<=。
- 逻辑运算符：&&、||、!。
- 位运算符：&、|、^、~、<<、>>。
- 赋值运算符：=、+=、-=、*=、/=、%=、<<=、>>=、&=、^=、|=。
- 杂项运算符：sizeof、?:、.、->、&、*、type()。

2.2.2　变量

变量(Variable)是取值可以改变的量，程序利用变量保存运行过程中参与计算的值或结果。变量要用标识符进行标识，也就是给变量命名。一个变量有 3 个基本要素：变量名、数据类型和值。变量在使用前应先**定义(Definition)**或**声明(Declaration)**，语法格式为：

```
[<存储类型>]  <数据类型>  <变量名列表>;
```

说明：

- <存储类型>为可选项。C++有 3 个关键字，即 register、static 和 extern，用于说明数据的存储区域。
- <变量名列表>是用逗号分隔的多个变量名。
- 变量在定义时，可以用等号(=)为其赋初始值。
- 方括号表示该项可以省略。

后继章节除非特别说明，它们的含义与此相同。

在程序中，定义一个变量是指在内存中创建与变量名相关联的实体，而声明一个变量是指使用已在别处定义的变量。

例如：

```
int  i, j=10, k;          //定义了 3 个整型变量，其中变量 j 的值被初始化为 10
float  average=0.0;       //定义了一个浮点型变量 average，并初始化为 0.0
static double sum;        //定义了一个静态双精度变量
int * ptr;                //定义了一个指针变量
extern int x;             //声明 x 而非定义 x
```

用于声明变量的<数据类型>既可以是基本数据类型，也可以是构造数据类型。变量定义后，编译器将根据变量的数据类型为其分配一块内存空间，大小由所声明的数据类型决定。例如，int 整型分配 4 个字节，double 型则分配 8 个字节。

变量名在程序中的一个作用是标识所分配的内存单元，程序使用变量名访问内存空间，进行读与写操作。变量名所标记的内存空间在没有赋初始值之前，其中的值是不确定的，使用这些值是导致程序错误的一个重要原因，编译器会对此发出警告。

关于变量的赋值，既可以在变量定义时对其**初始化**，也可以在其后用赋值语句**赋值**。

对象(Object)是 C 语言扩充为 C++后引入的概念，是指由某种类类型声明的变量。对象与变量都是指内存的一个实体，二者通常可以互换，不加区分。

【例 2-2】观察变量在内存中的状态。

程序代码：

```
#include <iostream>
using namespace std;
int main() {
    int i=0,j = 10;       //定义整型变量 i 和 j，同时对其初始化
    float length;         //定义浮点型变量，没有初始化
    bool flag = true;     //定义布尔型变量，初始化为 true
    static double sum;    //定义 static 存储类型的双精度变量 sum
    length = 12.3;        //给 length 赋值 12.3
    cout << "i=" << i << "\t\tj=" << j << endl;
    cout << "length=" << length << "\tflag=" << flag << "\tsum=" << sum
<< endl;
    return 0;
}
```

运行结果：

```
i=0          j=10
length=12.3     flag=1  sum=0
```

图 2-2 所示为例 2-2 程序的跟踪窗口。

监视 1

名称	值	类型
&i	0x00d8f75c {0}	int *
&j	0x00d8f750 {10}	int *
	10	int
sizeof(i)	4	unsigned int
&flag	0x00d8f73b {true (204)}	bool *
	true (204)	bool
&sum	0x002fc140 {Example2_2.exe!...	double *
	0.0000000000000000	double
&length	0x00d8f744 {-107374176.}	float *
	-107374176.	float

自动窗口　局部变量　监视 1

图 2-2　例 2-2 程序的跟踪窗口

跟踪与观察：

(1) 在程序的 bool flag = true;行设置断点，按功能键 F5。在“监视 1”窗口的“名称”栏输入&i，&j，sizeof(i)，&flag，&sum，&length 等内容，如图 2-2 所示。“&”运算符是 C++的取地址运算，表示获取内存空间的地址。

从图 2-2 可以看出，变量 i 所占用内存空间的首地址是 0x00d8f75c，地址值的前两位 0x 表示该值是十六进制数，后 8 位为变量在内存中的逻辑地址，其中前 4 位 00d8 是**段基地址**，后 4 位 f75c 是**偏移地址**。

段基地址说明了应用程序的每个段在主存中的起始位置，它来自段寄存器(CS、DS、ES、SS)；而偏移地址说明内存单元距离段起始位置的偏移量。应用程序的逻辑地址向物理地址映射过程是由操作系统完成的。计算机处理内存地址的方法比较复杂，这里不做详细讨论。下面的比喻或许对理解内存地址能有所帮助：应用程序的段基地址就像学生宿舍区每一幢楼的编号，而段内偏移地址相当于每个房间号，两者合在一起，即可确定具体的宿舍位置。

(2) 变量 i，j，flag，length 的段基址相同，都是 0x00d8，而定义时带有存储类型 static 的变量 sum 的段基址是 0x002f。可以看出，存储类型的不同，导致系统将它们存储在不同的段中。

变量 i 的值为 0，j 的值是 10，flag 的值是 true(204)，而 length 的值是-107374176.，这是由于程序还没有运行到语句 length = 12.3;。静态变量 sum 的值是 0.0，这是由于编译器自动为其赋初值所致。

从 sizeof(i)的值可知，int 型变量占用 4 个字节。

2.2.3　常量

常量(Constant)是指在程序执行过程中其值始终不变的量。常量又分为字面常量、const 变量和 constexpr 变量。

1. 字面常量

字面常量(Literal Constant)又称文字常量或字面值，是指程序代码中直接给出的量。它存储在程序的代码区，而不是数据区。字面常量根据取值可分为整型常量、实型常量、逻辑常量、字符常量和字符串常量。

(1) **整型常量**：即整数，有十进制、八进制、十六进制 3 种表示法。此外，还可表示长整数和无符号整数。下面的示例说明了整型常量的表示方法：

```
256          //十进制整数
-8932L       //负十进制长整数，在整数值后面加 l 或 L 表示长整数
768u         //十进制无符号整数，在整数值后面加 u 或 U 表示无符号整数
-0126        //负八进制整数。八进制数以 0 开头，由 0～7 码元组成
0761Ul       //八进制无符号长整数
0x34Ab       //十六进制整数，以 0X 或 0x 开头，由 0～9、A～F 或 a～f 码元组成
0Xde2fcuL    //十六进制无符号长整数 de2fc，UL 表示无符号长整数
0B10011      //二进制数，C++新标准引入，以 0B 或 0b 开头，由 0 或 1 码元构成
```

(2) **实型常量**：即浮点型常量，由整数和小数两部分组成，包括单精度(float)、双精度(double)和长双精度(long double) 3 种。实型常量可采用定点形式或指数形式。下面用几个例子说明实型常量的表示方法：

```
3.1415926    //定点形式实数
.234         //小数 0.234
1.45f        //单精度实数，占 4 个字节
-67.845L     //负长双精度浮点数
-5.4E10      //指数形式表示，等于-5.4×10^10
1e-2         //指数形式表示，等于 10^-2
```

(3) **逻辑常量**：仅有 true 和 false 两个值，内部用整数 1 和 0 表示。

(4) **字符常量**：包括普通字符常量和转义字符常量，通过在字符两边加注单引号表示字符常量。例如，'a'、'B'、'9'、'#'都是一个普通字符常量。键盘上能显示的字符基本可以用标注单引号的方法表示字符常量，仅有反斜杠、单引号和双引号几个特殊字符不能直接表示，因为它们已被赋予特殊的含义。

转义字符常量是以一种特殊形式表示的字符常量，它以反斜杠\开头，后跟具有特定含义的字符序列。用转义字符可以表示键盘上不可显示的符号，如 Tab、Enter 等。表 2-3 列出了常用的转义字符及其含义。

表 2-3　常用转义字符及其含义

字　符	ASCII 码值	含　义	字　符	ASCII 码值	含　义
\a	0x07	响铃	\'	0x27	单引号
\b	0x08	退格 Backspace	\"	0x22	双引号
\f	0x0c	换页	\\	0x5c	反斜杠
\n	0x0a	换行符	\0	0x00	空字符
\r	0x0d	回车符	\ooo	八进制数所对应的 ASCII 码值	
\t	0x09	水平制表符 Tab	\xhh	十六进制数所对应的 ASCII 码值	
\v	0x0b	纵向制表符			

对于任何一个 ASCII 码，均可使用其码值表示，例如：响铃可以用'\7'表示。'b'、'\x62'和'\142'三种表示法等价，均表示字符常量 b。

(5) **字符串常量**：是指用双引号引起、由若干个字符组成的序列，可以包含英文字符、转义字符、中文字符等。字符串常量是按字符书写顺序依次存储在内存中，并在最后存放空字符'\0'，表示字符串常量的结束。ASCII 字符在内存中占用 1 个字节，而中文字符占用 2 个字节。

例如：

```
"Thinking in C++ 2"       //表示字符串 Thinking in C++ 2，占 17+1 个字节
"my sister\'s book"       //表示字符串 my sister's book
"程序设计语言"             //表示字符串程序设计语言，6 个汉字占 12+1 个字节
"A"                       //表示字符串 A，占 2 个字节
"2011-1-28"               //表示日期形式字符串
"Error!\7"                //表示字符串 Error!，同时响铃一声，占 8 个字节
```

C++ 11 新增了 4 个前缀指示字符串的编码格式。u8 表示 UTF-8 编码，u 表示 Unicode 16 编码，U 表示 Unicode 32 编码，L 表示宽字符编码。

```
u8"中国江苏 nj"       //UTF-8，汉字 3 字节，西文 1 字节，占 12+2+1 字节
u"中国江苏 nj"        //Unicode 16，汉字 2 字节，西文 2 字节，占 12+2 字节
U"中国江苏 nj"        //Unicode 32，汉字 4 字节，西文 4 字节，占 24+4 字节
L"中国江苏 nj"        //宽字符，汉字 2 字节，西文 2 字节，占 12+2 字节
```

C++ 11 还新增了一种原始(Raw)字符串类型。原始字符串中的字符表示的就是自己。例如，"\n"表示的不是换行符，而是两个字符：\和 n。原始字符串表示法是以 R 为前缀，"(和)"为默认定界符，定界符允许用户自定义。如：

```
R"(VC++ 2017!\n)"           //表示字符串 VC++ 2017!\n
R"*("(VC++ 2017!)")*"       //表示字符串"(VC++ 2017!)"，"*(和)*"是自定义定界符
```

在使用字符串常量时，应注意以下两点：

- 字符串是以空字符(ASCII 码值为 0)作为结束符。例如，字符串"ABCDEF\0GHI"所表示的内容是字符串 ABCDEF，而不是 ABCDEFGHI。
- 字符串常量与字符常量是有区别的。"A"表示字符串常量，占两个字节，内容为 0x4100，而'A'为字符常量，占 1 个字节，内容是 0x41。

2. const 变量

const 变量是指用限定符 const 修饰的变量，称为**常变量**(Constant Variable)。常变量一旦创建后其值只能读取，不能修改。常变量必须在定义时进行初始化，之后不再允许赋值。例如：

```
const double PI=3.1415926;        //正确，编译时初始化
const int Max=getMax();           //正确，运行时初始化
const int Size;                   //错误，没有初始化变量 Size
```

常变量具有变量的特征，它具有类型，同时在内存中存在着以它命名的存储空间，可以用 sizeof 测出其大小，可以按地址进行访问。变量在初始化之后还可以对其进行修改，但对常变量的任何修改都会引发编译器报错。

使用常变量的好处在于：①增加程序的可读性——用具有实际含义的标识符代替具体的数值，程序的可读性大大增强；②便于程序的维护——假设程序中多处用到圆周率，如果需要提高它的精度，则只需在常变量的定义处修改即可。

对于大型软件，程序的可读性和可维护性是两个极其重要的评价指标。

const 限定符不仅能修饰变量，还能限定指针、引用、函数的参数和返回值等。后继章节将介绍相关用法。

3. constexpr 变量

常量表达式(Const Expression)是指值不会改变并且在程序编译过程中就能得到计算结果的表达式。前面介绍的字面常量和用常量表达式初始化过的常变量都属于常量表达式。

判别表达式是否是常量表达式的依据是其赋值是在程序的编译期还是运行期完成。前面定义 const 变量的表达式有的是常量表达式，有的则不是。例如：

```
const int x = 100;               //是常量表达式，程序编译期 x 被赋值 100
const int rate = 2*x+1;          //是常量表达式
int getMax();                    //函数声明
const int maxSize = getMax();    //不是常量表达式，程序运行期 maxSize 被赋值
```

constexpr 是 C++ 11 新标准引入的限定符。在变量定义时，用 constexpr 关键字在数据类型的前(或后)修饰变量，则称该变量为**常量表达式变量**或 **constexpr 变量**。

与 const 限定符相比，constexpr 更加严格，要求初始化 constexpr 变量的表达式必须是一个常量表达式。也就是说，其赋值必须是在程序编译期完成，而 const 是可以在程序运行期赋值，赋值后再不能改变其值。例如：

```
constexpr int hight = 200;       //正确，200 是字面值
constexpr int min = hight-50+x;//正确，hight-50+x 是常量表达式
constexpr int length = getLength();
//若 getLength 函数返回 constexpr int 类型，正确
```

下面的代码对比了 const 变量与 constexpr 变量的差别：

```
int getA() { return 10; }                     //普通函数，返回字面常量
constexpr int getB() { return 100; }          //constexpr 函数，返回字面常量
const int a = getA();                         //a 占用内存，程序运行期赋值 10
constexpr int b = getB();                     //b 不占用内存，程序编译期赋值 100
const int c =123;                             //c 不占用内存，程序编译期赋值 123
```

在 VS 2017 编程环境下，将鼠标指针移到 a 上面，显示 const int a，没有值信息。而移到 b 和 c 之上，显示 constexpr int b = 100 和 const int c = 123，验证了 b 和 c 在编译期间已被赋值。

跟踪运行含上面代码的程序，在监视窗口输入&a、&b 和&c，可见&a 项有地址和值信息，而&b 和&c 项显示“表达式必须为左值或函数指示符”。

2.2.4 auto 类型说明符

auto 是 C 语言引入的一个关键字，C++ 98 保留原语义，用于声明局部变量具有自动存储类型。由于没有声明为 static 的局部变量总是具有自动存储类型，关键字 auto 几乎无

人使用，因而 C++ 11 标准委员会决定赋予其全新的语义。auto 不再是一个存储类型指示符，而是作为一个新的类型说明符，它能让编译器自动分析表达式的类型。

用 auto 类型说明符声明一个变量，其实只获得了一个类型声明的“占位符”，真正明确变量数据类型的工作是由编译器在编译期间根据变量初始化的值推导出来的。在使用 auto 声明变量时，必须对其初始化，以使编译器能推断出它的类型，并且在编译时将 auto 占位符替换为与初始值相匹配的数据类型。

例如：

```
auto  x=10;               //正确，x 是 int 类型
auto  average=0.0;        //正确，average 是 double 类型
auto static PI=3.14;      //正确，PI 是 static double 类型
auto  y;                  //错误，无法推导 auto 类型
auto int z;               //错误，auto 不再是存储类型的指示符
```

利用 auto 类型推导具有下列优势：

- 在复杂类型变量声明时能简化代码。
- 减少类型声明时的麻烦，避免出错。
- 自适应特性在一定程度上支持泛型编程。

2.2.5　decltype 类型指示符

decltype(Declared Type)是 C++ 11 新标准引入的类型指示符，作用是推导并返回表达式的类型。与 auto 相同，decltype 类型推导也是在编译时进行的，也可以用获得的类型来定义另外一个变量。与 auto 相异的是，decltype 的类型推导并不是像 auto 一样是从变量声明的初始化表达式获得变量的类型，而是以一个普通的表达式为参数，返回该表达式的类型。

编译器对 decltype 仅会分析表达式的类型，并不对表达式进行求值。

例如：

```
int  x=10;
decltype(x+100)  y;              //y 是 int 类型
decltype(x+12.3)  z;             //z 是 double 类型
decltype(sizeof(0)) size;        //size 是 unsigned int 类型
decltype(Sum()) sum= Sum();      //sum 与 Sum()函数返回类型相同
const int ci=0;
decltype(ci) t=0;                //t 的类型是 const int
```

decltype 的引入主要是为泛型编程，解决泛型编程中由模板参数决定的类型难以(甚至不能)表示的问题。

auto 和 decltype 更多的用法和细则，将在后继章节中结合源程序进行讨论。

2.3　运算与表达式

C++语言用运算及其表达式表达对数据所实施的操作。编译器能根据运算符和操作数，将表达式编译成 CPU 可执行的机器指令，实现对数据的加工和处理。

2.3.1 运算类型和表达式

高级语言采用与数学类似的方法表示各种运算，例如：y=x+100、s=sin(3.14159)。这种运算表示方法对程序员来说是相当自然的，但对 CPU 来说，并不能直接识别它们。用 C++语言编写的各种表达式之所以能在计算机上运行，是因为编译程序帮助完成了由表达式向机器指令的翻译和转换工作。

表达式(Expression)是由运算符、操作数(Operand)以及分隔符按一定规则组成的，运行时能得到一个值的字符序列。其中的操作数可以是常量或变量，也可以是表达式。用 C++编写的程序中，相当一部分代码是以表达式的形式出现。

表达式的求值顺序依据运算符的优先级和结合性。

如同小学数学中四则运算要满足“先乘除，后加减”规则一样，C++的运算符也是有运算顺序的。运算符优先级和结合性的详细内容参见表 2-4。

表 2-4　运算符及其优先级和结合性

优先级	运算符	功能与说明	是否可重载	结合性
1	::	作用域标识	否	从左向右
2	()	函数调用、括号	是	从左向右
	[]	数组下标	是	
	->	访问成员	是	
	.		否	
	++ --	后置自增、后置自减	是	
	const_cast	类型转换	否	
	dynamic_cast			
	static_cast			
	reinterpret_cast			
	typeid	求表达式或类型的类型名	否	
3	!	逻辑非	是	从右向左
	~	按位求反	是	
	++ --	前置自增、前置自减	是	
	+ -	正号、负号	是	
	* &	间接引用、取地址	是	
	sizeof	求对象或类型的大小	否	
	new delete	动态内存分配、内存释放	是	
	(type) type()	强制类型转换	是	
4	->*	间接访问指针指向的类成员	是	从左向右
	.*		否	
5	* / %	乘、除、模	是	从左向右
6	+ -	加、减	是	从左向右
7	<< >>	按位左移、按位右移	是	从左向右
8	< <= > =>	小于、小于等于、大于、大于等于	是	从左向右
9	== !=	等于、不等于	是	从左向右

续表

<table>
<tr><th>优先级</th><th>运算符</th><th>功能与说明</th><th>是否可重载</th><th>结合性</th></tr>
<tr><td>10</td><td>&</td><td>按位与</td><td>是</td><td>从左向右</td></tr>
<tr><td>11</td><td>^</td><td>按位异或</td><td>是</td><td>从左向右</td></tr>
<tr><td>12</td><td>|</td><td>按位或</td><td>是</td><td>从左向右</td></tr>
<tr><td>13</td><td>&&</td><td>逻辑与</td><td>是</td><td>从左向右</td></tr>
<tr><td>14</td><td>||</td><td>逻辑或</td><td>是</td><td>从左向右</td></tr>
<tr><td>15</td><td>? :</td><td>条件运算</td><td>否</td><td>从右向左</td></tr>
<tr><td rowspan="2">16</td><td>=</td><td>赋值</td><td>是</td><td rowspan="2">从右向左</td></tr>
<tr><td>*=　/=　%=　+=
-=　<<=　>>=
&=　|=　^=</td><td>复合赋值</td><td>是</td></tr>
<tr><td>17</td><td>throw</td><td>抛出异常</td><td>否</td><td>从右向左</td></tr>
<tr><td>18</td><td>,</td><td>逗号</td><td>是</td><td>从左向右</td></tr>
</table>

依据运算功能划分，C++语言所支持的基本运算类型有算术运算、关系运算、逻辑运算、赋值运算、位运算等。

C++语言的每个运算符都有其独有的语义和功能，并且对操作数的个数、类型和取值都有一定的限制。根据参加运算的操作数的个数分类，运算符被划分为单目运算符、双目运算符和三目运算符。

C++语言对运算的概念进行了扩展，将内存分配、数组元素访问等操作都视为运算，并允许程序员对运算符进行重载，赋予运算符特定的含义，功能十分强大。

2.3.2　算术运算及算术表达式

实现加、减、乘、除等基本数学计算的运算称为**算术运算**。C++语言的算术运算符有：

- 单目运算——负数(−)、正数(+)、自增(++)和自减(−−)。
- 双目运算——加法(+)、减法(−)、乘法(*)、除法(/)、求模(%)。

加法、减法、乘法运算符的功能与数学中的加法、减法和乘法相同。

对于算术运算，如果两个操作数的类型不同，C++会对操作数作隐式类型转换。例如：

```
cout<<typeid(4*2).name();     //显示 int
cout<<typeid(4.0*2).name();   //显示 double。4.0 被当成浮点数
```

隐式类型转换的基本规则是字节占用少的数据类型向字节占用多的类型转换。基本数据类型的字节占用从小到大的顺序为：char，int，float，double。

除法运算符(/)的操作数为整数或实数。当两个操作数都是整数时，两数相除的结果也为整数，小数部分被舍去；当两个操作数都是实数时，结果也是实数；当两个数一个是整数，另一个是实数时，整数被转换为 double 型，结果是实数。例如：

```
10/3               //结果为 3
10.0/3             //结果为 3.33333
```

```
16/-4            //结果为-4
```

在除法运算中，除数不能为 0。用整数除以 0，将导致严重错误而终止程序。用 0.0 除实数，将导致数据溢出，得到一个无效浮点数(inf 或-inf)。

求模运算(%)又称时钟运算，要求两个操作数均为整数，其运算结果是两个整数相除后的余数。如果两个整数中有负数，则结果的符号与被除数相同。例如：

```
24%12          //结果为 0
13%11          //结果为 2，13%-11 的结果也是 2
-13%11         //结果为-2，-13%-11 的结果也是-2
19%0           //错误，出现编译时错误，提示：被零除或对零求模
'a'%'A'        //结果为 32
```

上面'a'%'A'的结果为 32。由于字符在内存中存储的是其 ASCII 编码，也是整数，因此运算正常。这种表示法虽能运行，但是无实际意义，应尽可能避免。

求模运算的结果为小于除数的整数。例如：x%11，不论 x 是多大整数，其运算结果均为 0～10 之间的数(不考虑符号)。

自增(++)与自减(--)是具有赋值功能的单目算术运算，其操作数只能是变量，不能是常量或表达式。其功能是在变量当前值的基础上加 1 或减 1，再将值赋给变量自己。例如：

```
x++;     //相当于语句 x=x+1;，x 的值在原来基础上加 1
j--;     //相当于语句 j=j-1;，j 的值在原来基础上减 1
```

自增和自减根据运算符与操作数相对位置的前后，还分为前置自增(或自减)和后置自增(或自减)。前置是先完成变量的自增(或自减)操作再参与其他运算，而后置则正好相反。

例如：

```
++a--;                 //相当于 a=a+1;a=a-1;，a 的值不变
int x=10,m=x++;        //语句运行后，m 的值为 10，x 的值为 11。x 先赋值，再自增
int x=10,m=++x;        //语句运行后，m 的值为 11，x 的值为 11。x 先自增，再赋值
```

2.3.3 赋值运算及赋值表达式

赋值是指向所标识的内存存储单元保存数据的操作。赋值运算符为等号(=)，属于双目运算符。

赋值运算具有方向性，其含义是将右操作数的运算结果保存至左操作数所标识的存储空间中。左操作数常常称为**左值**(lvalue)，右操作数称为**右值**(rvalue)。所谓“左值”，其全称为**左值表达式**，是指一个表达式，它引用到内存中的某一个实体，并且这个实体是一块可以被检索和存储的内存空间，可以向实体中存储数据。“右值”(**右值表达式**)是指引用了一个存储在某个内存地址里的数据，但不能向它存储数据。

左值通常可以取地址并且有名称，而右值则不能取地址且无名。例如：

```
x=10;             //x 中的值为 10
10=x;             //错误！字面常量是右值
x=100+y;          //将 100 和 y 的值相加保存到 x 所标识的存储单元，x 中内容被覆盖
100+y=x;          //错误！表达式 100+y 不是左值，不能标识一个存储单元
(x=10)=x/2;       //先对 x 赋值 10，再用 x 除以 2，并保存结果 5 至 x 中
```

```
sum1=sum2=0;     //因=运算为右结合，故先运行表达式 sum2=0，并且该表达式的
                 //结果为 0，再将 0 赋给变量 sum1，最终 sum1 和 sum2 的值均为 0
total=total+5;   //将 total 的值加 5，再保存至 total 中
```

除赋值运算符外，C++还有一类集运算和赋值功能于一身的复合赋值运算符。它们是：加法赋值符(+=)、减法赋值符(-=)、乘法赋值符(*=)、除法赋值符(/=)、模运算赋值符(%=)、左移赋值符(<<=)、右移赋值符(>>=)、按位与赋值符(&=)、按位或赋值符(|=)和按位异或赋值符(^=)。例如：

```
total+=5;                 //等价于 total=total+5;
int m=100; m%=11;         //m 的值为 1
int value=9;value/=5;     //value 的值为 1
```

C++ 11 扩展了右值的概念，将右值分为**纯右值**(pure rvalue)与**将亡值**(eXpiring value)，纯右值对应原标准中的右值。在 C++ 11 程序中，表达式是可求值的，对表达式求值将得到一个结果，这个结果有两个属性：类型和**值类别**(Value Categories)，而表达式的值类别必属于左值、将亡值、纯右值三者之一。

将亡值是指生命期即将结束的值，一般是跟右值引用相关的表达式，这种表达式通常是将要被移动的对象。后继章节进一步讲解将亡值的用途。

【例 2-3】算术运算与赋值运算程序应用示例。

程序代码：

```
#include <iostream>
using namespace std;
int main(){
    int value=10;
    cout<<"value 当前值为:"<<value<<",运行++value 后的值是: ";
    ++value;
    cout<<value<<endl;
    cout<<"value 当前值为:"<<value<<",运行 value+=9 后的值是: ";
    value+=9;
    cout<<value<<endl;
    cout<<"value 当前值为:"<<value<<",运行 value=value%11 后的值是: ";
    value=value%11;
    cout<<value<<endl;
    cout<<"value 当前值为:"<<value<<",运行 value/=2 后的值是: ";
    value/=2;
    cout<<value<<endl;
    cout<<"value 当前值为:"<<value<<",运行(value=10)%=7 后的值是: ";
    (value=10)%=7;
    cout<<value<<endl;
    return 0;
}
```

运行结果：

```
value 当前值为:10,运行++value 后的值是: 11
value 当前值为:11,运行 value+=9 后的值是: 20
value 当前值为:20,运行 value=value%11 后的值是: 9
value 当前值为:9,运行 value/=2 后的值是: 4
value 当前值为:4,运行(value=10)%=7 后的值是: 3
```

2.3.4 关系运算及关系表达式

对操作数进行大小比较的运算称为**关系运算**。关系运算符有：小于(<)、小于等于(<=)、大于(>)、大于等于(>=)、等于(==)和不等于(!=)6 个，它们都是双目运算符。

关系运算的结果是一个逻辑值：真(true)或假(false)。当关系成立时，运算结果为真；当关系不成立时，运算结果为假。例如：

```
23 > 56          //结果为 false
a != a+1         //无论 a 为多少，结果均为 true
```

关系运算符<、<=、>、>=的优先级高于==和!=，对于复合的关系表达式，需要注意其运算顺序。例如：

```
int a=5, b=0, c=6;
a>c==b          //等价于(a>c)==b，先判定 a>c 为假(0)，再计算 0==b，结果为真
a==c>b          //等价于 a==(c>b)，结果为假
```

由于实型数在内存中存储和运算时存在误差，用关系运算符比较两个浮点数时，可能得到错误结果。例如：

```
float x=0.99999,  y=0.00001,  z=1.0;
z-x == y             //结果为假
```

判断两个实数是否相等的方法，是给定一个很小的精度值作为允许的误差值，再用 fabs 函数判定两数之差的绝对值是否在误差范围之内。例如：

```
fabs(x-y) <= 1e-8   //表示 x 与 y 之差的绝对值小于等于 10^-8 时，结果为真
```

2.3.5 逻辑运算及逻辑表达式

逻辑运算用于进行复杂的逻辑判断，一般以关系运算或逻辑运算的结果作为操作数。逻辑运算符有逻辑非(!)——单目运算符、逻辑与(&&)和逻辑或(||)——双目运算符。

逻辑运算的结果依然是逻辑型的量，即 true 与 false。逻辑运算结果满足表 2-5，其中 1 表示逻辑“真”，0 表示逻辑“假”。

表 2-5 逻辑运算的真值表

P	Q	!P	P&&Q	P||Q
1	1	0	1	1
1	0	0	0	1
0	1	1	0	1
0	0	1	0	0

关系运算的结果与逻辑运算结果相同，都是布尔型的值，可以把关系表达式看成是最简单的逻辑表达式。

对于书写比较复杂的逻辑表达式，最好能用圆括号进行分隔，使表达式的语义明晰，增加程序的可读性和健壮性。

C++将逻辑值保存为整数值，“真”保存为整数 1，“假”保存为整数 0。反过来，将

数 0 视为假，非 0 当成真。C++这种转换规则使得逻辑型的值可以参与其他运算，同时也可以把非逻辑运算结果作为逻辑型的值。这种不严格的规则，能带来一定的运行效率，但程序的可读性却大大降低，还可能产生意想不到的错误。

下面几个逻辑表达式中，假设 x=8，y=10，z=1，i=0。

```
!(24>x)                 //结果为假
t=x>y>z                 //先计算 x>y，为假，值为 0，再比较 0>z，为假，故 t 的值为 0
x==10 && y>10|| z!=0  //相当于(x==10 && y>10) ||z!=0，结果为 true
-2 && i>-1              //结果为 true
```

C++对逻辑与和逻辑或实行“短路”运算。&&和||运算从左向右顺序求值，当&&运算的左操作数的值为假(或者||运算的左操作数的值为真)时，则右操作表达式不需要再计算，直接可判定逻辑表达式的值为假(或真)。

【例 2-4】关系运算与逻辑运算示例。

程序代码：

```
#include <iostream>
using namespace std;
int main() {
    int x = 20, y = 9, z = 12, m = 0;
    cout << std::boolalpha;            //以 ture 和 false 格式输出真与假
    cout << "表达式 x>y>m" << "的值为：" << (x > y > m) << endl;
    cout << "表达式 x<=20 && y<m" << "的值为：" << (x <= 20 && y < m) <<
endl;
    x + y > 25 || z++ > 12;     //左操作式为 true，右操作式不再计算，结果为真
    cout << "计算表达式 x+y>25 || z++>12 后 z" << "的值为：" << z << endl;
    x > y && z++ >= 20;         //操作式为 true，右操作式需要计算，结果为假
    cout << "计算表达式 x>y && z++>=20 后 z" << "的值为：" << z << endl;
    return 0;
}
```

运行结果：

```
表达式 x>y>m 的值为：true
表达式 x<=20 && y<m 的值为：false
计算表达式 x+y>25 || z++>12 后 z 的值为：12
计算表达式 x>y && z++>=20 后 z 的值为：13
```

2.3.6　位运算及位表达式

位运算是指对字节中的二进制位进行移位操作或逻辑运算。C++从 C 语言继承并保留了汇编语言中的位运算，使得它也具有低级语言的功能。位运算的操作数只能是 bool、char、short 或 int 类型数值，不能是 float 和 double 实型数。支持的运算有按位取反(~)、左移(<<)、右移(>>)、按位与(&)、按位或(|)和按位异或(^)，其中除按位取反是单目运算符外，其余均为双目运算符。6 个位运算符分为两类：移位操作符和按位逻辑运算符。

1. 左移运算(<<)

左移运算的格式为：operand<<n，表示将操作数 operand 依次向左移动 n 个二进制位，并在右边补 0。左移运算具有下列特性：

- 操作数左边的符号被移出，因而可能会改变数的符号。
- 整数左移一位相当于该数乘以 2，左移 n 位则相当于乘以 2^n。移位乘法与一般乘法一样，也可能出现溢出。应注意所选用的类型占用内存字节的大小及数的表示范围。
- 左移操作不影响操作数本身，仅产生一个中间结果，并不保存。

左移运算示例：

```
short  x=26, y=-11152, z;
z=x<<3; //x的二进制值为0000 0000 0001 1010，左移3位值为0000 0000 1101 0000，
        //移位结果保存至z，z中的值为208，等于26乘以8
z=x<<11; //x值为0000 0000 0001 1010，左移11位值为1101 0000 0000 0000，
        //结果保存至z，z中的值为-12288，出错
z=y<<1; //y的二进制值为1101 0100 0111 0000，左移1位值为1010 1000 1110 0000，
        //最后z的值为-22304，等于-11152乘以2
z=y<<2; //y的二进制值为1101 0100 0111 0000，左移2位值为0101 0001 1100 0000，
        //最后z的值为20928，不等于-11152乘以4
```

2. 右移运算(>>)

右移运算的格式为：operand>>n，表示将操作数 operand 依次向右移动 n 个二进制位，并在左边补符号位。右移运算具有下列特性：

- 操作数若为正数，则在左边补 0；若为负数，则左边补 1。
- 整数右移一位相当于该数除以 2，左移 n 位则相当于除以 2^n。
- 右移操作也不影响操作数本身，仅产生一个中间结果，并不保存。

右移运算示例：

```
short a=89, b=-64, c;
c=a>>1;//a的二进制值为0000 0000 0101 1001，右移1位的值为0000 0000 0010 1100，
      //c中的值为44，该表达式相当于c=a/2
c=b>>3;//b的二进制值为1111 1111 1100 0000，右移3位的值为1111 1111 1111 1000，
      //最终c中的值为-8，相当于-64除以8
```

3. 按位取反运算(~)

按位取反运算是对操作数逐位取反，即某位的原值是 0，取反后为 1；原值是 1，取反后为 0，得到该操作数的反码。例如：

```
cout << ~1; //输出-2。因为1的8位二进制值为0000 0001，按位取反后的值为
            //1111 1110，正是数-2的补码，所以显示-2。cout<<~~1;则显示1
y = ~x;     //y中保存了x按位取反后的结果，而x的值不变
```

4. 按位与运算(&)

按位与运算对操作数逐位进行逻辑与运算。如果对应位均是 1，则该位的运算结果也为 1，否则为 0。例如，假设 X 为 98，其二进制值为 0110 0010，Y 的值为 0x0f，其二进制值为 0000 1111，则 X=X&Y 的结果为 0000 0010。

从上面的运算可以看出，按位与操作具有下面的性质：用 0 和某位相与，则结果中该位为 0；用 1 和某位相与，在结果中该位保持不变。利用该性质，程序中可以将变量的某位设置为 0，而其余保持不变。

在上面的示例中，X 的前 4 位全部置为 0，而后 4 位保持不变。

5. 按位或运算(|)

按位或运算对操作数逐位进行逻辑或运算。如果对应位均为 0，则该位的运算结果也为 0，否则为 1。例如，对于上面的 X 和 Y，X=X|Y 的结果为 0110 1111。

同按位与操作相类似，按位或操作具有将变量中的某位设置为 1，而其余位保持不变的功能。

在上面的示例中，X 的前 4 位保持不变，而后 4 位全部置为 1。

6. 按位异或运算(^)

按位异或运算对操作数逐位进行异或运算。如果对应位相同，则该位的运算结果为 0，否则为 1。异或运算有下列特性：

- 若 a^b=c，则 c^b=a(或 c^a=b)。一个量用同一个量异或两次，还原为原值。
- 两个相等的量异或，则运算结果必为 0；不相同的量异或，则运算结果不为 0。

例如：

```
150^5
```

这里无符号数 150 和 5 的二进制值分别为 1001 0110、0000 0101，异或运算结果是 1001 0011，为十进制数 147。

前面介绍过，位移运算符和赋值运算符可以组合，形成复合运算符，有下列 5 种运算符：&=、|=、^=、>>=和<<=。

例如：

```
x &= 10;        //等价于 x = x & 10;
b ^= a;         //等价于 b = b ^ a;
y >>= 3;        //等价于 y = y >> 3;
```

2.3.7 其他运算及其表达式

C++语言拓展了运算的语义，除为一些基本的运算设置了运算符，还将一些特别的操作划归为运算，并指定了专门的运算符。

下面介绍几个常用的运算符，此外，还有一些重要的运算符(如：new、delete、[]、->等)，将结合相关章节进行讲解。

1. sizeof 运算符

sizeof 运算符用于获取数据类型或表达式返回的类型在内存中所占用的字节数，它是单目运算符。语法格式为：

```
sizeof(<类型名>或<表达式>)
```

例如：

```
sizeof(float);      //返回值为 4
sizeof(x*0.5);      //返回值为 8。尽管 x 是 int 型，但因 0.5 是实数，视为 double 型
sizeof(x>10&&y<0);//返回值为 1。因为 x>10&&y<0 是逻辑表达式，值是 true 或 false
```

2. typeid 运算符

typeid 运算符用于获取数据类型或表达式运行时的类型信息，要返回名称还需要调用它的 name()函数。语法格式为：

```
typeid(<类型名>或<表达式>).name()
```

例如：

```
unsigned x=62;
typeid(x).name();             //返回值为 unsigned int
typeid(x>10&&y<0).name();     //返回值为 bool
```

3. 逗号运算符

逗号运算符用于将两个表达式连接在一起，是双目运算符。整个表达式的值取自最右边表达式。例如：

```
int t=100,z;z=t+10,t++,t*2;//z 的值为 110，t 为 101，z=t+10,t++,t*2;的值为 202
for(int i=0;i<10;i++,p++) //这是循环语句，在 i++,p++部分完成了两个变量的自增运算
```

逗号运算符在程序中并没有任何操作，但它可以使程序更简明。

需要注意的是逗号在程序中并不都是运算符，有些仅是分隔符。例如：

```
int a, b, c;     //变量声明中的逗号是分隔符
fun(x, y);       //函数声明中的参数表所用的逗号也是分隔符
```

4. 条件运算符(? :)

条件运算符是 C++中唯一的三目运算符，其语法格式为：

```
<表达式 1>?<表达式 2>:<表达式 3>
```

其中，<表达式 1>通常为关系或逻辑表达式。表达式的值根据<表达式 1>的值选择，当<表达式 1>的值为真时，表达式的运算结果为<表达式 2>的值，否则为<表达式 3>的值。

例如：

```
a>b ? a : b;                        //结果是 a,b 中的较大值
bool sex;
sex ? "男" : "女";                   //sex 为真，表达式值为字符串"男"，否则为"女"
ch>='A' && ch<='Z'  ?  ch+'a'-'A':ch;//大写字母转换为小写字母，其他字母保持不变
```

5. 取地址运算符(&)

取地址运算是指获取某个变量的内存单元地址，它是单目运算符。其语法格式为：

```
&<变量名>
```

取地址运算不能用在常量和非左值表达式前，因为它们没有内存地址。例如：

```
&x;            //取得变量 x 在内存中的存储地址值，通常是一个 4 字节大小的地址值
&(x+=10);      //返回 x 的地址
&fun;          //返回函数的入口地址
&3.14          //错误！3.14 是右值
&(x + y)       //错误！x+y 表达式不是左值
```

6. 圆括号运算符

C++中圆括号运算符可用于函数调用和强制类型转换。函数调用的格式为：

```
<函数名>(<实参表>)
```

强制类型转换的格式为：

```
(<类型名>)<表达式> 或 <类型名>(<表达式>)
```

所谓强制类型转换，是指将变量或表达式从某种数据类型转换为指定的数据类型。这种转换并不改变原变量或表达式的值，仅仅通过转换得到一个所需类型的值。此外，转换有可能导致精度受损。

例如：

```
Max(100,a);             //函数调用
unsigned int x=9;
(double)x*x+2*x-16;   //数据类型转换。表达式类型从 unsigned int 转换为 double 类型
int(3.51);              //值为 3。double 型向 int 型转换，精度受损
```

2.4　数　　组

数组(Array)是一系列具有相同类型的数据的集合，它属于构造数据类型。数组在程序设计中应用极广，许多复杂的问题都可以使用数组来进行描述。本节主要介绍数组类型的基本概念及用法。

2.4.1　一维数组

一维数组是存储相同类型数据的线性序列。数组的每个存储单元可存储一个数据，这些数据称为该数组的元素(Element)。每个元素都有一个标号，称为数组的下标(Subscript)。使用数组名和下标即可访问数组中的元素。

1. 一维数组的定义

定义一维数组的语法格式为：

```
<数据类型>  <数组名>[<常量表达式>][={<初值表>}];
```

说明：

- [<常量表达式>]中的方括号不代表<常量表达式>项可以省略，它表示所定义数组的大小(也称长度)，即存储单元的个数，并且必须是无符号整数。而[={<初值表>}]中的方括号表示该项可以省略。
- <初值表>用于在定义数组的同时给存储单元赋初始值，初值之间用逗号分隔，初值为常量表达式。

一维数组定义示例：

```
int x[10];              //定义一个数组名为 x 的整型数组，共 10 个单元，每个单元
                        //占用 4 个字节，sizeof(x)的值为 40。单元值不确定
float y[3]={0.1,0.2,0.3};    //定义一个实型数组 y，并为每个单元赋值
```

```
int z[5]={0};                //定义具有 5 个单元的数组 z，每个单元的值初始化为 0
char a[4]={'A','B',};        //定义字符数组 a，前两个单元的值依次为字符 A 和 B
int b[]={1,2,3,4,5};         //定义时没有指定数组大小，由初值表中数的个数确定，为 5
const int max=10;
double c[max+10]={0.0}; //用常量表达式定义数组大小，值为 20
int t=10,array[5];           //在同一条语句中定义变量和数组
int min=5;
short d[min];                //错误！不能用变量 min 来定义数组的大小
auto s[] = {1,2,3};          //错误！"auto"类型不能出现在顶级数组类型中
```

用变量为数组指定大小是初学者易犯的错误。VC++ 2017 开发环境具有“错误智能感知”功能，在编辑程序时就能发现这类错误，并在出错处加红色波浪线，鼠标指针停留其上，会显示错误信息。

2. 一维数组的使用

数组是用内存中一片连续的存储空间保存数据，并规定下标从 0 开始计数，即第 1 个元素的下标为 0，第 2 个为 1，依次类推。数组中任何一个元素都可以单独访问，访问数组元素的语法为：

```
<数组名>[<下标表达式>]
```

其中：<下标表达式>的值为整数，方括号不表示该项可省略。

一维数组的使用示例：

```
int score[4]={78,90,85,67},i=1;
score[0]=88;          //为 score 数组的第 1 个元素赋值，原值 78 被 88 覆盖
cout<<score[i++];     //输出 90。读取第 2 个元素，访问后 i 的值自增，为 2
cout<<score[-1];      //错误！向前越界访问，程序能运行，输出无意义的数
cout<<score[5];       //错误！向后越界访问，也显示一无意义的数
```

越界访问数组可能导致程序出错，特别是用表达式计算下标时，这种下标越界还不易被发现。C++编译器对下标越界访问不做检查，程序也能运行。对于越界读取，程序可能仅出现结果异常。但是，对于越界保存，修改了不应修改的存储单元，则可能导致程序崩溃。

【例 2-5】内存中的一维数组观察示例。

程序代码：

```
#include <iostream>
using namespace std;
int main(){
    int iArray[3];
    double dArray[2]={89.5,23.5};
    iArray[0]=10;
    cout<<"iArray 占用"<<sizeof(iArray)<<"字节，\t"
        <<"dArray 占用"<<sizeof(dArray)<<"字节。"<<endl;
    return 0;
}
```

运行结果：

```
iArray 占用 12 字节，   dArray 占用 16 字节。
```

图 2-3 所示为例 2-5 程序的跟踪窗口。

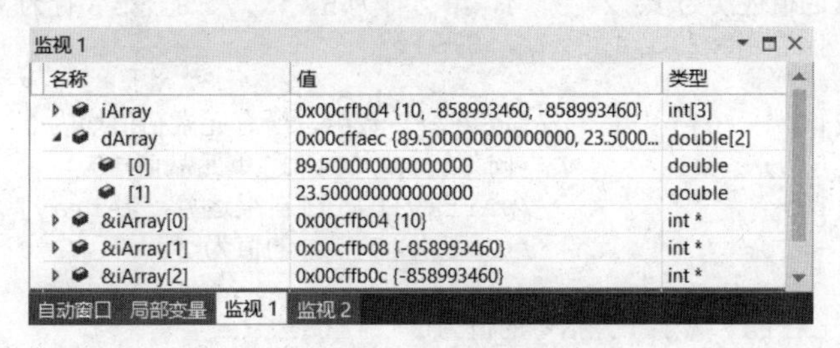

图 2-3　例 2-5 程序的跟踪窗口

跟踪与观察：

(1) 从图 2-3 可见，iArray 数组有 3 个元素，iArray[0]中的值为 10，而 iArray[1]和 iArray[2]由于没有赋值，其值为-858993460。dArray 数组有 2 个元素，分别保存了实数 89.5 和 23.5。

(2) iArray[0]、iArray[1]、iArray[2]的地址依次为 0x00cffb04、0x00cffb08、0x00cffb0c，每个地址之间相差 4，这是因为 int 型数据占 4 个字节。iArray 数组长度为 3*4=12。

(3) iArray 数组地址与 iArray[0]地址相同，都是 0x00cffb04，说明**数组名标识为数组首地址**。编译器计算 iArray[i]存储单元地址的公式为：iArray 地址+int 类型占用字节数×下标 i。

(4) 在跟踪窗口，通过&iArray[3]和&iArray[-1]可以越界访问到数组相邻的存储单元，并且能修改其中的值。

2.4.2　多维数组

对于像矩阵这样的二维结构的数据，C++支持用二维数组进行存储。多维数组是指维数大于 1 的数组，最常用的多维数组是二维和三维数组。

与一维数组相似，多维数组定义的语法格式为：

```
<数据类型>  <数组名>[<常量表达式 1>]…[<常量表达式 n>] [={<初值表>}];
```

说明：

- 常量表达式左右的方括号不可省略，数组的维数与方括号的个数相同。每个<常量表达式>的值应为正整数型常量。赋初始值项可以省略。
- C++能支持的多维数组的维数与数组所占用内存空间的大小有关。例如：

```
double mArray[10][10][2][3][4][5][6];    //正常！在 VC++ 2017 中能运行
double nArray[10000000][20];             //错误！在 VC++ 2017 中运行异常
```

多维数组的引用也是采用数组名加下标的方法，只是下标的数目应与维数相等。下面用几个例子说明多维数组的定义与使用。

```
//定义二维数组并初始化，可用于描述 2 行 3 列的矩阵
int matrix[2][3]={{1,3,5},{2,4,6}};

//定义二维数组 xArray 的同时又赋初值，第 1 个下标(行下标)没有数值
```

```
//系统会根据赋值的情况自动设置行数。xArray 共 3 行 4 列
//第 1 行各元素的值依次为 1、2、3、4，第 2 行为 5、6、7、8，第 3 行为 9、0、0、0
int xArray[][4]={1,2,3,4,5,6,7,8,9};

int yArray[2][2]={0};          //定义 2*2 数组，所有元素初值均为 0
yArray[0][1]=10;               //向 yArray[0][1]单元赋值 10
++yArray[0][1];                //yArray[0][1]自增运算，yArray[0][1]的值为 11
yArray[0][1]+=10;              //yArray[0][1]的值为 21

//根据初值表，tArray 第 1 个方括号的值为 2
int tArray[][3][2]={{{5,6},{1},{2}},{{4,8},{3,2},{9}}};
tArray[0][1][1]=100;           //tArray[0][1][1]原值为 0，赋值后为 100
```

二维数组用于描述二维的数据结构，而计算机内存是一维的线性结构，那么，二维数组在一维的内存中又是怎样存储的呢？C++采用了行优先存储规则，即先存第 1 行，再存第 2 行，直到最后一行。

二维数组可视为“数组中的数组”。例如：int matrix[2][3]数组，是一个有两个元素的一维数组，而每个元素又是一个存放 int 型数据，长度为 3 的一维数组。类似地，三维数组也可视为数据类型为二维数组的一维数组，每个存储单元中存放的是一个二维数组。图 2-4 描绘了执行 int tArray[][3][2]={{{5,6},{1},{2}},{{4,8},{3,2},{9}}};语句后，tArray 数组在内存中的存储与标识符所引用的范围。

<table>
<tr><td></td><td colspan="6">tArray[0]</td><td colspan="6">tArray[1]</td></tr>
<tr><td></td><td colspan="2">tArray[0][0]</td><td colspan="2">tArray[0][1]</td><td colspan="2">tArray[0][2]</td><td colspan="2">tArray[1][0]</td><td colspan="2">tArray[1][1]</td><td colspan="2">tArray[1][2]</td></tr>
<tr><td></td><td>tArray[0][0][0]</td><td>tArray[0][0][1]</td><td>tArray[0][1][0]</td><td>tArray[0][1][1]</td><td>tArray[0][2][0]</td><td>tArray[0][2][1]</td><td>tArray[1][0][0]</td><td>tArray[1][0][1]</td><td>tArray[1][1][0]</td><td>tArray[1][1][1]</td><td>tArray[1][2][0]</td><td>tArray[1][2][1]</td></tr>
<tr><td>值</td><td>5</td><td>6</td><td>1</td><td>0</td><td>2</td><td>0</td><td>4</td><td>8</td><td>3</td><td>2</td><td>9</td><td>0</td></tr>
<tr><td>内存地址</td><td>0x001dfcbc</td><td>0x001dfcc0</td><td>0x001dfcc4</td><td>0x001dfcc8</td><td>0x001dfccc</td><td>0x001dfcd0</td><td>0x001dfcd4</td><td>0x001dfcd8</td><td>0x001dfcdc</td><td>0x001dfce0</td><td>0x001dfce4</td><td>0x001dfce8</td></tr>
</table>

图 2-4　tArray 三维数组的存储与引用

下面的例程演示了数组在内存中的存储方法。

【例 2-6】多维数组存储方法示例。

程序代码：

```
#include <iostream>
using namespace std;
int main(){
    int matrix[2][3]={{1,3,5},{2,4,6}};
    double tArray[4][3][2]={0};
    cout<<"int matrix[2][3]所占空间为："<<sizeof(matrix)<<"字节"<<endl;
    cout<<"matrix[0]地址："<<&matrix[0]<<"，大小："<<sizeof(matrix[0])<<endl;
```

```
    cout<<"matrix[0][0]地址: "<<&matrix[0][0]<<",大小: "<<sizeof(matrix[0][0])<<endl;
    cout<<"matrix[0][1]地址: "<<&matrix[0][1]<<",大小: "<<sizeof(matrix[0][1])<<endl;
    cout<<"matrix[0][2]地址: "<<&matrix[0][2]<<",大小: "<<sizeof(matrix[0][2])<<endl;
    cout<<"matrix[1]地址: "<<&matrix[1]<<endl;
    cout<<"double tArray[4][3][2]所占空间为: "<<sizeof(tArray)<<"字节"<<endl;
    return 0;
}
```

运行结果：

```
int matrix[2][3]所占空间为：24 字节
matrix[0]地址：009CF844,大小：12
matrix[0][0]地址：009CF844,大小：4
matrix[0][1]地址：009CF848,大小：4
matrix[0][2]地址：009CF84C,大小：4
matrix[1]地址：009CF850
double tArray[4][3][2]所占空间为：192 字节
```

图 2-5 所示为例 2-6 程序的跟踪窗口。

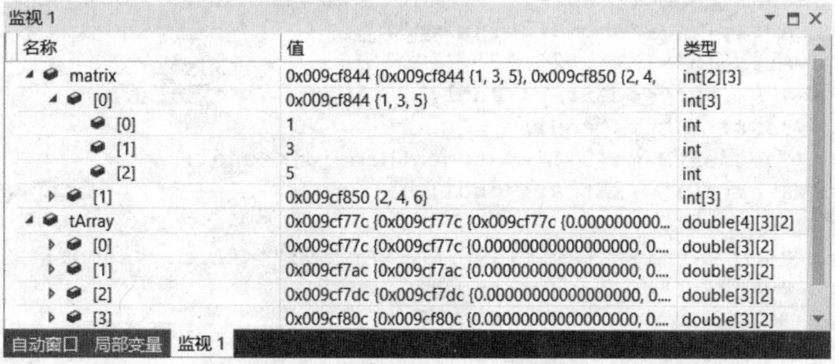

监视 1

名称	值	类型
matrix	0x009cf844 {0x009cf844 {1, 3, 5}, 0x009cf850 {2, 4,	int[2][3]
[0]	0x009cf844 {1, 3, 5}	int[3]
[0]	1	int
[1]	3	int
[2]	5	int
[1]	0x009cf850 {2, 4, 6}	int[3]
tArray	0x009cf77c {0x009cf77c {0x009cf77c {0.000000000...	double[4][3][2]
[0]	0x009cf77c {0x009cf77c {0.0000000000000000, 0....	double[3][2]
[1]	0x009cf7ac {0x009cf7ac {0.0000000000000000, 0....	double[3][2]
[2]	0x009cf7dc {0x009cf7dc {0.0000000000000000, 0....	double[3][2]
[3]	0x009cf80c {0x009cf80c {0.0000000000000000, 0....	double[3][2]

自动窗口　局部变量　监视 1

图 2-5　例 2-6 程序的跟踪窗口

跟踪与观察：

(1) 在图 2-5 中，matrix[0]的“值”项为 0x009cf844{1,3,5}、“类型”项是 int[3]，tArray[1]的“值”项为 0x009cf7ac{...}、“类型”项是 double[3][2]。图中显示 tArray 是有 4 个存储单元的一维数组，其每个单元的“类型”项为二维数组 double[3][2]。单击 tArray[0]项左侧的小箭头，展开后的 tArray[0][0]项“类型”是 double[2]，继续展开 tArray[0][0]项，可见 tArray[0][0][0]项的“类型”为 double。验证了多维数组是存储了数组的一维数组。

(2) 从“值”项可以看出，数据存放在“最里层”，即“类型”项为 int 和 double 的行是数组保存的数据。如：matrx[0][1]=3，tArray[1][1][1]=0.0000000000000000。

2.4.3　字符数组

字符数组是数据类型为 char 的数组。字符数组可以是一维的，用于存储一串字符，也可以是二维的，存储多个字符串。C++中的字符串在字符数组中是以'\0' (ASCII 值为 0 的空字符)作为结束符。字符数组的定义与使用方法和普通数组类似。例如：

```
char cArray[10]={'A','B','C'};//前 3 个元素依次为 A、B、C 的 ASCII 编码，其后均为 0
```

```
char str[30]="中华人民共和国"; //一个汉字占两个字符，前 14 个字节为汉字机内码
char studentName[][10]=
{"张三","李四","王五","赵六"}; //4 行，每行是以'\0'结束的字符串
char yArray[5]={'a','b','c','d','e'};    //存储 5 个英文字符
char xArray[5]="abcde";      //编译错误！字符串的最后值为'\0'，改为"abcd"正确
```

用字符数组存储字符串时，数组的长度应为：西文字符数加 1，或中文字符数乘 2 再加 1。这是因为 1 个西文字符的编码占用 1 个字节，1 个汉字字符的编码占用 2 个字节，加 1 是用于存储空字符。

【例 2-7】字符数组定义与使用示例。

程序代码：

```
#include <iostream>
using namespace std;
int main(){
    char cArray[5]={'A','B','C'};
    char str[30]="中华人民共和国";
    char studentName[][10]={ "张三", "李四", "王五", "赵六" };
    char xArray[24]="abcdefghijklmn";
    char yArray[5]={'1','2','3','4','5'};
    cout<<"cArray:"<<cArray<<endl;
    cout<<"str:"<<str<<endl;
    cout<<"studentName[0]:"<<studentName[0]<<endl;
    cout<<"xArray:"<<xArray<<endl;
    xArray[6]='\0';
    cout<<"执行 xArray[6]=\'\\0\';后，xArray:"<<xArray<<endl;
    cout<<"yArray:"<<yArray<<endl;
    return 0;
}
```

运行结果：

```
cArray:ABC
str:中华人民共和国
studentName[0]:张三
xArray:abcdefghijklmn
执行 xArray[6]='\0';后，xArray:abcdef
yArray:12345 烫烫烫烫蘸 bcdef
```

图 2-6 所示为例 2-7 程序的跟踪窗口。

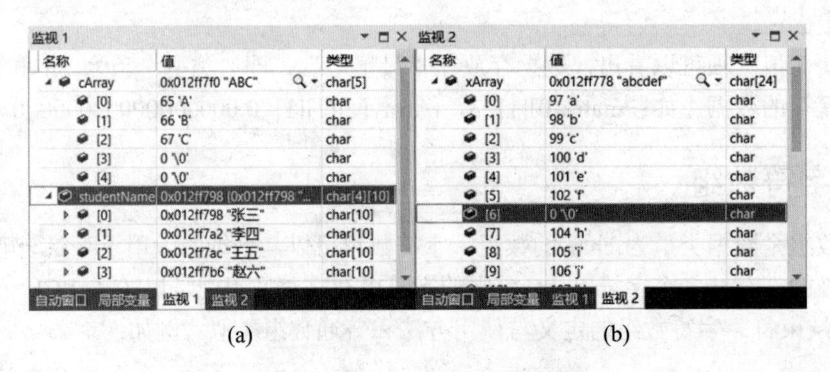

(a) (b)

图 2-6 例 2-7 程序的跟踪窗口

高等学校应用型特色规划教材

跟踪与观察：

(1) 在图 2-6(a)中，cArray 字符前 3 个字符分别是'A'、'B'、'C'。没有赋值的存储单元 VC++自动赋值为'\0'，但如果定义时没用等号进行赋初值，则系统不赋值，字符数组中的内容为随机值。

(2) 在图 2-6(a)中，二维字符数组 studentName 中存储了 4 个姓名字符串。中国人的姓名通常不超过 4 个汉字，至多需要用 9 个字节保存，本例中用了 10 个字节。

(3) 在图 2-6(b)中，xArray 字符数组首次输出显示为：abcdefghijklmn。在对 xArray[6] 赋值'\0'后，从图中可以看出，hijklmn 字符还在数组中，但是在执行 cout<<xArray;时，只输出了 abcdef。这是因为 C++只能识别空字符为结束符，空字符之后的内容不显示。

(4) yArray[5]字符数组在定义时为每个单元分别赋值字符'1'、'2'、'3'、'4'、'5'。由于最后一个字符不是空字符，因此输出了一个含乱码的字符串：12345 烫烫烫烫烫蘯 bcdef。

2.5 指针与引用

指针(Pointer)类型是 C 语言支持的数据类型，C++语言依然支持指针数据类型。引用(Reference)类型是 C++新引入的数据类型，它具有指针类型的特性，但比指针更安全，现代高级语言，如：Java、C#等都支持引用类型。

指针是 C++中较难掌握的概念，本节介绍指针和引用的基本概念与实现机理，更深入的用途和用法将在后继章节中介绍。

2.5.1 指针

指针是一种特殊的数据类型，其取值为内存地址。用指针类型说明的变量称为指针变量，其中保存了内存单元的地址。计算机可以通过指针变量中所存储的地址访问另一个内存空间或进行函数调用。

内存地址是一个整型数，系统为每个内存单元分配一个唯一的地址，正如影剧院每个座位都有一个编号一样，在 32 位计算机系统中，它是一个 4 字节大小的整数。

用基本数据类型可以定义变量，变量是程序用来保存各种类型数据的手段。类似地，可以用指针类型定义变量，用于存储另一块存储单元的地址，这种变量称为**指针变量**(简称指针)。指针变量是存放指针类型数据的变量。如图 2-7 所示，指针变量 ptr 保存了另一个变量 x 所占存储空间的首地址，利用该地址可找到变量 x，图中的“箭头”形象化地描述了指针。

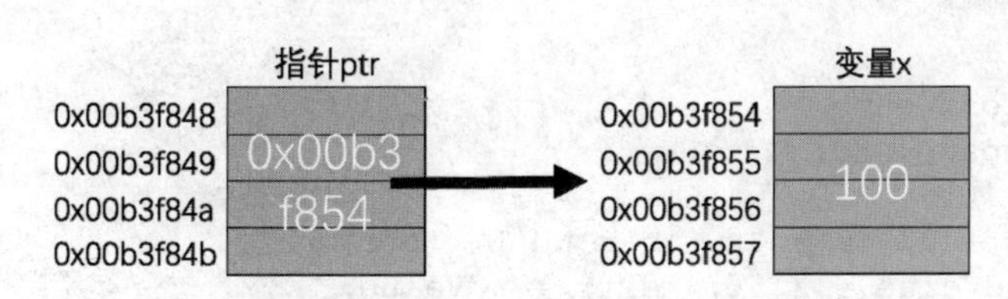

图 2-7　指针变量与被指对象间关系示意图

指针变量仅保存了被指内存块的首地址，而其大小并没有保存。那么，计算机是怎样知道要读取自首地址开始连续的几个字节呢？答案在指针变量的声明之中。指针变量在声明时需要注明被指对象的数据类型，这样就获知了被指内存块的大小。

与其他变量一样，指针变量也是先声明后使用。定义指针变量的语法格式为：

```
<数据类型> * <指针变量名>[=&<变量>];
```

说明：

- [=&<变量>]部分为可选项。在定义指针变量的同时，可以把一个变量的地址值赋给指针变量，也可以不赋。
- 星号“*”是指针类型关键字。<数据类型>应与所指向变量的数据类型相同，否则编译程序将报错。例如，int 型的指针变量只能接收 int 型变量的地址，不能存储 double 型变量的地址，反之亦然。
- **空指针**是指其值为 0x00000000 的指针变量。在程序中，用 nullptr、NULL 或 0 对指针变量进行初始化或赋值的指针是空指针。其中，nullptr 是 C++ 11 新引入的关键字，目的是消除 0 既是整数常量，又是空指针的二义性。
- **空悬指针**是没有初始化或赋值的指针变量，其值与没有赋值的普通变量一样，是不确定的。使用空悬指针将引起程序异常终止。而引用空指针则是安全的，并且空指针能参与指针运算。
- **无类型指针**是指声明为 void *类型的指针。无类型指针是有明确指向的指针，但所指存储单元的数据类型不能确定，进行强制类型转换方能访问其中的数据。
- **取地址运算符**(&)可获取变量在内存中的地址，方法是在变量名前添加取地址运算符。
- **解引用运算符**(*)可访问(读或写)指针所指变量，方法是在指针前添加解引用运算符。
- 习惯上，把指针变量、地址、指针变量的值统称为指针。

指针的定义与使用示例：

```
int x=100,* ptr=&x;        //指针变量与整型变量同时定义，ptr 中保存了 x 的地址值
cout<<*ptr<<endl;         //*ptr 中的星号是解引用运算符，访问指针所指的对象
double * q=NULL;          //定义 q 指针为空指针，与变量一样还可以赋值
int y=10;
char * p=&y;              //错误！不能将 int 类型变量的地址赋给 char 类型指针 p
int aArray[5] = {1, 2, 3, 4, 5};
int * arrayPtr=aArray;     //指向数组的指针
```

【例 2-8】观察指针在内存中的情况。

程序代码：

```
#include <iostream>
using namespace std;
int main() {
    int x = 100, *p = &x, *q = NULL, *ptr;
    double dValue = 2.56, *dPtr = &dValue;
    //ptr=&dValue;                                    //①
    cout << "指针变量 p 的值为: " << p << ",\t 它的地址是: " << &p << endl;
    cout << "    变量 x 的值为: " << x << ",\t\t 它的地址是: " << &x << endl;
    cout << "        *p 的值为: " << *p << ",\t\t 它的地址是: " << &*p << endl;
```

高等学校应用型特色规划教材

```
    cout << "指针变量 q 的值为：" << q << ",\t 它的地址是：" << &q << endl;
    //cout<<ptr<<endl;                                         //②
    return 0;
}
```

运行结果：

```
指针变量 p 的值为：008FFD64,       它的地址是：008FFD58
    变量 x 的值为：100,            它的地址是：008FFD64
       *p 的值为：100,             它的地址是：008FFD64
指针变量 q 的值为：00000000,       它的地址是：008FFD4C
```

说明：

① 该语句报告错误：不能将 double *类型的值分配到 int *类型的实体。

② 该语句报告错误：使用了未初始化的局部变量“ptr”，因为 ptr 是空悬指针。

图 2-8 所示为例 2-8 程序的跟踪窗口。

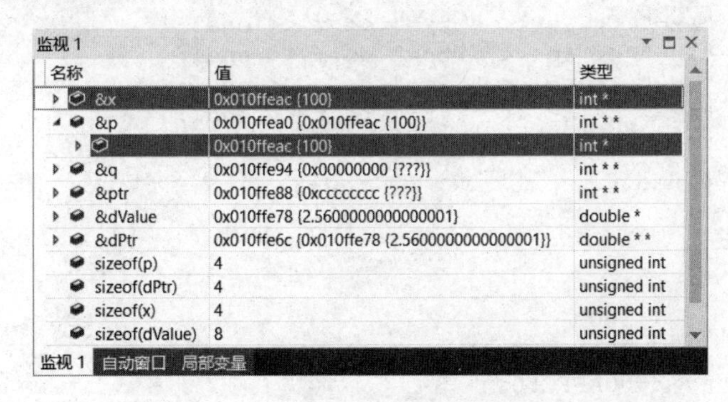

监视 1

名称	值	类型
&x	0x010ffeac {100}	int *
&p	0x010ffea0 {0x010ffeac {100}}	int * *
	0x010ffeac {100}	int *
&q	0x010ffe94 {0x00000000 {???}}	int * *
&ptr	0x010ffe88 {0xcccccccc {???}}	int * *
&dValue	0x010ffe78 {2.5600000000000001}	double *
&dPtr	0x010ffe6c {0x010ffe78 {2.5600000000000001}}	double * *
sizeof(p)	4	unsigned int
sizeof(dPtr)	4	unsigned int
sizeof(x)	4	unsigned int
sizeof(dValue)	8	unsigned int

监视 1　自动窗口　局部变量

图 2-8　例 2-8 程序的跟踪窗口

跟踪与观察：

(1) 从图 2-8 可知，指针变量 p 的值与变量 x 的地址一样是 0x010ffeac，并且类型均为 int *。变量 p 的地址是 0x010ffea0，变量 q 的地址是 0x010ffe94，变量 ptr 的地址是 0x010ffe88，变量 dPtr 的地址是 0x010ffe6c。

(2) 指针变量 q 的值是 0x00000000，指针变量 ptr 的值是 0xcccccccc。赋空指针后，q 的值为 0，是空指针。而没有赋值的 ptr 指针，其中的值为无效地址，是空悬指针。

(3) 在图 2-8 的后四行，用 sizeof 运算符分别计算了变量的大小。p 指针变量的大小为 4 字节，dPtr 指针变量的大小也是 4 字节。dValue 变量的大小为 8 字节，变量 x 的大小为 4 字节。指针变量的大小与被指对象的大小无关，因为指针变量仅存储被指对象的首地址，地址则是一个 8 位十六进制数。

2.5.2　多级指针

如果一个指针变量存放的是另一个指针变量的地址，则称该指针变量是指向指针的指针，也称为**二级指针**。二级指针的声明格式如下：

```
<数据类型> * * <变量名>;
```

说明：

- <变量名>是用于存储二级指针的变量名。
- 声明中的两个星号可以这样理解：第一个星号与<数据类型>结合，表示该指针所指对象的类型是指针类型，第二个星号与<变量名>结合，表示该变量是指针变量。

类似地，C++语言支持三级、四级等多级指针。三级指针所指向的对象是二级指针变量，四级指针中保存的是三级指针变量的首地址。

【例 2-9】观察内存中的多级指针示例。

程序代码：

```
#include<iostream>
using namespace std;
int main() {
    int x = 100;
    int * p = &x;
    int ** q = &p;
    int *** r = &q;
    int **** s = &r;
    cout << "&x=" << &x << "\tx=" << x << endl;
    cout << "&p=" << &p << "\tp=" << p << endl;
    cout << "&q=" << &q << "\tq=" << q << endl;
    cout << "&r=" << &r << "\tr=" << r << endl;
    cout << "&s=" << &s << "\ts=" << s << endl;
    return 0;
}
```

运行结果：

```
&x=00AFFCFC      x=100
&p=00AFFCF0      p=00AFFCFC
&q=00AFFCE4      q=00AFFCF0
&r=00AFFCD8      r=00AFFCE4
&s=00AFFCCC      s=00AFFCD8
```

图 2-9 所示为多级指针变量观察。

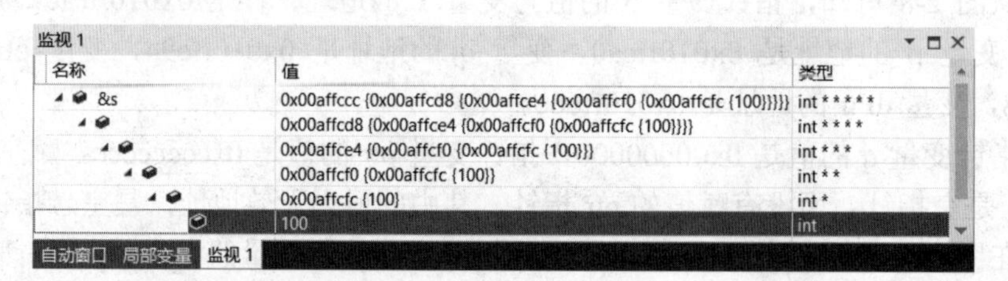

图 2-9　多级指针变量观察

跟踪与观察：

从图 2-9 和程序运行结果可知，四级指针变量 s 的存储地址是 0x00affccc，其中的值也是地址 0x00affcd8，是指针变量 r 的存储地址。依次类推，r 中保存了 q 的地址 0x00affce4，q 中保存了 p 的地址 0x00affcf0，p 中保存了 x 的地址 0x00affcfc。

2.5.3　指针运算

用取地址运算符&(也是按位与运算符)可以将变量的首地址赋值给指针变量。由于指针变量中存放的是首地址，指针运算本质上就是地址运算。对指针变量能实施的运算主要有赋值运算、间接访问运算、自增与自减算术运算、指针间的关系运算等。

1. 赋值运算

指针变量的赋值也是用等号赋值运算符，用法比较简单。例如：

```
int  xValue=123, * p=&xValue;   //指针变量 p 为值为变量 xValue 的地址
double yArray[5]={0.1,0.2,0.9,1.34,2.56};
double * ptr=yArray;              //yArray 为地址常量，是数组首地址，不用取地址
char * cPtr=0x0012fc8c;           //错误！不能用字面常量对指针变量赋值
ptr=&xValue;                      //错误！两者类型不匹配，ptr 只能指向 double 对象
```

2. 间接访问运算

一个变量被定义后，系统为其分配一块内存空间，程序可以通过变量名存取其中的值，这种访问内存的方式称为**直接访问**。借助指针，C++提供了另一种非直接的内存访问方式，称为**间接访问**。所谓间接访问，就是通过指针变量中的地址访问指针所指变量。

间接访问运算符(*)为单目运算符，其操作数为指针变量。变量的两个要素是地址和值，&称为**取地址运算**，相应地，也常称*为**取值运算**。例如：

```
int x=234, y=98, sum;
int * xPtr=&x, * yPtr=&y;
*xPtr*=2;            //相当于 y*=2; ，*xPtr 为左值，修改被指对象的值
sum=*xPtr+*yPtr;     //相当于 sum=x+y;，*xPtr 和*yPtr 均作为右值
(*yPtr)++;           //相当于 y++，y 的值为 99
```

3. 算术运算

指向数组的指针可以指向数组的任何一个单元，指针从一个单元指向另一个单元是通过专门的算术运算来实现。指针支持的算术运算有自增和自减运算、与整数的加减运算。

1) 自增、自减运算

指针的自增运算是使指针指向当前存储单元的下一个单元，自减运算的结果是指向前一个存储单元。指针移动的距离与指针定义时的数据类型相关，即以 sizeof(type)的值为单位。例如，int 类型指针每次移动 4 个字节，double 每次移动 8 个字节。例如：

```
int intArray[5] = { 100,200,300,400,500 };
//ptr 指向 intArray[2]单元
int * ptr = &intArray[2];
//先输出 intArray[2]值 300，ptr 再后移指向 intArray[3]单元，相当于(*ptr)++
cout << *ptr++ << endl;
//ptr 先后移指向 intArray[4]单元，再输出其值 500，相当于*(++ptr)
cout << *++ptr << endl;
//intArray[4]中的值先自减为 499，ptr 再前移指向 intArray[3]，相当于(--*ptr)--
cout << --*ptr-- << endl;
```

2) 与整数的加减运算

类似地，指针变量与整数相加或相减的结果是指针前移或后移若干个单元。例如：

```
int * ptr=&intArray[0]; //这里的 intArray 数组同上
ptr+=4;                 //ptr 指针从指向 intArray[0]跳转为指向 intArray[4]
cout<<*ptr<<endl;       //输出 500
cout<<*(ptr-3)<<endl;   //访问 intArray[1]单元，指针依然指向 intArray[4]，输出 200
```

```
ptr+=3;                    //错误！指针已指向数组外，程序能正常运行
```

4. 关系运算

指针的关系运算主要用于判别指针是否相等或是否为空指针。例如：

```
int * ptr1 = &intArray[4], * ptr2 = intArray;   //intArray 数组同前
ptr1==ptr2                 //返回逻辑值 false
ptr1 != nullptr            //判断 ptr1 是否为空指针，返回 true
ptr2 != NULL               //功能与上面的语句相同，NULL 还可换为 0，建议用 nullptr
//下面的比较能执行，但这是一种不安全的用法，因为两个地址的大小无实际意义
//*ptr1<*ptr2 是一种常用的方式，用于比较指对象值的大小
ptr1<ptr2
```

此外，指向数组的指针还可以进行减法运算，结果为一整数，是二地址值的差，例如，ptr2-ptr1 的值为-4。

2.5.4 指针与数组

数组名是指针常量，它总是指向数组的起始位置。指针变量是保存了另一个存储空间首地址的变量。指针变量和数组名的差别是前者的值能被修改，而后者是常量，不能修改。

指针与数组的关系非常密切。若将数组名赋给指针变量，则可通过指针的加减运算访问数组中的元素。

为提高指针使用的安全性，C++ 11 新标准引入了两个新的标准库函数 begin 和 end。它们定义在 iterator 头文件中，begin 函数返回数组首元素的指针，end 返回数组尾元素下一位置的指针。

1. 指向一维数组的指针

指向一维数组的指针与指向数组元素同类型变量的指针相同。例如：

```
int a[4]={1,3,5,7}; int * aPtr=a;   //定义数组指针 aPtr，并指向数组首单元
cout<<*aPtr;                        //输出 1
cout<<*(aPtr+2);                    //输出 5
aPtr++;                             //指向 a[1]
cout<<*aPtr;                        //输出 3
cout<<*(a+3);                       //输出 7
char b[]  { 0x41,0x42,0x43,0x44 };  //字符数组，其中有 4 个元素
auto pb = begin(b),pe=end(b);       //pb 指向数组首元素，pe 指向尾元素下一位置
for (auto p = pb; p != pe; p++)     //用 p 指针依次访问数组中的元素
    cout << *p<<",";                //输出 A,B,C,D
```

下面的等价式说明了数组与数组指针的关系。

```
a[i]==*(a+i)== aPtr[i]==*(aPtr+i)
&a[i]==a+i==aPtr+i==&*( aPtr+i)     //前提是 aPtr=a;
```

【例 2-10】用指向一维数组的指针访问数组元素和数组名访问对比。

程序代码：

```
#include<iostream>
```

```
using namespace std;
int main() {
    int xArray[5] = { 2,4,6,8,10 };
    int * xPtr = xArray;                        //xPtr 指向数组首地址
auto pbeg = begin(xArray), pend = end(xArray);//pbeg 与 xPtr 相同，指向数组首地址
    for (auto p = pbeg; p < pend; p++)      //用 for 循环输出数组中的元素
        cout << *p << ",";
    cout << endl;
    cout << "xArray[0]=" << xArray[0] << endl; //用数组名和下标访问数组中元素
    cout << "*(xArray+1)=" << *(xArray + 1) << endl;
    cout << "xPtr[2]=" << xPtr[2] << endl;      //用指针名和下标访问数组中元素
    cout << "*(xPtr+3)=" << *(xPtr + 3) << endl; //访问 xArray[3]单元
    xPtr += 4;                                  //指针后移至 xArray[4]
    cout << "xPtr+=4;*xPtr=" << *xPtr << endl; //输出 10
    cout << "xArray+4=" << xArray + 4 << "\txPtr=" << xPtr << "\txArray+4==xPtr?"
         << (xArray + 4 == xPtr ? "True" : "False") << endl;
    return 0;
}
```

运行结果：

```
2,4,6,8,10,
xArray[0]=2
*(xArray+1)=4
xPtr[2]=6
*(xPtr+3)=8
xPtr+=4;*xPtr=10
xArray+4=00AFFB90       xPtr=00AFFB90   xArray+4==xPtr?True
```

2. 指向二维数组的行指针

在 C++中，二维数组被视为数据元素是一维数组的一维数组，即每一个存储单元是一个一维数组，因此指向二维数组的指针是一维数组指针，其定义的语法格式如下：

```
<数据类型> (* <指针变量名> )[<常量表达式>];
```

说明：

- 由于[]运算符的结合性高于*运算符，因此对*和<指针变量名>加括号说明定义的变量是指针变量，而所指对象的数据类型是一维数组类型：<数据类型> [<常量表达式>]。
- 一维数组指针指向二维数组的一个存储单元，即数组中的一行，所以称其为**二维数组行指针**。

用一维数组指针指向二维数组并访问存储单元的方法与一维数组相比相对复杂些，但其原理是相同的。例如：

```
int b[][3]={{11,12,13},{21,22,23},{31,32,33},{41,42,43}};
int (* bPtr)[3]=b;                              //一维数组指针指向二维数组 b
cout<<"b[1][2]="<<b[1][2]<<endl;                //普通方式访问数组元素，输出 23
cout<<"bPtr[1][2]="<<bPtr[1][2]<<endl;          //等价于 b[1][2]，输出 23
cout<<"*(*(b+2)+1)="<<*(*(b+2)+1)<<endl;        //输出 32
cout<<"*(*(bPtr+2)+1)="<<*(*(bPtr+2)+1)<<endl;  //输出 32
bPtr++;                                         //指向第 2 行{21,22,23}
cout<<"*(*(bPtr+0)+2)="<<*(*(bPtr+0)+2)<<endl;  //输出 23
```

【例 2-11】指向二维数组的指针访问一维数组示例。

程序代码:

```
#include<iostream>
using namespace std;
int main() {
    int bArray[4][3] = { {1,2,3},{4,5,6},{7,8,9},{10,11,12} };
    int (*p)[3] = bArray;                              //指向 bArray 的行指针
    cout << "p[1][2]==bArray[1][2]?"
        << (p[1][2] == bArray[1][2] ? "True" : "False") << endl;
    for (int i = 0; i < 4; i++) {
        for (int j = 0; j < 3; j++)
            cout << "\t" << *(*(p + i) + j);              //①
        cout << endl;
    }
    p++;                                               //p 指向行 bArray[1]
    cout << "以*(*(p)+i)方式访问: " << endl;
    for (int i = 0; i < 3; i++)
        cout << "\t" << *(*(p)+i);                     //②
    cout << endl;
    cout << "以*(*(p+i))方式访问: " << endl;
    for (int i = 0; i < 3; i++)
        cout << "\t" << *(*(p + i));
    cout << endl;
    return 0;
}
```

运行结果:

```
p[1][2]==bArray[1][2]?True
    1   2   3
    4   5   6
    7   8   9
    10  11  12
以*(*(p)+i)方式访问:
    4   5   6
以*(*(p+i))方式访问:
    4   7   10
```

程序说明:

① *(*(p+i)+j)==bArray[i][j]，因为 p==bArray==bArray[0]，所以 bArray[i][j]==p[i][j]==*(p[i]+j)==*(*(p+i)+j)==(*(p+i))[j]。

② 执行 p++后，p==bArray[1]，所以*(*(p)+i)== *(*(p+0)+i)，输出第 2 行内容。而*(*(p+i))==*(*(p+i)+0)，故输出第 2、3、4 行的首元素。

3. 指针数组

指针数组是数据类型为指针的数组，数组中保存的是指向其他变量的指针。其定义的语法格式如下:

```
<数据类型> * <数组名>[<常量表达式>];
```

说明：

- <数据类型> *是指针类型，声明了数组所能存储的数据类型。数组中每个单元的大小为 4 字节，与所指对象的大小无关。
- 注意指针数组与行指针之间的区别。若在星号*和<数组名>的左右用括号增加结合性，则<数组名>实为行指针变量名。

【例 2-12】利用指针数组间接访问字符串。

程序代码：

```
#include<iostream>
using namespace std;
int main() {
    char str1[] = "邮编：223300";    //字符数组
    char str2[] = "\t 江苏省淮安市长江西路 111 号";
    char str3[] = "\t\t 淮阴师范学院计算机科学与技术学院";
    char str4[] = "\t\t\t 张某某\t 收";
    char * pArray[4];                //指针数组，不同于 char (* pArray)[4];
    pArray[0] = str1;
    pArray[1] = str2;
    pArray[2] = str3;
    pArray[3] = str4;
    for (int i = 0; i < 4; i++)
        cout << pArray[i] << endl;
    return 0;
}
```

运行结果：

```
邮编：223300
    江苏省淮安市长江西路 111 号
        淮阴师范学院计算机科学与技术学院
            张某某    收
```

2.5.5　引用

引用(Referene)又称为别名(Alias)，是给一个已定义的变量或表达式另命名一个名称。在程序中，用变量名可以访问变量的值，也可以用它的别名存取变量的值。正如除姓名外，有人在家有“小名”，在宿舍还有“绰号”一样，一个变量的别名可以有多个。引用类型主要用于说明函数的形参和返回值。

C++ 11 引入了**右值引用**(Rvalue Referance)新特性，并把 C++ 98 中的引用改称为**左值引用**(Lvalue Referance)。右值引用主要用于支持对象移动和完美转发(在后继章节中介绍)，以减少临时对象的创建和销毁，进而提高应用程序的性能。

1. 左值引用

左值引用类型的定义格式如下：

```
<数据类型> & <左值引用变量名> [=<变量名>];
```

说明：

- &符号是用于声明左值引用类型的关键字。
- <数据类型>必须与被引用变量的数据类型完全相同。
- 引用变量只在定义时赋初值，之后引用变量不再接收另一个变量名的赋值。

左值引用类型变量的定义与使用示例：

```
int x=200,y=600,* ptr=&y,ary[5]={1,2,3,4,5};
int & iRef=x;                //iRef 为变量 x 的别名
iRef=y;                      //等价于 x=y，将 y 的值赋给被引用变量
int & re;                    //错误！需要对 re 初始化
auto & ra = x;               //ra 为 int &类型
int * & pRef=ptr;            //pRef 为指针 ptr 的别名。cout<<*pRef; 输出 600
double & dRef=y;             //错误！类型不匹配
int (& aryRef)[5] = ary;     //aryRef 为数组 ary 的别名
int & s = ary[2];            //s 为 ary[2]单元的别名
```

【例 2-13】观察左值引用类型变量在内存中的情况。

程序代码：

```
#include <iostream>
using namespace std;
int main() {
    int x = 200, y = 600, a[3] = {5,6,7};
    int & xRef = x;               //iRef 为 x 的左值引用
    int * xPtr, *yPtr;
    xPtr = &xRef;                 //等价于 pPtr=&x，两者地址相同
    yPtr = &y;                    //yPtr 指向 y
    auto * & pRef = yPtr;         //指针 yPtr 的左值引用
    int(&ra)[3] = a;              //数组 a 的左值引用 ra
    //显示 x、xRef 和 xPtr 的地址与值
    cout << "&x=" << &x << "\t\t x=" << x << endl;
    cout << "&xRef=" << &xRef << "\t\t xRef=" << xRef << endl;
    cout << "&xPtr=" << &xPtr << "\t\t xPtr=" << xPtr << endl;
    //显示 y、yPtr 和 pRef 的地址与值
    cout << "&y=" << &y << "\t\t y=" << y << endl;
    cout << "&yPtr=" << &yPtr << "\t\t yPtr=" << yPtr<< endl;
    cout << "&pRef=" << &pRef<< "\t\t pRef=" << pRef << endl;
    //显示数组 a 和其别名 ra 的地址与值
    cout << "&a=" << &a << "\t\t a[1]=" << a[1] << endl;
    cout << "&ra=" << &ra << "\t\t ra[1]=" << ra[1] << endl;
    return 0;
}
```

运行结果：

```
&x=003CFA64            x=200
&xRef=003CFA64          xRef=200
&xPtr=003CFA2C          xPtr=003CFA64
&y=003CFA58            y=600
&yPtr=003CFA20          yPtr=003CFA58
&pRef=003CFA20          pRef=003CFA58
&a=003CFA44            a[1]=6
&ra=003CFA44            ra[1]=6
```

图 2-10 所示为例 2-13 程序的跟踪窗口。

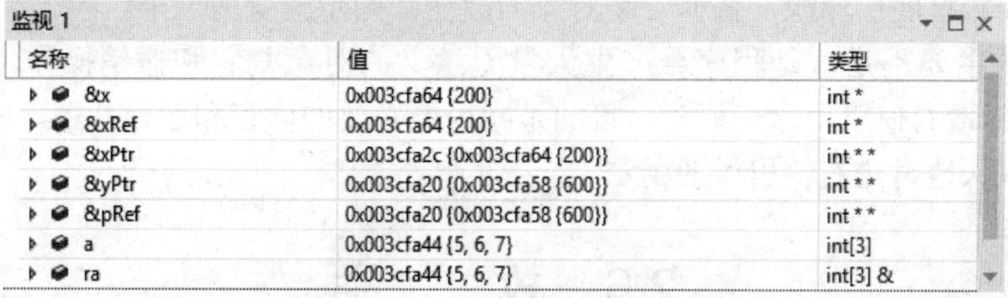

监视 1

名称	值	类型
&x	0x003cfa64 {200}	int *
&xRef	0x003cfa64 {200}	int *
&xPtr	0x003cfa2c {0x003cfa64 {200}}	int * *
&yPtr	0x003cfa20 {0x003cfa58 {600}}	int * *
&pRef	0x003cfa20 {0x003cfa58 {600}}	int * *
a	0x003cfa44 {5, 6, 7}	int[3]
ra	0x003cfa44 {5, 6, 7}	int[3] &

图 2-10　例 2-13 程序的跟踪窗口

跟踪与观察：

(1) 从图 2-10 可见，xRef 是变量 x 的别名，它们的地址与值均相同，而指针 xPtr 的地址与它们不同。

(2) pRef 是指针 yPtr 的别名，ra 是数组 a 的别名，均是内存中另一个实体的不同名称。

关于引用类型，读者可能会有这样的疑问：既然用变量名能直接访问到一个变量的值，为什么还要给它起个“别名”，用别名来访问它呢？其实，C++设计引用类型的目的是方便程序模块之间数据的传递。如前所述，引用类型主要用于函数的形参和返回值。

2. 右值引用

右值引用是对将亡值或纯右值(参见 2.3.3 节)的引用。右值引用类型的定义格式如下：

```
<数据类型> && <右值引用变量名> [=<右值表达式>];
```

说明：

- &&符号是用于声明右值引用类型的关键字。
- <数据类型>与右值表达式的类型相同。
- 右值引用必须在定义时初始化，并且不能用左值对其赋初值。

右值引用类型变量的定义与使用示例：

```
int x = 10, y = 20;
auto && rr = x + 10;               //rr 类型是 int &&, x+10 为右值表达式
auto && rrl = x;                   //rrl 类型是 int &, x 为左值, rrl 转化为左值引用
auto & r = x;                      //r 类型是 int &, r 为左值引用
auto && rm = std::move(x);         //rm 类型为 int &&, std::move(x)把左值转为右值
auto && rx = 3.41 + x;             //rx 类型为 double &&, 表达式的类型为 double
auto && ry = sin(3.14159);         //ry 类型为 double &&, 引用临时对象
auto & ryl = sin(3.14159);         //错误! 非常量引用的初始值必须为左值
int(&& ra)[3] = {1,3,5};           //ra 类型为 int[3] &&, 是数组的右值引用
auto * ptr = &y;                   //ptr 类型为 int *
auto * && rrp = ptr;               //错误! 无法将右值引用绑定到左值, ptr 为左值
auto * && rrp = ptr+0;             //rrp 类型为 int * &&, ptr+0 为值
cout << *rrp << endl;              //输出 20
int && er;                         //错误! 需要初始化 er
```

C++语言中的对象是**值语义**(Value Sematics)。所谓值语义是一个对象被系统标准的复制方式复制后，与被复制的对象之间彼此独立，互不影响。与之相对，Java 和 Python 语言

中的对象是引用语义(Reference Sematics)，又称**对象语义**(Object Sematics)，是指复制对象与原对象之间共享底层资源，任何一个对象的改变都同步改变另一个。

值语义的主要不足，是程序会产生大量无意义的对象复制和撤销操作，降低运行效率。C++ 11 新增右值引用这一概念，目的是减少不必要的内存和运行开销。在教材的后继章节，将更深入地讨论右值引用的用法。

2.6 枚　　举

枚举(Enumeration)类型是一种构造数据类型，它是由用户定义的若干个语义相关的枚举常量组成的集合。应用枚举类型可增加程序的可读性，常用于描述程序中的状态量。

C++ 98 中的枚举类型源自 C 语言，其在程序中的作用范围没有限定，被称为无作用域限定枚举(Unscoped Enum)。C++ 11 引入了一种新的枚举类型，称为强类型枚举(Strong-typed Enum)或限定作用域枚举(Scoped Enum)。

2.6.1 无作用域限定枚举

无作用域限定枚举类型定义的语法格式如下：

```
enum [<枚举类型名>] {<枚举常量表>} [<变量表>];
```

说明：

- enum 是枚举类型关键字，<枚举类型名>为用户定义的标识符。如果枚举类型名省略，则该枚举为匿名枚举类型。
- 枚举常量是用户定义的标识符，它们之间用逗号分隔构成枚举常量表，一个枚举类型应含有多个枚举常量。
- 在枚举常量表中，可对枚举常量指定特定数值。若省略，则其值是前一个枚举常量值加 1。第 1 个枚举常量如果不指定特定值，其默认值为 0。
- 枚举类型定义后，<枚举类型名>即成为新的数据类型名称，与 int 数据类型一样可用其定义枚举变量。
- 枚举型变量的取值范围是整数，占用的字节数为 4。

无作用域限定枚举类型定义与用法举例：

```
enum Color{Red,Yellow,White,Blue,Black};  //Red=0,Yelloe=1,
White=2,Blue=3,Black=4
Color clothes=White;     //定义枚举型变量 clothes 并赋初值 White
clothes=2;               //错误！类型不匹配，不能用整数对枚举型变量赋值
clothes=Blue;            //变量 clothes 值为 Blue
clothes!=Red;            //关系运算，值为真
enum Months {            //声明 Months 枚举类型
      January = 1, February, March, April, May, June,
      July, August, September, October,November, December
}  currentMonth = February;      //定义变量 currentMonth 且用 February 初始化
enum { Sun, Mon = 10, Tue, Wed = 16, Thu, Fri, Sat }  //声明匿名枚举类型
      today = Fri, tomorrow = Tue;                   //定义变量
cout << "Tue=" << tomorrow << "\tFri=" << today << endl;// 输出 Tue=11, Fri=18。
```

【例 2-14】无作用域限定枚举类型示例。

程序代码：

```
#include <iostream>
using namespace std;
enum WeekDay{Sun,Mon,Tue,Wed,Thu,Fri,Sat};         //声明枚举类型
int main() {
    enum Weight { General, Light, Medium, Heavy } myWeight=Medium;
    //enum Height { General, Low, Medium, High }; //①
    WeekDay today = Fri, tomorrow = Sat;
    cout << std::boolalpha;                          //设置布尔型量输出格式
    cout << "today==Mon ? " << (today == Mon) << endl; //枚举量的逻辑运算
    cout << "today is " << today <<"\tsizeof(today)="
<<sizeof(today)<<endl;                               //②
    cout << "tomorrow-today=" << (tomorrow - today) << endl; //相当于整数的算术运算
    cout << "Medium>=Sun ? "<< (Medium >= Sun) <<endl; //③
    int x = Sun;                                //允许用枚举常量给 int 类型的变量赋值
    cout << "x=" << x << endl;
    cout << "Light-Fri=" << (Light-Fri) << endl;    //结果为-4
    return 0;
}
```

运行结果：

```
today==Mon ? false
today is 5      sizeof(today)=4
tomorrow-today=1
Medium>=Sun ? true
x=0
Light-Fri=-4
```

程序说明：

(1) 编译器报告 C2365 错误，内容是 main::General 和 main::Medium 重定义。在传统的无作用域限定枚举类型中，枚举常量是全局可见的，因而不容许同时定义名称完全相同的 General 和 Medium 枚举常量。

(2) 从运行结果可见，枚举类型的大小是 4 字节，today 的值是整数 5。

(3) 枚举类型被视为 int 型整数，不同的枚举类型可以进行比较。

2.6.2　强类型枚举

强类型枚举是 C++ 11 新引入的类型，用于解决传统枚举类型不具类型安全性、全局作用域等问题。强枚举类型定义的语法格式如下：

```
enum class <强枚举类型名> [:<类型>] {<枚举常量表>} [<变量表>];
```

说明：

- enum class 是强枚举类型关键字，其中 class 也可用关键字 struct 替换，它们之间无任何区别。
- <强枚举类型名>为用户定义的标识符，强枚举类型名不可省略，禁止定义匿名强

枚举类型。

- 可选项[:<类型>]用于指定底层类型，默认为 int，用户可以指定除 wchar_t 以外的任何一种整数类型。

强枚举类型定义与使用注意点：

```
enum class WeekDay :char { Sun, Mon, Tue, Wed, Thu, Fri, Sat };//Sun=0
WeekDay today = Fri;                                //错误！WeekDay::Fri 正确
enum struct { Right, Left } direction;              //错误！不支持匿名强枚举类型
enum class Weight :double { General, Light, Medium, Heavy };
                                                    //错误！底层类型必须是整型
```

【例 2-15】强枚举类型示例。

程序代码：

```
#include <iostream>
using namespace std;
int main() {
    enum class Weight:unsigned{ General, Light, Medium, Heavy } w =
Weight::Medium;
    enum struct Height:char { General=0x01, Low, Medium, High };
    //允许枚举常量相同
    Height h = Height::Medium;
    //cout << (w>=h) << endl;   //编译失败！Weight 与 Height 类型变量间不能运算
    cout << "w >= Weight::Heavy ? " << (w >= Weight::Heavy) << endl;
    //结果为假(0)
    cout <<"sizeof(w)="<< sizeof(w) << "\tsizeof(h) = " << sizeof(h) <<
endl;//4 和 1
    //cout << "" << (Height::High - Height::Low) << endl;
    //编译失败！不支持“-”运算
    //int x = Height::General;                   //编译失败！不支持自动类型转换
    int y = (int)Height::General;                //编译通过，支持强制类型转换
    cout << "y = " << y << endl;                 //y=1
    return 0;
}
```

2.7　标准库类型 string

字符数组是 C 语言处理字符串的机制，C++标准库中的 string 类型支持长度可变的字符串，其中封装了二十多个功能函数，满足对字符串一般应用的需要。

与字符数组相比，string 类型字符串具有长度可动态调整且操作安全的特点。string 类型是用 char 类型实例化 basic_string 类模板获得的模板类，VC++ 2017 中的声明如下：

```
typedef basic_string<char, char_traits<char>, allocator<char>> string;
```

string 类型对象的定义与用法示例：

```
string s1 = "C++ programming language.";   //"C++ programming language."
string s2("Visual C++ 2017.");             //"Visual C++ 2017."
string s3 = s2.substr(7, 3);               //"C++"
string s4 = s3 + " 11 新标准。";            //"C++ 11 新标准。"
s4.insert(0, "我们在学习");                 //"我们在学习 C++ 11 新标准。"
```

```
s2.erase(s2.begin() + 10,s2.end());     //"Visual C++"
s1.replace(24,1,3,'!');                 //"C++ programming language!!!"
```

【例 2-16】标准库类型 string 应用示例。

程序代码：

```
#include<iostream>
#include<string>                                    //需要包含 string 文件
using namespace std;
void main() {
    string str;
    cout << "请输入一字符串：";    cin >> str; //从键盘输入字符串
    cout << "字符串 str 长度：" << str.length() << endl;//显示字符串长度
    str += "hytc.edu.cn";                          //str 尾部添加"hytc.edu.cn"
    cout << str << endl;
    str.insert(22, ":http://");                    //第 22 位插入字符串":http://"
    cout << str << endl;
    str.replace(0, 12, "淮师");                     //替换前 12 个字符为"淮师"
    cout << str << endl;
    str.erase(str.begin(),str.end()-18);    //保留后 18 个字符，其余删除
    cout << str << endl;
}
```

运行结果：

```
请输入一字符串：淮阴师范学院官网网址是↙
字符串 str 长度：22
淮阴师范学院官网网址是 hytc.edu.cn
淮阴师范学院官网网址是:http://hytc.edu.cn
淮师官网网址是:http://hytc.edu.cn
http://hytc.edu.cn
```

2.8　标准库类型 vector

vector 称为向量(或矢量)，是 C++标准库中一个十分有用的**容器**(Container)。与数组类似，它能存放各种类型的元素，是一组相同类型数据元素的集合。与数组不同，vector 的长度能动态地调整，在程序运行时增大或减小其容量。

vector 是一个类模板，类模板不能直接定义对象，需先指定其所存储元素的数据类型，即实例化为模板类，再用模板类定义对象。格式如下：

```
vector<元素类型> 变量名;
```

标准库中的容器都提供**迭代器(Iterator)**，以便算法可以采用标准方式访问其元素，而不必考虑用于存储元素的容器类型。迭代器是一个对象，可以循环访问容器中的元素，并提供对各个元素的访问。

vector 类模板中封装了多个成员函数，下面是几个常用的函数。

```
clear()          //清除容器中所有数据元素
empty()          //判断容器是否空
erase(p)         //删除 p 位置的数据
front()          //返回首元素
```

```
insert(p,e)       //在p位置插入元素e
pop_back()        //删除末尾处的元素
push_back(e)      //在末尾处添加一个元素e
resize(n)         //重新设置该容器的大小
size()            //返回容器中实际数据的个数
begin()           //返回指向容器第一个元素的迭代器
end()             //返回指向超过容器末尾的迭代器
```

下面列举 vector 类型对象的定义与初始化方法、迭代器定义与使用。

```
vector<int> iVec1(10,1);              //iVec1中有10个元素，每个值都是1
vector<int> iVec2{10,1};              //iVec2中有2个元素，分别是10和1
vector<int> iVec3= iVec1;             //iVec3 与iVec1相同
vector<string> strVec{"Alice", "Bob"};
//等价于vector<string> strVec={"Alice","Bob"};
vector<tring>::iterator it=striVec.begin();     //指向第一个元素
it++;cout<<*it<<endl;                           //输出Bob
```

【例 2-17】标准库类型 vector 用法示例。

程序代码：

```
#include<iostream>
#include<vector>                    //支持引用标准库类型vector
#include<algorithm>                 //支持使用sort函数
using namespace std;
void print(vector<int> & iv) {  //自定义print函数，输出iv中元素
    cout << "ivec={";
    for (auto x : iv)               //循环语句，输出iv中全部元素
        cout << x << ",";
    cout << "}"<<endl;
}
int main() {
    vector<int> ivec={2,4,6,8,10}; //定义vector类型对象ivec
    for (int i = 1; i < 10; i+=2)  //插入元素1，3，5，7，9
        ivec.push_back(i);
    print(ivec);                    //输出ivec中所有元素
    sort(ivec.begin(), ivec.end());//ivec中元素从小到大排序
    print(ivec);
    return 0;
}
```

运行结果：

```
ivec={2,4,6,8,10,1,3,5,7,9,}
ivec={1,2,3,4,5,6,7,8,9,10,}
```

2.9 标准库类型 map

map 是标准库中一个关联容器，称之为映射。map 中的元素是关键字-值(key-value)对，其中关键字用于索引，值为与索引相关联的数据。从功能上，map 与数组十分类似，不同之处在于数组是用下标索引存储元素，而 map 则是通过关键字索引数据，故 map 又称为关联数组(Associative Array)。

map 容器内部的元素默认是按照关键字 key 从小到大排序。map 类模板定义对象时，需要分别指明关键字和值的数据类型，格式如下：

```
map<关键字类型,值类型> 变量名;
```

标准库类型 map 基本用法如下：

```
map<int, string> mapStudent{ { 1001,"张三" },{ 1002,"李四" } }; //定义对象并赋初值
mapStudent.insert(map<int, string>::value_type(1003, "王五"));//插入新元素
{1003,"王五"}
mapStudent.insert(pair<int, string>(1004, "赵六"));//插入新元素{1004,"赵六"}
mapStudent[1005] = "田七";                              //添加新元素{1005,"田七"}
mapStudent.erase(1003);                                 //删除元素{1003,"王五"}
mapStudent.clear();                                     //清空全部元素
```

【例 2-18】标准库类型 map 用法示例。

程序代码：

```
#include<iostream>
#include<map>                                           //包含 map 文件
#include<string>
using namespace std;
int main() {
    map<string, string> postalCode                      //对象声明
            { {"北京市","100000"},{"上海市","200000"} }; //同时，赋初始值
    postalCode.insert(pair<string,string>("南京市", "210000"));//①插入新元素
    postalCode["淮安市"] = "223000";                     //另一种方式添加新元素
    for (auto x : postalCode)                           //②
        cout << x.first << " 邮政编码：" << x.second << endl;
    postalCode["淮安市"] = "223001";                     //修改元素值为 223001
    cout <<"\"淮安市\"项修改后的值为："<<postalCode["淮安市"]<< endl;
    return 0;
}
```

运行结果：

```
北京市 邮政编码：100000
淮安市 邮政编码：223000
南京市 邮政编码：210000
上海市 邮政编码：200000
"淮安市"项修改后的值为：223001
```

程序说明：

(1) pair 也是标准库类型，其包含两个数据类型。关联容器 map 和 multimap 常用 pair 操作成对元素。

(2) 从运行结果可知，数据在 map 中是按关键字首字编码顺序存储的。

2.10　结构体与联合

结构体是 C 语言引入的构造数据类型，C++语言对其进行了扩展，具有与类类型类似的能力。结构体中不仅有数据成员，还可以有成员函数支持相关操作的描述。联合是 C 语言就有的数据类型，其特点是多个数据成员共用同一块内存空间。

2.10.1 结构体

描述现实世界中一个实体往往包含多条目的信息，例如一本书就有书名、作者、价格、ISBN 和出版社等信息。结构体是将多种数据类型组合在一起的构造数据类型，它是根据实体信息描述的，需要由用户自定义。格式如下：

```
struct [<结构体名称>] {
    <数据类型 1>  <数据成员名 1>;
    [<数据类型 2>  <数据成员名 2>;
    ……
    <数据类型 n>  <数据成员名 n>;]
}   [<变量名>];
```

说明：

- 结构体类型定义用 struct 关键字开头。<结构体名称>通常与描述的实体名称有关，结构体名称可以省略。无名称的结构体可直接定义变量，但在程序的其他位置将不能使用该结构体定义变量。
- <数据类型>可以是基本数据类型，也可以是包括结构体自身的各种构造数据类型。<数据成员>在旧标准中是不能赋初值的，C++ 11 新标准允许。
- 结构体是一种用户自定义的数据类型，可以用其定义变量、指针、数组等。
- 结构体变量访问其数据成员的方法是用点运算符(.)，而指向结构体变量的指针访问所指变量中数据成员的方法是用箭头运算符(->)。

结构体定义与用法如下：

```
struct Book {
    char name[30]="Python 数据分析基础";              //书名
    char author[20]="余本国";                        //作者
    double price=39.00;                              //价格
    char press[30]="清华大学出版社";                  //出版社
} myBook, * ps = & myBook;                           //ps 是结构体指针
cout << ps->name << "\t" << myBook.author << endl; //Python 数据分析基础 余本国
```

C++可使用 typedef 为已由语言定义的类型或用户自己声明的类型，命名更短或更有意义的类型别名(Type Alias)，简化类型声明。例如：

```
typedef struct  {                  //用 typedef 声明类型别名
    int x, y;
} Point;                           //Point 为结构体类型
typedef struct {
    Point center;                  //圆心
    double radius;                 //半径
} Circle;                          //Circle 为结构体类型
Circle ary[3];                     //结构体数组
```

C++ 11 扩展了 using 的用途，允许其定义类型别名。与 typedef 不同的是，using 支持别名模板声明。例如：

```
using iary = int [5];              //using 声明 iary 为 int [5]类型数组别名
iary x = { 1,2,3,4,5 };            //等价于 int x[5]={1,2,3,4,5}
using Person = struct {
    string IDnum;                  //身份证号
```

```
    string name;            //姓名
    bool   sex;             //性别
};
Person p[10];               //p 为 Person 类型数组，大小为 10
```

【例 2-19】班级学生信息显示程序。

程序代码：

```
#include<iostream>
#include<string>
using namespace std;
using Student = struct {          //声明 Student 为结构体类型
    int snum;                     //学号
    string sname;                 //姓名
};
int main() {
    Student myClass[3];           //含有 3 个学生信息的结构体数组
    myClass[0].snum = 1001; myClass[0].sname = "张三";
    myClass[1].snum = 1002; myClass[1].sname = "李四";
    myClass[2].snum = 1003; myClass[2].sname = "王五";
    for (auto it : myClass)
        cout << it.snum << "\t" << it.sname << endl;
    return 0;
}
```

运行结果：

```
1001    张三
1002    李四
1003    王五
```

2.10.2　联合

联合数据类型的定义是用关键字 union 开头(也称共用体类型)。与结构体类似，其中可以定义多个不同类型的数据成员，这些数据成员共享同一段内存，这是联合类型的重要特征。一个被声明为联合类型的变量中，每次只能对其中一个数据成员赋值，新值会覆盖旧值。例如：

```
union Test {
    int x;
    double y;
    char ch[4];
} unVar;
unVar.x = 300;              //unVar 中的值为 300
unVar.y = 123.456;          //当前 unVar 中的值为 123.456
cout << sizeof(unVar) << endl;//输出 8，共享空间大小取 Test 中最大的 double 类型
```

与结构体类型变量不同，联合类型变量占用内存的大小等于其各数据成员中最大者。而一个结构体变量的大小不小于其各数据成员长度之和。

修改上面的 union Test 为 struct Test，下面语句的运行结果分别是 16 和 24。

```
cout << sizeof(unVar.x) + sizeof(unVar.y) + sizeof(unVar.ch) << endl;//16
cout << sizeof(unVar) << endl;                                       //24
```

如果把结构体 Test 中的 int x;调整到结构体的最后行，则上面代码的运行结果均是

16。那么，为什么结构体变量的长度会超过其各数据成员长度之和，并且大小会与数据成员定义的先后位置相关呢？这与 CPU 从内存读取数据的方式有关。计算机从内存中读写数据时都是按字大小块来进行操作的，在 32 位系统中，数据总线宽度为 32，每次能读取 4 字节。内存地址对齐就是数据在内存中的偏移地址必须等于一个字的倍数，按此方式存储，可一次完成读取操作，提升系统的性能。

如图 2-11 所示，结构体变量 unVar 中数据成员项 x、y、ch 在内存中的首地址依次为 0x131c470、0x131c478 和 0x131c480。为了对齐结构体数据，在 x 和 y 之间有 4 个字节没有使用。此外，结构体的总大小为结构体最宽基本类型成员大小的整数倍，如有需要，编译器会在最末一个成员之后加上填充字节，因而 ch[4]数据成员之后有个填充字节。修改结构体 Test 中 ch[4]为 ch[5]，运行程序可见 unVar 的大小依然是 24。

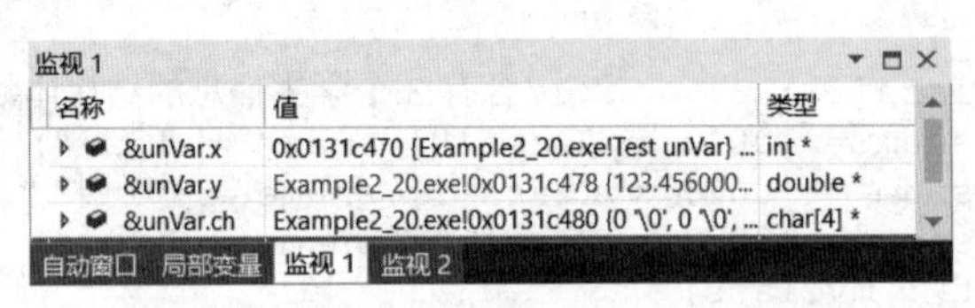

图 2-11　结构体变量中数据成员

【例 2-20】测试当前系统是大端还是小端存储格式。

大端(Big Endian)和小端(Little Endian)是表示计算机字节顺序的两种格式。所谓字节顺序指的是长度跨越多个字节的数据的存放形式。大端是低字节在高内存地址，小端则是低字节在低内存地址。例如，int x=0x12345678;中的 x 为 4 字节，其中低字节是 0x78，高字节是 0x12。图 2-12 直观地说明了大端与小端两种存储格式的差别。

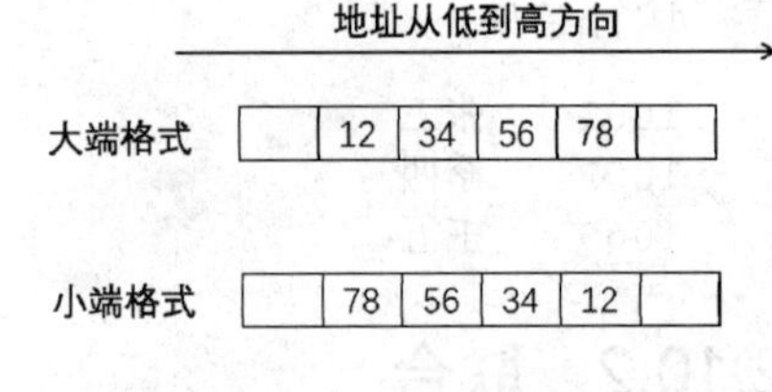

图 2-12　大端、小端存储格式示意图

程序代码：

```
#include <iostream>
using namespace std;
union BigLittleEndian {                    //联合体
    short var;
    char bits[sizeof(short)];
};
int checkBigLittle() {
    BigLittleEndian bleTest;
    bleTest.var = 0x0102;
    if (sizeof(short) == 2) {
        if (bleTest.bits[0] == 1 && bleTest.bits[1] == 2)
            return 0;                      //大端格式
        else if (bleTest.bits[0] == 2 && bleTest.bits[1] == 1)
            return 1;                      //小端格式
        else
            return -1;                     //方法无效
    }
    return -1;
}
int main(){
```

```
    int flag= checkBigLittle();
    if(flag == 1)
        cout << "本机器是小端格式。" << endl;
    else
        if(flag == 0)
            cout << "本机器是大端格式。" << endl;
    else
        cout << "测试方法无效。" << endl;
    return 0;
}
```

2.11 案例实训

1. 案例说明

猴子开灯问题。动物园里有 n 盏灯，依次标号为 1、2、…、n。每盏灯都由一个开关控制，按一次开关，相应的灯就改变状态(原本亮着的灯熄灭，原本关着的灯点亮)。依次安排 n 只猴子操纵控制开关。第 1 只猴子出来，改变所有标号为 1 的倍数(包括 1)的灯的状态。然后第 2 只猴子出来，改变所有标号为 2 的倍数(包括 2)的灯的状态。以此类推。问：最后 n 只猴子都出来后，有多少盏灯是亮着的？(假设所有灯最初都是暗的)

2. 编程思想

n 盏灯可以用有 n 个单元的数组表示，开与关的状态用 bool 类型变量表示。猴子按一次开关，bool 型数组中相应单元的值改变一下状态。通过运算符！对 bool 型变量取反操作，模拟开关的状态。假设 false 表示灯关闭，true 表示灯亮着。

3. 程序代码

```
#include<iostream>
using namespace std;
int main() {
    const int n = 10;
    bool lamp[n] { false };                //表示 n 盏灯，初始为关闭
    for (int i = 1; i <= n; i++)           //n 只猴子依次按开关
        for (int j = 0; j < n; j++)
            if ((j + 1) % i == 0)          //若灯的标号是猴子编号的倍数
                lamp[j] = !lamp[j];        //改变开关的状态
    int num = 0;
    for (int i = 0; i < n; i++)
        if (lamp[i])
            num++;
    cout << n << "盏灯，" << n << "只猴子，最后有" << num << "盏灯是亮着的。"
<< endl;
}
```

4. 运行结果

```
10 盏灯，10 只猴子，最后有 3 盏灯是亮着的。
```

2.12 本 章 小 结

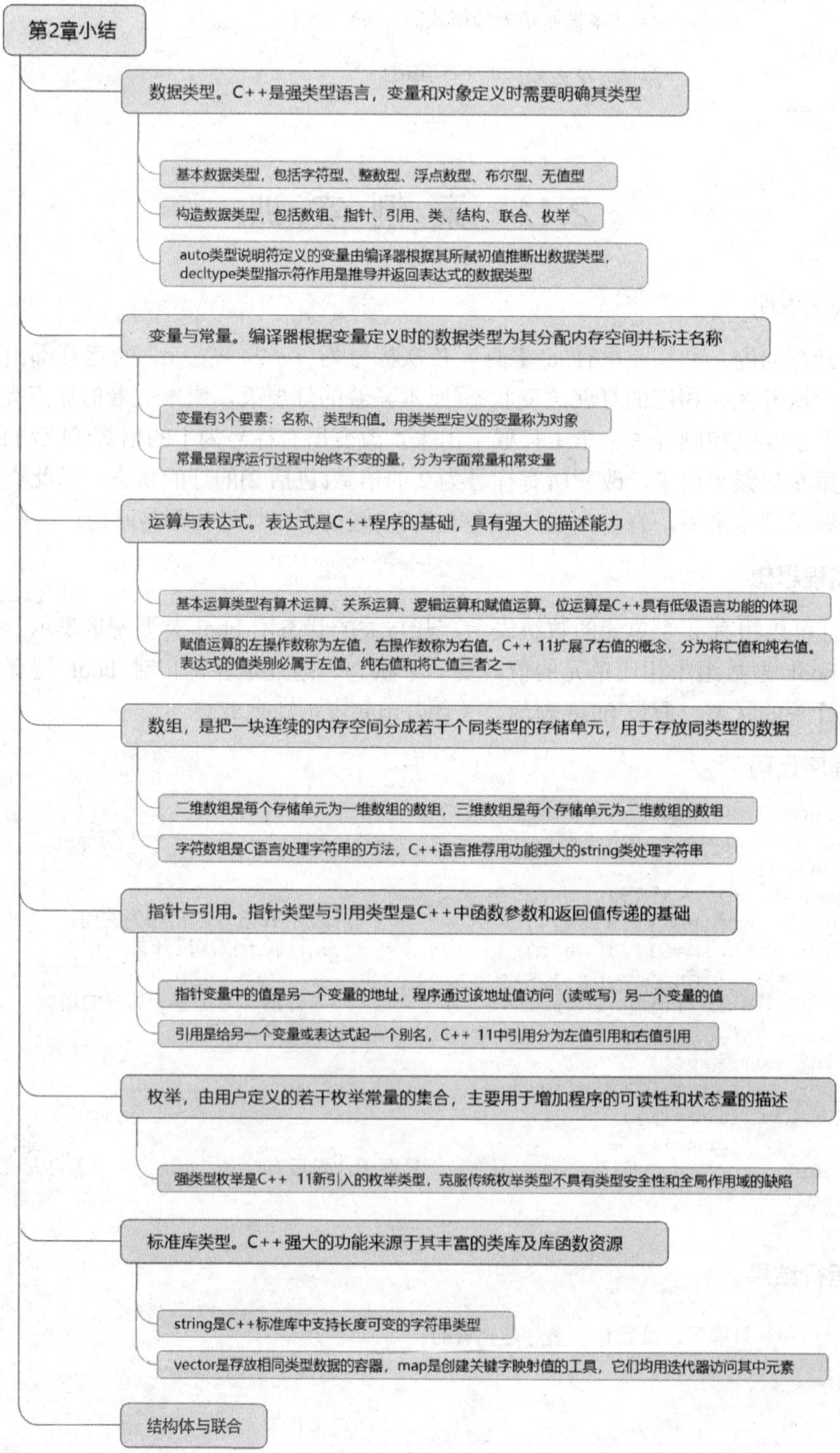

- 第2章小结
  - 数据类型。C++是强类型语言，变量和对象定义时需要明确其类型
    - 基本数据类型，包括字符型、整数型、浮点数型、布尔型、无值型
    - 构造数据类型，包括数组、指针、引用、类、结构、联合、枚举
    - auto类型说明符定义的变量由编译器根据其所赋初值推断出数据类型，decltype类型指示符作用是推导并返回表达式的数据类型
  - 变量与常量。编译器根据变量定义时的数据类型为其分配内存空间并标注名称
    - 变量有3个要素：名称、类型和值。用类类型定义的变量称为对象
    - 常量是程序运行过程中始终不变的量，分为字面常量和常变量
  - 运算与表达式。表达式是C++程序的基础，具有强大的描述能力
    - 基本运算类型有算术运算、关系运算、逻辑运算和赋值运算。位运算是C++具有低级语言功能的体现
    - 赋值运算的左操作数称为左值，右操作数称为右值。C++ 11扩展了右值的概念，分为将亡值和纯右值。表达式的值类别必属于左值、纯右值和将亡值三者之一
  - 数组，是把一块连续的内存空间分成若干个同类型的存储单元，用于存放同类型的数据
    - 二维数组是每个存储单元为一维数组的数组，三维数组是每个存储单元为二维数组的数组
    - 字符数组是C语言处理字符串的方法，C++语言推荐用功能强大的string类处理字符串
  - 指针与引用。指针类型与引用类型是C++中函数参数和返回值传递的基础
    - 指针变量中的值是另一个变量的地址，程序通过该地址值访问（读或写）另一个变量的值
    - 引用是给另一个变量或表达式起一个别名，C++ 11中引用分为左值引用和右值引用
  - 枚举，由用户定义的若干枚举常量的集合，主要用于增加程序的可读性和状态量的描述
    - 强类型枚举是C++ 11新引入的枚举类型，克服传统枚举类型不具有类型安全性和全局作用域的缺陷
  - 标准库类型。C++强大的功能来源于其丰富的类库及库函数资源
    - string是C++标准库中支持长度可变的字符串类型
    - vector是存放相同类型数据的容器，map是创建关键字映射值的工具，它们均用迭代器访问其中元素
  - 结构体与联合

2.13　习　　题

一、填空题

1. 下列字符串中，正确的 C++标识符是_______。

A. foo-1　　B. 2b　　C. new　　D. _256

2. 下列选项中，不是 C++关键字的是_______。

A. class　　B. function　　C. friend　　D. virtual

3. 若定义语句 “int i=2, j=3;”，则表达式 i/j 的结果是_______。

A. 0　　B. 0.7　　C. 0.66667　　D. 0.6666667

4. C++的基本数据类型可分为________、_______、________、________、________五大类，分别用关键字________、________、________、________、________声明。

5. 运算符的优先级是指________________，结合性是指________________________。

6. 常用的关系运算符有____。

7. 八进制数值的前缀为_______，十六进制数值的前缀为_______。

8. 对于位的左移运算，左移 n 位则相当于_______以 2^n。对于位的右移运算，右移 n 位则相当于_______以 2^n。

9. C++中，除可以用 false 表示逻辑假外，还可以用_______表示假。

10. 引用类型是一个已存在变量的_______，它与被引用的对象共用同一个内存单元。

11. 已知枚举类型声明语句为:

```
enum COLOR{WHITE, YELLOW, GREEN=5, RED, BLACK=10};
```

则下列说法中错误的是_______。

A. 枚举常量 YELLOW 的值为 1　　B. 枚举常量 RED 的值为 6

C. 枚举常量 BLACK 的值为 10　　D. 枚举常量 WHITE 的值为 1

二、简答题

1. 常量和变量的区别是什么，为何要区分常量和变量？

2. C++的构造数据类型有哪些？

3. C++在逻辑运算中的“短路”运算是指什么？举例说明。

4. 位运算中的异或运算有什么特点？

5. 举例说明 C++中二维数组的存储方法。

6. 什么是空指针？什么是空悬指针？指针可以进行哪些运算？和普通数据类型的运算有何不同？

7. 什么是引用？引用和指针的区别是什么？引用型参数具有哪些优点？

8. 任何一个字符数组是否都是字符串？字符'\0'在一个字符数组中所起的作用是什么？

9. 什么是枚举类型？应用枚举类型能为程序设计带来哪些好处？

三、编程题

1. 定义一个整型变量，分别通过指针和引用两种方式间接访问变量，利用该变量进行算术运算并用位移进行乘和除运算，最后分别输出变量、指针和引用的地址。用调试工具跟踪并观察各个变量。

2. 编写一个程序，当用户输入两个时刻(采用 24 小时制，精确到秒)之后，输出这两个时刻的时间差。

3. 编写一个程序，把英寸转换为厘米。注：一英寸等于 2.54 厘米。

4. 编写一个程序，使 short 类型的变量产生负溢出。

5. 编程输出由用户输入的两个整数的和、差、积、商和余数。

6. 在程序中定义一个具有 5 个元素的整型数组并赋初值，输出数组中每个单元的地址和所存储的数值。

第 3 章　基本控制结构与语句

依据结构化程序设计的观点，程序由顺序、分支、循环三种基本控制结构组成。语句是程序的基础，C++语言主要有声明语句、表达式语句、控制语句、异常处理语句等。

本章重点介绍算法、程序控制结构、异常处理以及常用的数据输入与输出。

学习目标：

- 理解算法的概念，掌握流程图描述算法的方法。
- 掌握选择语句和循环语句的用法，能运用三种控制结构语句编写简单的程序。
- 了解异常处理的基本概念，掌握 throw 和 try 语句的用法。

3.1　算法与基本控制结构

如同解数学题要寻找有效解法一样，程序设计的核心任务是设计算法。任何复杂的算法都可以用顺序、选择和循环这三种基本控制结构组合而成，顺序结构、选择结构和循环结构这三种基本控制结构是算法实现和模块化程序设计的基础。

3.1.1　算法与流程图

算法(Algorithm)是在有限步骤内求解某一问题所使用的一组定义明确的规则，是解题方法的精确描述。在这个过程中，无论是形成解题思路还是编写程序，都是在实施某种算法。前者是推理实现的算法，后者是操作实现的算法。

从广义上讲，做任何事都要先设计好完成任务的步骤和方法，也可以视为“算法”。例如：菜谱是一个用于做菜的“算法”，厨师炒菜其实就是实现算法。类似地，乐谱、教学计划、行动方案、操作指南等都可认为是“算法”。

计算机处理的问题一般分为数值运算和非数值运算两种。

科学与工程计算的问题基本属于数值运算，如矩阵计算、方程求解等。非数值运算应用包括数据处理、知识处理，如信息系统、工厂自动化、办公室自动化、家庭自动化、专家系统、模式识别、机器翻译等。

主要研究数值运算实现方法的算法通常称为数值算法，例如：求解多项式和线性代数方程组、解矩阵和非线性方程、数字信号处理等。非数值算法则是研究数据存储和处理相关的算法，常见的有线性表、栈、队列、树、图、排序、查找与文件操作、并行计算等。

一个算法应具有以下五个基本特征。

- 有穷性：一个算法必须保证执行有限步操作之后终止，不能是无限制地执行。
- 确定性：算法的每一步骤必须有确切的定义，应当是明确无误的，不能含义模糊。
- 输入：一个算法有零或多个输入，以刻画运算对象的初始情况。所谓零个输入是指算法本身已确定了初始条件。

- 输出：一个算法有一个或多个输出，以反映对输入数据加工后的结果。没有输出的算法是毫无意义的。
- 有效性：算法中的每一步都应能够精确运行，算法执行后应得到确定的结果。

为描述一个算法，可以采用许多不同的方法。比较常用的有：自然语言、流程图、伪代码。

流程图使用图形来表示算法，是一种直观易懂、应用最广的方法。本章主要介绍传统流程图的表示方法。

流程图用一组几何图形框来表示各种不同类型的操作。图 3-1 列出了一些常用的流程图符号及其名称。

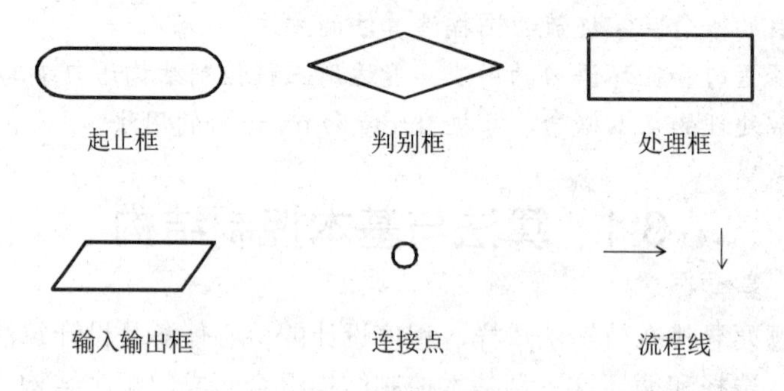

图 3-1 常用的流程图符号

【例 3-1】用流程图表示已知三角形的三边，求三角形面积的算法。

答：三角形的三边必须满足任何两边之和大于第三边的条件，故算法的第一步是判别能否构成三角形。如果构成三角形，则利用海伦公式求三角形的面积并输出，否则显示不能构成三角形的信息。用流程图描述，如图 3-2 所示。

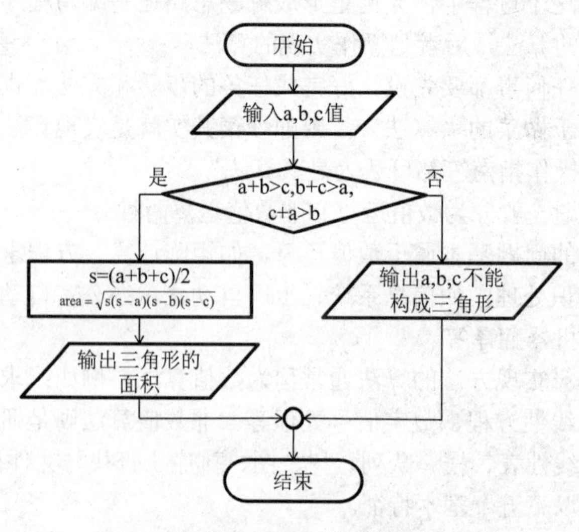

图 3-2 例 3-1 流程图

流程图作为算法表示工具，能非常清晰地描述解题步骤。此外，参照流程图编程，能降低程序设计的难度。对于初学者，编程的思想方法还没有建立，思路不是十分清晰，“先画流程图，再编写代码”不失为一种良好的学习方法。

3.1.2　三种基本控制结构

理论和实践证明，无论多复杂的算法，均可通过顺序、选择、循环这三种基本控制结构构造来实现。所有的结构都是单入口和单出口，程序是由基本控制结构经多层嵌套组合而成。

顺序结构是一种最简单的基本结构，其执行过程是以从上到下的顺序依次执行各个模块，如图 3-3(a)所示。

程序在运行过程中，根据某个条件成立与否，改变程序的执行顺序，从一个模块跳转到另一模块，这一过程称为控制转移。选择结构和循环结构就是两种基本的控制转移结构。

选择结构是程序根据判别条件的不同结果做出不同路径的选择，从而执行不同的模块。图 3-3(b)是一种最基本的选择结构。

循环结构的程序根据判别条件成立与否，不断重复执行某个模块，参见图 3-3(c)。图 3-3 的流程图清晰地描述了三种不同的控制结构，具有直观、准确的优点。

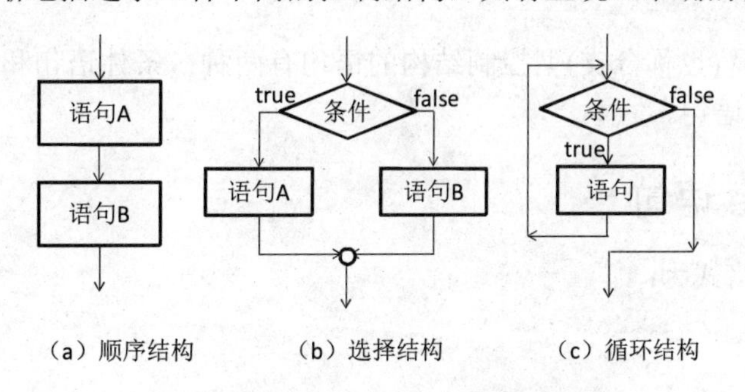

图 3-3　部分基本控制结构流程图

3.1.3　语句

与自然语言相似，C++程序也是由语句组成。C++语言的语句通常用分号表示结束。语句主要有下列几类。

1)　说明语句

说明语句又称声明语句，用于在程序中命名变量与常量，用户自定义枚举类型、类、结构类型和函数声明等。说明语句仅供编译器生成程序代码使用，在程序执行过程中不对数据进行任何操作。

2)　表达式语句

在表达式后面加上分号即构成一条表达式语句。赋值语句、自增与自减语句都是表达式语句。函数调用可作为一个操作数，是表达式的一部分，故函数调用语句也是一种表达式语句。

3)　控制语句

控制语句是用于实现程序流程控制的语句，有 if 选择语句、switch 选择语句、循环控制语句、break 语句、continue 语句、return 语句等。

4) 复合语句

用一对花括号{}把若干条语句括在一起，构成一条复合语句。复合语句后面不需要加分号。复合语句内部可嵌套多条复合语句，复合语句有时也称为块语句。

5) 异常处理语句

程序执行过程中，可能引发某些异常，程序中专门处理异常的语句称为异常处理语句。

6) 空语句

空语句是只有一个分号的语句，它不执行任何操作，一般用于语法上要求有一条语句但实际没有任何操作的场合。例如：

```
for(int  i=1;  i<10000;  i++);
```

最后一个分号表示其是空语句。

3.2 选择型结构

C++中支持选择(也称分支)型控制结构的语句有两种：条件语句和多分支开关语句，即 if 语句和 switch 语句。

3.2.1 if…else 语句

if 语句的语法格式为：

```
if(<表达式>)
    <语句 1>
[else
    <语句 2>]
```

说明：

- <表达式>计算的值若是 0，则为逻辑假；若非 0，为逻辑真。当为真时，程序执行<语句 1>，否则执行<语句 2>。
- 如果执行语句有多条，则将它们置于花括号之中构成复合语句。
- if 语句的流程图见图 3-3(b)。
- if 语句可以嵌套使用。在<语句 1>和<语句 2>中又可以是一条 if 语句。C++规定 else 与其前边最近未配对的 if 相匹配。
- 条件运算符(?:)的功能与 if 语句相似。在根据条件对变量进行赋值时，有时用条件运算符实现，比用 if 语句更为简便高效。

【例 3-2】输入三个整数，找出其中最大数。

程序代码：

```
#include <iostream>
using namespace std;
int main(){
    int X,Y,Z,max;                                    //声明变量
    cout<<"请依次输入 3 个整数：";
```

```
    cin>>X>>Y>>Z;
    max=X;
    if(Y>max)                          //①
        max=Y;
    if(Z>max)
        max=Z;
    cout<<"3 数中的最大数为："<<max<<endl;     //②
    return 0;
}
```

程序说明：

① 本例也可以不定义变量 max，而用 if 语句嵌套方式实现。如下所示：

```
if(X>Y && X>Z)
    cout<<"3 数中的最大数为："<<X<<endl;
else
    if(Y>X && Y>Z)
        cout<<"3 数中的最大数为："<<Y<<endl;
    else
        cout<<"3 数中的最大数为："<<Z<<endl;
```

② 用条件运算符(?:)也能实现，并且更为简洁。如下所示：

```
cout<<"3 数中的最大数为："<<((max=X>Y?X:Y)>Z?max:Z)<<endl;
```

这里(max=X>Y?X:Y)>Z?max:Z 表达式的计算过程是：首先计算 max=X>Y?X:Y 子表达式的值，将 X 与 Y 的最大值存入 max，子表达式的值与 max 相等；再判别子表达式的值是否大于 Z，若真返回 max，否则返回 Z。

【例 3-3】判断某年是否闰年。

分析：闰年要满足的条件是它能被 4 整除且不能被 100 整除，或者能被 400 整除。判断一个整数能否被另一个整数整除的方法是用模运算。如果模运算的值为 0，表示该数能被模数整除，否则为不能。如：整数 x 能被 4 整除的逻辑表达式是 x % 4==0。

程序代码：

```
#include <iostream>
using namespace std;
int main(){
    int year;
    cout<<"输入年份：";
    cin>>year;
    if((year % 4 == 0 && year %100 != 0)||year % 400 == 0) //判别是否闰年
        cout<<year<<"年是闰年！"<<endl;
    else
        cout<<year<<"年不是闰年！"<<endl;
    return 0;
}
```

运行结果：

```
输入年份：2020↙
2020 年是闰年！
```

3.2.2 switch 语句

switch 语句又称开关语句，当指定的表达式的值与某个常量匹配时，即执行相应的一个或多个语句。其语法格式如下：

```
switch(<表达式>)
{
    case <常量表达式 1>: [语句 1][break;]
    case <常量表达式 2>: [语句 2][break;]
    ......
    case <常量表达式 n-1>: [语句 n-1][break;]
     [default:语句 n]
}
```

说明：

- <表达式>的值只能取整型、字符型、枚举型等离散值，不能取实型这样的连续值。
- 每个分支的语句可以是一条语句，也可以是多条语句。
- 每个常量表达式的取值必须各不相同，否则会引起歧义。default 表示默认值，当与所有常量表达式值都不匹配时，执行语句 n。
- case 分支仅起到一个入口标记的作用，并不具有结束 switch 语句的功能。break 语句的作用是将流程跳出 switch 语句，即右花括号之后。如果省略 break 语句，程序将继续执行其后 case 中的分支语句，直至遇到 break 语句(或者已经到最后)才结束。

switch 语句的流程图如图 3-4 所示。

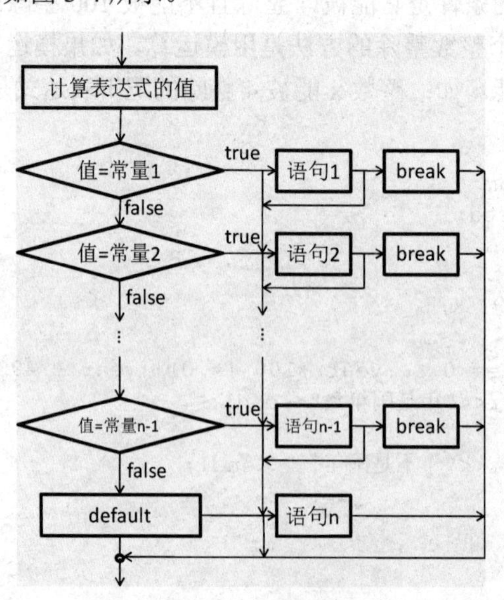

图 3-4　switch 语句的流程图

【例 3-4】输入 0～6 之间的一个整数，输出所对应的星期几字符串。

程序源码：

```
#include<iostream>
using namespace std;
int main(){
    int day;
    char str[20] ="";
    cout<<"请输入数(0-6):";
    cin>>day;
    switch(day)
    {
    case 0:strcpy(str,"星期日");break;          //①
    case 1:strcpy(str,"星期一");break;
    case 2:strcpy(str,"星期二");break;
    case 3:strcpy(str,"星期三");break;
    case 4:strcpy(str,"星期四");break;
    case 5:strcpy(str,"星期五");break;
    case 6:strcpy(str,"星期六");break;
    default:strcpy(str,"输入错误！"); break;    //②
    }
    cout<<day<<"对应"<<str<<endl;
    return 0;
}
```

运行结果：

```
请输入数(0-6):5↙
5 对应星期五
```

程序说明：

① strcpy(参数 1,参数 2)是系统提供的函数，其功能是将参数 2 的内容复制到参数 1 所指定的字符数组中。字符数组不用等号对其赋值，str = "星期日";语句系统报告错误：表达式必须是可修改的左值。

② 最后一个 break 语句可以省略。

在上面的例子中，条件表达式的值是独立的开关量，用 switch 语句描述十分自然。对于表达式的值是一段连续的量，需要经过适当转换，才能应用 switch 语句。

【例 3-5】输入课程的百分制成绩，输出对应的等级制成绩。90～100 为优，80～89 为良，70～79 为中，60～69 为合格，60 以下为不合格。

程序代码：

```
#include<iostream>
using namespace std;
int main(){
    int score;
    cout<<"请输入百分制成绩：";
    cin>>score;
    switch(score/10)
    {
    case 10: case 9:
        cout<<"优"<<endl;break;
    case 8:
        cout<<"良"<<endl;break;
```

```
        case 7:
            cout<<"中"<<endl;break;
        case 6:
            cout<<"合格"<<endl;break;
        case 5:case 4:case 3:case 2:case 1:case 0:
            cout<<"不合格"<<endl;break;
        default:
            cout<<"输入错误！"<<endl;
        }
        return 0;
}
```

3.3　循环型结构

循环结构是反复执行循环体中的语句直到满足某个条件才结束。C++用于支持循环控制结构的语句有三种，它们分别是 for 循环语句、while 循环语句和 do…while 循环语句。C++ 11 新引入了范围 for 循环语句。除此之外，还有 3 个跳转语句 break、continue 和 goto，用于改变程序的流程。

3.3.1　传统 for 语句

for 语句的语法格式为：

```
for(<表达式 1>;<表达式 2>;<表达式 3>)
    <循环体语句>
```

说明：

- <表达式 1>、<表达式 2>、<表达式 3>可以是任意表达式。常用的模式是：<表达式 1>用于为循环变量赋初值，<表达式 2>为循环判别条件，<表达式 3>对循环变量进行修改。<循环体语句>可以是单语句，也可以是复合语句。
- 传统 for 语句的流程图如图 3-5 所示。语句的执行过程如下：

(1) 计算<表达式 1>的值，对循环变量初始化。

(2) 计算<表达式 2>的值，并进行判断。如果值为假，结束循环，执行循环语句后面的语句；如果值为真，则执行循环体。

(3) 计算<表达式 3>的值，对循环变量进行修改，用于控制循环次数。

(4) 流程转至(2)。

for 循环是用得最多的一种循环，其中的<表达式 3>不仅能控制循环，而且还能实现循环体中的操作。

下面几段程序所完成的功能相同，都是计算 1 至 100 之间整数的和，但表示方法却相差较大，从中可以看出 for 语句的用法非常灵活。

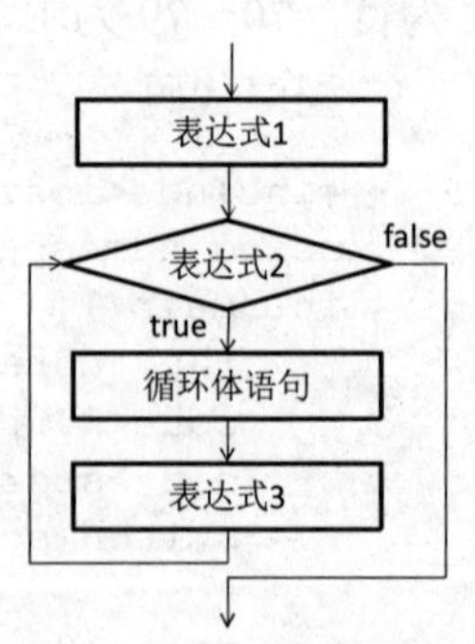

图 3-5　for 语句流程图

```
//方法 1
int sum=0;
for(int i=1;i<=100;i++)
```

```
    sum+=i;
//方法 2
int sum=0;
for(int i=1;i<=100;i++, sum+=i)             //表达式 3 用逗号分隔了两条语句
;                                           //空语句
//方法 3
int sum=0;
for(int i=1;i<=100; sum+=i++)               //sum+=i++两句合一句
;
//方法 4
int sum=0,i=1;
for( ;i<=100; )                             //表达式 1 和表达式 3 均空
    sum+=i++;
//方法 5
int sum=0,i=1;
for(;;)                                     //3 个表达式均为空
    if(i>100)
        break;
    else
        sum+=i++;
```

【例 3-6】 用循环嵌套，打印九九乘法表。

程序代码：

```
#include <iostream>
#include <iomanip>
using namespace std;
int main(){
    int i,j;
    cout<<std::setiosflags(ios::left); //设置输出格式为左对齐
    for(i=1;i<=9;i++)
        cout<<"\t"<<i;
    cout<<endl;
    for(i=1;i<=9;i++){                     //i 控制行数
        cout<<i;
        for(j=1;j<=i;j++)                  //j 控制每行的列数
            cout<<"\t"<<j<<"×"<<i<<"="<<j*i;
        cout<<endl;
    }
    return 0;
}
```

运行结果：

```
    1      2      3      4      5      6      7      8      9
1   1×1=1
2   1×2=2  2×2=4
3   1×3=3  2×3=6  3×3=9
4   1×4=4  2×4=8  3×4=12 4×4=16
5   1×5=5  2×5=10 3×5=15 4×5=20 5×5=25
6   1×6=6  2×6=12 3×6=18 4×6=24 5×6=30 6×6=36
7   1×7=7  2×7=14 3×7=21 4×7=28 5×7=35 6×7=42 7×7=49
8   1×8=8  2×8=16 3×8=24 4×8=32 5×8=40 6×8=48 7×8=56 8×8=64
9   1×9=9  2×9=18 3×9=27 4×9=36 5×9=45 6×9=54 7×9=63 8×9=72 9×9=81
```

程序说明：

本程序所输出的乘法表是下三角矩形，建议读者修改程序，输出上三角矩形的九九乘法表。

【例 3-7】狐狸找兔子：围绕着山顶有 10 个洞，一只狐狸和一只兔子住在各自的洞里。狐狸想吃掉兔子。一天，兔子对狐狸说："你想吃我有一个条件，先把洞从 1 至 10 编上号，你从 10 号洞出发，先到 1 号洞找我；第二次隔 1 个洞找我，第三次隔 2 个洞找我，以后依次类推，次数不限，若能找到我，你就可以饱餐一顿。不过在没有找到我以前不能停下来。"狐狸满口答应，就开始找了。它从早到晚进了 1000 次洞，累得昏了过去，也没找到兔子，请问兔子躲在几号洞里？

分析：针对问题的抽象建模是解题的关键。首先要考虑的是 10 个洞在计算机里用什么方法描述，狐狸进洞信息又怎样记录。10 个洞可以通过定义有 10 个单元的整型数组表示，其中的值初始为零，表示狐狸没有到过此洞，狐狸进入洞一次则使该单元的值增 1，用模运算处理入洞间隔，1000 次进洞用循环来表示。

程序代码：

```
#include <iostream>
using namespace std;
int main(){
    int hole[10]={0};  //表示 10 个洞,hole[0]表示 10 号洞，hole[1]代表 1 号洞……
    int interval=1;    //狐狸进洞的间隔，进一次洞 interval 加 1
    int location=0;    //当前狐狸所在的洞号，0 表示在 10 号洞
    for(int i=1;i<=1000;i++){  //i 表示进洞次数
        for(int j=1;j<=interval;j++)
            ++location %= 10;  //location 先加 1，模 10 是使取值只能是 0-9 的数
        hole[location]++;
        interval++;
    }
    for(int i=0;i<10;i++)
        if(hole[i]==0)         //值为 0 表示狐狸没有进过该洞
            cout<<"兔子可能躲在"<<i<<"号洞里。"<<endl;
    return 0;
}
```

运行结果：

```
兔子可能躲在 2 号洞里。
兔子可能躲在 4 号洞里。
兔子可能躲在 7 号洞里。
兔子可能躲在 9 号洞里。
```

3.3.2 范围 for 语句

传统 for 循环是由程序员说明循环的范围，若对一个容器或数组操作其中所有元素，再指明范围不仅多余，而且也易犯错。C++ 11 引入了基于范围的 for 语句，语法格式为：

```
for( <数据类型> <变量名>: <序列>)
    <循环体语句>
```

说明：

- <序列>是指用花括号括起来的初始值列表、数组或 STL 容器。
- <数据类型>应与<序列>中元素类型相同，通常使用 auto 类型，让编译器推断合适的类型。
- <变量名>用于访问序列中元素，<循环体语句>中通过<变量名>操作序列中元素。

例如：

```
for (int x : {1, 3, 5, 7, 9})
    cout << x << "\t";                  //输出 1，3，5，7，9
int a[] = { 2,4,6,8,10 };
for (auto e : a)
    cout << e << "\t";                  //输出 2，4，6，8，10
vector<int> ver{1,2,3,4,5};
for (auto & e : ver)
    e *= 2;                             //ver 中元素为 2，4，6，8，10
```

【例 3-8】生成若干个随机数保存于容器 vector，用范围 for 输出。

```
#include<iostream>
#include<time.h>                                  //包含 time 函数
#include<vector>
using namespace std;
int main() {
    vector<int> v;
    int num;
    cout << "输入随机数个数：";  cin >> num;
    srand((unsigned)time(NULL));                  //srand 是设置随机数种子值
    for (int i = 0; i < num; i++)
        v.push_back(rand()%100);                  //①
    for (auto & e : v)                            //②
        cout << e << '\t';
    cout << endl;
    return 0;
}
```

运行结果：

```
输入随机数个数：7↙
87      90      46      4       95      80      54
```

程序说明：

① rand 是伪随机数生成函数，返回一个 0 至 32767 之间的整数。srand 函数用系统时间为 rand 函数设置随机数种子。

② for (auto & e : v)　e+=1;　　//v 中的值在原值上加 1

for (auto e : v)　e+=1;　//v 中的值不变

3.3.3 while 语句

While 语句的语法格式为：

```
while(<表达式>)
    <循环体语句>
```

说明：

- <表达式>为循环条件，可以是任意的合法表达式，常用逻辑或关系表达式。表达式的值为非 0，执行循环体；一旦为 0，结束循环，执行其后的语句。如果表达式的值起初就是 0，则循环体中的语句不执行。while 语句的流程图参见图 3-3(c)。
- C++的条件表达式经常用简化的方式表示，例如：表达式!x 等价于 x==0，表达式 x 等价于 x!=0。下面代码段的功能是求 1 至 100 的和：

```
int i=100,sum=0;
while(i)
    sum += i--;
```

- 对于循环语句(包含 for 语句。do…while 语句)，如果条件表达式的值不能为假，则程序进入“死循环”状态。

上述代码段中，如果 sum+=i--;语句中对 i 没有自减(即 sum+=i;)，则程序进入死循环。在编程环境中，可按组合键 Ctrl+C 或 Ctrl+Break 强行终止程序的运行。

【例 3-9】搬砖问题：36 个人搬 36 块砖，男搬 4，女搬 3，2 个小孩抬 1 砖。要求一次全部搬完，问男、女、小孩各若干？

分析：此类问题用**枚举法**。所谓枚举法是对所有可能的解进行测试，直至找到解或测试结束。

根据题意，男子人数 men 的取值范围为 0～8，女子人数 women 的取值范畴是 0～11，小孩的人数 children 的取值范围是 0～36，使等式 men*4+women*3+children/2=36 成立的男、女和小孩数为解。

程序代码：

```
#include <iostream>
using namespace std;
int main(){
    int men=0,women=0,children=0;
    while(men++<9){
        women=0;
        while(women<12){
            children=36-men-women;                        //①
            //if(men*4+women*3+children/2==36)            //②
            if(fabs(men*4.0+women*3.0+children/2.0-36.0)<1e-6) //浮点数除，正确
                cout<<"男"<<men<<"人，女"<<women<<"人，小孩"
                    <<children<<"人。"<<endl;
            women++;
        }
    }
    return 0;
}
```

运行结果：

```
男 3 人，女 3 人，小孩 30 人。
```

程序说明：

① 如果在内循环中再用 while(children<=36)语句，则测试量将大幅度增加，程序的运行速度较低。

② 用 if(men*4+women*3+children/2==36)语句做判断，会多一个“男 1 人，女 6 人，小孩 29 人”的错误结果。这是由于整数除的误差所致。

【例 3-10】编程计算正弦函数的近似值，要求误差小于 10^{-1}。计算公式如下：

$$\sin(x) = x - \frac{x^3}{3!} + \frac{x^5}{5!} - \frac{x^7}{7!} + \cdots$$

分析：此类问题用**递推法**。递推法又称迭代法，是指根据已有的值推算出其他新值的解题方法。

本例中，参加累加的每一项的值均可通过前一项的值推算出来。公式中奇数项是正数而偶数项是负数，程序中可设置一个整型变量 sign，设其初值为 1，每计算一项就用-1 乘之，再将其与对应项相乘，实现符号项的正负交替出现。

程序代码：

```
#include<iostream>
using namespace std;
int main(){
    double x,sinx,item;
    int i=1,sign=1;                              //sign 用于产生正负号
    cout<<"输入一个小数：";
    cin>>x;
    sinx=0,item=x;
    while(item>1e-10) {                          //精度控制
        sinx+=item*sign;
        item*=x*x/((2*i)*(2*i+1));               //递推产生下一项的值
        sign=-sign;
        i++;
    }
    cout<<"Sin("<<x<<")="<<sinx<<endl;
    return 0;
}
```

运行结果：

```
输入一个小数：0.5↙
Sin(0.5)=0.479426
```

3.3.4 do…while 语句

do…while 循环语句的语法格式为：

```
do
    <循环体语句>
while(<表达式>);
```

说明：

- <表达式>可为任意表达式，但通常是一个逻辑或关系表达式。与前两种循环不同，<循环体语句>至少执行一次。do…while 语句的流程图如图 3-6 所示。

- 循环结束的条件是<表达式>值为 0，若值为非 0，则执行循环体。例如，用 do…while 语句求 1～100 正整数和的语句如下：

```
int i=100,  sum=0;
do{
    sum += i;
    i--;
} while( i ) ;
```

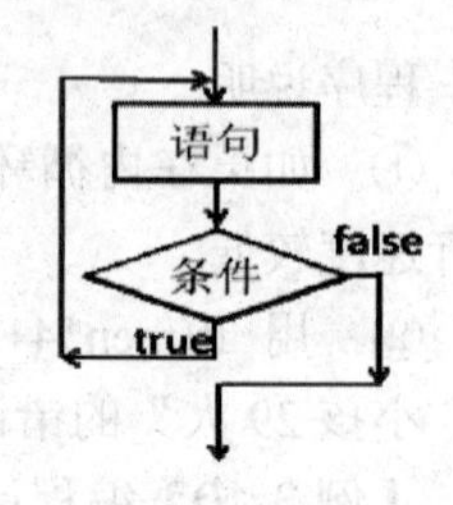

图 3-6　do…while 语句流程图

- do…while 语句的最后必须用分号表示语句结束。

【例 3-11】输入一个无符号型整数，分解出整数的每一位值并输出。

分析：分解整数中每位数的方法是：对整数求模 10 运算，得到的余数即是整数个位上的值，再用 10 对整数进行整除，使之缩小为原来的十分之一。循环上述过程，依次得到整数的十、百、千等位上的值，直到整数缩小至 0。

程序代码：

```
#include <iostream>
using namespace std;
int main(){
    unsigned int number,x,i=0;
    short digit[10]={0};                //保存分解出的每个位上的位元
    bool isDisp=false;
    char bitString[10][5]={"个","十","百","千","万",      //二维字符数组
        "十万","百万","千万","亿","十亿",};             //用于存储位的名称信息
    cout<<"请输入 0～4294967295 之间的一个整数：";
    cin>>number;
    x=number;
    do{
        digit[i++]=number%10;    //模 10 运算的余数为 number 的个位值
        number/=10;              //10 整除 number，使之缩小为原来的十分之一
    }while(number);
    cout<<"输入的整数为"<<x<<"，其每个位上的位元分别是：";
    i=9;
    do{
        if(digit[i]!=0 && !isDisp) //从数的有效位开始显示
            isDisp=true;
        if(isDisp)
            cout<<bitString[i]<<"位上的值为"<<digit[i]<<"；";
    }while(i--);
    cout<<endl;
    return 0;
}
```

运行结果：

请输入 0～4294967295 之间的一个整数：370926↙

输入的整数为 370926，其每个位上的位元分别是：十万位上的值为 3；万位上的值为 7；千位上的值为 0；百位上的值为 9；十位上的值为 2；个位上的值为 6。

【例 3-12】求两个非负整数的最大公约数。

分析：求两个整数的最大公约数的方法是欧几里得算法，又称辗转相除法。

算法思想如下：为求 a = 481 和 b = 221 的最大公约数，首先用 a 除以 b(481=2×221 + 39)得余数 r0= 39；再用 b = 221 除以 r0 = 39(221 = 5×39 + 26)得余数 r1 = 26；再以 r0 = 39 除以 r1 = 26(39 = 1×26 + 13)得 r2 = 13；最后用 r1 = 26 除以 r2 = 13 得余数 r3 = 0，二数的最大公约数为 13。

程序代码：

```
#include <iostream>
using namespace std;
int main(){
    int number1,number2,a,b,r;
    cout<<"请输入两个正整数：";
    cin>>number1>>number2;
    if(number1>number2)
        a=number1,b=number2;
    else
        a=number2,b=number1;
    do{
        r=a%b;
        a=b;
        b=r;
    }while(b!=0);
    cout<<"整数"<<number1<<"和"<<number2<<"的最大公约数是"<<a<<endl;
    return 0;
}
```

运行结果：

```
请输入两个正整数：481  221↙
整数 481 和 221 的最大公约数是 13
```

3.3.5　跳转语句

C++的跳转语句包括 break、continue、goto、return 和 throw 语句，本节重点介绍 break、continue 和 goto 语句。

1. break 语句

break 语句在 switch 语句中已出现过，功能是跳转执行 switch 语句之后的语句。在循环语句中，break 语句的作用是终止循环，流程跳转至循环语句之后。需要注意的是，对于循环嵌套语句，如果 break 语句是在内循环中，则其只能终止其所在的循环语句的执行，流程跳转至外循环。下面程序段的功能是在屏幕上显示由星号构成的直角三角形。

```
for(int i=0;i<5;i++)                //外循环
    for(int j=0;j<5;j++)            //内循环
        if(j<=i)
            cout<<" * ";
        else{
            cout<<endl;break;   //跳到外循环
        }
```

【例 3-13】用冒泡排序法对整数数组中的元素按从小到大的顺序排列。

分析：冒泡排序法是一种简单常用的排序算法。

本题应用冒泡法排序过程如下：从左边开始，将前后两个元素进行比较，如果前者大于后者，则两者交换。第一趟排序将最大元素交换到最右边，第二趟排序将次大元素交换到倒数右边第二个位置，经过若干趟排序，最后数组中的元素按从小到大的顺序排列。

程序代码：

```
#include<iostream>
#include<ctime>
using namespace std;
int main() {
    int ary[10], n = 10, tmp;
    bool exchange=true;                       //exchange 记录一趟排序是否有交换
    srand((unsigned)time(NULL));
    for (int i = 0; i < n; i++){              //给 ary 数组单元赋随机数
        ary[i] = rand() % 100;                //产生随机数
        cout << ary[i] << ",";                //同时输出
    }
    cout << endl;
    for (int i = 0; i < n - 1; i++) {         //外循环次数为 n-1
        if (!exchange) {          //exchange 为 false，表示没有交换，说明已有序
            cout << "i=" << i << endl;
            break;                            //跳出外循环
        }
        exchange = false;
        for (int j = 0; j < n - 1 - i; j++)  //内循环次数为 n-1-i
            if (ary[j] > ary[j + 1]) {        //前者大于后者，两者交换
                tmp = ary[j];
                ary[j] = ary[j + 1];
                ary[j + 1] = tmp;
                exchange = true;              //为 true，表示有交换
            }
    }
    for(auto t:ary)                           //输出 ary 中的所有元素
        cout << t << ",";
    cout << endl;
    return 0;
}
```

运行结果：

```
11,25,51,34,31,91,40,85,77,42,
i=5
11,25,31,34,40,42,51,77,85,91,
```

【例 3-14】编程输出 100 以内的所有素数。

分析：素数是自然数中仅能被 1 和本身整除的数。判别自然数 n 是否素数的方法是用 2 到 n-1 之间的数除 n，若其中有一个数能整除 n，则 n 不是素数，否则是素数。由于数 n 存在两个因数时，则必有一个因数小于根号 n，另一个大于根号 n，故可以缩小测试范围为 2 到根号 n。

程序采用循环语句对 2～100 以内的数依次进行是否素数的测试。

程序代码：

```
#include <iostream>
using namespace std;
int main() {
    int i, j, m, n = 0;
    cout << "100 以内的素数有：\n";
    for (i = 2; i < 100; i++) {                  //测试 100 以内的所有数
        m = sqrt(double(i));                     //m 是小于等于根号 i 的整数
        j = 2;
        while (j <= m) {                         //用 2 到 m 间的值测试
            if (i%j == 0)                        //若 i 能被 j 整除，则不是素数
                break;                           //跳出循环，终止测试
            j++;
        }
        if (j > m) {                             //若 while 循环非正常结束
            cout << i << ",";
            n++;                                 //素数个数加 1
        }
    }
    cout << "共计" << n << "个。" << endl;
    return 0;
}
```

运行结果：

```
100 以内的素数有：
2,3,5,7,11,13,17,19,23,29,31,37,41,43,47,53,59,61,67,71,73,79,83,89,97,共
计 25 个。
```

程序说明：

在 while(j<=m)循环之后，用 if(j>m)对 while 循环是否正常结束进行判别，条件为真说明不能被 2 到 m 之间的数整除。这是经常用到的编程技巧。

2. continue 语句

continue 语句的语法格式为：

```
continue;
```

其功能是将流程跳转至当前循环语句的条件表达式处，判断是否继续进行循环。例如：下面两段程序的功能是：输出 1～100 之间的不能被 7 整除的数。

```
//代码段 1
for (int i=1; i<=100; i++){
        if (i%7==0)
            continue;   //流程跳过下面的输出语句，转到 i++和 i<=100 判定
        cout << i << endl;
    }
//代码段 2
    int i=1;
    do{
        if (i%7==0)
            continue;   //流程跳过下面的输出语句，转到 i++和 i<=100 判定
        cout << i << endl;
```

```
}while(i++<=100);
```

continue 语句与 break 语句的区别是：continue 语句是终止本轮循环，而 break 语句是终止本层循环。此外，continue 语句只能用在循环语句中。

【例 3-15】设计模拟计算器中整数累加功能的程序。输入的正负整数个数不限，当输入 0 时，程序结束累加，并显示所有数的累加和。

程序代码：

```
#include <iostream>
using namespace std;
int main() {
    int sum = 0;
    int number;
    while (true) {
        cout << "请输入欲累加的整数(0 表示结束): ";        //语句 A
        cin >> number;
        if (number != 0) {
            sum += number;
            continue;                                  //流程跳转到语句 A
        }
        cout << "所有正负数之和为: " << sum << endl;    //number 为 0 时执行该语句
        break;
    }
    return 0;
}
```

运行结果：

```
请输入欲累加的整数(0 表示结束): 34↙
请输入欲累加的整数(0 表示结束): -12↙
请输入欲累加的整数(0 表示结束): 76↙
请输入欲累加的整数(0 表示结束): -5↙
请输入欲累加的整数(0 表示结束): 0↙
所有正负数之和为: 93
```

3. goto 语句

goto 语句的语法格式为：

```
goto <标签>;
```

其功能是在同一函数内将流程无条件地跳转到另一条带标签语句。所谓**带标签语句**是指语句之前有一个标识符加冒号的语句。例如：

```
exit: cout<<"退出程序。"<<endl;
```

goto 语句为程序带来灵活性的同时，容易使程序流程混乱、结构不清、易读性差，尽量不用或少用。

【例 3-16】报数游戏。两人从 1 开始轮流报数，每人每次可报一个数或两个连续的数，每轮只能报 3 个数，谁先报到事先选好的某个数，谁就为胜方。根据输入的数判断是先报数者胜，还是后者。

分析：由于一次报数必是连续的 3 个整数，因此可对输入的数求模 3 运算，根据余数进行判定，余数为 0，后报数者胜，否则前者胜。

程序代码：

```
#include<iostream>
using namespace std;
int main() {
    int n;
loop:                                               //标签 loop
    cout << "输入整数 n(0 表示结束)：";
    cin >> n;
    if (n == 0)
        goto end;                                   //跳转到 end 标签
    else {
        if (n % 3 == 0)
            cout << "后报者胜！" << endl;
        else
            cout << "先报者胜！" << endl;
        goto loop;                                  //跳转到 loop，构成循环
    }
end:                                                //标签 end
    cout << "退出程序！" << endl;
    return 0;
}
```

运行结果：

```
输入整数 n(0 表示结束)：35↙
先报者胜！
输入整数 n(0 表示结束)：15678↙
后报者胜！
输入整数 n(0 表示结束)：0
退出程序！
```

3.4 异 常 处 理

异常处理(Exception Handling)就是在程序运行时刻对错误进行检测、捕获和提示的过程。C++语言的异常处理机制是把错误处理和正常流程分开描述，通过异常抛出、异常检测、异常捕获和异常处理几个环节，使程序的逻辑清晰，易读易改，便于集中处理各种异常。

异常处理作为 C++语言的一部分，专门引入了 try(检测异常)、throw(抛出异常)和 catch(捕获异常)关键字用于异常处理。本节介绍异常处理的基本方法。

3.4.1 throw 语句

throw 语句的作用是抛出异常，其语法格式为：

```
throw  表达式
```

如果在某段程序中检测到可能发生的异常，则用 throw 语句抛出表达式的值作为发生的异常，异常的数据类型是异常捕获的依据。若程序执行了 throw 语句，则其后的语句将

不再执行，流程直接跳转到异常捕获 catch 语句块中。

抛出的异常由 try-catch 语句检测并捕获，由与异常类型相匹配的 catch 块进行处理。

【例 3-17】零为除数的异常处理。

程序代码：

```
#include<iostream>
using namespace std;
int main() {
    int x, y;
    while (true) {
        cout << "请输入被除数与除数：";
        cin >> x >> y;
        try {                                            //try 检测块
            if (y == 0)
                throw y;                                 //抛出异常
            cout << x<<"/"<<y<<"=" << x/y << endl;      //①
        }
        catch (int exp) {                                //捕获异常，②
            cout << "错误!除数不能为" << exp << endl;
            break;                                       //跳出循环
        }
    }
    return 0;
}
```

运行结果：

```
请输入被除数与除数：246  2↙
246/2=123
请输入被除数与除数：19  0↙
错误!除数不能为 0
```

程序说明：

① 从运行结果可知，当 y 为 0 时，抛出了异常，被 catch 捕获，该行语句没有被执行，流程跳转至 catch 块中。

② catch 捕获异常是依据其括号中的数据类型。若将括号中的 int 改为 char，输入除数 y 为 0 时，程序会弹出错误对话框。

3.4.2 try 语句

try 语句是专门用于捕获处理异常的语句，其格式如下：

```
try{
    <受保护的代码块>
}catch(<异常类型 1>  <异常变量 1>){
    <处理代码 1>
}[catch(<异常类型 2>  <异常变量 2>){
    <处理代码 2>
}…
catch(…){
    <处理代码>
}]
```

说明：

- try 子句中的程序段称为受保护代码块(又称 try 代码块)，该代码块中包含可能引发异常的代码。异常可能是由 try 代码块中的代码直接产生的，也可能是由于调用其他函数产生的，或者是由于代码块中的代码启动的深层嵌套函数调用产生的。try 代码块中直接或间接地存在可能抛出异常的 throw 语句。
- 紧随 try 子句之后是 catch 子句，一个 try 子句可以有多个 catch 子句。通常每个 catch 子句仅能捕获一类异常，catch 子句的括号中只能有一种异常类型和一个异常变量，用于指明该子句所捕获的异常类型和接受所捕获对象或值。catch(…)是能匹配任何异常类型的 catch 子句，不过它不能判别所捕获的异常类型和具体的异常变量值，故不能提供准确的错误信息，在多个 catch 子句中通常它排在最后。如果用两个及以上不同的 catch 子句捕获同一种类型的异常，则会产生编译时错误。
- catch 子句捕获异常后，相应的异常处理代码将被执行。通常处理代码所完成的操作有：给出错误提示、资源回收、消除出错影响、重新抛出异常等。
- try 语句仅适合处理异常，并不对程序的正常流程产生作用。此外，catch 子句只能捕获由其自身所在异常处理块引发的异常。
- 如果抛出的异常没有找到相匹配的 catch 子句，则该异常将被传递到外层作用域，即调用该异常处理模块的主调函数。

【例 3-18】求一元二次方程的根，用异常进行容错处理。

程序代码：

```
#include<iostream>
#include<string>
using namespace std;
int main() {
    double a = 1, b, c, delta, x1, x2;
    cout << "请输入一元二次方程的系数 a,b,c(按^Z 结束): ";
    while (cin >> a >> b >> c) {
        try {
            if (a == 0)                          //a 为 0，不是一元二次方程
                throw a;
            delta = b * b - 4 * a*c;
            if (delta < 0)                       //delta 不能小于 0
                throw string("delta=b^2-4ac<0");
            x1 = (-b + sqrt(delta)) / 2 * a;
            x2 = (-b - sqrt(delta)) / 2 * a;
            cout << "x1=" << x1 << "\tx2=" << x2<<endl;
        }
        catch (double) {
            cout << "a=0,不是一元二次方程! " << endl;
        }
        catch (string s) {
            cout << s << endl;
        }
        catch (...) {
            cout << "捕获到未知异常! " << endl;
        }
```

```
        cout << "请输入一元二次方程的系数 a,b,c(按^Z 结束): ";
    }
    return 0;
}
```

运行结果：

```
请输入一元二次方程的系数 a,b,c(按^Z 结束): 1  4  -21↙
x1=3    x2=-7
请输入一元二次方程的系数 a,b,c(按^Z 结束): 1  2  3↙
delta=b^2-4ac<0
请输入一元二次方程的系数 a,b,c(按^Z 结束): 0  1  1↙
a=0,不是一元二次方程!
请输入一元二次方程的系数 a,b,c(按^Z 结束): ^Z
```

3.5 输入与输出

C++语言没有专门的输入与输出语句，输入与输出功能是由其标准库实现。C++的输入输出发生在流中，流是一种字节序列。如果字节流是从设备(如键盘、磁盘中文件、网络端口等)流向内存，即为输入操作。如果字节流是从内存流向设备(如显示器、打印机、磁盘中文件、网络端口等)，则是输出操作。

3.5.1 控制台输入输出

1. 控制台输入

cin 是在标准流类中定义的标识符，用于在程序运行期间向变量输入数据。用 cin 与提取运算符“>>”，就能实现从键盘输入实数、整数、字符和字符串等数据。

语法格式如下：

```
cin >> 变量名 1[ >> 变量名 2 >> … >> 变量名 n];
```

说明：

- 一条语句可实现向多个变量赋值。从键盘输入时用空格、Tab 或 Enter 键分隔数据。
- 输入数据的个数、类型和顺序应与语句中对应的变量一致，否则会引发错误。
- 字符串的输入用 getline()函数。
- 输入空格和 Tab 字符的方法是用 cin 的 get()函数。
- “>>”是右移位运算符，在流类中被重载。

从控制台(键盘)输入数据示例：

```
int x, y;
char ch, msg[200];
cin>>x>>y>>ch;          /* 数据输入方式：200  300  A↙。这里↙表示 Enter 键，两个数据
之间用空格或 Tab 键分隔，也可以是：200↙  300↙  A↙ */
cin.getline(msg,199);    //字符串的最大长度为 199，以 Enter 键为结束符
cin.get(ch);             //用这种方法可以输入包括空格和 Tab 键在内的字符
```

默认状态下，整数均是以十进制格式输入。C++预定义的格式控制符能方便地改变输入和输出数据的格式。在输入语句中插入 hex(十六进制)、oct(八进制)和 dec(十进制)指明输入数据认定的制式。例如：

```
cin >> hex >> x >> y;   //以十六进制输入数据
//若输入 f  11，则 x 和 y 的值分别为 15 与 17
```

在连续输入多个数据时，多余的 Enter 键可能导致部分变量没有接收到数据。例如前面程序中有两条输入语句：cin>>x>>y; cin.getline(msg,199);，当输入 5 6↙后，msg 中的内容为空字符串。解决方法是在两语句之间插入 cin>>ws;语句，吸收前面输入的回车符。

2. 控制台输出

cout 是在标准流类中定义的标识符，它与插入运算符“<<”组合，用于实现在程序运行期间向屏幕输出各种格式的数据。C++提供的输出格式控制方法是在输出数据语句中插入格式控制符。例如：

```
cout << "x + y =" << (x + y) << endl;  //输出 x 与 y 的和
cout << "请输入口令：";                 //提示信息
cout << (sex ? "男" : "女") << endl;    //若 sex 为真，输出男，否则显示女
cout << hex << 256 << endl;             //hex 为十六进制格式控制符，输出 100
//设置过 hex 后，整数均以十六进制格式输出，除非用 oct 或 dec 重新设置
cout << std::setiosflags(ios::showbase | ios::uppercase) << 1024 * 768
<< '\t' << 3.45198 << endl;
```

输出:

```
OXC0000  3.45198
```

std::setiosflags()用于设定流控制标记，需要在程序开头插入#include <iomanip>。设置流控制符的另一个函数是 cout.setf()。ios::showbase|ios::uppercase 是对相应控制进行设置的表达式，其中 showbase 表示数的进制基数，uppercase 表示字母大写显示。

```
cout << std::scientific << 34324e12 << endl;   //输出 3.432400E+016
cout << setw(20) << left << 4672.12 << setw(30) << right << "右对齐" <<
endl;
//setw()设置数据的显示宽度，left 表示左对齐，right 表示右对齐
```

C++的 I/O 流类是标准 C++库的一部分，是面向对象技术的典型应用。

3.5.2　文件输入输出

文本文件是指以 ASCII 码方式(也称文本方式)存储的文件。文本文件中，英文、数字等字符存储的是字符的 ASCII 码，中文字符存储的是其机内码。

除文本文件外，还有一种以非文本格式存储的文件称为二进制文件，常见的图片、Word 文档等都是二进制文件。

C++标准类库中的流类不仅支持控制台的输入输出，而且支持文件的输入输出。本节主要介绍用文本文件实现数据保存和读入的基本方法，更详尽的内容请参见第 11 章。

1. 向文本文件输出数据

程序中应用 C++标准流类库的输入输出功能，需要在源文件的开头添加 #include<fstream>文件包含语句。

文本文件的输入与输出操作需要完成 3 个主要步骤：打开、操作和关闭。打开文件就是使磁盘文件与内存中的流对象相关联，文件操作就是进行数据的输入或输出，关闭文件的作用是将内存缓冲区中的数据写到磁盘文件中。

C++的文件操作最终是由计算机操作系统完成的，现代操作系统扩展了文件的概念，将显示器、键盘等外部设备也视为文件。文本文件的输入输出方法与前面学习的控制台输入输出方法十分相似。

向文本文件输出数据的操作步骤如下。

(1) ofstream outFile;——用 ofstream 类定义变量 outFile，声明一个流对象。类与对象的概念在第 5 章介绍。其实类是一种特殊的数据类型，对象就是用该数据类型定义的变量。

(2) outFile.open("e:\\appData.txt");——打开指定文件。建立磁盘文件与对象的关联。

(3) outFile<<…;——向文件写数据。方式与 cout 相似。

(4) outFile.close();——打开的文件最后一定要关闭。文件关闭时，系统把该文件暂存在缓冲区中的信息写到磁盘文件中。不关闭文件流的后果是可能丢失数据。

【例 3-19】向显示屏和文件同时输出下列格式的杨辉三角形。

```
          1
        1   1
      1   2   1
    1   3   3   1
  1   4   6   4   1
1   5  10  10   5   1
```

分析：打印杨辉三角形的方法有多种，本例中用二维数组存储杨辉三角形的每一行数据。数据的赋值通过编程完成，首先在定义数组时为所有单元赋 0，再对第 0 行第 0 列单元赋值 1。杨辉三角形的特点是每个非 1 数的值都是其上一行的“左上”与“右上”元素之和，故可用循环语句对其他行进行赋值。

程序代码：

```
#include<iostream>
#include<iomanip>
#include<fstream>                              //导入文本文件流类库
using namespace std;
int main() {
    const int line = 8;                        //定义显示的行数
    short YangHui[line][line] = { 0 }; //定义存放杨辉三角形的二维数组
    YangHui[0][0] = 1;                         //给第 1 个单元赋值 1，其他数据据此产生
    ofstream yhFile("e:\\YangHui.txt");//定义同时打开文件
    for (int i = 1; i < line; i++)        //生成杨辉三角形的各行数据
        for (int j = 0; j <= i; j++)
            YangHui[i][j] = (j - 1 < 0 ? 0 : YangHui[i - 1][j - 1]) +
YangHui[i - 1][j];
    for (int i = 0; i < line; i++) {      //输出至屏幕和文件
        for (int j = 0; j <= 20 - 2 * i; j++) {
```

```
            cout << " ";
            yhFile << " ";
        }
        for (int j = 0; j <= i; j++) {
            cout << setw(4) << YangHui[i][j];
            yhFile << setw(4) << YangHui[i][j];
        }
        cout << endl;
        yhFile << endl;
    }
    return 0;
}
```

运行结果：

```
                1
              1   1
            1   2   1
          1   3   3   1
        1   4   6   4   1
      1   5  10  10   5   1
    1   6  15  20  15   6   1
  1   7  21  35  35  21   7   1
```

程序说明：

打开 E 磁盘中的 YangHui.txt 文件，其内容与显示屏中的内容完全一致。

2. 从文本文件输入数据

从文本文件中读取数据的方法与输出基本类似，其主要步骤如下。

(1) ifstream inFile;——ifstream 类为输入流类，用其定义了对象 inFile。

(2) inFile.open("e:\\myData.txt");——打开文本文件。

(3) inFile>>…;——从文件中读取数据赋给内存变量。方法与 cin 相似。

(4) inFile.close();——关闭打开的文件。

【例 3-20】从文本文件中读取学生学号、姓名和成绩信息，统计输出平均分。

程序代码：

```
#include <iostream>
#include <fstream>
using namespace std;
int main() {
    const int maxValue = 100;
    int sno[maxValue], count = 0;   //学号和人数
    char name[maxValue][10];        //姓名
    double sum = 0.0;               //总分
    float score[maxValue];          //成绩
    char fileName[200];             //文件名
    ifstream iFile;
    cout << "请输入数据文件名：";
    cin >> fileName;
    iFile.open(fileName);                   //打开文件
    cout << "学号\t 姓名\t 成绩" << endl;
    while (true) {
```

```
        iFile >> sno[count] >> name[count] >> score[count];
        if (iFile.eof() != 0)   //是否读到文件尾，函数 eof()返回真表示已读结束
            break;
       cout << sno[count] << "\t" << name[count] << "\t" << score[count]
<< endl;
        sum += score[count];
        count++;
    }
    cout << "平均分为：" << sum / count << endl;
    iFile.close();              //关闭文件
    return 0;
}
```

运行结果：

```
请输入数据文件名：e:\stuinfo.txt
学号     姓名     成绩
1001     张三     86
1002     李四     96
1003     王五     75
1004     赵六     56
平均分为：78.25
```

程序说明：

(1) stuinfo.txt 文件中的内容是一个学生信息一行，数据之间用空格分隔。

(2) 学号、姓名和成绩用 3 个独立的数组存放，这种方法非常容易造成数据之间的不一致，比较自然的方法是用结构体或类描述学生信息，将它们封装在一起，再定义结构数组或对象数组。建议在学习过第 5 章的类之后，改写本例程。

3.6 案例实训

1. 案例说明

猴子选大王。有 N 只猴子围成一圈，依次从 1 到 N 对猴子编号，从中选出一个大王。经过协商，确定选大王的规则如下：从第 1 只猴子开始循环报数，数到 M 的猴子出圈，最后剩下来的就是大王。要求从键盘输入 N、M，编程计算哪个编号的猴子成为大王。

2. 编程思想

N 只猴子围成一圈可用整型 vector 容器(或数组)描述，其中用 0 表示猴子在圈中，1 表示猴子已经出圈。起初容器中所有单元的值均为 0，报数过程中对出圈的猴子修改其值为 1。用模运算控制报数到最后 1 只猴子后，能回头再从第 1 只猴子开始报数。

3. 程序代码

请扫二维码。

本章实训案例代码

3.7 本 章 小 结

- 第3章小结
  - 算法，是计算机解题方法的精确描述
    - 五个基本特征：有穷性、确定性、输入、输出、有效性
    - 流程图是一种直观易懂，用图形方式表示算法的工具
    - 顺序结构、选择结构和循环结构是程序的基本控制结构
  - 选择型结构，C++中支持的语句是if语句和switch语句
  - 循环结构，主要有3种类型：计数型、当型和直到型
    - for循环语句，通常知道循环体执行的次数。范围for语句是C++ 11新引入的循环
    - while循环语句，条件满足时进入循环体，为假时跳出循环
    - do…while循环语句，循环体至少执行一次，条件为假时跳出循环
    - break、continue、goto语句是改变程序流程的语句，goto语句尽量不用
  - 异常处理，现代高级语言常用try和throw语句实现程序的容错
    - throw语句是抛出错误的类型，try语句块测试可能的错误，catch子句捕获并处理错误
  - 输入输出，C++标准库中用模板技术设计了功能强大的流类库支持输入输出
    - 流是字节序列，C++视输入输出为数据在不同设备间的流动
    - cin和cout是流类库中定义好的标准控制台对象，一般对应键盘和显示器
    - 文件的输入输出需要自定义相应流的对象，文件被视为设备，操作方法与控制台类似

3.8 习　题

一、填空题

1. 算法具有下面5个基本特征：________、________、________、________、________。

2. 算法的三种基本控制结构是________、________、________。

3. C++语言中的语句主要有________、________、________、________、________和________几大类。

4. 有如下程序：

```
#include<iostream>
using namespace std;
int main(){
    int x=10,y=20,z=40,t=30,a=0;
    if(x<y)
        if(z<t) a=1;
        else
            if(x<z)
                if(y<t) a=2;
                else        a=3;
            else            a=4;
    cout<<"a="<<a<<endl;
    return 0;
}
```

程序的输出结果是________。

5. 有如下程序：

```
#include<iostream>
using namespace std;
int main(){
    int x=13,a=0,b=1;
    switch(x%4){
    case 0:a++;b++;
    case 1:b++;
    case 2:a++;b++;break;
    case 3:a++;
    }
    cout<<"a="<<a<<"\tb="<<b<<endl;
    return 0;
}
```

程序的输出结果是________。

6. 有如下程序：

```
#include<iostream>
using namespace std;
int main() {
    int A[] = {1, 2, 3, 4, 5, 6, 7, 8, 9};
    for (auto & e : A)
        cout << " *";
```

```
    cout << endl;
    return 0;
}
```

程序的输出结果是_______。

7. 有如下程序:

```
#include<iostream>
using namespace std;
int main(){
    int x=1,y=10;
    do{
        y-=x++;
    }while(y--<0);
    cout<<"x="<<x<<"\ty="<<y<<endl;
    return 0;
}
```

程序的输出结果是_______。

8. 有如下程序:

```
#include<iostream>
using namespace std;
int main(){
    int i=1,r=1;
    for(;i<1000;i++){
        if(r>=18)
            break;
        if(r%10==1){
            r+=10;
            continue;
        }
    }
    cout<<"r="<<r<<"i="<<i<<endl;
    return 0;
}
```

程序的输出结果是_______。

9. 下面的叙述错误的是_______。

A. 异常处理机制通过 3 个关键字 try、catch、throw 实现

B. 任何需要检测的语句必须放在 try 语句中，并用 throw 语句抛出异常

C. throw 语句抛出异常后，catch 语句利用数据类型匹配进行异常捕获

D. 一旦 catch 捕获异常后，不能将异常用 throw 语句再次抛出

10. 下面的叙述错误的是_______。

A. catch(…)语句可捕获所有类型的异常

B. 一个 try 语句可以有多个 catch 语句

C. catch(…)语句可以放在 catch 语句组的中间

D. 程序中 try 语句与 catch 语句是一个整体，缺一不可

11. 要利用 C++流进行文件操作，必须在程序中包含的头文件是_______。

A. iostream　　B. fstream　　C. strstream　　D. iomanip

二、简答题

1. 什么是算法？用流程图描述求解下列两个问题的算法。

(1) 输出 1～100 之间能被 3 或 5 整除的数。

(2) 计算 20+21+22+…+220。

2. 任何一个 while 语句是否都可以用 for 语句来改写？任何一个 for 语句是否都可以用 while 语句来改写？若能请给出改写方法，否则说明原因。

3. 举例说明范围 for 语句与传统 for 语句在用法上的差异。

4. do…while 语句和 while 语句有何异同？

5. C++提供了哪几种转向语句，它们一般用于什么场合？

6. 举例说明 C++异常处理机制。

7. 简述 C++程序中向文本文件输出数据和从文本文件读取数据的方法。

三、编程题

1. 编写一个程序，输入年和月，输出该月有多少天。再输入该月 1 日是星期几，输出该月的月历。

2. 编写一个竞赛评分程序。要求去掉一个最高分和一个最低分计算得到的平均分为选手的最终得分，评委的人数等于输入的评分数。

3. 输入一个整数，判别该数是几位数，逆向输出该数。

4. 求 1000 之内所有完全数。完全数是指该数正好等于它的所有因子的和，例如：6=1+2+3。

5. 大约在 1500 年前，《孙子算经》中有这样一个问题：“今有雉兔同笼，上有三十五头，下有九十四足，问雉兔各几何？”，后人称之为“鸡兔同笼”问题。编程求出笼中鸡兔各有几只，要求从键盘输入笼中鸡兔和足的数目。

6. 分别将输入的二进制、八进制和十六进制数转换为十进制数输出。用字符数组存储输入的数。更一般地，考虑设计 k 进制数转换为十进制数的程序。

7. 编写一个程序，输入一个保留两位小数的浮点数代表一个商品的售价，要求用最少张数的人民币凑成购买商品的钱数。

8. 计算圆周率 π 的公式如下：$\pi/4=1-1/3+1/5-1/7+1/9-1/11+\cdots$。要求分别按照以下要求计算 π 的近似值。

(1) 通过计算前 200 项。

(2) 要求误差小于 0.0000001。

第4章　函　　数

函数的概念源于子程序，在 C 语言中，将具有独立功能的子程序称为函数。从结构化程序设计的观点看，函数是模块划分的基本单位，是对特定功能的一种抽象，程序是一系列函数的集合。在面向对象程序设计中，对象是程序的基本单位，每一个对象均能接收数据、处理数据并将数据传递给其他对象，函数是类中用于数据处理的基本单元。

学习目标：

- 掌握函数的概念，理解三种参数传递方法的特点与差异，能正确定义函数形参。
- 理解函数返回值的传递方法，掌握 return 语句的用法。
- 掌握尾随返回类型的定义与用法。
- 了解返回数组指针的方法，掌握函数重载的概念与用法。
- 了解内联函数与常量表达式函数。
- 了解函数指针，掌握递归函数和 Lambda 函数的定义与用法。
- 理解 C++程序内存模型，掌握全局变量和局部变量、作用域和可见性、存储类型和生存期的概念。

4.1　函数定义与调用

函数分为系统库函数和用户自定义函数两种。库函数是由编译系统提供的函数。库函数的原型说明在特定的头文件中，使用这些函数需要在程序前端包含相关的头文件。用户自定义函数是程序员根据功能需求而设计的函数。

1. 函数定义(Function Definition)

函数的定义由两个部分组成——函数头和函数体，其语法格式如下：

```
<返回类型>  <函数名>([<形参表>])
{
    <函数体>
}
```

说明：

- <返回类型>是函数返回值的类型，又称为函数的类型，它可以是基本数据类型，也可以是用户已定义的一种数据类型。程序中 return 语句所返回的值的类型应与函数头中的返回类型兼容。一个函数也可以不返回任何类型，这种函数称为无类型函数，在函数定义时其返回类型部分为 void 无值类型。
- <函数名>是一个有意义的标识符，用户通过函数名使用该函数。例如：

```
double  min(double  x, double y )
{
    return  x<y ? x : y;
}
```

该函数的函数名为 min，功能为返回两个数中的小者，返回类型为 double 类型。

- <形参表>是由参数项构成的，有多个参数项时，之间用逗号分隔。每个参数项由一个已定义的数据类型和一个标识符组成。标识符被称为函数的形式参数，简称**形参**。形参前面的数据类型称为该形参的类型。没有形参的函数称为**无参函数**，此时函数的形参表部分为空白或 void 型。相应地，形参表不空的函数称为**带参函数**。

  函数形参描述的是执行该函数所需要传递的数据，C++容许在函数定义时为形参指定默认值(Default)。默认值的作用是：在函数调用时，如果用户没有提供具体的实参，则用默认值为形参赋值。默认值的指定遵守“自右向左连续定义”的规则，即默认值的定义是从形参的最右端开始，依次连续地向左赋默认值。例如：

```
//正确的默认值，从右向左且连续
double volume(double length,double width=10,double high=10){......}
//错误的默认值，从右向左，但不连续
double volume(double length=10,double width,double high=10){......}
//错误的默认值，从左向右
double volume(double length=10,double width,double high){......}
```

- C++中的函数被调用前，编译器需要预先知道程序中是否有被调函数。告知编译器有被调函数的方法有两种：一种是在函数调用之前定义被调函数，另一种是在函数调用前先声明被调函数原型。例如：

```
//在调用前先定义
int max(int x,int y){......}
void main()
{   ......
    cout<<max(5,10);
}
```

```
//在调用前先声明
int max(int x,int y);    //声明，用分号结束
    void main()
{   ......
        cout<<max(5,10);
 }
int max(int x,int y){......} //后定义
```

- <函数体>是实现函数功能的语句序列，是算法的实现。

2. 函数调用(Function Call)

函数调用是指函数暂停自己的执行，转而执行另一个函数(或自身)的过程。在函数调用时，需要引用函数名并为形参指定相应的实参。函数调用过程中，程序流程从调用点跳转到被调函数，执行完被调函数后再返回到断点，继续其语句的执行。函数调用的语法格式为：

```
<函数名>([<实参表>])
```

说明：

- <函数名>是一个已定义或声明的函数名。
- <实参表>是由与函数形参类型匹配或赋值兼容的表达式组成，多个实参之间用逗号分隔。对于有默认值的形参可以不提供实参，直接使用默认值。
- 对于有返回值的函数，在主调函数中一般将返回值赋给同类型的变量，保存函数运行的结果。函数执行结果不仅可以通过返回值带回，还可以通过实参传递。

程序在实现函数调用时，使用了一种重要的数据结构——栈。简单地说，栈是一种后进先出的数据结构，其结构有点像手枪的子弹夹，后压进的子弹先弹出。栈的特点是数据的压入与弹出操作只能在一端进行，不允许跳过最上面的元素操作栈中的其他元素。C++的函数调用利用了栈，其主要过程如下：

(1) 保护现场。所谓现场(又称活动记录)是指主调函数执行到函数调用时机器的运行状态和返回地址，这些信息是函数在调用返回后继续运行的依据，首先被保存到程序栈中。

(2) 保存自动变量。被调函数中的自动变量(局部变量与形参)在函数运行时“显现”，运行结束后“消失”。栈是保存自动变量的最佳位置，函数运行时，其自动变量被保存于程序的栈区。当函数返回时，自动变量从栈中弹出，其所占的空间被释放。

(3) 执行被调函数。如果被调函数在运行期间又调用了另一个函数，则这个新的被调函数的活动记录和自动变量也被压入程序栈中，程序转而去执行新的被调函数，直至运行返回。

(4) 释放自动变量。从栈中弹出自动变量，自动变量的生命期结束。

(5) 恢复现场。弹出活动记录，将运行状态恢复到函数调用时刻。

(6) 继续执行主调函数。

从程序栈的角度观察，在被调函数执行前，栈中先压入活动记录和自动变量。在函数执行结束后，从程序栈中弹出自动变量和活动记录。

【例 4-1】函数调用及其机制解析示例。

程序代码：

```
1  #include <iostream>
2  using namespace std;
3  int subFun(int, int);              //函数原型声明
4  int subAdd(int, int);
5  int main()
6  {
7    int a, b, m;
8    cout << "请输入两个整数：";
9    cin >> a >> b;
10   m = subFun(a, b);             //subFun 函数调用
11   cout << "返回值是：" << m << endl;
12   return 0;
13 }
14 int subFun(int x, int y)
15 {
16   int tmp;
17   if (x > 0)
18     tmp = subAdd(x, y);   //subAdd 函数调用
19   else
20     tmp = y;
21   return tmp;
22 }
23 int subAdd(int s, int t)
24 {
25   return s + t;
26 }
```

运行结果：

```
请输入两个整数：35  95↙
返回值是：130
```

图 4-1 所示为例 4-1 程序的调用堆栈窗口。

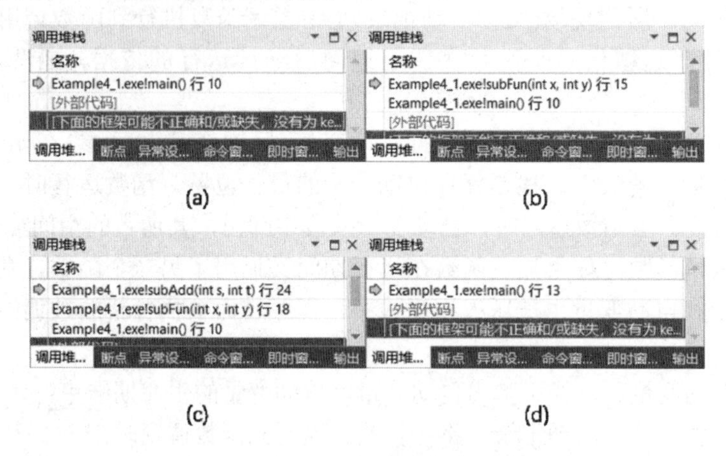

图 4-1　例 4-1 程序的调用堆栈窗口

跟踪与观察：

(1) 在 VC++ 2017 中，按 F10 键为逐过程执行，按 F11 键为逐语句执行。为跟踪进入被调用函数，在函数调用处按 F11 键。

(2) 图 4-1(a)显示了程序运行到第 10 行时程序调用堆栈的情况。main 函数在调用堆栈的顶部，其后是系统启动控制台应用程序运行环境所执行的代码。

(3) 图 4-1(b)显示了流程在进入 subFun 函数时调用堆栈的状况，流程已到第 15 行。

(4) 图 4-1(c)显示了 subAdd 函数被调用时调用堆栈的情况。图中清楚地显示了返回 subFun 函数的位置——行 18，以及返回到 main 函数的位置——行 10。

(5) 图 4-1(d)显示了流程从被调用函数返回后，继续运行至 main 函数的第 13 行时调用堆栈的情况。继续按 F10 键，将依次弹出各函数，直至结束程序的执行。

4.2　函数参数传递

程序在为形参分配内存空间的同时完成实参向形参传递数据。函数的参数传递本质上就是形参与实参的结合过程。

C++中向函数传递的实参类型必须与形参相符或兼容，实参可以是常量、变量或表达式。

C++中将实参传递给函数形参的方法主要有三种：**按值传递**、**地址传递**和**引用传递**。每种参数传递方法都有其特性，深刻理解它们的含义和区别有助于提高程序设计的能力和水平。

4.2.1　按值传递

按值传递简称**传值法**，系统将实参的值赋给函数形参，形参中保存了实参的一份复制品。对于实参变量，形参与实参变量分别占有独立的内存空间，被调函数对形参所做的任何修改不影响实参变量。

【例 4-2】按值传递法示例。

程序代码：

```
#include <iostream>
using namespace std;
void swap(int, int);
int main() {
    int a, b;
    cout << "请输入两个整数 a 与 b:";
    cin >> a >> b;
    cout << "交换前：a=" << a << "\tb=" << b << endl;
    swap(a, b);
    cout << "交换后：a=" << a << "\tb=" << b << endl;    //①
    return 0;
}
void swap(int x, int y) {
    int tmp;
    tmp = x; x = y; y = tmp;
}
```

运行结果：

```
请输入两个整数 a 与 b:56  98↙
交换前：a=56     b=98
交换后：a=56     b=98
```

程序说明：

swap 函数形参是按值传递，x 和 y 分别复制了 a 和 b 的值。swap 函数中的交换对主调函数中的 a 和 b 无任何影响，因此交换前与交换后两者的值没有变化。

4.2.2　地址传递

地址传递简称**传址法**，该方法需要将形参声明为指针类型。传址法是把实参变量的地址赋给形参，使得形参指向实参。形参中存储了实参变量的地址，被调函数对形参所指内存单元的操作等同于对实参变量的操作。

【例 4-3】地址传递法示例。

程序代码：

```
#include <iostream>
using namespace std;
void swap(int *, int *);    //形参为指向 int 型变量的指针
int main() {
    int a, b;
    int * pb = &b;          //定义指向 b 的指针
    cout << "请输入两个整数 a 与 b:";
    cin >> a >> b;
    cout << "交换前：a=" << a << "\tb=" << b << endl;
    swap(&a, pb);        //直接把 a 的地址赋给形参 x，把指针变量 pb 的值赋给形参 y
    cout << "交换后：a=" << a << "\tb=" << b << endl;
```

```
    return 0;
}
void swap(int * x, int * y) {
    int tmp;
    tmp = *x; *x = *y; *y = tmp;  //*x 为所指变量的内容
}
```

运行结果：

```
请输入两个整数 a 与 b:65  98↙
交换前：a=65      b=98
交换后：a=98      b=65
```

图 4-2 所示为例 4-3 程序的内存跟踪窗口。

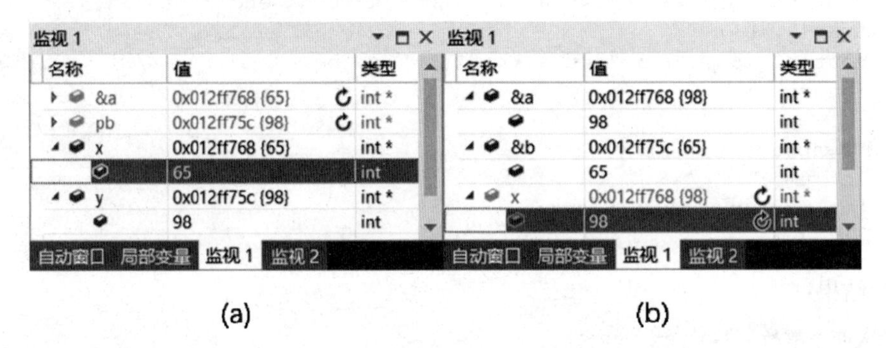

图 4-2　例 4-3 程序的内存跟踪窗口

跟踪与观察：

(1) 图 4-2(a)中的监视 1 窗口显示了流程进入 swap 函数时形参变量 x 的值为变量 a 的地址 0x012ff768，形参 y 中的值与指针变量 pb 的值相同，是变量 b 的地址 0x012ff75c。

(2) 图 4-2(b)中的监视 1 窗口显示了流程跳出 swap 函数后，变量 a 与变量 b 的值分别为 98 和 65，交换成功。

4.2.3　引用传递

引用传递法要求函数的形参是以左值引用为参数，由于引用是另一个变量的别名，实参变量与形参变量是内存中同一个实体，对形参变量的任何操作都直接影响到实参变量。

引用传递法是 C++新引入的参数传递方式，它既有按值传递法调用方式自然简便的特点，又有按址传递法的直接与效率。

【例 4-4】引用传递法示例。

程序代码：

```
#include <iostream>
using namespace std;
void swap(int &, int &);                    //形参为引用类型
int main() {
    int a, b;
    cout << "请输入两个整数 a 与 b:";
    cin >> a >> b;
    cout << "交换前：a=" << a << "\tb=" << b << endl;
```

```
    swap(a, b);                //与值传递同样的调用方式
    cout << "交换后: a=" << a << "\tb=" << b << endl;
    return 0;
}
void swap(int & x, int & y) {
    int tmp;
    tmp = x; x = y; y = tmp;          //x 为变量 a 的别名，y 为 b 的别名
}
```

运行结果：

```
请输入两个整数 a 与 b:55  99↙
交换前: a=55      b=99
交换后: a=99      b=55
```

图 4-3 所示为例 4-4 程序的内存跟踪窗口。

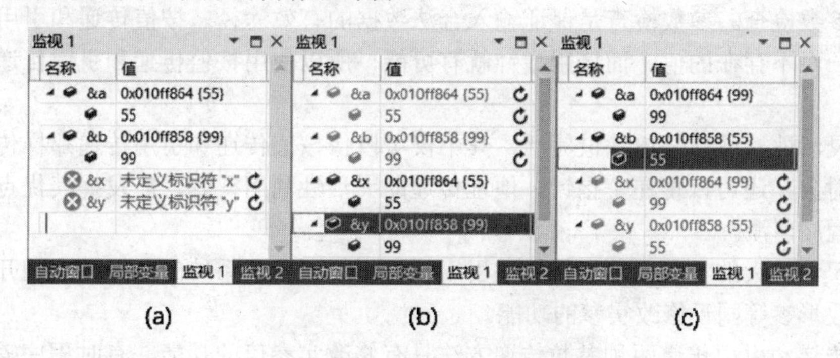

图 4-3　例 4-4 程序的内存跟踪窗口

跟踪与观察：

(1)　图 4-3(a)是流程进入被调函数 swap 前变量 a 和 b，形参 x 和 y 的情况。

(2)　图 4-3(b)是流程进入函数 swap 后，形参 x 和 y 的情况。此时，引用形参 x 和 y 的地址分别与主函数中变量 a 和 b 的地址完全一致，因此 swap 中交换 x 和 y 的值也就等于交换 a 和 b 的值。

(3)　图 4-3(c)是流程返回到主函数后变量 a 和 b 的情况，对比(a)可见二者的值已交换。

图 4-3(c)中还能见到形参 x 和 y 的内容，这是监视窗口没有更新所致，单击其值项右侧的小刷新图标，则显示与图 4-3(a)同样的错误提示。

4.2.4　const 形参

C++提供的 3 种参数传递方式，能满足不同类型和格式数据的传递与应用需求。下面从几个方面对 3 种参数传递方式作简要比较。

(1)　传递效果。按值传递在传递的时候，实参值被复制了一份传递给形参。在地址传递过程中，形参得到的是实参的地址，被调用函数是通过间接寻址方式访问实参中的值。在引用传递过程中，被调用函数的形参在栈中开辟了内存空间，存放的是由主调函数放进来的实参变量的地址，被调函数对形参的任何操作都被处理成间接寻址。如果想在调用函数中修改实参的值，使用按值传递是不能达到目的的，只能使用引用或地址传递。

(2) 传递效率。对于像整型这样的基本数据类型，从主调函数复制数据至堆栈与复制地址到堆栈的开销相当。然而对于结构、类、数组这类用户自定义数据类型，由于其自身的尺寸比较大，按值传递方式的内存占用和执行时间开销都比较大。

(3) 执行效率。执行效率是指在被调用函数体内执行时的效率。在被调用函数执行期间，传值调用访问形参是采用直接寻址方式，而地址传递和引用传递则是间接寻址方式，所以按值传递的执行效率要高些。有些编译器会对引用传递进行优化，也采用直接寻址方式。直接寻址的效率要高于间接寻址，不过访问不是十分频繁，则它们的执行效率其实相差不大。

(4) 类型检查。按值传递与引用传递在参数传递过程中都执行强类型检查，而指针传递的类型检查较弱。利用编译器的类型检查，能减少程序的出错概率，增加代码的健壮性。

(5) 参数检查。参数检查是保证输入合法数据的有效途径。按值传递和引用传递均不允许传递一个不存在的值，而使用指针就有可能，所以使用按值传递和引用传递的代码更健壮。

(6) 灵活性。地址传递法最灵活，其不仅可以像按值传递和引用传递那样传递一个特定类型的对象，还可以传递空指针。地址传递的灵活性利用得好，能发挥其优点，使用不当会导致程序崩溃。

对于尺寸较大的实参用地址传递和引用传递不仅能减少系统的时间和空间开销，同时还具有修改形参等同于修改实参的功能。

地址传递和引用传递两种参数传递方法具有修改实参值的功能，有时程序需要阻止这种能力，方法是用 const 关键字修饰形参。

```
int x = 100;
const int * ptr = &x;          //正确，但 ptr 不能修改 x 的值
const int & r1 = x;            //正确，但 r1 不能修改 x 的值
const int & r2 = 123;          //正确，可以用常量初始化
int * p = ptr;                 //错误，类型不匹配
int & r3 = r1;                 //错误，类型不匹配
int & r4 = 123;                //错误，不能用字面常量初始化非常量引用
```

【例 4-5】常量引用形参用法示例。

程序代码：

```
#include<iostream>
using namespace std;
int max(const int & a, const int & b) {      //常量引用形参
    //a++;                                    //①
    if (a > b)
        return a;
    else
        return b;
}
int min(int & a, int & b) {                            //普通引用形参
    a--;                                               //②
    if (a < b)
        return a;
```

```
    else
        return b;
}
int main() {
    int x = 10, y = 20;
    cout << "x=" << x << "\ty=" << y << endl;
    cout << "max(x, y)=" << max(x, y) << endl;
    cout << "max(y, 30)=" << max(y, 30) << endl;   //③
    cout << "min(x, y)=" << min(x, y) << endl;
    cout << "x=" << x << "\ty=" << y << endl;
    //cout << min(10, y) << endl;                  //④
    return 0;
}
```

运行结果：

```
x=10    y=20
max(x, y)=20
max(y, 30)=30
min(x, y)=9
x=9     y=20
```

程序说明：

① 该行语句报告错误：“不能给常量赋值”。这是因为形参 a 已被修饰为 const，函数体不能对其做任何修改操作。

② 形参 a 前没加 const，可修改其值，运行结果的末行显示 x 被改为 9。

③ max(y, 30)编译通过，常量引用形参允许传递常量。

④ min(10, y)编译出错，报告错误：“非常量引用的初始值必须为左值”。

4.2.5　数组形参

数组是用一片连续的空间存储一组同类型的数据，通常会占用较大的空间。C++不允许复制数组，因而函数传递数组时不能使用传值法。函数传递数组的方法是用指针或引用，下面列举一些常用的数组形参。

```
void printAry(const int * a, int size);      //a 指向数组首地址，size 为数组大小
void printAry(int a[], int size);            // int a[]等价于 int * a
void printAry(const int a[30], int size);
//const int a[30]为 const int *类型
void printAry(const int * beg, const int * end);
//beg 指向数组某元素，end 指向 beg 后
void printAry(const int(&ref)[10]);          //形参为 const int [10] &类型
```

【例 4-6】数组形参用法示例。

程序代码：

```
#include<iostream>
using namespace std;
void print(const int * a, int size) {        //与 const int a[]一样
    for(int i=0;i<size;i++)
        cout << a[i] << ",";
    cout << endl;
```

```
}
void show(const int * beg, const int * end) {  //指针分别指向数组的一个区间
    while (beg != end)
        cout << *beg++ << ",";                 //①
    cout << endl;
}
void addAry(int (&refa)[10]) {                 //②
    for(int i=0;i<10;i++)
        refa[i]++;                             //在原值上加 1
}
int main() {
    int x[]{1,2,3,4,5,6,7,8,9,0};
    print(x,size(x));                          //size 是计算数组元素个数的函数
    addAry(x);
    show(begin(x),end(x));                     //获取 x 首元素和尾元素下一个位置地址
    return 0;
}
```

运行结果：

```
1,2,3,4,5,6,7,8,9,0,
2,3,4,5,6,7,8,9,10,1,
```

程序说明：

① 表达式*beg++是先读所指数组单元中的值，再执行 beg 指针后跳。若改为(*beg)++，则表示对 beg 指向的数组单元做加 1 操作，由于 beg 形参前加了 const，编译将报告错误。

② 形参 refa 是 int [10] &类型，实参必须是 int [10]类型，即大小为 10 的整型数组。由于形参类型前没有加 const，函数体中允许执行 refa[i]++，修改了数组单元中的值。

4.3 函数返回类型与函数重载

函数是一段实现特定功能的代码，其结果一般会改变内存中的数据。主调函数在传递实参给被调函数时，若采用指针或引用方式传递数据，函数均可以隐式地修改实参中的值，从而带回修改结果。另一种返回函数运行结果的方法是用 return 语句，程序显式地返回一个与函数声明中返回类型一致的数据，主调函数通常需要用变量保存返回的结果。

4.3.1 返回类型与 return 语句

函数调用结束时，可以回传一个值或对象给调用函数。C++中用于函数返回的语句的语法格式为：

```
return <表达式>;
```

说明：

- <表达式>的值即为函数的返回值，返回值的类型应与函数的返回类型相兼容。
- void 类型函数在函数体中可以无 return 语句，也可以写 return;语句。如果在程序中间需要提前结束，则用 return 语句，而在程序最后，则可以不写。

主调函数在调用函数时，系统将根据函数的返回类型在程序的栈(调用堆栈)中先压入一个数据类型为返回类型的临时无名变量，之后再在无名变量之上压入自动变量。当函数返回时，自动变量被弹出，占用的空间被回收，而返回的函数值被保存在临时无名变量中，由主调函数负责将临时无名变量中的值赋给调用函数中的接收变量，再弹出调用堆栈中的临时无名变量。

下面通过调用求两数中最大者函数为例说明函数值返回的过程，如图 4-4 所示。

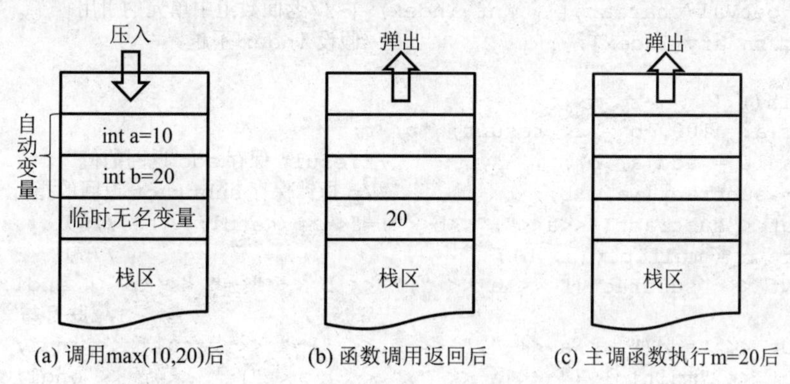

图 4-4　函数返回值传递过程示意图

与图 4-4 相关的程序代码如下：

```
int max(int a,int b){  return  a>b ? a : b; }
int main()
{    ......
     m = max(10, 20);     //函数调用
     ......
}
```

图 4-4(a)是程序流程进入 max 函数后函数调用堆栈状态的示意图。图 4-4(b)所示为执行 return 语句后调用堆栈的情况，返回语句把运行结果(整数 20)存放到临时无名变量，并将流程返还给主调函数，结束函数 max 的执行。图 4-4(c)表示的是主函数中的赋值语句用无名变量中的值赋给变量 m 后调用堆栈的状态。

【例 4-7】函数返回值使用示例。

程序代码：

```
#include<iostream>
using namespace std;
int add(int x, int d) {                    //正确，返回局部变量的拷贝
    int tmp;
    tmp = x + d;
    return tmp;
}
int * subtract(int * x, int * d) {         //错误，返回局部变量 tmp 的地址
    int tmp, *tp = &tmp;
    *tp = *x - *d;
    return tp;                             //①
}
int & multiply(int & x, int & d) {         //错误，返回局部变量 tmp 的引用
    int tmp;
```

```
        tmp = x * d;
        return tmp;                        //局部变量 tmp 的空间在函数运行结束后被释放
    }
    void print(const char * beg,const char * end) {
        while( beg!=end )
            cout << *beg++ << ",";
        cout << endl;
    }
    char & getVal(char ary[], int index) { //返回数组中单元的引用
        return ary[index];                 //假设 index 不越界
    }
    int main() {
        int a = 100, b = 2, result, *p, r;
        result = add(a, b);                //result 保存 add 返回的值
        p = subtract(&a, &b);              //p 指针保存 subtract 返回的指针
        cout<<"subtract("<<a<<","<<b<<")="<<*p<<endl;              //②
        int  r = multiply(a, b);                                  //③
        cout << "subtract(" << a << "," << b << ")=" << *p << endl;
                                                                  //此行与②相同
        cout << "add(" << a << "," << b << ")=" << result << endl;
        cout << "multiply(" << a << "," << b << ")=" << r << endl; //int r 与
    int & r 结果不同
        print(begin(charAry), end(charAry));
        getVal(charAry, 0) = 'A';                                 //④
        print(begin(charAry), end(charAry));
        return 0;
    }
```

运行结果:

```
subtract(100,2)=98
subtract(100,2)=200
add(100,2)=102
multiply(100,2)=200
a,b,c,d,e,
A,b,c,d,e,
```

程序说明:

① 此处编译器报告警告:“warning C4172: 返回局部变量或临时变量的地址:tmp”。

② substract 函数的返回类型是 int *型,指针 p 保存的是 tmp 地址,而 tmp 在函数返回时已从调用堆栈弹出,之后该存储空间可能存入新的数据,从而导致*p 读取的结果不正确。

从运行结果可见,第 1 行结果正确,第 2 行却是 multiply 返回的结果,这是因为 p 指向的空间存放了新的数据。

③ int r = multiply(a, b);语句执行后,tmp 变量空间被释放,但其值已在函数调用结束时赋值给了变量 r,最终输出 r 时结果正确。

读者不妨试试,修改该行语句为 int & r = multiply(a, b);,运行程序,最后一行显示为 multiply(100,2)=268479456(注:可能与此数值不同)。

跟踪运行程序,逐语句方式进入函数 multiply(a, b),观察 tmp 的地址和值。函数调用

结束后，可观察到 r 的地址和值与 tmp 完全相同。继续运行下一行程序后，发现 r 的地址不变，但其值已被改变为一个较大的数。

函数返回类型为引用或指针时，一定**不要返回局部变量或临时变量的引用和指针**。

④ 调用返回非常量引用的函数 getVal 得到左值，对其进行赋值运算，可改变其值。此处，字符数组 charAry 第 1 个单元的值被改为大写字母 A。

4.3.2 尾随返回类型

C++ 11 新标准中，auto 的用途不再是自动存储类型的声明，而是用于类型推断，成为类型占位符，具体为何类型由编译器根据初始化代码推断得到。

auto 不能用来声明函数的返回值，但如果函数有一个尾随的返回类型时，auto 可以出现在函数声明的返回值位置。此时，auto 并不是告诉编译器去推断返回类型，而是指引编译器去函数的末端寻找返回值类型。

C++ 11 中任何函数的定义都能使用尾随返回类型(Trailing Return Type)。尾随返回类型的定义方法是在函数形参表后面用->符号表示尾随返回类型开始。返回类型可直接指定，也可用 decltype 推导。例如：

```
auto max(const int & a, const int & b) -> const int &;//返回类型 const int &
auto sum(long l, double d) -> decltype(l + d);     //返回类型 double
```

尾随返回类型主要用于返回类型比较复杂的函数，如返回数组或函数指针等情况。除此之外，尾随返回类型在泛型编程中更能发挥其优势，因为有时模板函数的返回类型不能明确指定，需要由传递的实际参数来决定，延后声明返回类型使问题得以解决。

【例 4-8】尾随返回类型使用示例。

程序代码：

```
#include<iostream>
#include<string>
#include<sstream>
using namespace std;
auto func(string s, double d)->string { //字符串与实型数合并成字符串
    ostringstream dtos;                        //①
    dtos << d;                                 //d 输出给 dtos 流
    return s+dtos.str();                       //dtos.str()把 d 转换为 string 类型
}
auto add(int x, double d)->decltype(x + d) {    //②
    return x + d;
}
int main() {
    string str="圆周率为：";
    double pi = 3.14159;
    int a = 200;
    cout << func(str, pi) << endl;
    cout << add(a, pi) << endl;
    return 0;
}
```

运行结果：

```
圆周率为：3.14159
203.142
```

程序说明：

① <sstream>标准库中定义了 3 种类：istringstream、ostringstream 和 stringstream，分别用于字符串流的输入、输出和输入输出操作，利用其能方便地实现 double、int 等类型与 string 类型间的转换。例如：

```
string result = "12345";
int n = 0;
stringstream stream;
stream << result;
stream >> n;     //n 等于 12345
```

② 在 C++ 11 之后发布的 C++ 14 标准中，函数形参后面可以不跟尾随返回类型，编译器也能根据 return 语句自动识别出函数的返回类型。

VC++ 2017 支持 C++ 14 标准。删除程序中的->decltype(x + d)部分，将鼠标指针停放在 add 函数上，显示 double add(int x, double d)。

4.3.3 返回数组指针

C++中，数组不能复制，因此函数也就不能直接返回数组。函数可以通过返回数组指针或引用的方式间接地传递数组。函数返回数组指针的声明格式如下：

```
<数据类型> (*<函数名>(<函数形参>)) [<数组大小>]
```

下面声明的 func 函数均返回指向 int [10]数组类型的指针。

```
int  ( * func() )  [10];//( * func() )表示对函数调用结果执行解引用操作
                        //( * func() )  [10]表示解引用得到一个大小为 10 的数组
                            //int ( * func() ) [10]表示数组中的元素是 int 类型
auot func() -> int (*)[10]; //用尾随返回类型声明更直观
typedef  int  arrType[10];  //自定义 int  [10]数组类型为 arrType
arrType * func();           //用 arrType 自定义类型名声明 func 函数直观多了
using arrType = int [10];   //C++ 11 支持的新的数据类型定义方法
```

【例 4-9】函数返回数组指针方法示例。

程序代码：

```
#include<iostream>
using namespace std;
typedef int myArray[5];                //传统方式定义数据类型 myArray
using arrType = int[5];                //C++ 11 新方法定义类型 arrType
myArray verA = {1,3,5,7,9};            //等价于 int verA[5]
arrType verB {2,4,6,8,10};             //等价于 int verB[5]
int verC[10] = {1,2,3,4,5,6,7,8,9,10};
myArray * funa() {                     //返回数组指针
    return &verA;
}
auto funb() -> arrType & {             //返回数组引用
    return verB;
}
```

```
int (* func())[10]{                      //返回数组 int [10]指针
    return &verC;
}
int main() {
    int(*pa)[5] = funa();                //pa 指向数组 verA
    int(&pb)[5] = funb();                //pb 是数组 verB 的别名
    int(*pc)[10] = func();
    for (int i = 0; i < 5; i++)
        cout << (*pa)[i] << "," << pb[i] << ","; //注意(*pa)[i]与*pa[i]的区别
    cout << endl;
    for (auto it:*pc)                    //*pc 等价于 verC
        cout << it << ",";
    cout << endl;
    return 0;
}
```

运行结果：

```
1,2,3,4,5,6,7,8,9,10,
1,2,3,4,5,6,7,8,9,10,
```

图 4-5 所示为例 4-9 程序的跟踪监视窗口。

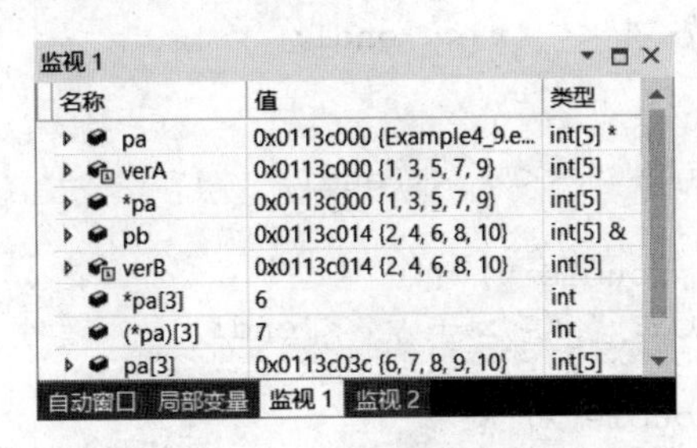

图 4-5　例 4-9 程序的跟踪监视窗口

跟踪与观察：

(1) 从图 4-5 可见，pa 的类型是指向 int [5]数组的指针，而*pa 与 verA 完全相同，类型均是 int [5]，并且其值均是 0x0113c000{1,3,5,7,9}。

(2) 从图 4-5 可见，pb 的类型是 int [5] &，与 verB 是 int[5]不同，但二者的值完全相同。

(3) 从图 4-5 可见，*pa[3]的值是 6，而(*pa)[3]的值是 7。事实上，pa[3]与*(pa+3)等价，pa[3]是以 int[5]为单位，指向了其后的第 3 个单元。图中显示其值为 0x113c03c{6,7,8,9,10}，其实是数组 verC 的后半部分，这就是*pa[3]值为 3 的原因。

4.3.4　函数重载

函数重载(Overload)是 C++引入的新概念。在 C 语言中，同一个程序不允许有重名的函数，针对不同的函数形参，功能相同的函数需要用不同的函数名加以区别。例如，max 函数的功能为返回两个元素中的最大者，而处理的数据可能有整型、实型或类类型，为此需要定义互不同名的函数分别实现。

C++的函数重载功能允许在同一作用域中定义几个相同名称的函数，只要这几个函数

具有不同的**函数签名**(Singnature)。函数签名是由函数的名称及它的形参类型组成的，函数重载是基于 C++中函数名可以相同，签名不能相同的语法规则，即重载函数的函数名可以相同，但它们的形参类型、个数以及顺序不能完全相同。

编译器区分重载函数的方法是通过函数签名。在具有函数重载的程序中，系统能根据函数调用时所传递实参的个数和数据类型确定应调用的重载函数。

需要说明的是，函数签名不包括函数的返回类型，函数返回类型不同不能作为区别重载函数的依据。例如 int print(int x);和 void print(int x);是错误的函数重载，VC++ 2017 编译器将报错如下：无法重载仅按返回类型区分的函数。

【例 4-10】函数重载示例。

程序代码：

```
#include<iostream>
#include<string>
using namespace std;
void show(int x = 0) {
    cout << "输出整数: " << x << endl;
}
void show(int * x) {                                    //①
    cout << "输出整数: " << *x << endl;
}
void show(double x) {
    cout << "输出浮点数: " << x << endl;
}
void show(double x, double y) {                         //②
    cout << "输出浮点数: " << x + y << endl;
}
//void show(const double x) {
//  cout << "输出浮点数: " << x << endl;
//}
void show(string str) {
    cout << "输出字符串:" << str << endl;
}
int main() {
    int value = 1000;
    show(2019);
    show(&value);
    show(3.1415926);
    show(1.2, 5.6);
    show("C++面向对象程序设计！");
    return 0;
}
```

运行结果：

```
输出整数: 2019
输出整数: 1000
输出浮点数: 3.14159
输出浮点数: 6.8
输出字符串:C++面向对象程序设计！
```

程序说明：

① 同名函数 show(int)与 show(int *)的形参类型不同，则函数签名互不相同。

② 同名 show(double)与 show(double,double)的形参个数不同，因而函数签名不同。删除函数 void show(const double x)前的注释符，编译报告错误如下：函数 void show(double)已有主体。函数形参中 const 修饰符在函数签名中不起作用。

4.4 内联函数与常量表达式函数

内联函数可避免函数调用时的开销。内联声明是向编译器发出一个请求，编译器可以忽略这个请求。常量表达式函数是指能用于常量表达式的函数，这是一个编译时的函数，它能够在程序编译期完成值计算并返回。

4.4.1 inline 函数

函数调用需要经历现场保护、保存自动变量、执行被调用函数、释放自动变量和恢复现场几个过程，期间会占用一定的系统时间和空间，增加程序运行时的开销。对于较大的函数，这种开销与函数在整个运行过程中所消耗的时间与空间相比较小，然而对于较小的函数，这种开销则相对较大，显得有些“得不偿失”。

内联函数通过采用简单的代码复制来避免函数调用。程序中被指定为内联的函数，编译器将生成一份代码副本，并将其插入到函数调用处，从而将函数调用方式变为顺序执行方式，减小运行时的开销。

由于函数代码的多份副本被插入到程序中，因此会增加程序的目标代码长度，进而增加空间开销，可见它是以目标代码的增加为代价来换取时间的节省。

在 C++中，用 inline 限定符告知编译器该函数为内联函数。对于较大的函数(如含有循环或多开关分支语句的函数)，尽管程序中已声明其为内联函数，编译器一般会忽略 inline 的限定，视其为普通函数。内联函数的定义方法是在函数前加上关键字 inline，格式如下：

```
inline  <返回类型>  <函数名>([<形参表>]){
    <函数体>
}
```

通常 inline 限定符只用于那些非常小并且被频繁使用的函数，例如，用于获取或设置变量值的函数。关键字 inline 可以同时用在函数声明和定义处，也可只用在一处。如果函数定义在调用之后，则在函数声明中必须加上 inline，否则将被视为普通函数。

下面的程序段演示了内联函数的用法。

```
inline bool isNumber(char ch){
    return ch>='0'&&ch<='9'?true:false;
}
int main(){
    char inCh;
    cout<<"请从键盘输入一个字符：";
    cin>>inCh;
```

```
    cout<<"\""<<inCh<<"\""<<(isNumber(inCh)?"是":"不是")<<"数字字符!
"<<endl;
    return 0;
}
```

4.4.2 constexpr 函数

用限定符 constexpr 修饰的变量，其值是在程序编译期就确定。类似地，constexpr 限定符也能作用于函数，使得函数在编译时就可以计算其结果，这种类型的函数称为**常量表达式函数**或 **constexpr 函数**。

constexpr 函数的定义方法与普通函数类似，只要在函数返回类型前加上关键字 constexpr 即可。例如：

```
constexpr int maxSize(int n){ return n*10; }
```

在 C++ 11 标准中，constexpr 函数必须遵循一些限制。函数的返回类型及所有形参的类型都是字面值类型。函数体内必须有且只有一条 return 语句，函数体内既不能声明变量，也不能使用 for 语句之类的常规控制流语句。

C++ 14 新标准放宽了对 constexpr 函数的限制，只保留了“函数的返回值类型及所有形参的类型都是字面值类型”。允许在 constexpr 函数体内声明变量，可以有多条 return 语句，也可以使用除 goto 语句和 try 语句之外的大部分控制流语句。

声明为 constexpr 的函数，如果其参数均为合适的编译期常量，且调用方需要在编译时得到结果，则对这个 constexpr 函数的调用就会编译期运行。反之，如果参数的值在运行期才能确定，或者虽然参数的值是编译期常量，但不符合这个函数的要求，则对这个函数调用的求值只能在运行期进行。

constexpr 函数是一种在程序的编译期和运行期都能被调用并执行的函数。基于 constexpr 函数的这个特点，新标准建议通用函数尽可能添加 constexpr 限定符，使相同功能的函数无论是在编译期还是运行期运行，都用同一套代码。

【例 4-11】constexpr 函数应用示例。

程序代码：

```
#include<iostream>
#include<time.h>
using namespace std;
const int n = 100;
constexpr int min(int a, int b) {              //constexpr 函数，返回两数中小者
    return a < b ? a : b;
}
constexpr auto Size = min(n, 10);              //编译期调用 min 函数为 Size 赋值 10
constexpr auto minAry(int a[],int n=10) {      //求数组中最小元素的值
    int m = a[0];
    for (int i = 1; i < n; i++)
        m = min(a[i], m);
    return m;
}
int main() {
    int myAry[Size];                           //用 Size 定义数组元素个数
    srand((unsigned)time(NULL));
```

```
    for (int i = 0; i < Size; i++)
        myAry[i] = rand() % 100;          //用 100 以内随机数赋值
    cout << "myAry 数组中元素是：";
    for (auto it : myAry)
        cout << it << ",";                //依次输出 myAry 中的元素值
    cout << "\n" << "其中最小值是："
        << minAry(myAry) << endl;         //运行期调用 minAry 常量表达式函数
    return 0;
}
```

运行结果：

```
myAry 数组中元素是：21,49,20,28,19,37,54,68,22,82,
其中最小值是：19
```

4.5　递归函数

递归(Recursion)是一种描述问题的方法，基本思想是把问题转化为规模缩小了的同类问题的子问题。著名的斐波那契(Fibonacci)数列就是以递归的方式定义：

$$\begin{cases} F_0 = 0 \\ F_1 = 1 \\ F_n = F_{n-1} + F_{n-2} \end{cases}$$

现代计算机高级语言普遍支持递归。在 C/C++中，**递归函数**是指在调用一个函数的过程中又出现直接或间接地调用该函数本身。对于在函数体中直接调用函数自己的方式，称为**直接递归**；对于在函数 A 中调用函数 B，而在函数 B 中又调用函数 A 的方式，称为**间接递归**。

一般来说，递归需要有**边界条件**、**递归前进**段和**递归返回**段。当边界条件不满足时，递归前进；当边界条件满足时，递归返回。例如：斐波那契数列中的 F_0、F_1 即为边界条件。在用递归算法编写程序解决问题时，应着重考虑两点：①该问题采用递归方式描述的解法；②该问题的递归结束边界条件。

用递归思想写出的程序往往十分简洁易懂，但由于递归在实现中存在大量的函数调用，而函数调用会带来参数压栈和弹栈开销，因此，递归函数在运行过程中的时间和空间开销要高于非递归方式，效率相对较低。

现实中的许多问题既可以用递归算法实现，也可以用非递归算法实现。在程序设计中，算法的选用更多地应考虑问题的应用场合。

【例 4-12】用递归函数求整数的阶乘。

程序代码：

```
#include<iostream>
using namespace std;
constexpr int x = 4;
constexpr long Factorial(int n) {                 //用递归函数求 n!
    if (n == 1)
        return 1;
    else {
```

```
        long tmp = n * Factorial(n - 1);    //直接递归
        return tmp;
    }
}
constexpr auto facx = Factorial(x);              //编译期运行 Factorial 函数，
facx=24L
int main() {
    cout << x << "! = " << facx << endl;    //x!=24
    cout << "6! = " << Factorial(6) << endl;//运行期调用 Factorial 函数
    return 0;
}
```

运行结果：

```
4! = 24
6! = 720
```

跟踪与观察：

(1) 如图 4-6(a)所示为程序运行到 n=1 时(到达边界条件)，函数调用堆栈 r 的情况。从图可以看出，有 6 次 Factorial 函数调用。

(2) 如图 4-6(b)所示为程序在递归返回过程中，返回到 n=6 时函数调用堆栈的情况。此时 tmp 变量的值为 720，递归调用即将结束。

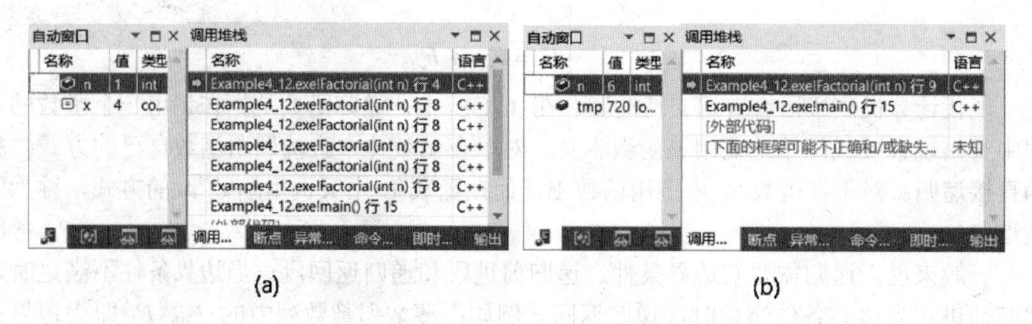

图 4-6　例 4-12 程序运行时的调用堆栈观察

【例 4-13】汉诺(Hannoi)塔问题。该问题来自古印度的一个传说。在世界中心贝拿勒斯的圣庙里，一块黄铜板上插着三根宝石针。印度教的主神梵天在创造世界的时候，在其中一根针上从下到上地穿好了由大到小的 64 片金片，这就是所谓的汉诺塔。不论白天黑夜，总有一个僧侣在按照下面的法则移动这些金片：一次只移动一片，不管在哪根针上，小片必须在大片上面。僧侣们预言，当所有的金片都从梵天穿好的那根针上移到另外一根针上时，世界就将在一声霹雳中消灭，而梵塔、庙宇和众生也都将同归于尽。后来，这个传说演变为汉诺塔游戏。有三根柱子 A、B、C。A 柱上有若干盘子，小盘在上，大盘在下。每次移动一个盘子，小的只能叠在大的上面，把所有盘子从 A 柱移到 C 柱。

分析：

问题是 n 个盘子从 A 移到 C，如图 4-7(a)所示。用递归方法解题过程如下：①将 A 上的 n-1 个盘子借助于 C 移到 B；②将第 n 个盘子从 A 移到 C；③将 n-1 个盘子从 B 借助 A 移到 C。其第①和第③步都转化为 n-1 个盘子的移动问题，即归结为规模缩小的同类问题的子问题。

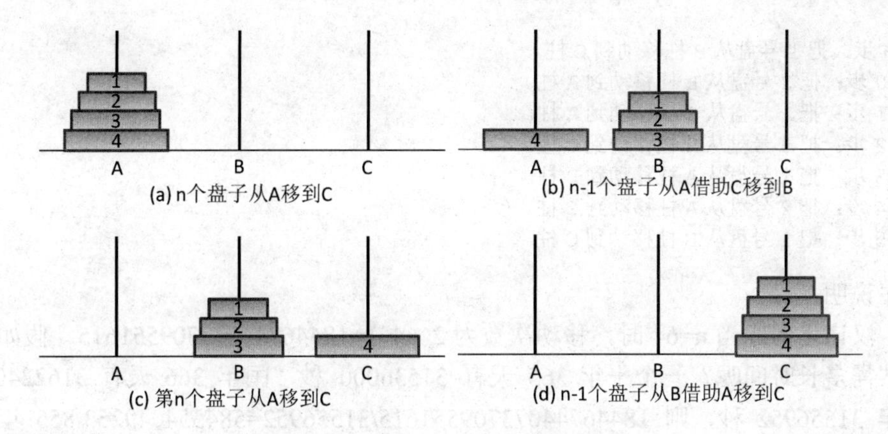

图 4-7　汉诺塔问题解题步骤示意图

递归函数的声明为：void Hannoi(int n,char a,char b,char c)，表示有 n 个盘子从 A 借助 B 移到 C。

程序代码：

```
#include<iostream>
#include<iomanip>
using namespace std;
void Move(int n, char x, char y) {
    static int step = 1;
    cout << "第" << setw(2) << step++ << "步：把" << n << "号盘从"
        << x << "柱移动到" << y << "柱。" << endl;
}
void Hannoi(int n, char a, char b, char c) {    //n 个盘子从 a 借助 b 移到 c
    if (n == 1)                    //边界条件
        Move(1, a, c);
    else {
        Hannoi(n - 1, a, c, b); //n-1 个盘子从 a 借助 c 移到 b
        Move(n, a, c);          //从 a 移动第 n 个盘子到 c
        Hannoi(n - 1, b, a, c); //n-1 个盘子从 b 借助 a 移到 c
    }
}
int main() {
    cout << "4 层汉诺塔的移动过程:" << endl;
    Hannoi(4, 'A', 'B', 'C');
    return 0;
}
```

运行结果：

```
4 层汉诺塔的移动过程:
第 1 步：把 1 号盘从 A 柱移动到 B 柱。
第 2 步：把 2 号盘从 A 柱移动到 C 柱。
第 3 步：把 1 号盘从 B 柱移动到 C 柱。
第 4 步：把 3 号盘从 A 柱移动到 B 柱。
第 5 步：把 1 号盘从 C 柱移动到 A 柱。
第 6 步：把 2 号盘从 C 柱移动到 B 柱。
第 7 步：把 1 号盘从 A 柱移动到 B 柱。
第 8 步：把 4 号盘从 A 柱移动到 C 柱。
```

```
第 9 步：把 1 号盘从 B 柱移动到 C 柱。
第 10 步：把 2 号盘从 B 柱移动到 A 柱。
第 11 步：把 1 号盘从 C 柱移动到 A 柱。
第 12 步：把 3 号盘从 B 柱移动到 C 柱。
第 13 步：把 1 号盘从 A 柱移动到 B 柱。
第 14 步：把 2 号盘从 A 柱移动到 C 柱。
第 15 步：把 1 号盘从 B 柱移动到 C 柱。
```

程序说明：

① 汉诺塔问题当 n=64 时，移动次数为 2^64-1=18446744073709551615。假如每秒钟一次，共需多长时间呢？一个平年 365 天有 31536000 秒，闰年 366 天有 31622400 秒，平均每年 31556952 秒，则 18446744073709551615/31556952=584554049253.855 年。这表明移完这些金片需要 5845 亿年以上，而地球存在至今不过 45 亿年，太阳系的预期寿命据说也就是数百亿年。真的过了 5845 亿年，不说太阳系和银河系，至少地球上的一切生命，连同梵塔、庙宇等，都早已经灰飞烟灭。

② 若将例程中的盘子数 4 改为 5000，再执行程序，程序非正常结束，报告错误：(进程 656)已退出，返回代码为：-1073741571。

4.6 函数指针

C/C++语言编写的函数经编译和链接生成机器能识别的指令代码，程序在运行时函数被加载到代码区，CPU 根据函数所生成的指令完成各项操作。如同数组名是数组的首地址一样，函数名代表的是该函数的首地址，也就是函数执行代码的入口地址。

数组可以通过数组名访问数组中的元素，也可以通过数组指针访问其中的数据。同样地，函数既可以通过函数名调用，也可以借用指向函数的指针间接地调用。函数指针变量的定义格式如下：

```
<返回类型> (* <指针变量名>) (<函数形参表>) [=<函数名>];
```

说明：

- <返回类型>和<函数形参表>与所指向函数的返回类型和形参表相同。例如：

  ```
  void sort(int n,double array[]);
  void (* funPtr)(int,double [])=sort;
  ```

  函数指针 funPtr 指向 sort 函数。这里，所指函数的形参和函数返回类型需要完全匹配。在函数首地址赋给函数指针时，既可在函数名前添加取地址运算符&，也可以不加。
- 用于说明变量是指针类型的星号(*)和<指针变量名>必须加括号进行结合，否则星号与<返回类型>相结合，函数指针变量定义语句成为函数声明语句(含义为：声明返回指针类型的函数)。
- 用函数指针调用函数的方式与用函数名调用相似。方法之一是直接用函数指针变量名(如 funPtr(10,data);)，方法之二为用间接引用运算符(如(*funPtr)(10,data);)。

函数指针的实现很简单，与指向变量或对象的指针相似，函数指针变量中保存的是子程序代码的首地址。下面通过一个简单的例程来观察和分析函数指针和函数在程序运行时的实际状况，以加深对程序设计与实现机制的理解。

【例 4-14】函数指针观察示例。

程序代码：

```
#include<iostream>
using namespace std;
void subFunA(int a){
    cout<<"调用了函数 subFunA，传递的实参值为："<<a<<endl;
}
void subFunB(int b){
    cout<<"调用了函数 subFunB，传递的实参值为："<<b<<endl;
}
void subFunC(){
    cout<<"调用了函数 subFunC"<<endl;
}
int main(){
    void (*subFunPtr)(int);          //定义函数指针
    subFunPtr=subFunA;               //指向函数 subFunA
    subFunPtr(100);                  //通过函数指针调用函数
    subFunPtr=&subFunB;              //用&取函数首地址
    subFunPtr(500);
    //subFunPtr=subFunC;             //错误！函数指针类型与所指函数不匹配
    return 0;
}
```

运行结果：

```
调用了函数 subFunA，传递的实参值为：100
调用了函数 subFunB，传递的实参值为：500
```

图 4-8 所示为例 4-14 的函数指针状况观察。

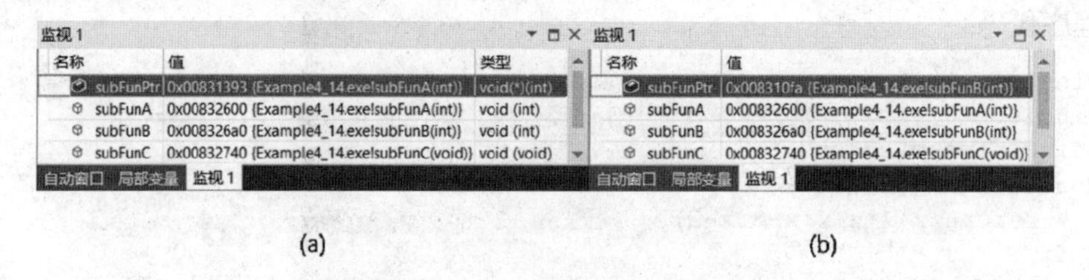

图 4-8　例 4-14 的函数指针状况观察

跟踪与观察：

(1)　从图 4-8(a)可以观察到函数 subFunA 的入口地址为 0x00832600，subFunB 的入口地址为 0x008326a0，subFunC 的入口地址为 0x00832740。函数指针 subFunPtr 的类型为 void(*)(int)，其所指向的函数为 subFunA(int)。

(2)　图 4-8(b)所示为程序执行过 subFunPtr=&subFunB;语句后的情况。subFunPtr 中内容为 subFunB(int)。

仔细观察图 4-8 可见，图 4-8(a)中 subFunPtr 项的值为 0x00831393，而 subFunA 项的地址为 0x00832600，二者不同。同样，图 4-8(b)中 subFunPtr 项的值为 0x008326a0，而

subFunB 项的地址为 0x008326a0，二者也不相同。为什么函数指针中的地址与函数入口地址会不相同呢？

查阅程序的汇编代码(方法为在源程序处单击鼠标右键，从快捷菜单中选择“转到反汇编”命令)，可以查到下面代码：

```
subFunA:
00831393  jmp       subFunA (0832600h)
subFunB:
008310FA  jmp       subFunB (08326A0h)
```

汇编指令 jmp subFunA(0832600h)的含义是程序流程跳转到 subFunA(0832600h)，即 subFunA 函数的入口地址。

由于编译器在代码区的前端为程序建立了函数调用列表，表中为跳转到相应函数入口地址的指令。因此，函数指针 subFunPtr 中存储调用表地址与函数入口地址的效果相同。

函数本身不能作为函数的形参，但是函数指针可以。利用函数指针可以将函数作为实参传递给另一个函数。下面的例程演示了函数指针作为函数形参的优点。

【例 4-15】用牛顿迭代法求方程的近似根。

分析：

牛顿迭代法是牛顿在 17 世纪提出的一种近似求解方程的方法，其主要思想是使用函数 f(x)的泰勒级数的前面几项来寻找方程 f(x) = 0 的根。设 r 是 f(x) = 0 的根，选取 x0 作为 r 初始近似值，过点(x0,f(x0))做曲线 y = f(x)的切线 L，L 的方程为 y = f(x0)+f'(x0)(x−x0)，求出 L 与 x 轴交点的横坐标 x1 = x0−f(x0)/f'(x0)，称 x1 为 r 的一次近似值。过点(x1,f(x1))做曲线 y = f(x)的切线，并求该切线与 x 轴交点的横坐标 x2 = x1−f(x1)/f'(x1)，称 x2 为 r 的二次近似值。重复以上过程，得 r 的近似值序列，其中 x(n+1)=x(n)−f(x(n))/f'(x(n))，称为 r 的 n+1 次近似值，上式称为牛顿迭代公式。当 x(n+1)与 x(n)相邻两个近似值的差小于给定的精度值时，则可视 x(n+1)为方程的近似根。

程序代码：

```
#include<iostream>
#include<cmath>
using namespace std;
double funA(double x){                    //函数 x^3+x^2-3x-3
    return x*x*x+x*x-3*x-3;
}
double funAd(double x){
    return 3*x*x+2*x-3;
}
double funB(double x){
    return 4*x*x-7*x-8;
}
double funBd(double x){
    return 8*x-7;
}
double Newton(double (* fPtr)(double),double (* fdPtr)(double),
//函数指针为形参
double x){        //用牛顿迭代法求方程近似解
    double x0,x1=x;
    do{
```

```
        x0=x1;
        x1=x0-fPtr(x0)/(*fdPtr)(x0);
    }while(fabs(x1-x0)>1e-6);
    return x1;
}
int main(){
    double result;
    result=Newton(funA,funAd,2);          //求函数 funA 在 2 附近的近似解
    cout<<"方程 x^3+x^2-3x-3=0 在 2 附近的根是："<<result<<endl;
    result=Newton(funB,funBd,5);
    cout<<"方程 4x^2-7x-8=0 在 5 附近的根是："<<result<<endl;
    result=Newton(funB,funBd,-3);
    cout<<"方程 4x^2-7x-8=0 在-3 附近的根是："<<result<<endl;
    return 0;
}
```

运行结果：

```
方程 x^3+x^2-3x-3=0 在 2 附近的根是：1.73205
方程 4x^2-7x-8=0 在 5 附近的根是：2.53802
方程 4x^2-7x-8=0 在-3 附近的根是：-0.788017
```

用函数指针定义的数组被称为函数指针数组，它能存储多个类型相同的函数指针。函数指针数组的一个用途是设计菜单驱动的软件系统。

【例 4-16】 应用函数指针数组设计加减乘除算术运算练习程序。

程序代码：

```
#include<iostream>
#include<ctime>
using namespace std;
typedef void (*FunPtr) (void);          //定义 FunPtr 为函数指针数据类型
void Add(void) {                        //加法出题与判别函数
    int x, y;
    char ch;
    int answer;
    system("cls");
    srand(unsigned(time(NULL)));
    cout << "***********加法运算练习***********" << endl;
    for (;;) {
        x = rand() % 1000 + 1;
        y = rand() % 1000 + 1;
        cout << x << "+" << y << "=?";
        cin >> answer;
        if (x + y == answer)
            cout << "回答正确！^-^" << endl;
        else
            cout << "回答错误！~!~" << endl;
        cout << "是否继续(Y/N)?";
        cin >> ch;
        if (ch != 'Y' && ch != 'y')
            return;
    }
}
void Subtract(void) {                   //减法出题与判别函数
```

```
    int x, y;
    char ch;
    int answer;
    system("cls");
    srand(unsigned(time(NULL)));
    cout << "***********减法运算练习***********" << endl;
    while (true) {
        x = rand() % 1000 + 1;
        y = rand() % 1000 + 1;
        cout << x << "-" << y << "=?";
        cin >> answer;
        if (x - y == answer)
            cout << "回答正确! ^-^" << endl;
        else
            cout << "回答错误! ~!~" << endl;
        cout << "是否继续(Y/N)?";
        cin >> ch;
        if (ch != 'Y' && ch != 'y')
            return;
    }
}
void Multiply(void) {                          //乘法出题与判别函数
    int x, y;
    char ch;
    int answer;
    system("cls");
    srand(unsigned(time(NULL)));
    cout << "***********乘法运算练习***********" << endl;
    while (true) {
        x = rand() % 1000 + 1;
        y = rand() % 1000 + 1;
        cout << x << "*" << y << "=?";
        cin >> answer;
        if (x*y == answer)
            cout << "回答正确! ^-^" << endl;
        else
            cout << "回答错误! ~!~" << endl;
        cout << "是否继续(Y/N)?";
        cin >> ch;
        if (ch != 'Y' && ch != 'y')
            return;
    }
}
void Division(void) {                          //除法出题与判别函数
    int x, y, tmp;
    char ch;
    int answer;
    system("cls");
    srand(unsigned(time(NULL)));
    cout << "***********除法运算练习***********" << endl;
    do {
        while (true) {
            x = rand() % 1000 + 2;
            y = rand() % 1000 + 2;
            if (y > x) {
```

```
                tmp = x; x = y; y = tmp;
            }
            if (x%y == 0)
                break;
        }
        cout << x << "/" << y << "=?";
        cin >> answer;
        if (x / y == answer)
            cout << "回答正确! ^-^" << endl;
        else
            cout << "回答错误! ~!~" << endl;
        cout << "是否继续(Y/N)?";
        cin >> ch;
        if (ch != 'Y' && ch != 'y')
            return;
    } while (true);
}
void Exit(void) {                                   //终止程序运行
    exit(0);
}
int main() {
    FunPtr fptrArray[] = { &Exit,&Add,&Subtract,&Multiply,&Division };
    //函数指针数组
    int index;
    while (true) {
        system("cls");                       //调用系统清屏功能
        cout << "*********欢迎使用算术运算练习软件*********" << endl;
        cout << "*             0-结束                  *" << endl;
        cout << "*             1-加法                  *" << endl;
        cout << "*             2-减法                  *" << endl;
        cout << "*             3-乘法                  *" << endl;
        cout << "*             4-除法                  *" << endl;
        cout << "****************************************" << endl;
        cout << "请选择: "; cin >> index;
        index %= 5;               //用模运算防止访问 fptrArray[index]越界
        (*fptrArray[index])();     //通过函数指针调用对应函数
    }
    return 0;
}
```

跟踪与观察：

如图4-9所示，函数指针数组fptrArray共有5个单元，每个单元中保存了对应函数的调用地址。

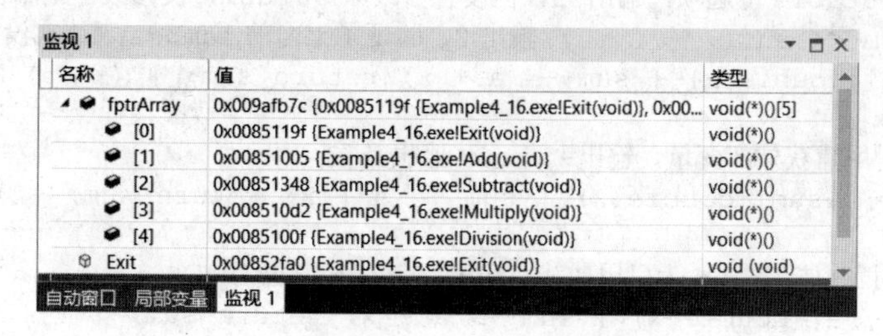

图4-9　例4-16的函数指针数组

4.7 Lambda 函数

Lambda 函数(又称 **Lambda** 表达式、匿名函数)是 C++ 11 标准中一个非常实用的新特性。目前，一些主流的高级语言，如 C#、Python、Java 和 PHP 等，都提供了对 Lambda 函数的支持。

Lambda 函数的基本语法结构如下：

```
[<捕获列表>] (<参数列表>) mutable -><返回类型> { <函数体> }
```

说明：

- Lambda 函数是以[]开头，实际上，[]是 Lambda 函数引出符，编译器根据该引出符判断其后代码是否 Lambda 函数。
- <捕获列表>列出需要捕获已在外层作用域声明的变量。以值方式捕获用=，以引用方式捕获用&。
- <参数列表>与普通函数一致。若不需要参数传递，则可连同括号()一并省略。在 C++ 11 中，Lambda 函数的形式参数需要被声明为具体的类型。C++ 14 放宽了这一要求，允许 Lambda 函数的形式参数声明中使用类型说明符 auto。
- **mutable** 是可选的修饰符。默认情况下，Lambda 函数总是 const 函数，mutable 可以取消其常量性。若使用 mutable，则参数列表不可省略，即使参数项为空。**const 函数**是指在函数声明的尾部加上 const 修饰符的函数，此类函数对外部数据只能读，不能写，任何修改操作都会导致编译错误。
- -><返回类型>是尾随返回类型。在返回类型明确的情况下，可以省略该部分，让编译器对返回类型进行推导。
- <函数体>与普通函数一样，不仅可以使用形式参数，还可以使用所有捕获的变量。

下面介绍 Lambda 函数的基本用法，更深入的用法在后继章节中结合实例进行讲解。

```
double a = 1.5, sum = 0;
cout << [](double x) { return abs(x); } (-4.5) << endl;        //输出 4.5
cout << [=](double x) { return x+a; } (-4.5) << endl;          //输出-3
cout << [=](double x) { sum = a + x; return sum; } (-4.5) << endl;    //错误!
//因为 sum 是值捕获，sum=a+x;中 sum 必须是可修改的左值
cout << [=](double x) mutable { sum += a + x; return sum; } (-4.5) <<
endl;    //正确!
//因为加了 mutable 可选项，输出-3，但没有修改原始的 sum，仅修改了副本
cout << sum << endl;          //输出 0，验证了上面的 lambda 表达式没有修改 sum
cout << [&](double x) { sum += a + x; return sum; } (-4.5) << endl;
    //正确!
//因为使用引用捕获外部变量，输出-3，sum 值也是-3
cout << [=, &sum](double x) { sum += a + x; return sum; } (-4.5) << endl;
    //正确!
//因为捕获列表中指定 sum 为引用捕获，输出-6，sum 值也为-6
cout << [&, a](double x) { sum += a + x; return sum; } (-4.5) << endl;
        //正确!
//因为指定 a 之外的变量使用引用捕获，输出-9
```

```
cout << sum << endl;                                            //输出-9
auto f = [](auto x, auto y) {return x + y; };          //f 是一个 auto 型变量
cout << f(10, 20) << endl;                             //输出 30
int tt = [](int x) { return [](int y) { return y * 2; }(x) + 3; }(5);
    //tt 的值为 13
    //下划线部分是嵌套的 lambda 表达式
```

事实上，Lambda 函数是定义了一个含有少量代码并能访问活动变量的匿名函数对象。与普通对象类似，可以将其赋给变量或作为参数传递，还可以像函数一样对其求值。

【例 4-17】Lambda 函数应用示例。

程序代码：

```
#include <iostream>
#include <time.h>
#include <vector>
#include <algorithm>
using namespace std;
int main(){
    vector<int> myVec;
    srand((unsigned)time(NULL));
    for (int i = 0; i < 10; i++)
        myVec.push_back(rand() % 100);
    cout << "随机序列：";
    for_each(myVec.begin(), myVec.end(), [](auto x) { cout << x << ","; });
        //①
    sort(myVec.begin(), myVec.end(), [](int a, int b) -> bool { return a > b; });
        //②
    cout << "\n 从大到小排序后：";
    for_each(myVec.begin(), myVec.end(), [](auto x) { cout << x << "->"; });
}
```

运行结果：

```
随机序列：50,36,98,95,36,85,48,68,50,13,
从大到小排序后：98->95->85->68->50->50->48->36->36->13->
```

程序说明：

① for_each 是 C++标准库中遍历指定范围内所有元素的函数，前两个形参是遍历的起止范围，第三个参数是函数对象。Lambda 表达式[](auto x) { cout << x << ","; }决定了遍历容器时的操作。

② sort 是 C++标准库中实现排序算法的函数，默认情况是按从小到大的顺序排序。匿名函数[](int a, int b) -> bool { return a > b; }是当 a > b 时返回真，从而改变了 sort 函数的排序方式。

4.8 内存模型、作用域和生存期

程序在运行过程中，系统分配了一定数量的内存供其运行。数据和代码在内存中被分别存放在不同的区域，它们分别是代码区、全局数据区、自由存储区和栈区。源程序中的

变量由于定义的位置不同，运行期间所存储的内存区域也不尽相同。变量所存储的区域一定程度上决定了它的生存期和可见性。

4.8.1 C++程序内存模型

操作系统把程序从硬盘加载至内存执行，那么程序在内存中的布局是怎样的呢？不同厂家的编译器生成的程序布局不完全相同，通常程序运行时的内存布局为栈区、自由存储区(堆区)、全局数据区和程序代码区四大区域，如图 4-10 所示。数据和代码是按照一定的规则存储于不同的区域。

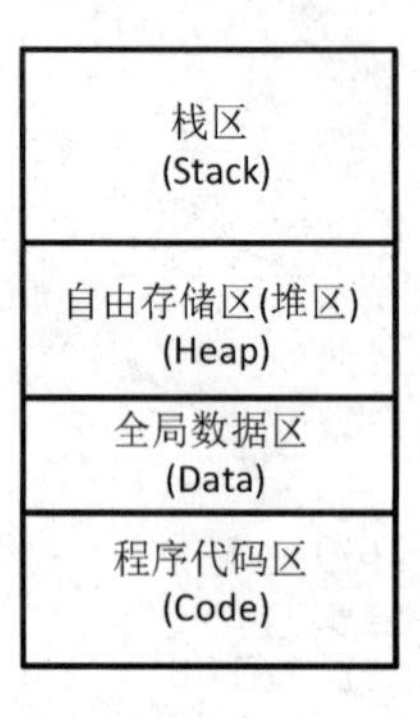

图 4-10 C++程序内存布局示意图

4 个区域的内容具体如下。

- **栈区(Stack)**。用于存储函数的返回值、形参值和局部变量的值等。栈区在内存分配时不自动赋初始值。
- 自由存储区，也称**堆区(Heap)**。C++中有专门的运算符用于自由存储区的分配(new)和释放(delete)。自由存储区的变量如果没有赋值，则其取值是随机的。自由存储区内存的分配与回收被称为动态内存管理。
- 全局数据区(Data)，也称**静态区**。存储全局变量、静态变量等数据。该部分内存在分配空间时，如果没有赋值，则自动初始化为 0。存放在全局数据区中的变量直到程序运行结束才释放。
- 程序**代码区(Code)**。存储程序中所有函数的二进制代码和常量字符串。

其中，程序代码区是只读的，而栈区、堆区和全局数据区用于存储程序运行过程中的各种数据。

程序运行时，变量由于所存区域的不同，导致它们的生存期和作用域有巨大的差异。下面小节介绍的变量的存储类型、可见性、作用域等概念都与其存储位置密切相关。

4.8.2 全局变量和局部变量

全局变量(Global Variable)是定义在所有的函数体之外的变量，被存储在全局数据区。它们在程序开始运行时分配存储空间，在程序结束时释放存储空间。在程序的任何函数中都可以访问全局变量。

局部变量(Local Variable)是在函数中定义的变量。由于形参相当于函数中定义的变量，因此形参也是一种局部变量。局部变量被存放在程序的栈区。局部变量在每次函数调用时分配存储空间，压入栈中成为栈顶元素；在每次函数返回时从栈中弹出，释放存储空间。局部变量的“局部”有两层含义：一是函数中定义的局部变量不能被另一个函数使用；二是每次调用函数时局部变量都获得存储空间，结束时释放存储空间。

全局变量在任何函数中都可以访问，所以在程序运行过程中，全局变量被读写的顺序从源代码中是看不出来的，源代码的书写顺序并不能反映函数的调用顺序。程序对全局变量的读写顺序不正确是导致程序发生错误的原因之一，并且如果代码规模很大，这种错误很难查找。对局部变量的访问不仅局限在一个函数内部，而且局限在一次函数调用之中，从函数的源代码能看出访问的先后顺序，所以比较容易找到出现错误的原因。因此，虽然全局变量用起来很方便，但一定要慎用，能用函数参数传递代替的就不要用全局变量。

4.8.3　作用域和可见性

如果程序中全局变量和局部变量重名了会怎么样呢？这个问题与标识符的作用域和可见性相关。

作用域(Scope)就是标识符的有效范围。

在 C++中，作用域主要有：函数原型作用域、块作用域(局部作用域)、文件作用域和类作用域。类作用域在后继章节介绍。

1. 函数原型作用域

在函数原型声明中，形参表中说明的标识符的作用域仅限于函数声明的花括号中，称为函数原型作用域。

2. 块作用域(局部作用域)

块就是用一对花括号引起来的程序段。定义在块中的标识符，其作用域始于说明处，止于块结尾处。具有块作用域的变量的可见范围是从变量声明处到块尾。具有块作用域的变量就是局部变量。

函数的形参具有块作用域，其可见范围是从说明处直到函数体结束。

for 循环语句的第一个表达式说明的循环控制变量具有块作用域，其可见范围在 for 语句之内。

3. 文件作用域

定义在所有块和类之外的标识符具有文件作用域，文件作用域的可见范围是从标识符定义处到当前源文件结束。

在文件中定义的全局变量和函数都具有文件作用域。如果一个文件被另一个文件所包含，则源文件中定义的标识符的作用域将扩展到包含文件。具有文件作用域的变量通常存储在全局数据区中。

可见性(Visibility)是指标识符在程序的某个地方是否有效，是否可以被引用和访问。程序运行到某一处时，能够访问的标识符就是在此处可见的标识符。

【例 4-18】变量及其作用域示例。

程序代码：

```
#include <iostream>
using namespace std;
int count=10;                      //定义全局变量，具有文件作用域
double function(double,int);       //函数原型声明
int main(){
    int count;      //同名的局部变量 count 屏蔽了全局变量的可见性，具有块作用域
    count=8;
   cout<<"实数 2.56 累加"<<count<<"次后的值为："<<function(2.56,count)<<endl;
    cout<<"实数 3.14 累加"         //::是全局作用域运算符，直接访问全局变量 count
        <<::count <<"次后的值为："<<function(3.14,::count)<<endl;
    return 0;
}
double function(double x,int y){//x 和 y 是函数原型作用域，可见范围在函数体内
    double sum=0;
    for(int i=0;i<y;i++){
        sum=sum+x;
    }
    //cout<<i<<endl;  //编译错误！循环变量 i 具有块作用域，此处不可见
    return sum;
}
```

运行结果：

```
实数 2.56 累加 8 次后的值为：20.48
实数 3.14 累加 10 次后的值为：31.4
```

4.8.4 存储类型和生存期

存储类型决定了标识符的存储位置，编译器将根据指定的存储类型为标识符分配空间。生存期是指标识符从获得内存空间至释放内存空间的时间。标识符的生存期也与其所在的内存区域密切相关。决定标识符能否被访问的因素是生存期和作用域。

标识符的生存期与存储区域相关。标识符生存期分为：**静态生存期**、**局部生存期**和**动态生存期** 3 种。

存储在全局数据区和代码区的标识符从程序开始运行直到结束一直拥有存储空间，称为静态生存期(全局生存期)。函数、常量字符串和全局变量都具有静态生存期。

存储于栈区的变量具有局部生存期，其生存时间开始于函数或块的定义处，终止于函数或块的结束处。

动态生存期是指存放于自由存储区的变量，这些变量是在程序运行到某一处时，由程序员写的代码动态产生，之后又由程序员写的代码进行释放。

C++ 98 标准中用于描述存储类型的关键字有：auto、register、static 和 extern 这 4 个。auto 修饰的标识符为自动存储类型，register 修饰的标识符为寄存器存储类型，static 修饰的标识符为静态存储类型，extern 修饰的标识符为外部存储类型。

C++ 11 标准中，auto 关键字不再用于表示自动存储类型，而是用于自动类型推断。事实上，此前 auto 在 C++程序中极少使用且多余。

1. 自动存储类型

自动存储类型用于定义局部变量称为自动变量，没有返回类型说明的局部变量都是自动变量。全局变量不能说明为自动存储类型。自动变量存放于栈区。未赋初值的自动变量其值是随机值。

自动变量只能定义在块内，其作用域和生存期是一致的。

2. 寄存器存储类型

用 register 修饰的局部变量称为寄存器变量。变量存于 CPU 寄存器的目的，是提高变量的访问速度，主要用于定义循环变量。由于寄存器数量很少，多数编译器都将寄存器变量当作自动变量处理。寄存器存储类型同样不能用于定义全局变量。

3. 静态存储类型

用 static 说明的变量称为静态变量。在文件作用域中定义的静态变量称为静态全局变量，在块作用域中说明的静态变量称为静态局部变量。静态存储类型的变量存于全局数据区，其生存期为整个程序的运行期，具有静态生存期。

4. 外部存储类型

用 extern 修饰的全局变量称为外部变量。全局变量的默认存储类型为外部存储类型。外部变量可以被程序工程项目中的其他文件使用，只需在使用文件中做一个引用性说明。函数原型说明都隐含为外部存储类型(除类中的成员函数)，都可以被其他文件中的函数调用，不过使用前需要在调用函数所在文件中加一个函数原型说明。

【例 4-19】存储类型和生存期示例。

程序代码：

```
//文件名 mainFun4_19.cpp
#include <iostream>
using namespace std;
int x = 100;                    //extern 型外部变量
static int y = 3;               //静态外部变量，仅在本文件中可见
void subFun();                  //在此函数声明，在 subFun 文件中定义
int main() {
    for (int i = 0; i < y; i++) {
        subFun();
        cout << "全局变量 x 的值为" << x << endl;
    }
    return 0;
}
//文件名 subFun.cpp
#include <iostream>
using namespace std;
extern int x;                   //引用外部变量说明
```

```
extern int y;                    //引用外部静态变量 y
void subFun() {
    static int n;                //静态局部变量，初值为 0，作用域为 subFun 函数。①
    n++;                         //调用一次加 1
    x += 5;
    //y++;                       //程序连接时报告错误：无法解析的外部符号。②
    cout << "subFun 函数被调用" << n << "次！" << endl;
}
```

运行结果：

```
subFun 函数被调用 1 次！
全局变量 x 的值为 105
subFun 函数被调用 2 次！
全局变量 x 的值为 110
subFun 函数被调用 3 次！
全局变量 x 的值为 115
```

程序说明：

① sunFun 函数中的局部静态变量 n 具有静态生存期，但其作用域仅限在函数体内，函数被调用时 n 可见。本例中，n 被用于记录 subFun 函数被调用的次数，是一种能发挥静态局部变量优势的用法。

② 全局变量 y 被说明为静态的，其作用域仅限于所在文件，不能被其他文件引用。

4.9 案例实训

1. 案例说明

洗扑克牌是扑克类游戏软件的一个基本操作。本案例研究用程序模拟洗扑克牌的方法。假设扑克牌共有 52 张，洗好后分发给东、南、西、北 4 个庄家。

2. 编程思想

每张扑克牌上有两个信息：花色和点数，可以声明一个结构体(struct)构造类型(其中包含花色和点数)来描述扑克牌上的信息。再用结构体定义一个结构体数组，该数组共有 52 个存储单元，用于存储 52 张扑克牌。洗牌是通过随机数实现。用一个有 52 个存储单元的整型数组存放 0～51 的整数，依次访问数组中的每个单元，并以随机产生的一个 0～51 之间的数为下标，对数组中的相应单元与当前访问的单元进行交换。分发扑克牌的过程是依次访问已被随机化的数组中的值，并以该值为下标复制扑克牌数组中对应单元的信息给庄家数组。庄家数组是一个 4 行 13 列的二维结构体类型数组。

3. 程序代码

请扫二维码。

本章实训案例代码

4.10　本章小结

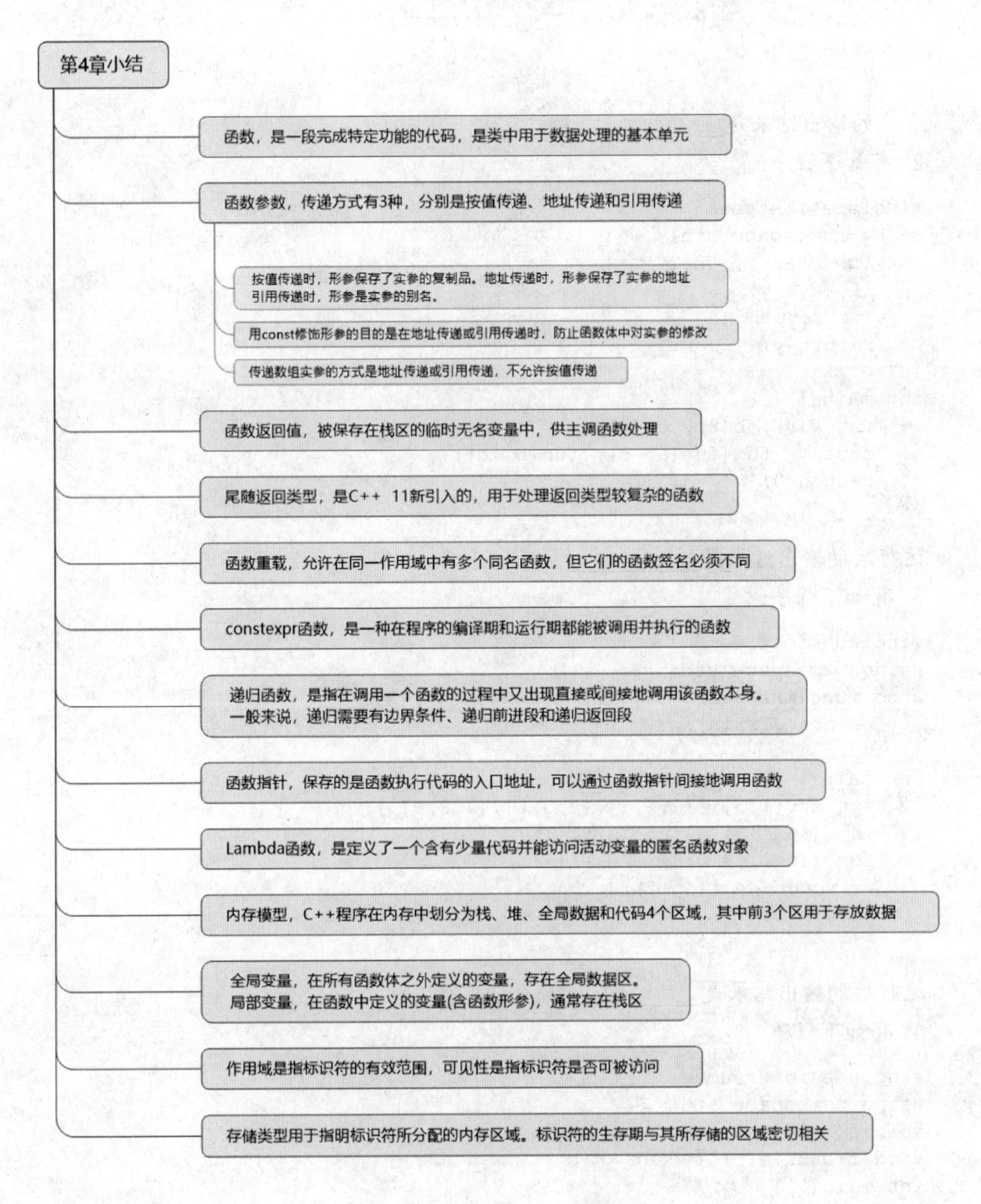

第4章小结
函数，是一段完成特定功能的代码，是类中用于数据处理的基本单元
函数参数，传递方式有3种，分别是按值传递、地址传递和引用传递
按值传递时，形参保存了实参的复制品。地址传递时，形参保存了实参的地址
引用传递时，形参是实参的别名。
用const修饰形参的目的是在地址传递或引用传递时，防止函数体中对实参的修改
传递数组实参的方式是地址传递或引用传递，不允许按值传递
函数返回值，被保存在栈区的临时无名变量中，供主调函数处理
尾随返回类型，是C++ 11新引入的，用于处理返回类型较复杂的函数
函数重载，允许在同一作用域中有多个同名函数，但它们的函数签名必须不同
constexpr函数，是一种在程序的编译期和运行期都能被调用并执行的函数
递归函数，是指在调用一个函数的过程中又出现直接或间接地调用该函数本身。
一般来说，递归需要有边界条件、递归前进段和递归返回段
函数指针，保存的是函数执行代码的入口地址，可以通过函数指针间接地调用函数
Lambda函数，是定义了一个含有少量代码并能访问活动变量的匿名函数对象
内存模型，C++程序在内存中划分为栈、堆、全局数据和代码4个区域，其中前3个区用于存放数据
全局变量，在所有函数体之外定义的变量，存在全局数据区。
局部变量，在函数中定义的变量(含函数形参)，通常存在栈区
作用域是指标识符的有效范围，可见性是指标识符是否可被访问
存储类型用于指明标识符所分配的内存区域。标识符的生存期与其所存储的区域密切相关

4.11　习　　题

一、填空题

1. 有如下程序：

```
#include<iostream>
```

```
void fun(int &x,int y){int t=x;x=y;y=t;}
int main(){
    int a[2]={23,42};
    fun(a[1],a[0]);
    std::cout<<a[0]<<","<<a[1]<<std::endl;
    return 0;
}
```

程序的输出结果是________。

2. 有如下程序:

```
#include<iostream>
using namespace std;
int fun(char x, char y) {
    if (x > y)
        return x;
    return y;
}
int main() {
    int a(9), b(8), c(7);
    cout << fun(fun(a, b), fun(b, c));
    return 0;
}
```

运行后的输出结果是__________。

3. 有如下程序:

```
#include<iostream>
using namespace std;
auto func(int arr[][3], int n) -> int(*)[3] {
    return &arr[n];
}
int main() {
    int ary[][3]{ {1,2,3},{4,5,6},{7,8,9} };
    int (*p) [3] = func(ary, 1);
    for (int i = 0; i < 3; i++)
        cout << *(*p+i);
    return 0;
}
```

运行后的输出结果是__________。

4. 有如下程序:

```
#include<iostream>
using namespace std;
void f(int i) { cout << i << ' '; }
void f(double d) { cout << d * 2 << ' '; }
int main() {
    f(4.0);
    f(4);
    return 0;
}
```

运行后的输出结果是__________。

5. 有如下程序:

```
#include<iostream>
using namespace std;
void fun(__________, int & b) {
    int tmp = a; a = b; b = tmp;
}
int main() {
    int x = 15, y = 20;
    fun(x, y);
    cout << x << y;
    return 0;
}
```

运行后输出的结果是“1515”，则横线处的语句应为__________。

6. 有如下程序:

```
#include<iostream>
using namespace std;
constexpr float exp(float x, int n){
    return n == 0 ? 1 :
        n % 2 == 0 ? exp(x * x, n / 2) :
        exp(x * x, (n - 1) / 2) * x;
}
int main() {
    constexpr float y{ exp(2, 5) };
    cout << "y=" << y << endl;
    return 0;
}
```

运行后的输出结果是__________。

7. 计算数列第 n 项的函数定义如下:

```
int fa(int n) {
    if (n == 1) return 1;
    else return 3 * fa(n - 1) + 2;
}
```

若执行函数调用表达式 fa(4)时，返回的函数值为__________。

8. 有如下程序:

```
#include<iostream>
using namespace std;
void funA(int x){ x++;}
void funB(int * x){ *x++;}
void funC(int & x){ x++;}
int main(){
    int a=3,b=4,c=5;
    funA(a);funB(&b);funC(c);
    cout<<"a="<<a<<"\tb="<<b<<"\tc="<<c<<endl;
    return 0;
}
```

程序的输出结果是__________。

9. 有如下程序:

```
#include <iostream>
typedef int(*fPointer)(int, int);
```

```
int addInt(int n, int m) {
    return n + m;
}
int main() {
    fPointer fp = &addInt;
    int sum = fp(5, 8);
    std::cout << sum << std::endl;
    return 0;
}
```

运行后的输出结果是____________。

10. 有如下程序:

```
#include <iostream>
int main() {
    int a = 321, b = 123;
    auto f = [&] { std::cout << a ; };
    f();
}
```

运行后的输出结果是____________。

11. C++区分重载函数的方法是通过__________。递归程序运行时，分为______和______两个阶段。

12. 定义某函数为内联函数的语法是________，被声明为内联的函数通常是那些________并且________的函数。

13. 下列有关函数重载的叙述中，错误的是________。

A. 函数重载就是用相同的函数名定义多个函数

B. 重载函数的参数列表必须不同

C. 重载函数的返回值类型必须不同

D. 重载函数的参数可以带有默认参数

14. 下列有关内联函数的叙述中，正确的是________。

A. 内联函数在调用时发生控制转移

B. 内联函数必须通过关键字 inline 来定义

C. 内联函数是通过编译器来实现的

D. 内联函数函数体的最后一条语句必须是 return 语句

二、简答题

1. C++函数参数传递方式有哪几种？比较它们之间的差异。
2. 用 const 修饰函数形参的主要原因是什么？
3. 什么是函数尾随返回类型？简要列举其主要用法。
4. 使用函数重载有何好处？实现函数重载必须满足什么条件？
5. 常量表达式函数与普通函数有哪些差别？
6. 递归函数有何特点？
7. 什么是函数指针？举例说明其用法。
8. 举例说明 Lambda 函数的用法。
9. 什么是全局变量？什么是局部变量？什么是作用域？什么是可见性？什么是存储类

型？什么是生存期？

10. 简述 C++程序运行时内存空间的分配情况。举例说明变量在内存中的存储位置与作用域、可见性、生存期等概念之间的关系。

三、编程题

1. 猴子吃桃问题：猴子第一天摘下若干个桃子，当即吃了一半，还不过瘾，又多吃了一个。第二天早上又将剩下的桃子吃掉一半，又多吃了一个。以后每天早上都吃了前一天剩下的一半零一个。到第十天早上想再吃时，见只剩下一个桃子了。求第一天共摘了多少桃子。

2. 编写三个重载函数，函数名为 add，分别用于对 int、double 和字符串数据进行相加并返回结果。

3. 水仙花数是指一个三位数，它的每个位上的数字的 3 次幂之和等于它本身(例如：1^3 + 5^3+ 3^3 = 153)。编程找出所有三位的水仙花数。

4. 七百多年前，意大利数学家斐波那契(Fibonacci)在他的《算盘全集》一书中提出了一道有趣的兔子繁殖问题。如果有一对小兔，每一个月都生下一对小兔，而所生下的每一对小兔在出生后的第三个月也都生下一对小兔。那么，由一对兔子开始，满一年时一共可以繁殖成多少对兔子？兔子的繁殖满足数列：1、1、2、3、5、8、13、21、…，该数列被称为 Fibonacci 数列，又称黄金分割数列。Fibonacci 数列是一个线性递推数列，满足下面的计算公式：

```
F(0) =0，F(1)=1;
F(n)=F(n-1)+F(n-2);    (n≥2)
```

编写一个程序，输入 n，输出 Fibonacci 数列的前 n 项之和。

5. 猴子分桃问题：海滩上有一堆桃子，五只猴子来分。第一只猴子把这堆桃子平均分为五份，多了一个，这只猴子把多的一个扔入海中，拿走了一份。第二只猴子把剩下的桃子又平均分成五份，又多了一个，它同样把多的一个扔入海中，拿走了一份。第三、第四、第五只猴子都是这样做的。问：海滩上原来最少有多少个桃子？

6. 求二维数组中的鞍点。所谓鞍点是指该位置上的元素既是所在行上的最大值，又是所在列上的最小值。二维数组也可能没有鞍点。动态生成一个行数为 n、列数为 m 的二维数组，二维数组的元素值为 0～99 的随机值。输出数组的鞍点，以及鞍点所在的行列号。若没有鞍点给出提示。

7. 简单的替换加密。将大写字母 A～Z 按照字母顺序排列成一个圆圈，字母 Z 后面紧接着字母 A，替换方法是取其后第 n 个字母代替之。例如，当 n=2 时，A 被 C 替换，Z 被 B 替换。对于小写字母、数字也可以类似处理。要求编写加密函数和解密函数，函数接收字符串和 n 的输入，返回加密或解密后的字符串，并在主函数中对它们进行测试。

8. 在上题的基础上，编程加密内容为英文的文本文件并保存，解密加密后的文本文件并输出。

9. 设计一个猜数游戏程序。计算机随机选择一个 1～1000 之间的数供玩家猜测。计算机每次告诉玩家猜测的数是过大还是太小，帮助玩家逐步接近正确答案。要求输出玩家猜测成功所经历的猜测次数。

第5章 类与对象

软件是对现实世界的抽象，现实世界中的事物映射到面向对象程序中就是对象，对象是描述客观事物的程序单位。事物到对象的抽象包括两个方面：数据抽象和行为抽象。类是C++中用于描述对象的数据类型，对象是类的实例。

本章主要学习面向对象程序设计中的重要概念——类与对象，以及相关实现技术。此外，本章还学习运算符重载、友元、多文件项目和编译预处理等知识。

学习目标：

- 掌握类类型的基本概念、类的声明与定义，理解this指针的作用。
- 掌握构造函数与析构函数的定义与用法，了解成员对象在构造与析构函数中的调用次序。
- 了解静态数据成员与静态成员函数的定义与用法。
- 掌握友元函数的定义与用法，了解友元类的定义与用法。
- 理解运算符重载函数的概念与用途，掌握算术、关系、赋值、流输入与流输出等运算符重载函数的定义与用法。
- 理解多文件结构与常用编译预处理语句的用法。

5.1 面向对象编程：封装

封装技术在电子器件设计中应用非常普及，计算机硬件设备中的CPU、内存和硬盘都采用专门技术对器件进行了封装。封装电子器件所带来的优点有：保护内部电路，延长器件的寿命；隐藏实现细节，提高器件的可靠性；规范接口标准，方便器件的使用。

在面向对象程序中，从客观事物抽象得到的数据和行为(或功能)被封装成一个整体。在C++语言中，类是实现数据和行为封装的程序单元。类中含有数据成员和函数成员，类中的函数成员对外公开，而数据成员则受到保护。用户通过功能函数访问受保护的数据，类的实现细节被隐藏。

封装的本质是将数据和代码组装成一个功能相对完整并且可重用的程序模块，封装为程序带来了高内聚、低耦合、灵活的系统结构。封装的思想方法非常普遍，例如：手机就具有封装的特征。手机对外公开的是一组按键，打电话、接听电话和发信息均可通过操作按键完成，至于手机完成电话连接、通话和短信发送的过程，用户不必关心，而实现细节对于使用者完全是透明的。

面向对象程序设计中的类是封装的基本单元，其刻画了事物的属性和行为，而对于复杂的事物，可以通过类的扩展和组合得到。这种设计模式能将错误集中在相对较小的程序单元中解决，能更好地实现代码复用，提高软件质量和开发效率。

类与对象是密切相关的两个概念。类是一种抽象的“型”，而对象则是具体的“值”。类的设计和对象的创建与汽车的生产过程相似。类设计相当于产品图纸的设计，对象的创建相当于根据设计图纸制造汽车。图纸是制造汽车的依据，不同的图纸所制造出来的汽车也不同，而同一张图纸可以生产多辆汽车。类与对象也有类似的关系，不同的类所生成的对象互不相同，而同一个类可以定义多个对象。

面向对象的思想方法是以更自然的思维方式和方法来描述客观事物。现实世界中的事物被映射为计算机世界中的对象，这种映射经历了抽象、设计、实例化的过程。

5.2 类与对象

在 C++中，类是一种用户定义的构造数据类型。与系统内置的基本数据类型一样，类可以用于说明变量，变量是内存中的实体，用类定义的变量常称为对象。

5.2.1 类的定义

类是 C++中实现数据与函数封装的基础，类的声明格式如下：

```
class  <类名>{
[private:
    <私有数据成员或成员函数说明>]
[protected:
    <保护数据成员或成员函数说明>]
[public:
    <公有数据成员或成员函数说明>]
};
```

说明：

- class 是类说明关键字；<类名>是一个有意义的标识符；花括号中的内容为类体，表示类的作用域；最后的分号表示类定义结束。
- 关键字 private、protected 和 public 是访问控制符，描述了类中成员的可见性，其含义分别为: private(私有的，为默认值)、protected(保护的)和 public(公有的)。用 private 和 protected 说明的数据成员和成员函数能被类中的成员函数访问，类外不能对它们进行访问。用 public 说明的成员能被所有函数访问。
- 类的访问控制机制体现了封装的思想，事物的属性(数据)用 private 访问控制符将其隐藏，而行为(功能函数)是公开的。类中的数据成员具有类作用域，类中所有成员函数都可访问它，而从类外访问类中受保护的数据成员通常采用公有的成员函数。
- 类中声明的成员函数的实现，既可以在类体内定义，也可以在类外定义。类内定义的函数可在成员函数声明处直接描述，而类外定义的函数必须用类作用域运算符标明函数所归属的类。例如：

  ```
  float Circle::area(){
      return PI*radius*radius;
  }
  ```

- C 语言中，struct 类型是不同数据类型的聚集体，不支持在其中声明成员函数。C++中，struct 与 class 类型近乎等价，允许 struct 中定义成员函数。二者的区别是 struct 类型中默认的访问控制属性是 public，而 class 类型是 private。

【例 5-1】简单的类设计示例——圆类。

程序代码：

```
#include<iostream>
using namespace std;
const float PI = 3.1415926;             //定义全局常量
class Circle {                          //定义类
public:
    void setRadius(float r);            //设置 radius 的值
    float getRadius() {                 //获取 radius 的值，在类中定义函数
        return radius;
    }
    float area();                       //成员函数原型声明，求圆的面积
    float perimeter();                  //求圆的周长函数
    void input();                       //圆的输入函数
    void output();                      //圆的输出函数
private:
    float radius;                       //半径为私有数据成员
};
void Circle::setRadius(float r) {       //用 Circle::在类外定义成员函数
    radius = r;
}
float Circle::area() {
    return PI * radius*radius;
}
float Circle::perimeter() {
    return 2 * PI*radius;
}
void Circle::input() {
    cout << "请输入圆的半径：";
    cin >> radius;
}
void Circle::output() {
    cout << "圆的半径为：" << radius << "\t 面积为：" << area()
        << "\t 周长为：" << perimeter() << endl;
}
int main() {
    Circle circleObj;                   //定义对象，在内存中生成实体
    circleObj.setRadius(12);            //设置圆的半径为 12
    circleObj.output();                 //输出 circleObj 圆对象的半径、面积与周长
    circleObj.input();                  //从键盘输出新的半径
    circleObj.output();
}
```

运行结果：

```
圆的半径为：12  面积为：452.389 周长为：75.3982
请输入圆的半径：4↙
圆的半径为：4   面积为：50.2655 周长为：25.1327
```

5.2.2　对象的创建

类的声明中包含数据成员和成员函数，但是，与普通的函数和变量不同，类仅是声明了一种新的数据类型。在程序中，只有用类定义了对象，才会在内存中产生实体。对象的创建依赖于说明它的类，类决定了对象的内容。正如图纸决定所生产汽车的配件和功能，但图纸不是汽车一样。

对象的定义方式与普通变量的定义相同，如 Circle myCircle(6.5);。对象中数据成员的初始化方法与变量是有差别的，对象是通过自动调用类中的构造函数(详见 5.3 节)实现初始化，而普通变量的初始化是由系统自动完成，不需要用户提供构造函数。

类作为一种数据类型，不仅能用于定义对象，还能用其来声明指针、引用和数组，其声明方式和意义与基本数据类型一致。例如：

```
Circle * pCircle=&myCircle;     //pCircle 是指向对象的指针变量，大小为 4 字节
Circle & refCircle=circleObj;  //refCircle 是对象 circleObj 的别名
Circle cirArray[5];           //cirArray 为对象数组，其每个单元只能存放圆类的对象
```

【例 5-2】对象、对象指针、对象引用和对象数组应用示例。

程序代码：

```
#include <iostream>
using namespace std;
class Book {                                           //定义图书类
public:
    void setISBN(char isbn[20]);                       //设置 SIBN 号
    void setName(char n[60]);                          //设置书名
    void setPrice(float p);                            //设置价格
    void setAuthor(char auth[20]);                     //设置作者名
    char * getISBN() { return ISBN; }                  //获取 ISBN 值
    char * getName() { return name; }                  //获取 name 值
    float getPrice() { return price; }                 //获取 price 值
    char * getAuthor() { return author; }              //获取 author 值
    void input();                                      //输入数据
    void show();                                       //显示图书信息
private:
    char ISBN[20];                                     //ISBN 号
    char name[60];                                     //书名
    float price;                                       //价格
    char author[20];                                   //作者
};
void Book::setISBN(char isbn[20]) {
    strcpy(ISBN, isbn);
}
void Book::setName(char n[60]) {
    strcpy(name, n);
}
void Book::setPrice(float p) {
    price = p;
}
void Book::setAuthor(char auth[20]) {
    strcpy(author, auth);
```

```
}
void Book::input() {
    cout << "请输入 ISBN 号：";
    cin >> ISBN;
    cout << "请输入图书名："; cin >> name;
    cout << "请输入价格："; cin >> price;
    cout << "请输入作者姓名："; cin >> author;
}
void Book::show() {
    cout << "图书信息：ISBN：" << ISBN << "，书名：" << name
        << "，价格：" << price << "，作者：" << author << "。" << endl;
}
int main() {
    //定义 myBook 对象、bookPtr 指针、refBook 引用
    Book myBook, *bookPtr = &myBook, &refBook = myBook;
    Book bookArray[3];                                  //定义 Book 对象数组
    myBook.setISBN((char *)"986-6-392-82934-6");        //myBook 调用成员函数
    bookPtr->setName((char *)"C++程序设计");              //bookPtr 调用成员函数
    refBook.setPrice(25.7);                             //refBook 调用成员函数
    myBook.setAuthor((char *)"张三");
    bookPtr->show();
    cout << "利用 getName 成员函数获取书名：" << myBook.getName() << endl;
    for (int i = 0; i < 3; i++) {
        cout << "现在开始输入第" << i + 1 << "本图书信息：\n";
        bookArray[i].input();     //输入图书信息
    }
    for (int i = 0; i < 3; i++)
        bookArray[i].show();
    return 0;
}
```

运行结果：

```
图书信息：ISBN：986-6-392-82934-6，书名：C++程序设计，价格：25.7，作者：张三。
利用 getName 成员函数获取书名：C++面向对象程序设计教程
现在开始输入第 1 本图书信息：
请输入 ISBN 号：987-7-235-82736-9↙
请输入图书名：高等数学↙
请输入价格：20.6↙
请输入作者姓名：李四↙
现在开始输入第 2 本图书信息：
请输入 ISBN 号：876-8-321-46381-2↙
请输入图书名：组成原理↙
请输入价格：27.8↙
请输入作者姓名：王五↙
现在开始输入第 3 本图书信息：
请输入 ISBN 号：576-9-372-02387-5↙
请输入图书名：数据结构↙
请输入价格：30.5↙
请输入作者姓名：赵六↙
图书信息：ISBN：987-7-235-82736-9，书名：高等数学，价格：20.6，作者：李四。
图书信息：ISBN：876-8-321-46381-2，书名：组成原理，价格：27.8，作者：王五。
图书信息：ISBN：576-9-372-02387-5，书名：数据结构，价格：30.5，作者：赵六。
```

5.2.3　this 指针与对象

一个类可以定义多个对象，每个对象都拥有自己的数据成员和成员函数，而每个成员函数只能操作对象自身的数据成员，逻辑上，对象之间是相互独立的。

前面已经介绍，程序运行时内存被划分为 4 个区域。数据可存放的位置有栈区、堆区和全局数据区，而函数则只能存放在代码区。那么，类的每个对象在内存中是独自有一份属于自己的数据成员和成员函数，还是不完全独立呢？

如果同一个类的每个对象在内存中都保存自己的一份数据成员和成员函数，而这些对象的成员函数除传递给它处理的数据不同外，其函数代码部分却是相同的，那么保存多份相同代码的成员函数对内存资源的浪费是巨大的，并且也是不科学的。

事实上，C++编译器在生成程序时是将反映对象特征的数据成员分开，独立保存于程序的数据存储区域，而在程序的代码区仅保存一份成员函数。也就是说，物理上对象的数据成员和成员函数是分离的，并且成员函数是共享的。那么，这种存储方法是怎样正确地绑定数据成员和成员函数？成员函数又是怎样知道应当访问哪一个对象的数据成员呢？

C++编译器在实现时，巧妙地使用了传地址这种函数参数传递方式，在函数调用时将对象的地址传递给成员函数中由编译器为其添加的指针。程序在生成过程中，编译器在成员函数中添加了一些代码，可等价地理解为在类的成员函数形参表中添加了一个指向对象的指针，并命名该隐含形参名为 this，称为 **this 指针**。当通过对象调用成员函数时，系统将对象的地址传递给所调用成员函数的 this 指针，从而实现对象与成员函数的正确绑定。

类的对象在逻辑上是各自独立地拥有数据成员和成员函数。在物理上，对象的数据成员是独立的，不同的对象拥有不同的数据，但是，类的成员函数却只有一份，为类的所有对象共有。

【例 5-3】内存中的对象与 this 指针观察示例。

程序代码：

```
#include <iostream>
#include<string>
using namespace std;
class Student {                                    //定义学生类
public:
    void setData(int, string, bool, float);        //设置参数
    void show();                                   //显示对象信息
private:
    int ID;                                    //学号
    string name;                               //姓名
    bool sex;                                  //性别，true 代表男，false 表示女
    float weight;                              //体重
};
void Student::setData(int Id, string Name, bool Sex, float weight) {
    this->ID = Id;                             //成员函数隐含 this 指针
    this->name=Name;                           //通过 this 指针访问数据成员
    sex = Sex;                                 //也可以不用 this 指针
    this->weight = weight;
}
void Student::show() {
```

```
    cout << "学号: " << this->ID << "\t 姓名: " << name << "\t 性别: "
        << (sex ? "男" : "女") << "\t 体重: " << this->weight << endl;
}
int main(){
    Student s1, s2;
    s1.setData(1001, "张三", true, 65);      //s1 对象调用成员函数 setData
    s2.setData(1002, "李四", false, 45);     //与 s1 对象调用的是同一个函数
    s1.show();
    s2.show();
    return 0;
}
```

运行结果:

```
学号: 1001    姓名: 张三    性别: 男  体重: 65
学号: 1002    姓名: 李四    性别: 女  体重: 45
```

图 5-1 所示为例 5-3 的程序监视窗口。

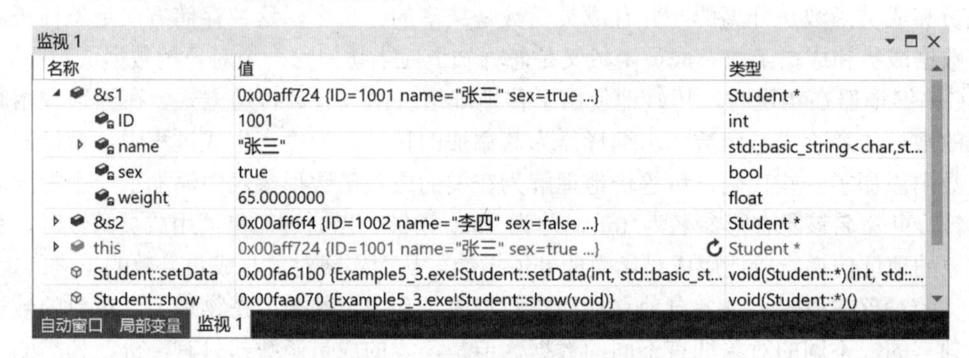

图 5-1　例 5-3 的程序监视窗口

跟踪与观察:

(1) 从图 5-1 可见，&s1 和&s2 项的值中列出了 s1 和 s2 的存储地址与数据成员。对象 s1 的存储地址是 0x00aff724，s2 的地址是 0x00aff6f4。它们被保存在程序的栈区，后创建的对象 s2 的地址小于先创建的 s1 的地址。每个对象中只有数据成员的信息，没有成员函数的任何信息。

(2) 图 5-1 中 Student::setData 和 Student::show 项的值分别是 0x00fa61b0 和 0x00faa070，它们是 Student 类中成员函数 setData 和 show 的入口地址。

(3) 图 5-1 中的监视 1 窗口是跟踪程序运行到语句 s2.show();时的截图。之前是按逐语句方式跟踪进入了 s1.show();语句，故 this 项的值是对象 s1 的地址 0x00aff724，该项内容为灰色是因为截图时流程已跳转至 main 函数，不在 this 指针的作用域范围。如果继续跟踪进入 s2.show();语句，this 项将恢复正常的黑色，但其值为 s2 的地址 0x00aff6f4。

由于成员函数拥有隐含的 this 指针，在执行 s2.show();语句时，首先将 s2 的地址传给 this 指针，使得 show 成员函数处理对象 s2 中的数据，成员函数根据 this 指针中的值操作对应的对象，实现了一个成员函数为所有对象所共享的目的。因此，s2.show();语句可理解为是传递 s2 地址给成员函数 show 中 this 指针的函数调用，即 Student::show(&s2);。

通过程序跟踪与观察，从技术实现的底层了解对象，能加深对封装概念的理解和掌握。此外，跟踪也是学习和掌握编程技术的有效方法。

5.3　构造函数与析构函数

在程序设计中，为存储单元赋值是一项基本且重要的工作。没有赋值的内存单元，其所含信息通常是随机值，是无意义的。在前面的章节，基本数据类型的变量一般用赋值语句实施内存单元的初始化，例 5-3 中对象的数据成员赋值所使用的方法是通过调用成员函数 setData()。调用成员函数对数据成员赋值的方法需要程序员显式地书写调用语句，否则对象中的数据为随机的不确定值。

程序在访问没有赋初值的内存空间时，对于基本数据类型的变量会因数据不正确导致程序运行结果错误，而对于指针变量，则会因访问不合法的内存空间导致程序崩溃。

在程序中显式定义的对象能通过调用成员函数为其赋值，但是程序运行时还会由系统自动产生一些隐式对象，它们的赋值则无法通过调用成员函数完成。类似的问题也出现在对象撤销、对象释放占用资源等过程中。为此，C++提供了一类特殊的成员函数，专门负责对象创建与销毁时的数据成员初始化和资源的释放。

构造(Constructor)函数和析构(Destructor)函数是 C++中在对象创建和销毁时自动完成数据成员赋初值和资源释放任务的特殊成员函数。其特征是：在对象创建或销毁时，由系统自动调用，不需要、也不允许程序员显式地调用它们。

5.3.1　构造函数

C++使用构造函数初始化对象，其方法是在对象定义时由系统自动调用一次构造函数。构造函数是类中一种特殊的成员函数，通常声明为公有成员函数。构造函数种类有默认构造函数、有参构造函数(也称带参构造函数)和拷贝构造函数，C++ 11 新增了委托构造函数和移动构造函数。

构造函数的格式为：

```
<类名>([<形参表>])[:<初始值列表>]{<函数体>};
```

说明：

- 构造函数的函数名只能用类名。构造函数无返回类型，即函数名前无任何类型声明。构造函数这种特殊的函数名和格式，使得编译器能非常方便地从众多的类成员函数中识别出构造函数。
- 初始值列表用于对数据成员赋初值，列表格式：<数据成员名>(初值),…,<数据成员名>(初值)，其中圆括号也可用花括号，每项之间用逗号分隔。
- 构造函数可以重载。与普通函数重载一样，重载的构造函数必须有不同的函数签名。构造函数的形参也可以指定默认值，同样，指定的顺序必须是从右向左。
- 构造函数是在对象生成时，由系统隐式地调用其中之一。如果有多个重载的构造函数，系统将根据传递的参数自动匹配。

类的构造函数担当了对对象中数据成员初始化的任务，不同类型的构造函数的形参说明和调用时机都互不相同。下面结合例 5-4 介绍默认构造函数、有参构造函数和拷贝构造函数的定义与用法，委托构造函数和移动构造函数的介绍分别见 5.3.2 节和 6.3.3 节。

【例 5-4】构造函数概念理解与设计方法示例。

程序代码:

```
#include <iostream>
#include <string>
using namespace std;
class Student {
public:
    Student() = default;                              //默认构造函数
    Student(int id, string n, bool s, float w) //有参构造函数
        :ID(id),name{n},sex(s),weight(w) { }   //通过列表赋初值
    Student(const Student & s);                 //拷贝构造函数
    void show();                                      //显示对象信息
private:
    int ID = 0;                                       //学号，类内赋初值
    string name{ "none" };                            //姓名
    bool sex = true ;                                 //性别
    float weight{ 0.0 };                              //体重
};
Student::Student(const Student & s):ID(s.ID),sex(s.sex) {
    this->name = s.name;
    this->weight = s.weight;
}
void Student::show() {
    cout << "学号: " << this->ID << "\t 姓名: " << name << "\t 性别: "
        << (sex ? "男" : "女") << "\t 体重: " << this->weight << endl;
}
int main() {
    Student s1;                                       //调用默认构造函数
    Student s2(1001, "张三", true, 65);               //调用有参构造函数
    Student s3(s2);                                   //调用拷贝构造函数
    Student s4{ 1002, "李四", false, 45 };            //调用有参构造函数
    s1.show();
    s2.show();
    s3.show();
    s4.show();
    return 0;
}
```

运行结果:

```
学号: 0        姓名: none    性别: 男    体重: 0
学号: 1001     姓名: 张三    性别: 男    体重: 65
学号: 1001     姓名: 张三    性别: 男    体重: 65
学号: 1002     姓名: 李四    性别: 女    体重: 45
```

1. 默认构造函数

默认构造函数(Default Constructor)是无任何形参的构造函数。如果类定义时没有任何构造函数，则编译器会隐式地定义一个**合成的默认构造函数**(Synthesized Default Constructor)，该函数初始化类的数据成员的规则如下：如果已存在类内初始值，则直接用其初始化数据成员，否则，依据数据成员的类型进行初始化。

类内赋初值是 C++ 11 新引入的标准。在例 5-4 中，删除 int ID = 0;中的赋值部分，程

序运行结果的第 1 行学号后面的值为-858993460，是个无意义的值。

如果类定义时已有其他构造函数，则编译器不再定义合成的默认构造函数。此时，需要用户显式地定义一个默认构造函数，定义多个默认构造函数会导致编译错误。删除例 5-4 中定义的默认构造函数，编译时报告错误：类 "Student" 不存在默认构造函数。

定义默认构造函数时，如果已进行了类内赋初值，则用户可以不详细定义默认构造函数，但需要用“=default”指明其为默认构造函数，如例 5-4 所示。

如果用户在定义的默认构造函数中，对数据成员进行了赋值，则数据成员的初值是默认构造函数所赋的值。修改例 5-4 中的默认构造函数为：Student() :name{ "不详" } {}，则程序运行结果中第 1 行的姓名后面的值为“不详”。

2. 有参构造函数

有参构造函数是在构造函数形参表中声明若干形参，用于传递实参对数据成员进行赋值。根据需要可以重载多个有参构造函数，为类提供丰富的对象初始化方法。

如果有参构造函数的所有形参都指定了默认值，那么，该构造函数即可充当默认构造函数的角色。此时，不需要再定义默认构造函数。

修改例 5-4 中有参构造函数如下：

```
Student(int id=0, string n="", bool s=true, float w=0)         //有参构造函数
        :ID(id),name{n},sex(s),weight(w) { }         //通过列表赋初值
```

程序编译后，报告错误：类 "Student" 包含多个默认构造函数。

3. 拷贝构造函数

拷贝构造函数(Copy Constructor)的调用会发生在用已有对象定义新的对象、函数参数的值传递和对象的返回等过程中。如果类中没有定义拷贝构造函数，则编译器自动产生一个拷贝构造函数，完成新对象中数据成员的初始化。删除例 5-4 中的拷贝构造函数，程序运行结果不变。这是因为编译器为其合成了拷贝构造函数。

拷贝构造函数的形参只能说明为类的对象的引用，如：Student(Student &);。为什么拷贝构造函数只能用引用传递方式传递实参呢？这与拷贝构造函数的特殊性相关。

拷贝构造函数是在对象被复制时被调用，如果拷贝构造函数是以传值方式传递实参，由于在调用类的拷贝构造函数时，实参要被复制给形参，这种复制的结果就是导致再一次调用该类的拷贝构造函数，从而产生无穷的递归调用。

拷贝构造函数不能以传地址方式传递实参。传址方式传递实参需要用取地址运算符获取实参的地址，而系统是隐式调用拷贝构造函数，不会传递对象地址。虽然 C++允许程序员定义形参是类的对象的指针的构造函数，但该构造函数不是拷贝构造函数，而仅仅是有参构造函数。

在拷贝构造函数中，系统允许直接访问和修改以引用方式传递来的对象的私有数据成员。为避免在拷贝构造函数中修改原对象中的数据成员，通常在拷贝构造函数的形参前加上 const 修饰符，如：Student(const Student &);。

用户没有定义拷贝构造函数时，系统自动提供的拷贝构造函数能准确地按成员语义复制每个数据成员。但是，在某些情况下，完全按成员语义复制会引发错误，需要程序员自定义拷贝构造函数。更深入的讨论在下一章介绍。

5.3.2 委托构造函数

C++ 11 新增了**委托构造函数**(Delegation Constructor)。委托构造函数可以使用类中其他构造函数来帮助当前构造函数初始化数据成员。换而言之，就是将当前构造函数的部分(或者全部)职责交由类中另一个构造函数完成。被调用的构造函数称为**目标构造函数**(Target Constructor)。委托构造函数的格式如下：

```
<类名>([<形参表>]) :<目标构造函数> {<函数体>};
```

说明：

- 目标构造函数的调用是在冒号之后，不在函数体中，语法格式与普通函数调用一致。委托构造函数的定义不能有初始值列表项。
- 委托构造函数本身也可以作为另一个委托构造函数的目标构造函数，形成链式委托构造，但要注意避免形成委托环。

【例 5-5】委托构造函数应用示例。

程序代码：

```
#include<iostream>
using namespace std;
class Date {
public:
    Date() :Date(2000, 1, 1) {}                                    //默认构造函数
    Date(int y, int m, int d) : year(y), month(m), day(d) {} //目标构造函数
    Date(const Date & d): Date(d.year,d.month,d.day) {}     //拷贝构造函数
    void print(char);
private:
    int year;                 //年
    int month;                //月
    int day;                  //日
};
void Date::print(char p){  //输出日期，用 p 为分隔符
    cout << year << p << month << p << day << endl;
}
int main() {
    Date d1;                           //调用默认构造函数
    Date d2(2019, 2, 23);              //调用有参(目标)构造函数
    Date d3 = d2;                      //调用拷贝构造函数
    cout << "d1=";  d1.print('-');
    cout << "d2=";  d2.print('/');
    cout << "d3=";  d3.print('.');
    return 0;
}
```

运行结果：

```
d1=2000-1-1
d2=2019/2/23
d3=2019.2.23
```

5.3.3　析构函数

对象在内存中被创建时，系统会自动调用构造函数对其进行初始化。对象被销毁时，系统也会调用一个特殊的成员函数进行清理工作，该成员函数被称为**析构函数**(Destructor)。

析构函数的声明格式如下：

```
~<析构函数名>();
```

说明：

- 析构函数名与类名相同，此外还需要在其前面加上字符~。
- 析构函数无任何形参，与构造函数相同也无返回类型。
- 类中只能有且仅有一个析构函数，并且不能重载析构函数。如果用户没有定义析构函数，系统也会生成一个默认的析构函数，其函数体为空。
- 在对象撤销时，系统自动调用析构函数，不需要显式地调用析构函数。

【例 5-6】定义一个时间类，并在类中定义构造函数和析构函数。

程序代码：

```
#include<iostream>
#include<iomanip>                                         //流格式操纵符 setw 和 setfill
#include<string>
#include<time.h>                                          //支持系统时间的获取
using namespace std;
class Time {
public:
    Time():msg("默认时间"),isAM(true),is24Mode(false) { //默认构造函数
        hour = second = minute = 0;
        cout << msg << ",调用默认构造函数! " << endl; //①
    }
    Time(string, int, int, int, bool, bool);          //有参构造函数
    Time(const Time &);                               //拷贝构造函数
    ~Time();                                          //析构函数
    void show();                                      //信息输出成员函数
    void setTime(string, int, int, int, bool, bool);
    void getSysTime();                                //获取当前系统时间
private:
    string msg;                                       //时间用途名
    int hour;                                         //时
    int minute;                                       //分
    int second;                                       //秒
    bool isAM;                                        //true-AM;false-PM
    bool is24Mode;                                    //true 为 24 小时制式
};
Time::Time(string mg, int h, int m, int s, bool a = true, bool md =
false) {
    setTime(mg, h, m, s, a, md);
    cout << msg << ",调用有参构造函数! " << endl;
}
Time::Time(const Time & t) {
```

```
    this->msg = t.msg;
    hour = t.hour; minute = t.minute; second = t.second;
    isAM = t.isAM; is24Mode = t.is24Mode;
    cout << msg << ",调用拷贝构造函数! " << endl;
}
void Time::setTime(string mg, int h, int m, int s, bool a = true, bool
md = false) {
    msg = mg;
    hour = h % 12; minute = m % 60; second = s % 60;
    isAM = a;
    is24Mode = md;
}
void Time::show() {
    cout << msg << "\t" <<  setfill('0')     //②
        << setw(2) << (is24Mode ? hour + 12 : hour) << ":"
        << setw(2) << minute << ":"
        << setw(2) << second << (is24Mode ? "" : (isAM ? " AM" : " PM"))
<< endl;
}
void Time::getSysTime() {
    time_t curtime = time(0);       //time_t 结构变量 curtime，获取当前时间
    tm tim = *localtime(&curtime);  //转换为本地时间
    hour = tim.tm_hour % 12;
    second = tim.tm_sec;
    minute = tim.tm_min;
    if (tim.tm_hour > 12) {
        isAM = false;
        is24Mode = true;
    }
    msg = "系统时间";
}
Time::~Time() {                     //③
    cout << msg << ",调用析构函数! " << endl;
}
int main() {
    Time t1, t2("下课时间", 10, 30, 00), t3(t2);    //④
    t1.getSysTime();                                //用系统时间设置对象 t1
    cout << "对象 t1 的信息: "; t1.show();
    cout << "对象 t2 的信息: "; t2.show();
    cout << "对象 t3 的信息: "; t3.show();
    t3.setTime("上课时间", 15, 45, 00, false);
    cout << "对象 t3 修改后的信息: "; t3.show();     //⑤
    return 0;
}
```

运行结果:

```
默认时间,调用默认构造函数!
下课时间,调用有参构造函数!
下课时间,调用拷贝构造函数!
对象 t1 的信息: 系统时间  15:42:02
对象 t2 的信息: 下课时间  10:30:00 AM
对象 t3 的信息: 下课时间  10:30:00 AM
对象 t3 修改后的信息: 上课时间    03:45:00 PM
```

上课时间，调用析构函数！
下课时间，调用析构函数！
系统时间，调用析构函数！

程序说明：

① 通常构造函数和析构函数中不要编写输出语句，此处是为显示其被调用而为。

② 流格式操纵符 setw(2)设置输出域宽为 2，setfill('0')是用 0 填充长度不足 2 的整数。

③ 析构函数中仅有一行输出语句，没有任何实质性功能。这是由于本例的对象比较简单，没有用到动态内存、文件等资源，不需要用专门的语句处理资源释放。

④ 从运行结果的前 3 行可见，构造函数的调用顺序与定义顺序一致。对象 t1 先被建立，调用了默认构造函数；对象 t2 建立时调用了有参构造函数，并设置为“下课时间”；对象 t3 最后建立，调用了拷贝构造函数。运行结果的第 5、6 行显示，t3 与 t2 完全相同。

⑤ 程序运行到此处，3 个对象先后被删除，开始调用析构函数。t1、t2 和 t3 这 3 个对象调用析构函数的顺序正好与构造函数的调用顺序相反。这是由于这些对象都存储在程序的栈区，先定义的对象先被压栈，而销毁的过程与对象从栈中弹出的顺序一致，t3 对象第一个调用析构函数。

5.4　类中成员对象

类是面向对象系统组织结构的核心。类与类之间存在多种关系，常见的关系有：泛化、实现、关联、聚合、组合以及依赖。

聚合(Aggregation)关系描述的是事物之间整体与部分的关系。例如计算机和 CPU 就是聚合关系，计算机为整体，CPU 是部分。**组合**(Composition)关系也是整体与部分的关系，但其耦合更加紧密，部分不能离开整体而单独存在。当整体类被销毁时，部分类将同时被销毁。例如公司和部门是一种组合关系，没有公司也就不存在部门。

聚合和组合描述的均是事物的整体与部分之间的关系，其区别在于：聚合关系是 has-a 关系，而组合关系则是 contains-a 关系。聚合关系中代表部分的对象与代表整体的对象的生存期无关，删除聚合对象不一定就删除部分的对象，而组合关系中二者同时删除。

C++程序中，类是一种构造数据类型，在类中可以用类定义数据成员，这种数据成员称为**成员对象**。如果用类描述的是事物的整体，则其成员对象就是事物的部分。类中定义其他类的成员对象本质上也是一种源代码级的软件复用技术。

5.4.1　成员对象的构造与析构

成员对象是类中数据成员，在对象创建时同样由构造函数为其赋初始值。成员对象的赋值不允许出现在函数体中，只能在构造函数的初始值列表中完成，格式为：<成员对象名>(<初始值>)。

含有成员对象的类中，构造函数先调用成员对象的构造函数对成员对象初始化。调用顺序与成员对象在初始值列表中的次序无关，与其在类中声明的次序一致。

有参构造函数和拷贝构造函数在对成员对象进行初始化时，必须在初始值列表中显式

地列出成员对象的赋值项，否则系统将调用成员对象的默认构造函数。

含有成员对象的类，其析构函数中不需要显式地调用成员对象的析构函数。对象销毁时，系统自动先调用成员对象的析构函数，调用次序与构造函数的调用顺序正好相反。

【例 5-7】设计一个圆类(Circle)，其中含有用点类(Point)定义的成员对象。

程序代码：

```
#include <iostream>
using namespace std;
class Point {                                  //Point 类
public:
    Point() {                                  //默认构造函数
        cout << "call Point() constructor!" << endl;
    }
    Point(int a, int b) : x(a),y(b) {          //有参构造函数
        cout << "call Point(int,int) constructor!" << endl;
    }
    Point(const Point & p) : x(p.x),y(p.y) {   //拷贝构造函数
        cout << "call Point(const Point &) constructor!" << endl;
    }
    ~Point() {                                 //析构函数
        cout << "(" << x << "," << y << ")" << " call ~Point()
destructor!" << endl;
    }
    void show() {
        cout << "(x,y)=" << "(" << x << "," << y << ")";
    }
private:
    int x = 0;
    int y = 0;
};
class Circle {                                 //Circle 类
public:
    Circle() :center(), radius(0.0) {          //center()调用默认构造函数
        cout << "call Circle() constructor!" << endl;
    }
    Circle(int a, int b, double r) :center(a, b), radius(r) {
    //为初始值列表中为成员对象赋初值
        //center(a, b);                        //错误！不能在函数体中赋初值
        cout << "call Circle(int,int,double) constructor!" << endl;
    }
    Circle(const Circle & c) :center(c.center), radius(c.radius) {
        //拷贝构造函数
        cout << "call Circle(const Circle &) constructor!" << endl;
    }
    ~Circle() {                                //析构函数
       cout << "radius=" << radius << " call ~Circle() destructor!" << endl;
    }
    void show() {
        center.show();                         //成员对象 center 调用 show
        cout << "\tradius=" << radius << endl;
    }
private:
    double radius;
```

```
    Point center;   //成员对象 center
};
int main() {
    cout << "-----------------1------------------" << endl;
    Circle A;
    cout << "Circle A:"; A.show();
    cout << "-----------------2------------------" << endl;
    Circle B = A;
    cout << "Circle B=A:"; B.show();
    cout << "-----------------3------------------" << endl;
    Circle C(2, 4, 10.5);
    cout << "Circle C(2,4,10.5):"; C.show();
    cout << "-----------------4------------------" << endl;
    Circle D(C);
    cout << "Circle D(C):"; D.show();
    cout << "-----------------5------------------" << endl;
    return 0;
}
```

运行结果：

```
-----------------1------------------
call Point() constructor!
call Circle() constructor!
Circle A:(x,y)=(0,0)    radius=0
-----------------2------------------
call Point(const Point &) constructor!
call Circle(const Circle &) constructor!
Circle B=A:(x,y)=(0,0)  radius=0
-----------------3------------------
call Point(int,int) constructor!
call Circle(int,int,double) constructor!
Circle C(2,4,10.5):(x,y)=(2,4)  radius=10.5
-----------------4------------------
call Point(const Point &) constructor!
call Circle(const Circle &) constructor!
Circle D(C):(x,y)=(2,4) radius=10.5
-----------------5------------------
radius=10.5 call ~Circle() destructor!
(2,4) call ~Point() destructor!
radius=10.5 call ~Circle() destructor!
(2,4) call ~Point() destructor!
radius=0 call ~Circle() destructor!
(0,0) call ~Point() destructor!
radius=0 call ~Circle() destructor!
(0,0) call ~Point() destructor!
```

程序说明：

① 分析运行结果可知，对象 A、B、C、D 的构造与析构顺序相反，这是因为先创建的对象先压入程序的栈区，而对象撤销过程则是先创建的对象后从栈区弹出。

② 如果修改例程中 Circle 类的有参构造函数为：

```
Circle(int a,int b,double r){
    center=Point(a,b);
    radius=r;
```

```
    cout<<"call Circle(int,int,double) constructor!"<<endl;
}
```

则运行结果的第 3 块内容显示如下：

```
-----------------3--------------------
call Point() constructor!                    //1
call Point(int,int) constructor!             //2
(2,4) call ~Point() destructor!              //3
call Circle(int,int,double) constructor!     //4
Circle C(2,4,10.5):(x,y)=(2,4)     radius=10.5 //5
```

与程序运行结果中的对应内容比较，不难发现多了行 1 和行 3。行 1 是构造函数调用成员对象的默认构造函数显示的结果。行 2 和行 3 是 center=Point(a,b);语句中的 Point(a,b)调用构造函数生成临时无名对象，并在赋值给成员对象 center 后销毁的结果。行 4 是构造函数最后一行语句的显示结果。

上面的构造函数虽然也完成了成员对象的赋值，但由于其没有在初始值列表中对成员对象赋值，因此先调用了成员对象的默认拷贝构造函数对其赋初值。实际完成赋值任务的语句是 center=Point(a,b);，该语句先生成一个临时无名对象，再调用系统提供的赋值功能把临时无名对象的数据成员值复制给对象的成员对象 center，之后临时无名对象被销毁，这就是运行结果多出行 1 和行 3 的原因。

5.4.2 组合应用示例

类的组合是面向对象程序设计方法中一种常用的技术，组合技术能非常自然地描述现实世界中的事物。下面举例说明其使用方法。

【例 5-8】设计日期、学生和班级三个类，其中学生类中的学生生日用日期类说明，班级类中的学生成员用学生类数组描述。

程序代码：

```
#include <iostream>
#include<string>
using namespace std;
class Date {//日期类
public:
    Date(int y = 0, int m = 0, int d = 0);
    Date(const Date &);
    void output();
    void input();
private:
    int year;
    int month;
    int day;
};
Date::Date(int y, int m, int d) {
    year = y;
    month = m;
    day = d;
}
Date::Date(const Date & d) {
    this->year = d.year;
```

```
    this->month = d.month;
    this->day = d.day;
}
void Date::output() {
    cout << year << "-" << month << "-" << day;
}
void Date::input() {
    cout << "(年 月 日)";
    cin >> year >> month >> day;
}
enum Gender { unknow, male, female };  //性别枚举类型
class Student {//学生类
public:
   Student(int No = 0, string n = "不详", Gender s = unknow, float w = 0,
        int y = 0, int m = 0, int d = 0)
        :birthday(y, m, d), no(No), sex(s), weight(w), name(n) {}
    Student(const Student &);
    void output();
    void input();
private:
    int no;
    string name;
    Gender sex;
    float weight;
    Date birthday;                          //组合关系，birthday是Date类对象
};
Student::Student(const Student & s) :birthday(s.birthday) {
    this->no = s.no;
    this->name = s.name;
    this->sex = s.sex;
    this->weight = s.weight;
}
void Student::output() {
    cout << "学号：" << this->no << "\t姓名：" << name << "\t性别："
        << (sex == unknow ? "不详" : (sex == male ? "男" : "女")) << "\t体
重："
        << weight << "\t生日：";
    birthday.output();
    cout << endl;
}
void Student::input() {
    int x = 0;
    cout << "学号："; cin >> no;
    cout << "姓名："; cin >> name;
    cout << "性别：(0-不详,1-男,2-女)"; cin >> x;
    sex = (Gender)x;
    cout << "体重："; cin >> weight;
    cout << "生日："; birthday.input();
}
class Class {//班级类
public:
    Class(string Name="", int n = 0);
    void input();
    void output();
```

```
private:
    string name;              //班级名称
    int number;               //当前学生数
    Student stuArray[60];     //最多可以存 60 个学生类对象
};
Class::Class(string Name, int n) {
    number = n;
    name = Name;
    for (int i = 0; i < number; i++)
        stuArray[i].input();
}
void Class::output() {
    cout << "班级名: " << name << "\t 人数: " << number << endl;
    for (int i = 0; i < number; i++)
        stuArray[i].output();
}
void Class::input() {
    char ch;
    cout << name << "已有学生数:" << number << ",打算输入学生信息吗(Y/N)? ";
    cin >> ch;
    while (toupper(ch) == 'Y') {
        stuArray[number++].input();
        cout << name << "已有学生数:" << number << ",还输入学生信息吗(Y/N)? ";
        cin >> ch;
    }
}
int main() {//主函数
    Class myClass("高一年级 3 班");
    myClass.input();
    myClass.output();
    return 0;
}
```

运行结果：

```
高一年级 3 班已有学生数:0,打算输入学生信息吗(Y/N)? y↙
学号: 1001↙
姓名: 张三↙
性别: (0-不详,1-男,2-女)1↙
体重: 54↙
生日: (年 月 日)1990 6 15↙
高一年级 3 班已有学生数:1,还输入学生信息吗(Y/N)? y↙
学号: 1002↙
姓名: 李四↙
性别: (0-不详,1-男,2-女)2↙
体重: 45↙
生日: (年 月 日)1990 7 24↙
高一年级 3 班已有学生数:2,还输入学生信息吗(Y/N)? y↙
学号: 1003↙
姓名: 王五↙
性别: (0-不详,1-男,2-女)0↙
体重: 67↙
生日: (年 月 日)1991 9 27↙
高一年级 3 班已有学生数:3,还输入学生信息吗(Y/N)? n↙
```

```
班级名：高一年级 3 班    人数：3
学号：1001    姓名：张三    性别：男    体重：54    生日：1990-6-15
学号：1002    姓名：李四    性别：女    体重：45    生日：1990-7-24
学号：1003    姓名：王五    性别：不详    体重：67 生日：1991-9-27
```

程序说明：

从 VC++ 2017 的菜单栏中选择“视图”→“类视图”功能，单击类视图窗口中“查看类图”图标，生成 ClassDiagram.cd 窗体，并拖拽 Student、Class 等图标至窗体。展开 Student 类图，右击 birthday 字段，从弹出菜单中选择“显示为关联”。类似地，对 sex 和 stuArray 字段做相应操作，调整布局获得如图 5-2 所示的类视图。类视图直观地显示了 Class 类、Student 类和 Date 类间的组合关系。

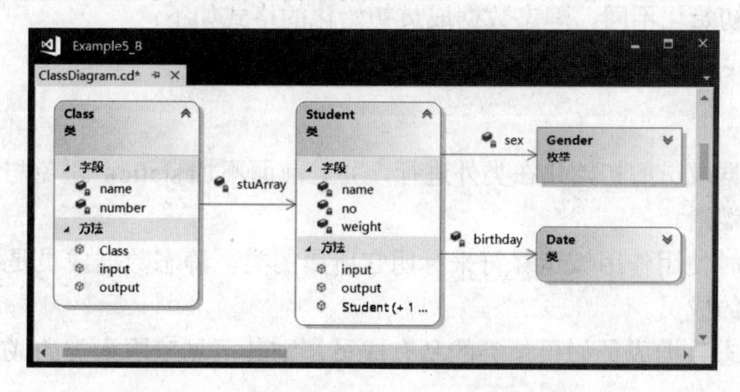

图 5-2　例程 5-8 类视图

Class 类中用 Student 类定义了对象数组 stuArray 存储班级中学生信息，该数组的大小为 60 个单元，这里假设班级人数不超过 60。这种静态空间分配方法存在班级人数不足 60 人，分配的空间浪费，人数超过又存储不下的问题。第 6 章介绍的动态内存分配技术能解决该问题。

5.5　类中静态成员

C 语言用全局变量实现公共数据的共享，通常源程序中的所有函数都能访问全局变量。在类设计中，有时类的多个对象需要共享一些数据成员，类的静态数据成员支持这种需求。类的静态数据成员与全局变量相比具有两个优点：不存在与程序中其他全局名字冲突的可能性；类中数据成员可设置为私有，实现信息隐藏。

类中的静态成员分为静态数据成员和静态函数成员两种。

5.5.1　静态数据成员

类的静态数据成员是为类的所有对象共享的数据成员，解决了多个同类对象间需要数据共享的问题。对于非静态数据成员，每个类的对象都有自己独立的数据部分，而静态数据成员对类的所有对象只有一份，保存在程序的数据区。

静态数据成员属于类，不属于单个对象。无论类的对象定义与否，类的静态数据成员都存在。在类中，静态数据成员可以实现多个对象之间的数据共享，并且使用静态数据成

员还不会破坏数据隐藏的原则，保证了数据的安全性。

类的静态数据成员具有节省内存和提高效率的特点。由于静态数据成员为所有对象所公有，对多个对象来说，静态数据成员只存储一处，其值对每个对象都是一样的，并且可以在每个对象中对其进行更新，更新后所有对象访问到相同的值。

如果采用普通数据成员方式存储所有对象共享的数据，则存在：①浪费存储空间；②数据更新与同步困难的问题。

如果用全局变量存储类中所有对象所共享的数据，则由于全局变量能被该类和其他类的所有对象所访问，致使类的封装性被破坏，数据的安全性得不到保证。

静态数据成员是在类定义中用 static 关键字修饰的数据成员，静态数据成员的初始化与一般数据成员初始化不同。静态数据成员初始化的格式如下：

```
<数据类型> <类名>::<静态数据成员名> = <初值>;
```

说明：

- 静态数据成员的初始化在类外进行，并且前面不加 static，避免与一般静态变量或对象相混淆。
- 初始化时使用作用域运算符来标明它所属的类。静态数据成员是类的成员，而不是对象的成员。
- 类的静态数据成员如果是类的私有成员，则其可见范围为类的成员函数和类的友元(见 5.6 节)。
- 类的静态数据成员属于类。即使在程序中没有定义类的对象，类的静态数据成员也会在数据区生成并被初始化，因此无论类的对象是否已定义，类的静态数据成员在程序加载时生成。

访问类的静态数据成员的方式为：

```
<类名>::<静态数据成员名> 或 <对象名>.<静态数据成员名>
```

【例 5-9】类的静态数据成员示例。

程序代码：

```
#include <iostream>
using namespace std;
class staticMemberExample{
public:
    staticMemberExample();
    staticMemberExample(staticMemberExample &);
    ~staticMemberExample();
    int getNo(){return no;}
private:
    int no;
    static int total;                    //静态数据成员 total
    static const char name[50];          //静态数据成员 name
};
//在类外对静态数据成员进行初始化。注意：前面不加 static
int staticMemberExample::total=0;
const char staticMemberExample::name[50]="staticMemberExample 类";
staticMemberExample::staticMemberExample(){//默认构造函数
    total++;
```

```
    no=total;
    cout<<name<<"的第"<<no<<"号对象被创建！当前对象数为"<<total<<endl;
}
staticMemberExample::staticMemberExample(staticMemberExample & sme){
    total++;
    no=total;
    cout<<name<<"的第"<<no<<"号对象被创建！当前对象数为"<<total<<endl;
}
staticMemberExample::~staticMemberExample(){//析构函数
    total--;
    cout<<name<<"的第"<<no<<"号对象被销毁！当前对象数为"<<total<<endl;
}
int main(){
    staticMemberExample object1,object2(object1);
    staticMemberExample objArray[2];
    cout<<"对象 object1 的序号为："<<object1.getNo();
    cout<<"\t 对象 object2 的序号为："<<object2.getNo()<<endl;
    cout<<"对象 objArray[0]的序号为："<<objArray[0].getNo();
    cout<<"\t 对象 objArray[1]的序号为："<<objArray[1].getNo()<<endl;
    return 0;
}
```

运行结果：

```
staticMemberExample 类的第 1 号对象被创建！当前对象数为 1
staticMemberExample 类的第 2 号对象被创建！当前对象数为 2
staticMemberExample 类的第 3 号对象被创建！当前对象数为 3
staticMemberExample 类的第 4 号对象被创建！当前对象数为 4
对象 object1 的序号为：1        对象 object2 的序号为：2
对象 objArray[0]的序号为：3     对象 objArray[1]的序号为：4
staticMemberExample 类的第 4 号对象被销毁！当前对象数为 3
staticMemberExample 类的第 3 号对象被销毁！当前对象数为 2
staticMemberExample 类的第 2 号对象被销毁！当前对象数为 1
staticMemberExample 类的第 1 号对象被销毁！当前对象数为 0
```

图 5-3 所示为例 5-9 程序的监视窗口。

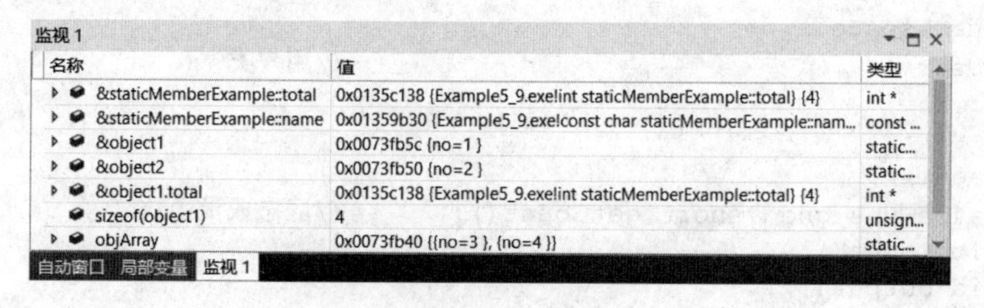

图 5-3　例 5-9 程序的监视窗口

跟踪与观察：

(1) 按 F10 键，程序进入跟踪运行状态，此时监视 1 中类的静态数据成员 total 和 name 均已被初始化，而对象 object1 和 object2 中的 no 均未赋值。

(2) 从图 5-3 可见，对象 object1、object2 和 objArray 数组的地址前 4 位均是 0x0073，并且其中仅含 no 的数据，而静态成员 total 和 name 的地址前 4 位相同是 0x0135。验证了对象的静态数据成员和普通数据成员存储在不同的区域，前者在数据区，后者在栈区。

(3) sizeof(object1)的值为 4，说明对象 object1 中仅存储了对象的 no 信息，因为 int 类型数据的大小就是 4。

5.5.2 静态成员函数

类的函数成员在声明时，其前面加上 static 关键字，该成员函数即为类的静态成员函数。与静态数据成员类似，类的静态函数成员属于类，与类的对象无关。即使在程序中没有定义类的对象，也可以通过类名直接调用静态成员函数。

静态成员函数无法访问类的非静态数据成员，也不能直接调用类的非静态成员函数，只能访问静态数据成员和调用其他的静态成员函数。若要访问类中非静态的成员时，必须通过函数参数传递类的对象给静态成员函数，通过对象才能访问非静态成员(数据成员和成员函数)。

静态成员函数没有 this 指针，任何在静态成员函数中显式或隐式地引用这个指针的尝试都将导致编译时刻错误。

静态成员函数与非静态成员函数不同，可以在无对象定义时被调用。调用格式如下：

```
<类名>::<静态成员函数名>(实参表);
```

也可以通过类的对象进行调用。格式如下：

```
<类的对象>.<静态成员函数名>(实参表);
```

类的静态成员函数提供了一种访问静态数据成员的方式。此外，它还避免使用全局函数，为函数设置了一个类域的访问权限。

【例 5-10】设计记录用户名和密码的用户类，用静态成员函数显示当前系统中该类已定义的对象的数目。

程序代码：

```
#include <iostream>
#include <conio.h>
using namespace std;
class User {                                        //用户类
public:
    User();
    ~User();
    static unsigned short getCount();               //静态成员函数
    void input();
    void output();
private:
    char ID[10];                                    //用户登录名
    char pwd[11];                                   //密码
    static unsigned short count;                    //当前对象数
};
unsigned short User::count = 0;                     //初始化静态数据
User::User() {
    count++;                                        //用户数加 1
    ID[0] = '\0';
    pwd[0] = '\0';
```

```
}
User::~User() {
    count--;                                    //用户数减 1
}
unsigned short User::getCount() {              //①
    return count;
}
void User::input() {
    char ch, str[11];
    int i = 0;
    cout << "用户名：";
    cin >> ID;
    cout << "密码(最长 10 个字符)：";
    ch = getch();                               //②非缓冲式输入，并且不显示
    while (ch != '\r' && i < 10) {              //③按 Enter 键或长度已为 10 结束
        str[i++] = ch;
        cout << "*";                            //显示为星号
        ch = getch();
    }
    str[i] = '\0';
    cout << endl;
    strcpy(pwd, str);
}
void User::output() {
    cout << "用户名：" << ID << "\t\t 密码：" << pwd << endl;
}
int main() {
    cout << "当前 User 类的对象数为：" << User::getCount() << endl;//④
    User userObj;
    userObj.input();
    cout << "当前 User 类的对象数为：" << userObj.getCount() << endl;
    User userArray[3];
    for (int i = 0; i < 3; i++)
        userArray[i].input();
    cout << "对象信息：\n";
    userObj.output();
    for (int i = 0; i < 3; i++)
        userArray[i].output();
    cout << "当前 User 类的对象数为：" << User::getCount() << endl;
    return 0;
}
```

运行结果：

```
当前 User 类的对象数为：0
用户名：张三↙
密码(最长 10 个字符)：***↙
当前 User 类的对象数为：1
用户名：李四↙
密码(最长 10 个字符)：***↙
用户名：王五↙
密码(最长 10 个字符)：***↙
用户名：赵六↙
密码(最长 10 个字符)：***↙
```

```
对象信息：
用户名：张三        密码：123
用户名：李四        密码：456
用户名：王五        密码：987
用户名：赵六        密码：567
当前 User 类的对象数为：4
```

程序说明：

① 类的静态成员函数可以在类内定义，也可以在类外定义。在类外定义时，不能再用 static 关键字作为其前缀。

② getch()是 C++中用于输入输出的函数，其提供了非缓冲式输入，而 cin 是一种带缓冲并且显示字符的输入方式。getch()函数从键盘读入一个字符，读入的字符不显示。该函数需要引用 conio.h 文件。

③ input 函数中的'\r'表示 Enter 键，按 Enter 键后，密码输入结束。

④ 该行中 User::getCount()是通过类直接调用静态成员函数返回静态数据成员的值。

5.6 类的友元

类的封装性要求数据受到保护，类外不能直接访问数据，只能通过类提供的成员函数访问数据。用私有或保护访问控制符说明类的数据成员，一方面最大限度地保护了数据的安全，但另一方面也增加了程序设计的负担。将数据成员的访问控制权限声明为公有的，则破坏了类的封装性和数据的隐蔽性。

友元是 C++提供的能让非成员函数直接访问类中受保护数据的机制。它能有效避免成员函数的频繁调用，节约处理器开销，提高程序的效率，但它同时也破坏了类的封装性，并导致程序的可维护性变差。

类的友元不是类的成员，但如同类的成员函数一样，它可以访问类的私有或保护的成员。类的友元分为友元函数和友元类，下面分别予以介绍。

5.6.1 友元函数

友元函数是类中用关键字 friend 修饰的非成员函数，该函数可以是普通函数，也可以是另一个类的成员函数。其在类中声明格式如下：

```
friend <返回类型> [<类名>::]<函数名>([形参表]);
```

说明：

- friend 是关键字，用于说明该函数不是成员函数，是类的友元函数。
- 如果友元函数是另一个类的成员函数，在声明时需要用类作用域运算符注明其所属的类。
- 友元函数不是类的成员函数，编译器不为其添加指向该类对象的 this 指针，因此友元函数通常以类的引用或指针为形参，实现对类中私有数据的访问。
- 类中的访问控制权限对友元函数无效。友元函数的声明可以放在类的任何位置，不过为清晰起见，通常放在类的最前或最后区域。

● 友元函数的定义可以在类中完成，也可在类外实现。由于友元函数不是类的成员函数，因此在类外定义时，在函数名前加注类名和作用域运算符是错误的。

友元函数是以破坏类的封装性为代价，换取程序性能的提高。C++中，友元函数的主要用途是重载运算符和生成迭代器类，以及用友元函数同时访问两个或多个类的私有数据，使程序的逻辑关系更清晰。其余情况应慎用友元函数。

【例 5-11】设计一个平面上点类，并用友元函数实现求两点间的距离。

程序代码：

```
#include<iostream>
using namespace std;
class Point {//平面上点类
    friend double Distence(Point &, Point &);  //友元函数，计算两点间距离
public:
    Point(double = 0, double = 0);
    Point & setX(double);                        //设置 x 的值
    Point & setY(double);                        //设置 y 的值
    double distence(Point &);                    //成员函数，计算两点间距离
    void output();
private:
    double x;                                    //平面上点坐标
    double y;
};
Point::Point(double a, double b) {
    x = a; y = b;
}
Point & Point::setX(double a) {
    x = a;
    return *this;                                //①，“瀑布式”调用
}
Point & Point::setY(double b) {
    y = b;
    return *this;
}
double Point::distence(Point & p) {              //成员函数，求另一点与该点的距离
    return sqrt((x - p.x)*(x - p.x) + (y - p.y)*(y - p.y));
}
void Point::output() {
    cout << "(" << x << "," << y << ")" << endl;
}
double Distence(Point & p1, Point & p2) {  //友元函数，求 p1 和 p2 间距离
    return sqrt((p1.x - p2.x)*(p1.x - p2.x) + (p1.y - p2.y)*(p1.y -
p2.y));
}
int main() {
    Point point1(4, 8), point2;
    point2.setX(1).setY(20);                     //“瀑布式”调用
    cout << "point1="; point1.output();
    cout << "point2="; point2.output();
    cout << "调用类的成员函数求 point1 与 point2 的距离，值为"
        << point1.distence(point2) << endl;
    cout << "调用类的友元函数求 point1 与 point2 的距离，值为"
        << Distence(point1, point2) << endl;   //②
```

```
    return 0;
}
```

运行结果：

```
point1=(4,8)
point2=(1,20)
调用类的成员函数求 point1 与 point2 的距离，值为 12.3693
调用类的友元函数求 point1 与 point2 的距离，值为 12.3693
```

程序说明：

① setX 和 setY 函数均返回了*this，即对象自身。在主函数中利用该设计实现了所谓的“瀑布式”调用 point2.setX(1).setY(20);，这里 point2.setX(1)函数调用返回了 point2。

② 友元函数 Distence 的调用方式与普通函数相似，是 Distence(point1, point2)，而成员函数 distence 的调用方法是 point1.distence(point2)。

5.6.2 友元类

在类中声明另一个类是该类的友元类，则友元类中的所有成员函数都是该类的友元函数，可以访问类的所有成员。与友元函数类似，友元类需要在类中声明，其语法格式如下：

```
friend class <类名>;
```

说明：

- friend 是关键字，<类名>是另一个已定义或声明的类。友元类的定义在类定义之后，C++规定用前向引用声明先声明友元类。不过 VC++ 2017 可以省略前向引用声明。
- 类的友元关系是单向的，不具有传递性。类 A 是类 B 的友元类，并不意味着类 B 一定是类 A 的友元类，除非在类 A 中也声明 B 是友元类。同样，如果类 A 是类 B 的友元类，类 B 又是类 C 的友元类，并不能确定类 A 也是类 C 的友元类，友元关系不传递。
- 类的友元关系不被继承，也就是说派生类(见第 7 章)不继承类的友元关系。

【例 5-12】设计时间、日期和火车票类，其中日期类是时间类的友元类，火车票类是日期的友元类。

程序代码：

```
#include <iostream>
#include <string>
using namespace std;
class DateTime;                                  //前向引用声明 DateTime 类
class TrainTicket;                               //前向引用声明 TrainTicket 类
class Time {                                     //时间类
    friend class DateTime;
public:
    Time(unsigned short h = 0, unsigned short m = 0);
private:
    unsigned short hour;                         //时
    unsigned short minute;                       //分
```

```
};
class DateTime {                              //日期类
    friend class TrainTicket;
public:
    DateTime(unsigned short = 1900, unsigned short = 1, unsigned short =
1,
unsigned short = 0, unsigned short = 0);
    void input();
    void print();
private:
    unsigned short year;
    unsigned short month;
    unsigned short day;
    Time time;                                //组合关系，time 是成员对象
};
class TrainTicket {                           //车票类
public:
    TrainTicket();
    void input();
    void print();
private:
    string From, To;                          //始发站，终点站
    DateTime DeptTime, ArrTime;               //发车与到站时间，组合关系
    string TrainNo;                           //车次
    double price;                             //票价
};
Time::Time(unsigned short h, unsigned short m) {
    hour = h;
    mintue = m;
}
DateTime::DateTime(unsigned short y, unsigned short m, unsigned short d,
unsigned short h, unsigned short mi) : time(h, mi) {
    year = y;
    month = m;
    day = d;
}
void DateTime::input() {
    cout << "年 月 日 时 分: ";
    cin >> year >> month >> day >> time.hour >> time.minute;  //①
}
void DateTime::print() {
    cout << year << "-" << month << "-" << day << " " << time.hour <<
":" << time.minute;
}
TrainTicket::TrainTicket() : DeptTime(), ArrTime() {//构造函数
    From = ""; To = "";
    TrainNo = "";
    price = 0;
}
void TrainTicket::input() {
    cout << "始发站: "; cin >> From;
    cout << "终点站: "; cin >> To;
    cout << "车次: "; cin >> TrainNo;
    cout << "票价: "; cin >> price;
```

```
    cout << "发车时间: "; DeptTime.input();
    cout << "到站时间: "; ArrTime.input();
}
void TrainTicket::print() {
    cout << "始发站: " << From << "\t终点站: " << To << "\t车次: "
 << TrainNo << "\t票价: " << price << endl;
    cout << "发车时间: "; DeptTime.print();
    cout << "\t到站时间: "; ArrTime.print();  cout << endl;
}
int main() {
    TrainTicket myTicket;
    myTicket.input();
    myTicket.print();
    return 0;
}
```

运行结果：

```
始发站：淮安↙
终点站：北京↙
车次：Z52↙
票价：360.5↙
发车时间：年 月 日 时 分：2019 3 10 22 6↙
到站时间：年 月 日 时 分：2019 3 11 7 25↙
始发站：淮安    终点站：北京    车次：Z52       票价：360.5
发车时间：2019-3-10 22:6        到站时间：2019-3-11 7:25
```

程序说明：

① 该行语句中的 time.hour 和 time.minute 是利用了 DateTime 类是 Time 类的友元类，在 Time 类的成员函数 input 中，能直接访问成员对象 time 的私有数据成员。

② 该程序也可以不用友元实现，只需在类中为每个数据成员分别定义 set 和 get 功能函数，通过它们访问数据。建议读者修改源程序，对比一下两者的区别。

友元的引入提高了数据的共享性，提高了函数与类、类与类之间的相互联系，能提高程序效率。但是，友元破坏了类的封装性，导致程序的可维护性变差，给类的重用和扩充带来隐患，其缺点也是十分明显的。有人形象地比喻友元是在类中打了一个“洞”，破坏了类的封装性。

5.7 运算符重载函数

C++内置了对基本数据类型的算术、逻辑等基本运算的直接支持。例如：

```
int  x=10,  y=20,  z;
z = x + y;
```

其中，语句 z=x+y;用到了加法运算符“+”和赋值运算符“=”。事实上，处理器并不能直接识别加法和赋值，程序之所以能运行，是由于 C++编译器在对程序进行编译时，能识别运算符并将其翻译为一组机器指令。然而，对于用户自定义的类类型，编译器不能识别对象之间用运算符连接的语句，更不能自动地为其生成代码。

C++语言允许运算符像函数一样被重载，为运算符指定特定功能。运算符重载是 C++语言的特色之一。本质上运算符重载是一种特殊的函数重载，它可以是成员函数，也可以是友元函数。运算符重载函数是在类中为运算符实现特定功能的代码。

5.7.1　运算符重载成员函数

运算符重载函数是一种特殊的函数，其特殊性主要体现在函数的命名和调用方法上。运算符重载成员函数的定义格式如下：

```
<返回类型>  <类名>::operator<运算符>(<形参表>)   {<函数体>}
```

说明：

- operator 是关键字，其后的<运算符>可以是单目运算符或双目运算符。
- 对于双目运算符，<形参表>中应有一个形参，以当前对象作为左操作数，而形参为右操作数。
- 对于单目运算，是以当前对象为操作数，<形参表>中无形参。

对于“++”和“--”运算符，分为前置和后置运算。为能正确区别二者，C++规定用无参成员函数格式表示实现前置运算，用带一个 int 形参的函数表示实现后置运算，这里的形参不起任何作用，编译器会传递数值 0。代码如下：

```
<类名>&  <类名>::operator++() {          //重载前置运算符
    …                                     //改变当前对象
    return *this;                         //返回当前对象
}
<类名>  <类名>::operator++(int) {         //重载后置运算符
    <类名> <对象名>=*this;                //用一个局部对象保存当前对象的值
…                                         //改变当前对象
    return <对象名>;                      //返回保存的对象
}
```

对于“--”运算符，其定义格式相似。

C++中的大多数运算符都能用于定义运算符重载，仅有少数运算符不允许，见表 5-1。

表 5-1　C++中不允许重载的运算符

运 算 符	含 义	运 算 符	含 义
?:	三目条件运算符	::	作用域操作符
.	成员运算符	sizeof	求类型字节数操作符
.*	成员指针运算符		

运算符重载不能改变运算符的优先级和结合性，只能在表达式中用括号改变求值顺序。

运算符重载同样也不能改变操作数的个数，经过重载的单目运算符仍然是单目运算符，双目运算符亦然。试图通过运算符重载改变一个运算符所支持的操作数的数量，将导致编译错误。

【例 5-13】运算符重载示例，用运算符重载成员函数实现复数类的加法、乘法等运算。

程序代码：

```
#include <iostream>
using namespace std;
class Complex {                                     //复数类
public:
    Complex(double = 0.0, double = 0.0);            //有参构造函数
    Complex(const Complex &);                       //拷贝构造函数
    Complex operator+(const Complex &) const;       //，+运算符重载函数
    Complex operator+(double);                      //+运算符重载函数
    Complex operator*(const Complex &);             //*运算符重载函数
    Complex & operator++();                         //前置++运算符重载函数
    Complex operator++(int);                        //后置++运算符重载函数
    Complex & operator+=(const Complex &);          //+=运算符重载函数
    void show();                                    //输出函数
private:
    double real;                                    //实部
    double image;                                   //虚部
};
Complex::Complex(double r, double i) :real(r),image(i) { }
Complex::Complex(const Complex & c) {
    real = c.real; image = c.image;
}
Complex Complex::operator+(const Complex & c) const {
    Complex tmp;                                    //局部对象 tmp 保存运算结果
    tmp.real = real + c.real;
    tmp.image = image + c.image;
    return tmp;                                     //返回局部对象
}
Complex Complex::operator+(double d) {
    return Complex(real + d, image);                //隐式生成局部对象并返回
}
Complex Complex::operator*(const Complex & c) {
    Complex tmp;
    tmp.real = real * c.real - image * c.image;
    tmp.image = real * c.image + image * c.real;
    return tmp;
}
Complex & Complex::operator++() {                   //①，前置++，假设实部加 1
    real += 1;
    return *this;                                   //支持连续++
}
Complex Complex::operator++(int) {                  //后置加法，假设虚部加 1
    Complex tmp = *this;
    image += 1;
    return tmp;                                     //不支持连续++
}
Complex & Complex::operator+=(const Complex & c) {
    real += c.real;
    image += c.image;
    return *this;                                   //支持连续+=运算符
}
void Complex::show() {
    cout << real << "+" << image << "i" << endl;
```

高等学校应用型特色规划教材

```
}
int main() {
    Complex c1(2.4, 6.8), c2(4.5, 6.5), c3;
    cout << "c1="; c1.show();
    cout << "c2="; c2.show();
    c3 = c1 + c2;                               //②
    cout << "c3=c1+c2;\tc3="; c3.show();
    ++++c1; cout << "++++c1;\tc1="; c1.show(); //③
    c2++++; cout << "c2++++;\tc2="; c2.show(); //④
    c1 += c3 += c2; cout << "c1+=c3+=c2;\nc3="; c3.show(); //⑤
    cout << "c1="; c1.show();
    c1 = c1 + 5.8; cout << "c1=c1+5.8;\tc1="; c1.show();   //⑥
    return 0;
}
```

运行结果：

```
c1=2.4+6.8i
c2=4.5+6.5i
c3=c1+c2;      c3=6.9+13.3i
++++c1; c1=4.4+6.8i
c2++++; c2=4.5+7.5i
c1+=c3+=c2;
c3=11.4+20.8i
c1=15.8+27.6i
c1=c1+5.8;     c1=21.6+27.6i
```

程序说明：

① 这里设定前置++的语义是对实部加 1，后置++是对虚部加 1。若要修改语义是实部与虚部同时加1，技术上没有任何问题。

② 编译器在分析表达式 c3=c1+c2 时，是根据+运算符调用类中已定义的运算符重载函数 operator+(const Complex &)。c1+c2 可理解为由对象 c1 调用运算符重载成员函数 operator+，传递实参是 c2，即 c1.operator+(c2)，最终是 operator+(c1,c2)函数调用。

operator+函数返回的局部对象 tmp 被复制给无名临时对象(注：逐语句跟踪程序，运行到 return tmp;时，可观察到拷贝构造函数被调用)，再由系统提供的默认赋值运算符(=)重载函数完成无名临时对象向 c3 的赋值。

③ 前置++运算符重载函数返回对象*this，目的是支持连续的++运算。从运行结果可见，++++c1 之后 c1 的值为 4.4+6.8i，real 的值从 2.4 增加到 4.4，功能正确实现。

④ 后置++运算符重载函数是先用局部对象 tmp 保存当前对象，再修改当前对象的 image 为原值加 1，最后返回 tmp 对象。c2++++语句虽然能正常运行，但是 c2 的 image 从 6.5 增加到 7.5，仅加了 1。这是因为语句 c2++++的第 2 次++操作是作用在第 1 次++操作所返回的临时无名对象上，c2++++对 c2 的作用等同于 c2++。

对于 int 型，C++不支持连续进行两次后置运算。例如，对于语句 int x=10; x++++;，编译器报告错误：表达式必须是可修改的左值。为与后置++运算规则保持语义上的一致，可采用让重载函数返回 const 对象的方法，禁止 c2++++成为合法的语句。本例中的后置++重载函数可声明如下：

```
const Complex operator++(int);
```

⑤ 根据运算符的优先级和结合性，语句 c1+=c3+=c2;的解析过程如下。

首先 c3.operator+=(c2); 被解析为 operator+=(c3,c2);，执行结果是 c3 被修改且返回，其次 c1.operator+=(c3);被解析为 operator+=(c1,c3);，结果是 c1 被修改。该语句执行前 c1=4.4+6.8i c2=4.5+7.5i，c3=6.9+13.3i，运行之后 c3=11.4+20.8i，c1=15.8+27.6i。

⑥ c1=c1+5.8;语句是调用重载的 Complex operator+(double)函数，将实数 5.8 加到 c1 的 real 上。

若修改表达式 c1=c1+5.8;为 c1=5.8+c1;，则编译器会报告错误。这是因为这类中没有左操作数是实数，而右操作数是对象的运算符“+”的重载成员函数。成员函数隐含的第 1 个参数是 this 指针，运算符重载成员函数的左操作数只能是对象，不可能是实数，解决方法是采用 5.7.2 节介绍的运算符重载友元函数。

如果删除 Complex operator+(double)函数，程序依然能正确运行。跟踪运行程序可以发现，执行语句 c1=c1+5.8;时先调用构造函数 Complex(double =0.0,double =0.0)，再调用 Complex operator+(const Complex &)函数。这是因为系统发现 5.8 不是复数对象，就以 5.8 为实部，0 为虚部，调用构造函数生成无名临时对象，用无名对象完成加法运算。

这里存在一个值得关注的技术问题。如果将 Complex operator+(const Complex &)函数的 const 去掉，程序在编译时报告错误：二进制+：没有找到接受 double 类型的右操作数的运算符(或没有可接受的转换)。

实际上，形参 const Complex &与 Complex &虽然仅一字之差，但实现方式是不一样的。Complex &形参是引用传递，实现时系统是将引用对象的地址压入调用堆栈。const Complex &由于是 const 引用，禁止修改被引用对象。为防止修改，编译器在实现 const 引用时，生成无名临时对象供调用函数访问。事实上，系统在引用 const 对象时，访问的是一个由系统产生的复制品。

本例程的 c1+5.8;语句被解析为 c1.operator+(Complex(5.8,0))，调用过程是先用构造函数生成临时对象，再传递临时对象给重载函数。

从例程可见，运算符重载能使表达式中的运算转换为函数调用，通常这种运算的含义应该是明确的。复数类中重载加法运算符是一种比较自然的选择，如果在学生类中定义加法运算符的重载函数，则会导致重载函数的功能难以理解，一个学生对象加一个学生对象能是什么呢？但是，学生类中重载逻辑相等(==)运算符还是比较自然的。

5.7.2 运算符重载友元函数

在前面设计的复数类中，语句 c1=5.8+c1;在编译时出错。原因是类中没有定义左操作数是 double 型的加号运算符重载函数。由于类的成员函数隐式地封装了名为 this 的类指针类型的形参，并且是第一个形参，因此以成员函数方式重载的运算符其左操作数只能是类对象，不能是其他类型的变量。若用类的友元函数重载运算符可以摆脱这种约束。Complex 类中声明支持实数为左操作数的加号运算符重载函数格式如下：

```
friend Complex operator+(double d, Complex & c);
```

如果用友元函数实现加号运算符重载并支持复数加复数、复数加实数运算，还需要定义另外两个友元函数：

```
friend Complex operator+( Complex & c1, Complex & c2);
friend Complex operator+( Complex & c , double d);
```

重载 3 个友元函数并且它们的函数体又十分相近，程序显得非常臃肿，能否用一个重载的友元函数完成 3 个函数的功能呢？答案是肯定的。

上一节介绍了在引用 const 对象时，系统会调用构造函数生成无名临时对象。利用该技术可以把实数传给 const 引用复数类型形参，再由构造函数生成临时复数对象。下面的加号运算符重载友元函数能代替上面的 3 个友元函数(详细设计见例 5-14)。

```
friend Complex operator+(const Complex & c1,const Complex & c2);
```

【例 5-14】用友元函数实现复数类的运算符重载。

程序代码：

```
#include<iostream>
#include<cmath>
#include<string>
using namespace std;
class Complex {
    friend Complex operator+(const Complex &, const Complex &);//重载运算符+
    friend Complex & operator+=(Complex &, const Complex &);//重载运算符+=
    friend Complex operator*(const Complex &, const Complex &);//重载运算符*
    friend Complex & operator*=(Complex &, const Complex &);//重载运算符*=
    friend Complex & operator++(Complex &);             //重载运算符前置++
    friend const Complex & operator++(Complex &, int); //②，后置++
    friend double abs(const Complex &);                 //求复数的模
    friend bool operator==(const Complex &, const Complex &); //重载运算符==
public:
    Complex(double r = 0, double i = 0) :real(r), image(i) {}
    Complex(const Complex & c) :real(c.real), image(c.image) {}
    void show(string name) {
        cout << name << "=" << real << "+" << image << "i" << endl;
    }
private:
    double real;
    double image;
};
Complex operator+(const Complex & c1, const Complex & c2) {
    return Complex(c1.real + c2.real, c1.image + c2.image);
    //生成隐式对象并返回
}
Complex & operator+=(Complex & c1, const Complex & c2) {   //c1 不能加
const 修饰
    c1.real += c2.real;
    c1.image += c2.image;
    return c1;                                   //返回左操作数，支持连加
}
Complex operator*(const Complex & c1, const Complex & c2) {
    return Complex(c1.real*c2.real - c1.image*c2.image,
        c1.real*c2.image + c1.image*c2.real);    //返回无名临时对象
}
Complex & operator*=(Complex & c1, const Complex & c2) {
    c1.real *= c2.real;
```

```
    c1.image *= c2.image;
    return c1;                                          //返回左操作数，支持连加
}
Complex & operator++(Complex & c) {
    c.real++;
    return c;
}
const Complex & operator++(Complex & c, int) {      //返回 const Complex &
    c.image++;
    return c;                                           //支持后置++不能连加语义
}
double abs(const Complex & c) {
    return sqrt(c.real*c.real + c.image*c.image);
}
bool operator==(const Complex & c1, const Complex & c2) {
    return (c1.real == c2.real && c1.image == c2.image);
    //实部与虚部均相等时为真
}
int main() {
    Complex c1(5, 8), c2(3, 9), c3;
    c1.show("c1"); c2.show("c2"); c3.show("c3");
    c3 = c1 + c2;                                       //①，复数加复数
    c3.show("执行 c3=c1+c2;后，c3");
    c2 = 5.6 + c1;                                      //①，实数加复数
    c2.show("执行 c2=5.6+c1;后，c2");
    c2 = c1 + 4.3;                                      //①，复数加实数
    c2.show("执行 c2=c1+4.3;后，c2");
    c3 = c1 * c2;
    c3.show("执行 c3=c1*c2;后，c3");
   cout << "abs(c1)=" << abs(c1) << "\t c2==c3?" << (c2 == c3 ? "true" :
"false") << endl;
    ++++c1; c1.show("执行++++c1;后，c1");
    c1++; c1.show("执行 c1++;后，c1");                    //②
    return 0;
}
```

运行结果：

```
c1=5+8i
c2=3+9i
c3=0+0i
执行 c3=c1+c2;后，c3=8+17i
执行 c2=5.6+c1;后，c2=10.6+8i
执行 c2=c1+4.3;后，c2=9.3+8i
执行 c3=c1*c2;后，c3=-17.5+114.4i
abs(c1)=9.43398  c2==c3?false
执行++++c1;后，c1=7+8i
执行 c1++;后，c1=7+9i
```

程序说明：

① 运算符重载友元函数 operator+能支持复数加复数、复数加实数和实数加复数 3 种运算。建议读者跟踪程序，观察 3 个表达式运行过程中所调用的函数，加深对概念的理解。

② 后置++运算符重载友元函数的返回类型声明为const Complex &，加const的目的是阻止对对象的连续后置++操作。若修改语句c1++;为c1++++;，编译器立即报错。

5.7.3 特殊运算符的重载

C++中有几个运算符的重载比较特殊，分别是赋值运算符=、类型转换运算符<类型>()、下标运算符[]和函数调用运算符()，并且它们都只能重载为成员函数。下面分别通过几个示例讲解它们的重载方法。

1. 重载赋值运算符

赋值是一个常用的操作，因此 C++为每个没有赋值运算符重载函数的类自动生成一个默认的赋值重载函数。赋值运算符重载函数的声明格式如下：

```
<类名> & operator= ( const <类名> & );
```

赋值运算需要支持连续的赋值操作，故函数的返回类型为类的引用类型，通常返回对象自身，即*this。

【例 5-15】 赋值运算符重载示例。

程序代码：

```
#include<iostream>
#include<string>
using namespace std;
class Merchandise {                                          //商品类
public:
    Merchandise(int n = 0, string s = "", int c = 0, float p = 0)
      :no(n), name(s), count(c), price(p) {}
    Merchandise(const Merchandise &);
    Merchandise & operator=(const Merchandise &);  //赋值运算符重载函数
    void show();
private:
    int no;                                                  //商品编号
    string name;                                             //商品名
    int count;                                               //数量
    float price;                                             //单价
};
Merchandise::Merchandise(const Merchandise & m) {
    no = m.no;
    name = m.name;
    count = m.count;
    price = m.price;
}
Merchandise & Merchandise::operator=(const Merchandise & m) {//①
    no = m.no;
    name = m.name;
    count = m.count;
    price = m.price;
    return *this;                                            //支持连续赋值
}
void Merchandise::show() {
    cout << "商品号：" << no << "\t 商品名：" << name << "\t 数量："
```

```
        << count << "\t 单价：" << price << "\t 合计：" << count * price <<
endl;
}
int main() {
    Merchandise myGood1(171890, "联想台式机", 2, 3008.68);
    myGood1.show();
    Merchandise myGood2 = myGood1;          //②，调拷贝构造函数
    cout << "运行 Merchandise myGood2=myGood1;之后，myGood2 的内容为：" <<
endl;
    myGood2.show();
    Merchandise myGood3(298392, "移动硬盘", 4, 546.85);
    myGood3.show();
    myGood2 = myGood3;                      //②，调赋值运算符重载函数
    cout << "执行 myGood2=myGood3;之后，myGood2 的内容为：" << endl;
    myGood2.show();
    return 0;
}
```

运行结果：

```
商品号：171890    商品名：联想台式机 数量：2   单价：3008.68     合计：6017.36
运行 Merchandise myGood2=myGood1;之后，myGood2 的内容为：
商品号：171890    商品名：联想台式机 数量：2   单价：3008.68     合计：6017.36
商品号：298392    商品名：移动硬盘    数量：4   单价：546.85      合计：2187.4
执行 myGood2=myGood3;之后，myGood2 的内容为：
商品号：298392    商品名：移动硬盘    数量：4   单价：546.85      合计：2187.4
```

程序说明：

① 赋值运算与拷贝构造函数的功能完全相同，区别在于调用方式。拷贝构造函数是在对象定义或函数参数值传递与返回时由系统自动调用，用户不需要显式地编写调用代码，而赋值运算符重载函数是在赋值表达式中被调用。

② Merchandise myGood2=myGood1;中的等号并不调用赋值运算符重载函数，它等价于 Merchandise myGood2(myGood1);，是通过调用拷贝构造函数实现对象复制。而 myGood2 = myGood3;中的等号是调用赋值运算符。

2. 重载类型转换运算符

C++运算符所支持的操作数个数、类型都有一定的限制。通常对不符合操作数类型的数据，需要进行类型转换。类型转换有 3 种方式：隐式类型转换、赋值类型转换和强制类型转换。

类型转换运算符重载函数的声明格式如下：

```
operator<类型名>();
```

说明：

- <类型名>是转换后的类型名称，也是重载函数返回值的类型。
- 该函数没有形参，也不指定返回类型，但在函数体中必须有一个返回与<类型名>同类型的对象或值的语句。

【例 5-16】 设计一个人民币类，用整数存储元、角、分。支持人民币对象分别转换为 double 类型和 string 类型，即前者转换为实数，后者转换为大写人民币字符串。

程序代码：

```
#include<iostream>
#include<string>
#include<stdio.h>
using namespace std;
class RMB {
    friend RMB operator+(const RMB & r1, const RMB & r2);    //运算符+重载函数
    friend RMB & operator+=(RMB & r1, const RMB & r2); //运算符+=重载函数
public:
    RMB(unsigned long long y = 0, unsigned int j = 0, unsigned int f = 0);
    RMB(double rmb);                                        //构造函数
    operator double();                                      //转换为浮点数
    operator string();                                      //转换为大写字符串
    void show();
private:
    unsigned long long yuan;                                //元
    unsigned int jiao, fen;                                 //角，分
    void convert(double & d);                               //实数转换为
yuan,jiao,fen
};
void RMB::convert(double & d) {
    unsigned long long tmp;
    yuan = unsigned long long(d);
    tmp = unsigned long long(d * 10);
    jiao = (tmp - yuan * 10) % 10;
    tmp = unsigned long long(d * 100);
    fen = (tmp - yuan * 100 - jiao * 10) % 10;
}
RMB::RMB(unsigned long long y, unsigned int j, unsigned int f) {
    double tmp = y * 1.0 + j * 0.1 + f * 0.01;
    convert(tmp);
}
RMB::RMB(double rmb) {
    convert(rmb);
}
RMB::operator double() {                                    //转换为实数
    return yuan * 1.0 + jiao * 0.1 + fen * 0.01;            //必须有返回
}
RMB::operator string() {
    string str = "";
    const char tableMZ[11][4] = { "零","壹","贰","叁","肆","伍",
        "陆","柒","捌","玖","整" };                          //面值表
    const char tableDW[14][4] = { "仟","佰","拾","亿","仟","佰",
        "拾","万","仟","佰","拾","元","角","分" };           //单位表
    int yuanArray[14] = { -1,-1,-1,-1,-1,-1,-1,-1,-1,-1,-1,-1,-1,-1 };
    unsigned long long tmp = yuan;
    yuanArray[12] = jiao;
    yuanArray[13] = fen;
    int i = 11;
    while (tmp) {                                           //分解元中每个数
        yuanArray[i--] = tmp % 10;
        tmp /= 10;
    }
```

```
    for (i = 0; i < 14; i++) {          //去除连续的零
        if (yuanArray[i] == 0 && yuanArray[i + 1] == 0)
            yuanArray[i] = -2;
    }
    for (i = 0; i < 3; i++)             //查面值表和单位表，生成大写字符串
        for (int j = 0; j < 4; j++) {
            if (yuanArray[i * 4 + j] > 0) {
                str += tableMZ[yuanArray[i * 4 + j]];
                str += tableDW[i * 4 + j];
            }
            if (yuanArray[i * 4 + j] == 0)
                if (j == 3)
                    str += tableDW[i * 4 + j];
                else
                    str += tableMZ[0];
            if (yuanArray[i * 4 + j] == -2 && j == 3)
                str += tableDW[i * 4 + j];
        }
    if (yuanArray[12] > 0) {            //处理角
        str += tableMZ[yuanArray[12]];
        str += tableDW[12];
    }
    if (yuanArray[12] == 0 && yuanArray[11] != -1)
        str += tableMZ[0];
    if (yuanArray[12] == -2 && yuanArray[13] == 0 && yuan == 0)
        str += "零元整";
    if (yuanArray[13] > 0) {            //处理分
        str += tableMZ[yuanArray[13]];
        str += tableDW[13];
    }
    else
        str += tableMZ[10];
    return str;
}
void RMB::show() {
    cout << yuan << "元" << jiao << "角" << fen << "分" << endl;
}
RMB operator+(const RMB & r1, const RMB & r2) {
    RMB tmp(r1.yuan + r2.yuan, r1.jiao + r2.jiao, r1.fen + r2.fen);
    return tmp;
}
RMB & operator+=(RMB & r1, const RMB & r2) {
    double tmp = (r1.yuan + r2.yuan) + (r1.jiao + r2.jiao)*0.1 + (r1.fen
+ r2.fen)*0.01;
    r1.convert(tmp);
    return r1;
}
int main() {
    RMB rmb1(280460310090, 0, 9), rmb2(100, 50, 96), rmb3;
    cout << "rmb1:"; rmb1.show();
    cout << "rmb2:"; rmb2.show();
    rmb3 = rmb1 + rmb2;
    cout << "执行 rmb3=rmb1+rmb2;后 rmb3:"; rmb3.show();
    rmb1 += 123.45;                     //①
    cout << "执行 rmb1+=123.45;后 rmb1:"; rmb1.show();
```

```
    cout << "rmb1 转换为人民币大写：" << string(rmb1) << endl;    //②
    return 0;
}
```

运行结果：

```
rmb1:280460310090 元 0 角 9 分
rmb2:105 元 9 角 6 分
执行 rmb3=rmb1+rmb2;后 rmb3:280460310196 元 0 角 5 分
执行 rmb1+=123.45;后 rmb1:280460310213 元 5 角 4 分
rmb1 转换为人民币大写：贰仟捌佰零肆亿陆仟零叁拾壹万零贰佰壹拾叁元伍角肆分 0
```

程序说明：

① 语句 rmb1 += 123.45;是先调用构造函数 RMB(double rmb)产生临时对象，再调用友元函数 operator+=完成相加与赋值操作。

② string(rmb1)与(string)rmb1 等同，均调用类型转换运算符重载函数 operator string()输出人民币大写格式的字符串。此项功能在打印发票时经常用到。

3. 重载下标运算符

下标运算符([])的功能是访问数组元素，然而系统提供的功能并不检查下标访问是否越界。例如，int x[5]={0};cout<<x[6]<<endl;能正常运行，输出不确定的值。若其后再加入 x[6]=10;语句，程序依然能正常运行，但是越界保存了数据，可能引起原有其他数据的错误，导致程序运行结果不正确。

重载下标运算符可以实现在数组单元访问前检查是否下标越界，进而对越界情况进行处理，提高程序的健壮性。下标运算符重载函数的声明格式如下：

```
<返回类型> operator[](<形参>);
```

说明：

- <返回类型>通常是对象的引用，目的是可使其作为表达式的左传。
- <形参>通常为 int 类型，也可以是其他类型，但应能对应一个元素。

【例 5-17】 设计一个三维空间中的点类，用实型数组存储空间中点的坐标，重载下标运算符访问坐标数组。

程序代码：

```
#include<iostream>
#include<exception>                                   //引入异常处理
using namespace std;
class Point {                                         //三维空间中点类
public:
    Point(float = 0, float = 0, float = 0);
    float & operator[](int index);                    //下标运算符重载函数
    void show();
private:
    float coordinate[3];                              //空间中点的坐标
};
Point::Point(float x, float y, float z) {
    coordinate[0] = x;
    coordinate[1] = y;
    coordinate[2] = z;
```

```
}
float & Point::operator[](int index) {
    if (index < 0 || index>2)
        throw out_of_range("下标越界访问！");      //抛出范围溢出异常
    return coordinate[index];                     //①
}
void Point::show() {
    cout << "(" << coordinate[0] << "," << coordinate[1] << ","
<< coordinate[2] << ")" << endl;
}
int main() {
    Point P1, P2(10.3, 9.8, 50.2);
    cout << "P1="; P1.show();
    cout << "P2="; P2.show();
    try {
        P2[0] = 156.3;                            //①
        cout << "执行 P2[0]=156.3;后，\nP2="; P2.show();
        P2[1] += 2.2;
        cout << "执行 P2[1] += 2.2;后，\nP2="; P2.show();
        P2[3] += 3.3;                             //②
        cout << "执行 P2[3] += 3.3;后，\nP2="; P2.show();
    }
    catch (out_of_range & exp) {
        cout << exp.what() << endl;
    }
    return 0;
}
```

运行结果：

```
P1=(0,0,0)
P2=(10.3,9.8,50.2)
执行 P2[0]=156.3;后，
P2=(156.3,9.8,50.2)
执行 P2[1] += 2.2;后，
P2=(156.3,12,50.2)
下标越界访问！
```

程序说明：

① 下标运算符重载函数 float & operator[](int index)返回了对象中私有数据的引用，使之能作为左值，赋值表达式 P2[0]=156.3;有效。P2[0]可解析为 P2 调用运算符重载成员函数，即 P2.operator[](0)，再转化为函数调用 operator[](&P2,0)，返回 P2 .coordinate[0]的引用。

② 语句 P2[3] += 3.3;因为下标 3 越界，导致其抛出异常，程序流程跳转到 catch 子句。从运行结果最后一行可见，程序输出了错误提示信息，没有越界访问。

4. 重载函数调用运算符

在函数调用时，函数名后的括号“( )”也是运算符，称为函数调用运算符。C++允许对函数调用运算符重载。重载函数调用运算符的声明格式为：

```
<返回类型> operator ( ) (<形参表>) ;
```

说明：

- <形参表>为任意类型的形参，可以一个形参也没有，也可有多个形参，但形参不能有缺省值。
- <返回类型>可以是引用类型，也可以是其他类型。
- 应用已在类中被重载的函数调用运算符时，要求其左边是类的对象，运算符中间是与<形参表>相匹配的实参。

【例 5-18】重载函数调用运算符示例：类中二维数组的访问。

程序代码：

```
#include<iostream>
#include<exception>
#include<ctime>
using namespace std;
const int row = 3;
const int col = 4;
class TwoDimArr {                                   //二维数组类
public:
    TwoDimArr();                                    //缺少构造函数
    int & operator()(int r, int c);                 //函数调用运算符重载函数
    int GetElem(int r, int c);                      //获取数组单元中的值
    void print();                                   //输出二维数组
private:
    int data[row][col];                             //row 行、col 列数组
    void Inital();                                  //用随机数给数组单元赋值
};
TwoDimArr::TwoDimArr() {
    Inital();
}
void TwoDimArr::Inital() {
    for (int i = 0; i < row; i++)
        for (int j = 0; j < col; j++)
            data[i][j] = rand() % 100;
}
int & TwoDimArr::operator()(int r, int c) {         //定义函数调用重载函数
    if (r >= 0 && r < row && c >= 0 && c < col)
        return data[r][c];
    else
        throw out_of_range("下标越界!");
}
int TwoDimArr::GetElem(int r, int c) {              //②
    if (r >= 0 && r < row && c >= 0 && c < col)
        return data[r][c];
    else
        throw out_of_range("下标越界!");
}
void TwoDimArr::print() {
    for (int i = 0; i < row; i++) {
        for (int j = 0; j < col; j++)
            cout << data[i][j] << "\t";
        cout << endl;
```

```
    }
    cout << endl;
}
int main() {
    srand(unsigned(time(NULL)));
    TwoDimArr twoArrObj;
    cout << "twoArrObj:\n"; twoArrObj.print();
    try {
        twoArrObj(1, 1) += 8;                        //①
      cout << "执行 twoArrObj(1,1)+=8;后，twoArrObj:\n"; twoArrObj.print();
      cout << "twoArrObj.GetElem(2,2)=" << twoArrObj.GetElem(2, 2) << endl;
        cout << twoArrObj.GetElem(5, 6) << endl; //抛出异常，流程跳转至catch
        cout << twoArrObj.GetElem(1, 1) << endl;   //该行没有运行
    }
    catch (out_of_range & exp) {
        cout << exp.what() << endl;
    }
    return 0;
}
```

运行结果：

```
twoArrObj:
72  27  89  95
13  2   3   89
65  71  42  47

执行 twoArrObj(1,1)+=8;后，twoArrObj:
72  27  89  95
13  10  3   89
65  71  42  47

twoArrObj.GetElem(2,2)=42
下标越界!
```

程序说明：

① operator()重载函数返回数组中对应单元的引用，twoArrObj(1, 1) += 8;语句实现了data[1][1]+=8;语句的功能。从运行结果可知，data[1][1]单元的值由 2 变为 10。

从 twoArrObj(1, 1)可见，函数调用运算符重载函数的调用格式与函数调用相近，差别在于函数名的位置用的是对象名。

② 对比 operator()和 GetElem 函数可见，它们的函数体完全相同。然而，GetElem 函数的返回类型不是引用类型，若在主函数中插入语句 tdaObj.GetElem(2,2)+=8;，则编译器将报告错误如下：表达式必须是可修改的左值。读者需注意其中的差别。

5.7.4 流插入与提取运算符重载

C++语言用面向对象的流技术支持程序 I/O 和文件操作，并提供了标准的流类库。键盘输入、显示器输出、错误输出、打印机输出、文件输入与输出等都统一地用流进行操作。

C++中有两个重要的运算符用于支持数据的输入与输出，它们分别是：<<和>>运算符。输出操作是向流中插入数据，称<<为**插入运算符**。输出操作是从流中提取数据，故称>>为**提取运算符**。

插入与提取运算符可以在类中重载，用于支持对象的输入与输出。对于重载了插入和提取运算符的类，其所定义的对象的数据输入和输出方式可以与基本类型一致，即："cin>>对象名"用于从键盘输入，"cout<<对象名"用于输出至显示器。类中不必再编写 input 或 output 这样的成员函数。

标准流类库被定义在一组系统文件中，前面例程中普遍包含的 iostream 文件即是其中之一，标准的控制台输入与输出流对象 cin 和 cout 也定义其中。

流插入与提取运算符的重载函数必须声明为类的友元函数，其格式如下：

```
friend ostream & operator<<(ostream & ,const <类名> &);
friend istream & operator>>(istream & , <类名> &);
```

说明：

- cout 是系统用 ostream 类预定义的对象，而 cin 则是 istream 类预定义的对象。
- 流插入与提取重载函数只能是友元函数。如果声明重载函数为成员函数，则<<或>>运算符的左操作数只能是类的对象。
- 重载函数的返回类型必须是输入或输出流类的引用类型。这是因为流输出与输入操作需要支持"瀑布式"的插入与提取运算。

【例 5-19】流插入与提取运算符重载示例：职工信息工资信息的输入与输出。

程序代码：

```
#include <iostream>
#include <string>
#include <fstream>
using namespace std;
class Employee {                                              //雇员类
    friend ostream & operator<<(ostream & os, const Employee & emy);
    //插入流重载
    friend istream & operator>>(istream & is, Employee & emy);
    //提取流重载
public:
    Employee(int id = 0, string n = "", double w = 0.0)
      : ID(id), name(n), wages(w) {}
private:
    int ID;                                                   //工号
    string name;                                              //姓名
    double wages;                                             //工资
};
ostream & operator<<(ostream & os, const Employee & emy) { //①，友元函数
    os << "工号：" << emy.ID << "\t 姓名：" << emy.name << "\t 工资：" <<
emy.wages;
    return os;
}
istream & operator>>(istream & is, Employee & emy) {
    cout << "请依次输入工号，姓名，工资：";                      //提示信息
```

```
    is >> emy.ID >> emy.name >> emy.wages;
    return is;
}
int main() {
    Employee myFirm[4];
    ofstream outFile("d:\\result.txt");                     //流输出对象
    for (int i = 0; i < 4; i++)
        cin >> myFirm[i];
    for (int i = 0; i < 4; i++) {
        cout << myFirm[i] << endl;
        outFile << myFirm[i] << endl;                       //②
    }
    outFile.close();
    return 0;
}
```

运行结果：

```
请依次输入工号，姓名，工资：10010  张三  2456.76↙
请依次输入工号，姓名，工资：10011  李四  2986.6↙
请依次输入工号，姓名，工资：10012  王五   2765.54↙
请依次输入工号，姓名，工资：10013  赵六   2645.78↙
工号：10010  姓名：张三    工资：2456.76
工号：10011  姓名：李四    工资：2986.6
工号：10012  姓名：王五    工资：2765.54
工号：10013  姓名：赵六    工资：2645.78
```

程序说明：

① 重载的流插入与提取运算符函数的函数体与 input 和 output 成员函数基本类似，不同处在于原来的 cout 改为 os，cin 换成 is，并在函数的最后时返回它们。

② 从语句 outFile<<myFirm[i]可见，类中重载了流插入运算符之后，对象中信息输出至屏幕和文件的方法一致，非常简便。

5.8 多文件结构与编译预处理

在单个文件中编写应用软件，将导致文件过大、程序维护困难、编译时间过长和不利于团队合作开发等问题。通常 C++应用软件的源代码包括工程项目文件、头文件、源文件和资源文件等类别的多个文件，编译器能自动编译和连接多个文件并生成可执行程序。

编译预处理语句是 C++程序的一个重要组成部分，程序在编译前通常先由编译预处理器根据程序中的编译预处理指令进行相关处理，生成中间文件，再对中间文件进行编译并生成目标代码。

5.8.1 多文件结构

C++的程序模块通常由两类源文件构成：①后缀为.h 的文件(头文件)，用于存放模块的接口定义；②后缀为.cpp 的文件(实现文件)，用于存放模块的实现代码。

在一个模块中要用到另一个模块中定义的程序实体时，需要用文件包含指令(#include)导入另一个模块的.h 文件。其格式为：

```
#include<文件名>  //或者
#include"文件名"
```

文件包含指令的作用是用指定的文件内容替换该指令，其中尖括号<>表示在系统目录的 include 子目录下寻找该文件，而双引号""表示先在当前文件所在的目录下查找，如果找不到，再到系统指定的文件目录下寻找。

采用多文件结构的优点有：①避免多次无谓的编译，因为编译器总是以文件为编译单位；②使程序容易管理，设计进行合理划分后的程序模块，更便于任务安排、调试和维护；③把相关函数放在一个源文件中，形成一个具有特定功能的模块，便于实现源代码级的软件共享。

在 VC++ 2017 开发工具中，管理多文件项目十分方便。在集成开发环境的解决方案管理器窗口中，右击“头文件”或“源文件”子项，既可新建.h 或.cpp 文件，也能方便地添加已有的头文件或源文件。

5.8.2　编译预处理

C++的编译预处理指令主要有文件包含指令(#include)、宏定义指令(#define)以及条件编译指令。所有预处理指令都以“#”开头，以 Enter 换行结束，且每条指令单独占一行。预处理指令可以出现在程序的任何位置，通常位于文件的开始处。

1. 文件包含指令(#include)

文件包含指令已在 5.8.1 节介绍。

2. 宏定义指令(#define)

在 C++中，宏定义指令分为带参和不带参两种，主要有下列 4 种格式。

1)　#define　<宏名>　<文字串>

其含义是：编译前把程序文本中出现<宏名>的位置用<文字串>替换，主要用于符号常量的定义。

例如：

```
#define PI 3.14159        //程序中所有以 PI 为标识符的单词均被替换为 3.14159
```

2)　#define <宏名>(<参数表>) <文字串>

其含义是：将程序中出现<宏名>的地方用<文字串>替换，并且，<文字串>中的参数(相当于形参)将替换成使用该<宏名>的地方所提供的参数(相当于实参)。这种宏定义主要解决调用短小函数效率不高的问题，例如：

```
#define max(a,b) (((a)>(b))?(a):(b))
```

需要注意的是，宏替换可能产生错误。如果将上式写成#define max(a,b) a>b?a:b，则语句 10+max(x,y)+5 被替换成 10+x>y:?x:y+5，结果错误。

宏替换是 C 语言风格的程序设计方法，在面向对象程序设计中已很少使用。

3)　#define　<宏名>

其含义是：告诉编译程序该<宏名>已被定义，并不做任何的文本替换，其作用是实现条件编译。

4)　#undef　<宏名>

其含义是：取消某个宏名的定义，其后的<宏名>不再进行替换和不再有宏定义。

3. 条件编译指令

条件编译主要用于编译预处理器根据某个条件满足与否来确定某一段代码是否参与编译。常用的条件编译指令包括#if、#else、#elif、#ifdef、#ifndef、#endif 等。条件编译有以下几个主要用途。

(1) 处理某个.h 文件被多个源文件重复包含的问题。例如，下面的 student.h 文件在其中加入了宏名为 STUDENT_H 的条件编译命令，这样程序中即使重复包含该头文件多次，也不会引发重复定义的错误。

```
//student.h
#ifndef  STUDENT_H
#define  STUDENT_H
class  Student{
......
};
......
#endif
```

(2) 便于编写基于多运行环境的程序。有一些程序需要在不同的环境(如 Windows 或 UNIX 等系统)中运行，而在不同的环境中实现某些功能的代码是不同的，所以需要在同一个程序中，对环境有关的代码进行分别编写，而与环境无关的代码只编写一次。编译时，由编译器根据不同的环境来选择对程序中相应的与环境有关的代码进行编译。例如：

```
#ifdef WINDOWS
<适合 Windows 的代码>
#elif UNIX
<适合 UNIX 的代码>
#endif
<与环境无关的代码>
```

(3) 方便程序调试。下面这段条件编译命令，可以在程序调试期间，先定义宏名 DEBUG，程序运行能显示变量 x 的值。程序调试成功后，去除 DEBUG 的定义，则输出变量 x 值的语句不再运行。

```
#ifdef DEBUG
    cout<<x<<endl;
#endif
```

【例 5-20】多文件项目和条件编译示例。

程序代码：

```
//文件名 point.h                                    //①
```

```
#ifndef POINT_H                                              //②
#define POINT_H
#include<iostream>
using namespace std;
class Point {//平面点类
    friend ostream & operator<<(ostream & os, const Point & pt);
    //重载输出流函数
    friend istream & operator>>(istream & is, Point & pt);
    //重载运算符函数
public:
    Point(int x = 0, int y = 0);                             //构造函数
private:
    int x, y;
};
#endif
//文件名point.cpp                                            //③
#include<iostream>
#include"point.h"
using namespace std;
ostream & operator<<(ostream & os, const Point & pt) {
    os << "(" << pt.x << "," << pt.y << ")";
    return os;
}
istream & operator>>(istream & is, Point & pt) {
    cout << "请输入点的坐标x,y: ";
    is >> pt.x >> pt.y;
    return is;
}
Point::Point(int x, int y) {
    this->x = x;
    this->y = y;
}
//文件名circle.h
#ifndef CIRCLE_H
#define CIRCLE_H
#include<iostream>
#include"point.h"
using namespace std;
class Circle {//圆类
    friend ostream & operator<<(ostream & os, const Circle & cr);
    friend istream & operator>>(istream & is, Circle & cr);
public:
    Circle(float x = 0, float y = 0, float r = 0);
    double area();                                           //求圆的面积
    bool operator<(const Circle & cr);                       //比较圆的大小
private:
    float radius;                                            //半径
    Point centre;                                            //圆心坐标
};
#endif
//文件名circle.cpp
```

```
#include<iostream>
#include"circle.h"
using namespace std;
const float PI = 3.1415926;
ostream & operator<<(ostream & os, const Circle & cr) {
    os << "圆心坐标: " << cr.centre << "\t 半径: " << cr.radius;
    return os;
}
istream & operator>>(istream & is, Circle & cr) {
    cout << "请输入圆心坐标: ";
    is >> cr.centre;
    cout << "请输入圆的半径: ";
    is >> cr.radius;
    return is;
}
Circle::Circle(float x, float y, float r) :centre(x, y), radius(r) {
}
double Circle::area() {
    return PI * radius*radius;
}
bool Circle::operator<(const Circle & cr) {
    return this->radius < cr.radius;                    //根据半径比大小
}
//文件名 mainFun5_20.cpp
#include<iostream>
#include"circle.h"
using namespace std;
int main() {
    Circle cirA, cirB(2, 2, 12.7);
    cin >> cirA;
    cout << cirA << "\t 面积: " << cirA.area() << endl;
    cout << "该圆小于半径为 12.7 的圆吗? " << (cirA < cirB ? "是" : "否") <<
endl;
}
```

运行结果:

```
请输入圆心坐标: 请输入点的坐标 x,y: 3  6↙
请输入圆的半径: 9.8↙
圆心坐标: (3,6)   半径: 9.8    面积: 301.719
该圆小于半径为 12.7 的圆吗? 是
```

程序说明:

① 本例程的工程项目中有两个头文件(point.h 和 circle.h)和 3 个源文件(point.cpp、circle.cpp 和 mainFun5_20.cpp)。头文件中主要是类的定义，对应的源文件是类中成员函数或友元函数的实现。mainFun5_20.cpp 文件包含程序的主函数。

② 两个头文件的开始处都有条件预处理指令和宏定义指令。习惯上，宏名通常采用<类名字母大写>_H 的方式命名。

③ 类的实现代码通常放在.cpp 文件中，而类的定义放在.h 文件中。这种方式对代码保护有一定的作用。例如，程序员可以只需将 circle.h、point.h 文件和编译生成的

circle.obj、point.obj 文件给用户，而不用提供相应的.cpp 文件。用户从头文件中可以获取类的基本信息，但无法知道详细的设计过程。

在 VC++ 2017 编程环境中，如果将 circle.h 和 point.h 头文件添加到新项目的解决方案资源管理器窗口中的“头文件”项，把 circle.obj 和 point.obj 文件添加到“资源文件”项，则在该项目中即可使用 Circle 和 Point 类。

5.9 案例实训

1. 案例说明

本节设计一个功能相对完整的日期类。该类具有下列功能：判别某天是星期几、某年是否闰年、两天之间间隔多少天，获取系统的当前日期，输出月历以及再过多少日是哪一天等。

2. 编程思想

编程思想具体如下。

(1) 闰年判别方法。某年是否闰年的判定条件为：如果某年能被 400 整除，或者能被 4 整除但不能被 100 整除，则该年是闰年。

程序中有两个重载的判别闰年的成员函数 isLeapYear，其中之一是对对象自身的判定，另一个是根据传递的年份参数进行判别，它们返回的都是布尔值。

(2) 某天是星期几的计算方法。例程中根据年月日计算某天是星期几的方法使用了基姆拉尔森计算公式：

```
W= (d+2*m+3*(m+1)/5+y+y/4-y/100+y/400) mod 7
```

其中，d 表示日期中的日，m 表示月，y 表示年。此外，该公式要求把一月和二月看成是上一年的十三月和十四月，例如：2004-1-10 则需换算成 2003-13-10 代入公式计算。

基姆拉尔森公式只适合 1582 年 10 月 15 日之后日期的计算。原因是罗马教皇格里高利十三世在 1582 年组织了一批天文学家，根据哥白尼的日心说计算出来的数据，对恺撒大帝制订的儒略历作了修改。将 1582 年 10 月 5 日到 14 日之间的 10 天宣布撤销，继 10 月 4 日之后为 10 月 15 日。后人将这一新的历法称为“格里高利历”，即当今世界通用的公历。

基姆拉尔森公式计算得到[0,6]之间的整数，依次分别表示星期一、星期二、……、星期日，而程序中的计算公式 (day+1+2*m+3*(m+1)/5+y+(y/4)-y/100+y/400)%7 多加了 1，原因是枚举类型 Week 以星期日为首项。

(3) 两天之间间隔多少天的算法。类中减法运算符重载函数 long Date::operator-(Date & dt)实现了对象与另一天相减所得的天数。如果相减的另一天(函数接收的实参)在被减这天(对象自身)之前，返回正数，表示已过了多少天。反之，返回负数，表示还有多少天。若两者相同，则返回 0。

operator-函数主要用到了类的私有成员函数 ydays。该函数的功能是输入 y 年 m 月 d 日，计算出自 y 年 1 月 1 日起至 y 年 m 月 d 日的天数。再利用闰年即可计算出这年还剩多少天，方法为：

```
(isLeapYear(y)?366:365)-ydays(y,m,d)。
```

mdays 函数是计算某年某月有多少天，该函数比较简单，它是 ydays 函数的基础。

(4) 月历的显示。为显示月历，需要知道该月的第一天是星期几和该月有多少天。类中的 isWeek 和 mdays 成员函数分别实现了这两个功能。

为能突显月历中的某一天，例程中用红色显示对象所存储的日期。系统提供了控制字符显示颜色的功能。在程序中插入#include <windows.h>指令，主要语句如下：

```
HANDLE hOutput=GetStdHandle(STD_OUTPUT_HANDLE);     //获取控制窗口句柄
SetConsoleTextAttribute(hOutput,12);                //设置输出字符为红色
```

(5) 系统日期的获取。系统提供了获取机器日期的函数，类中静态成员函数 sysDate 的功能是返回当前系统日期。该函数的主要语句说明如下：

```
time_t curtime=time(0);          //定义 time_t 结构变量 curtime 并取得当前时间
tm tim =*localtime(&curtime);    //转换为本地时间
Date tmp(tim.tm_year+1900,tim.tm_mon+1,tim.tm_mday);
//tim.tm_year 存储的是相对于 1900 年的增量，tim.tm_mon 是从 0 开始计数
//生成临时日期对象 tmp 用于返回
```

(6) 再过多少天是哪一天的计算方法。类中的加法重载函数实现了加若干天后是某天的功能，其实现方法是先把天数与当前 day 相加存储在 days 中，再用循环不断减去当前月的后继月份的天数并修改 m 和 y 变量，直到 days 小于或等于某月份的天数。

(7) 重载 string 类型转换运算符。该函数中使用了 stringstream 类，它包含在<sstream>库中。stringstream 类的用法与 iostream 流类相似，使用流插入运算符可将数据输出至 stringstream 对象，再用流提取运算符将 stringstream 对象中的数据输出至 string 对象。string 类型转换重载函数 operator string()用字符串流方便地实现了字符串的连接，方法如下：

```
stringstream sout; string tmp;
sout<<year<<"年"<<month<<"月"<<day<<"日";
sout>>tmp;
```

3. 程序代码

请扫二维码。

本章实训案例代码

5.10　本 章 小 结

- 第5章小结
  - 类与对象
    - C++用类实现数据与函数的封装，类是一种由用户自定义的数据类型
    - 对象是用类类型定义的变量，是内存中的“实体”，而类是一种“型”，是生成对象的“蓝图”
    - 对象中的数据是独立的，函数是共享的。逻辑上对象是一个整体，但物理上却是分离的。this指针是连接对象和函数的桥梁
  - 构造函数与析构函数
    - 构造函数是专门为对象中的数据成员进行赋初始值的函数，由系统隐式地调用，发生在对象定义、复制、对象实参传递和返回等
    - 构造函数有默认、有参、拷贝、委托和移动几类，后面两种是C++ 11新引入的
    - 委托构造函数是将任务全部或部分交由另一个构造函数帮助完成
    - 析构函数是在对象被销毁时自动调用，释放对象占用的内存和文件等资源
    - 类中成员对象的初始赋值是在构造函数的初始值列表中完成，采用<成员对象名>(<初始值>)的格式
  - 类中静态成员
    - 静态数据成员为类的所有对象共享，仅有一份数据存储在程序的数据区，与是否已生成对象和对象的多少无关
    - 静态成员函数属于类，与对象无关，其中不含this指针，不能访问类的非静态数据成员
  - 类的友元
    - 友元函数不是类的成员函数，没有this指针，但可以访问类中私有的数据成员。破坏了封装性，提高了效率
    - 友元类中的所有成员函数都是该类的友元函数，能访问其中私有的数据和函数
  - 运算符重载函数
    - 运算符重载是一种特殊的函数重载，它可以是成员函数，也可以是友元函数
    - 类中运算符重载函数为对象参与表达式的运算提供了可能，也为模板技术的应用提供了支持
    - 赋值运算符重载函数的功能与拷贝构造函数相似，在用赋值语句给对象赋值的时候发生调用
    - 类型转换、下标运算、函数调用、流插入与提取运算符是经常被重载的运算符，此外，算术、逻辑和关系运算符被重载的概率也很高
  - 多文件结构与编译预处理
    - 编写C++应用项目时，类的声明放在头文件，而在源文件中编写实现代码
    - 常用的编译预处理指令有：#include、#define、#if、#else、#elif、#ifdef、#ifndef、#endif等

5.11 习　题

一、填空题

1. 类成员默认的访问方式是_______，类的_______成员函数是该类给外界提供的接口。C++的每个对象都有一个指向自身的指针，称为_______指针，对象的成员函数通过它确定其自身的地址。

2. 对象在逻辑上是相互独立的，每个对象都拥有自己的数据和函数。但是，在物理上，对象的数据成员是_______的，而类的成员函数却是_______的。

3. 下列情况中，不会调用拷贝构造函数的是_______。

A. 用一个对象去初始化同一类的另一个新对象时

B. 将类的一个对象赋值给该类的另一个对象时

C. 函数的形参是类的对象，调用函数进行形参和实参结合时

D. 函数的返回值是类的对象，函数执行返回调用时

4. 在 C++中，编译系统自动为一个类生成默认构造函数的条件是_______。

A. 该类没有定义任何有参构造函数　　B. 该类没有定义任何无参构造函数

C. 该类没有定义任何构造函数　　D. 该类没有定义任何成员函数

5. 在类声明中，紧跟在“public:”后声明的成员的访问权限是_______。

A. 私有　　B. 公有　　C. 保护　　D. 默认

6. 下列与委托构造函数相关的叙述中，正确的是_______。

A. 委托构造函数定义时可以用初始值列表对成员初始化

B. 目标构造函数只能被一个委托构造函数调用

C. 委托构造函数可以作为另一个委托构造函数的目标构造函数

D. 普通成员函数也能成为目标构造函数

7. 析构函数在对象的__________时被自动调用。

8. 含有对象成员的类在对其对象初始化时，构造函数是先调用___________的构造函数。调用顺序与成员对象在___________中声明的次序一致。

9. 静态成员函数没有_______。

A. 返回值　　B. this 指针　　C. 指针参数　　D. 返回类型

10. 关于成员函数特征的下述描述中，错误的是_______。

A. 成员函数一定是内联函数　　B. 成员函数可以重载

C. 成员函数可以设置参数的默认值　　D. 成员函数可以是静态的

11. 下列关于友元函数的叙述中，错误的是_______。

A. 友元必须在类体中声明

B. 关键字 friend 用于声明友元

C. 友元函数通过 this 指针访问对象成员

D. 一个类的成员函数可以是另一个类的友元

12. 有如下程序：

```
#include<iostream>
using namespace std;
class MyClass{
public:
    MyClass(){++count;}
    ~MyClass(){--count;}
    static int getCount(){return count;}
private:
    static int count;
};
int MyClass::count=0;
int main(){
    MyClass obj;
    cout<<obj.getCount();
    MyClass ary[2];
    cout<<obj.getCount();
    return 0;
}
```

程序的输出结果是________。

A. 11　　B. 13　　C. 12　　D. 10

13. 下列关于运算符重载的叙述中，错误的是________。

A. 运算符重载函数不能改变运算符原有的优先级

B. 重载运算符至少有一个操作数的类型是用户定义类型

C. 运算符重载函数能够改变运算符原有的操作数个数

D. 有的运算符可以作为非成员函数重载

14. 下列运算符中，既可以作为类成员函数重载，又可作为非成员函数重载的是________。

A. =　　B. +=

C. 输入流的提取运算符>>　　D. 输出流的插入运算符<<

15. 已知表达式++x 中的“++”是作为成员函数重载的运算符，则与++x 等效的运算符函数调用形式为______________。

A. x.operator++(1)　　B. operator++(x)

C. x.operator++(x,1)　　D. x.operator++()

16. 通过运算符重载，可以改变运算符原有的________。

A. 操作数类型　　B. 操作数个数　　C. 优先级　　D. 结合性

17. 下列关于运算符重载的叙述中，正确的是________。

A. 通过运算符重载，可以定义新的运算符

B. 有的运算符只能作为成员函数重载

C. 若重载运算符+，则相应的运算符重载函数名是+

D. 重载一个二元运算符时，必须声明两个形参

18. 运算符重载是对已有的运算符赋予多重含义，因此________。

A. 可以对基本类型(如 int 类型)的数据，重新定义“+”运算符的含义

B. 可以改变一个已有运算符的优先级和操作数个数

C. 只能重载 C++中已经有的运算符，不能定义新运算符

D. C++中已经有的所有运算符都可以重载

19. 下列是重载乘法运算符的函数原型声明，其中错误的是________。

A. MyClass operator*(double,double);　　B. MyClass operator*(double,MyClass);

C. MyClass operator*(MyClass,double);　　D. MyClass operator*(MyClass,MyClass);

20. 如果表达式 a>=b 中的“>=”是作为非成员函数重载的运算符，则可以等效地表示为________。

A. a.operator>=(b)　　B. b.operator>=(a)

C. operator>=(a,b)　　D. operator>=(b,a)

21. 若将一个二元运算符重载为类的成员函数，其形参个数应该是________个。

22. 有如下程序：

```
#include<iostream>
using namespace std;
class Part{
public:
    Part(int x=0):val(x){cout<<val;}
    ~Part(){cout<<val;}
private:
    int val;
};
class Whole{
public:
    Whole(int x,int y,int z=0):p2(x),p1(y),val(z){cout<<val;}
    ~Whole(){cout<<val;}
private:
    Part p1,p2;
    int val;
};
int main(){
    Whole obj(1,2,3);
    return 0;
}
```

程序的输出结果是________。

A. 123321　　B. 213312　　C. 213　　D. 123123

二、简答题

1. 简述 C++语言是怎样实现面向对象程序设计的三大特征之一封装性的。

2. 什么是 this 指针？简述它在类中的作用。编程跟踪并观察 this 指针。

3. 什么是构造函数？什么是默认的构造函数？VC++编译器生成的默认构造函数对数据成员所赋的初始值。系统在什么时候会自动调用复制构造函数？

4. 什么是析构函数？与普通成员函数相比，析构函数有何特殊性？

5. 为什么复制构造函数的形参必须是类的引用类型？

6. 简要说明含有对象成员的组合类的构造函数的声明与定义。

7. 什么是静态成员？类的静态成员与函数中的静态成员有何异同？类的静态数据成员与非静态数据成员的赋初值方法有何不同？

8. 类的静态成员函数和类的非静态成员函数在使用上有何区别？

9. 什么是友元？谈谈使用友元的好处和存在的不足。

10. 以复数类中运算符重载为例，谈谈以成员函数和友元函数两种方式实现运算符重载的差异。

11. 为什么把流操作符<<和>>重载为友函数？重载的前置++和后置++运算符是怎样区分的？

12. 为什么在头文件中常常加上条件编译指令#ifndef…#endif？采用多文件结构编写应用程序具有哪些优点？

三、编程题

1. 设计一个矩形类 Rectangle，矩形的左上角和右下角坐标为数据成员，分别编写默认构造函数、有参构造函数、拷贝构造函数，以及求周长、面积和判定一个点是否在矩形内(含点在矩形边上)的成员函数。

2. 设计一个简单的时间类，其中包含时、分、秒 3 个数据成员项。要求定义构造函数，以秒为单位增加时间的成员函数，以及时间的显示输出函数。

3. 设计一个好友类和一个通讯录类，并且以好友类的对象数组为通讯录类的数据成员存储每个人的信息。要求通讯录类中能存储最多 100 个好友的信息，其中每个好友项包括姓名、电话号码(最多 3 个)和邮件地址等信息。

4. 分别设计一个日期类和学生类，其中包括学号、姓名、生日、性别、家庭地址和联系电话等基本信息。要求性别声明为枚举类型，生日声明为日期类型。为每个类分别定义数据输入与输出成员函数，在主函数中定义一个学生对象数组，调用类中的输入和输出函数完成信息的输入与显示。

5. 设计一个用户登录类，其中包括 int 型静态数据成员 count 记录当前已登录的用户数，此外还有登录者的账号、姓名和是否已登录数据成员。定义成员函数设置是否登录，如果未登录，则标记为已登录并对 count 加 1，否则设置为取消登录并对 count 减 1。定义静态成员函数返回 count 的值。在主函数中完成对类的测试。

6. 定义一个矩阵类 Matrix，重载二目运算符+、-、*、~分别实现矩阵的加、减、乘和转置运算。

7. 设计一个分数类 Fractions，其中包含以下功能函数：能防止分母为 0 的构造函数；对非最简分数进行约分的成员函数；加、减、乘、除运算符重载函数(用友元函数实现)；关系运算符和赋值运算符重载函数；有理数和分数的类型转换函数；输入与输出函数等。

第6章　动 态 内 存

堆(自由存储区)是一块由程序员分配和维护的内存空间，何时分配、空间大小、何时释放均由应用程序负责。C++ 11 在堆空间的使用上做了许多改进，引入了智能指针、移动构造、移动赋值、右值引用等重要的新技术。

学习目标：

- 掌握动态内存的分配与释放方法，理解深复制与浅复制的差异。掌握动态创建与释放一维和二维数组的方法。
- 理解智能指针的概念，掌握 unique_ptr 和 shared_ptr 的用法。
- 掌握移动构造函数与移动赋值运算符重载函数的定义与用法。
- 了解类中合成的成员函数显式指定合成(=default)与阻止合成(=delete)的方法。

6.1　动态内存的分配与释放

自由存储区的使用通常经历 3 个步骤：第 1 步，根据所需空间大小动态地申请内存；第 2 步，内存使用；第 3 步，显式地释放所占用的空间，以便于系统能对该内存区域重复使用。

C++语言中 new 和 delete 关键字是专门用于堆区内存分配和释放的运算符。

6.1.1　new 和 delete 运算符

每个 C++程序都拥有 3 个内存池，用于存储程序运行过程中产生的各种数据。分配在栈区或静态区中的数据由编译器自动创建和销毁，程序员无须编写任何代码。堆区用来存放那些动态分配的对象和变量，其创建和销毁均由程序控制，需要编写专门的代码维护堆内存的分配与释放。

自由存储区是在程序运行时动态地进行分配和回收的，并且所申请的内存空间大小可根据运行时的实际需求确定。new 和 delete 运算符分别用于申请(分配)和释放(回收)自由存储空间。

1. new 运算符

new 运算符用于申请分配堆内存空间，格式如下。

格式 1：<指针变量名> = new <数据类型名>{<初始值>};

格式 2：<指针变量名> = new <数据类型名>[<数组大小>]{<初始值>};

说明：

- new 创建的是无名对象，需用指针变量存储其首地址和访问。
- C++ 11 允许用花括号为对象赋初始值，但不是必需的，可以省略。格式 1 中也可用圆括号赋初值。

● 格式2创建的是一维数组，可以用变量指定其大小。

下面列出几个常见的用new运算符申请堆空间的方法。

```
int * p = new int(100);                    //申请int型变量并赋初值100
int n = 2;
string * ptr = new string[n];              //申请字符串数组，ptr指向数组首单元
int(*q)[3] = new int[n][3]{ {1,2,3} ,{4,5,6} };//q指向行为n、列为3的二维数组
```

2. delete运算符

delete运算符用于释放堆内存空间，格式如下。

格式1：delete　<指针变量名>

格式2：delete [] <指针变量名>

说明：

● 格式1是释放指针所指对象，堆空间被回收，对象生命期结束，指针成为空悬指针。

● 格式2是释放指针所指的数组，[]表示数组，且不需要填写数组的大小。

用delete运算符回收堆空间的用法如下：

```
delete p;       //释放p指向的对象或变量，占用空间被回收
delete [] ptr;  //释放ptr所指向的一维数组
delete [] q;    //释放q指向的int [3]类型一维数组
```

【例6-1】动态内存的分配与回收示例。

程序代码：

```
#include<iostream>
using namespace std;
int main() {
    int * p, *q, n;
    p = new int{ 123 };                 //p指向无名int型变量
    q = p;                              //q与p指向同一块堆空间
    cout << "&p=" << &p << "\tp=" << p << "\t*p=" << *p << endl;
    cout << "&q=" << &q << "\tq=" << q << "\t*q=" << *q << endl;
    delete p;                           //释放p指向的空间，q和p均为空悬指针
    //delete q;                         //①
    cout << "执行delete p之后：" << endl;
    cout << "&p=" << &p << "\tp=" << p << "\t*p=" << *p << endl;
    cout << "&q=" << &q << "\tq=" << q << "\t*q=" << *q << endl;
    cout << "n="; cin >> n;
    p = new int[n];                     //②
    for (int i = 0; i < n; i++)
        p[i] = 100 + i;                 //③
    for (int i = 0; i < n; i++)         //输出数组中的元素
        cout << p[i] << ",";
    delete[] p;                         //释放数组
}
```

运行结果：

```
&p=0082FC34     p=0013C9E0      *p=123
&q=0082FC28     q=0013C9E0      *q=123
```

```
执行 delete p 之后:
&p=0082FC34      p=0013C9E0      *p=-572662307
&q=0082FC28      q=0013C9E0      *q=-572662307
n=5↙
100,101,102,103,104,
```

程序说明：

① q 与 p 指向同一个变量，重复释放同一块堆空间，导致程序运行出现异常。

② 该行语句创建了一个一维数组，数组的大小 n 在程序运行时由用户确定，这种类型的数组称为**动态数组**。这里，指针 p 被再次使用，指向了数组。

③ 访问动态数组中的元素 p[i]是用指针名加下标运算符。

下面的例程介绍了动态二维数组的创建方法。

【例 6-2】动态二维数组示例。设计一个矩阵类，找出矩阵中的鞍点。鞍点是指矩阵中的某个元素既是所在行中最大的数，也是所在列中最小的数。

程序代码：

```
#include<iostream>
#include<string>
using namespace std;
struct Point {                                            //鞍点位置
    int row, col;                                         //行与列
};
class Matrix{                                             //矩阵类
    friend ostream & operator<<(ostream &, Matrix &);
    friend istream & operator>>(istream &, Matrix &);
public:
    Matrix(int x = 0, int y = 0);
    ~Matrix();
    int getElem(int x, int y) { return ptr[x][y]; }
    Point saddlePoint();                                  //求鞍点
private:
    int m, n;                                             //矩阵行，列
    int * * ptr;                                          //①
};
Matrix::Matrix(int x, int y) {
    m = x; n = y;
    ptr = new int *[m];                                   //m 个单元的 int *型数组
    for (int i = 0; i < m; i++)
        ptr[i] = new int[n];                              //n 个单元的 int 型数组
}
Matrix::~Matrix() {                                       //②
    for (int i = 0; i < m; i++)
        delete[] ptr[i];                                  //与构造相反
    delete[] ptr;
}
Point Matrix::saddlePoint() {
    Point sp;
    sp.row = -1;
    sp.col = -1;
    int * rowMax = new int[m] {0};                        //每行最大元素所在的列
    for (int i = 0; i < m; i++) {
        for (int j = 0; j < n; j++)
```

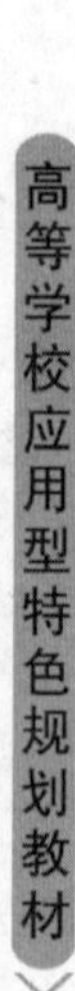

```
            if (ptr[i][j] > ptr[i][rowMax[i]])
                rowMax[i] = j;                          //j 是 i 行中最大值
        }
    bool * isColMin = new bool[m];                      //是否为列中最小值
    for (int i = 0; i < m; i++){                        //依次检查是否列中最小值
        isColMin[i] = true;
        for (int j = 0; j < m; j++)
            if (ptr[j][rowMax[i]] < ptr[i][rowMax[i]])//rowMax[i]列中是否最小值
                isColMin[i] = false;
    }
    for (int i = 0; i < m; i++)
        if (isColMin[i]) {
            sp.row = i;
            sp.col = rowMax[i];
        }
    delete [] rowMax;                                   //易忘记堆空间释放
    delete[] isColMin;
    return sp;
}
ostream & operator<<(ostream & os, Matrix & mx) {
    for (int i = 0; i < mx.m; i++) {
        for (int j = 0; j < mx.n; j++)
            os << mx.ptr[i][j] << "\t";
        os << endl;
    }
    return os;
}
istream & operator>>(istream & is, Matrix & mx) {
    for (int i = 0; i < mx.m; i++) {
        cout << "请输入第" << i + 1 << "行元素";
        for (int j = 0; j < mx.n; j++)
            is >> mx.ptr[i][j];
    }
    return is;
}
int main() {
    int m, n;
    cout << "请输入矩阵的行数和列数：";
    cin >> m >> n;
    Matrix myMatrix(m, n);                              //定义对象
    cin >> myMatrix;                                    //输入
    cout << "矩阵为：\n" << myMatrix;
    Point s = myMatrix.saddlePoint();                   //找鞍点
    if(s.row == -1)
        cout << "没有鞍点！" << endl;
    else
        cout<<"鞍点："<<s.row<<"\t"<<s.col<<" "
            <<myMatrix.getElem(s.row, s.col)<< endl;
}
```

运行结果：

```
请输入矩阵的行数和列数：3 4↙
请输入第 1 行元素 11 17 19 14↙
请输入第 2 行元素 6 8 5 1↙
```

```
请输入第 3 行元素 7 9 4 3↙
矩阵为:
11      17      19      14
6       8       5       1
7       9       4       3
鞍点: 1 1 8
```

程序说明：

① Matrix 类中用二级指针 ptr 指向动态二维数组。如图 6-1 所示，由于 C++并不支持直接用 new 申请动态二维数组，这里是先创建一个有 m 个单元的 int*型指针数组，再创建 m 个有 n 个单元的 int 型数组，指针数组中每一单元指向一个 int 型数组。

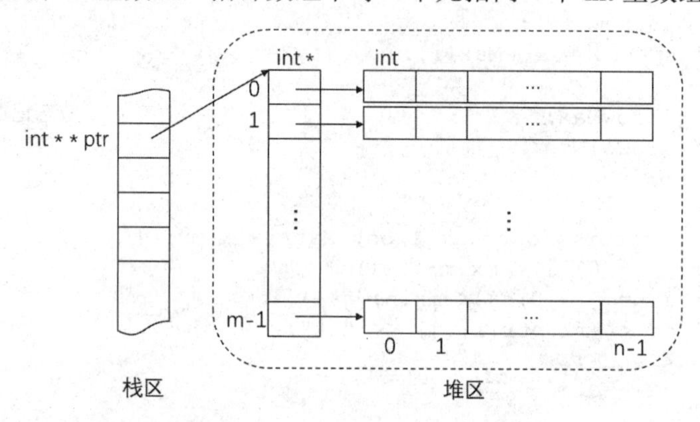

图 6-1　二级指针指向的堆中矩阵存储结构示意图

② 类中堆空间释放是在析构函数中完成，其顺序正好与构造函数中创建数组的过程相反，即先释放 n 个 int 型数组，再释放 int *型指针数组。在类设计中，通常是在构造函数申请堆空间，在析构函数释放空间，其好处在于堆空间的申请和回收与对象的生成和撤销一致。

6.1.2　深复制与浅复制

对象之间可以复制，复制时会调用拷贝构造函数或赋值运算符重载函数。编译器合成的拷贝构造函数或赋值运算符重载函数仅对数据成员做简单的复制，对于没有使用自由存储区的类，它们均可以安全地运行。但是，对于使用了自由存储区的类，仅是简单地对指针变量作赋值操作，则会导致两个或多个对象中的指针成员指向堆中同一块内存，这种拷贝称为**浅复制**(Shallow Copy)。

如图 6-2(a)所示，当对象 Obj1 浅复制给 Obj2 时，Obj1 中的 ptr 与 Obj2 中的 ptr 值相同，均指向同一块内存空间。若 Obj1 先用 delete 语句释放了其 ptr 所指的内存空间，则 Obj2 在用 ptr 访问数据或释放占用的堆内存时将出现错误。

深复制(Deep Copy)是在堆空间中复制一个完整且独立的对象的副本，其实质是每个对象都应拥有自己独立的堆空间，并且通过数据复制保持两个内存区域的内容一致。如图 6-2(b)所示，对象 Obj1 和 Obj2 分别指向不同的内存区域，对象 Obj2 所拥有的堆区内存复制了 Obj1 的相应内容。

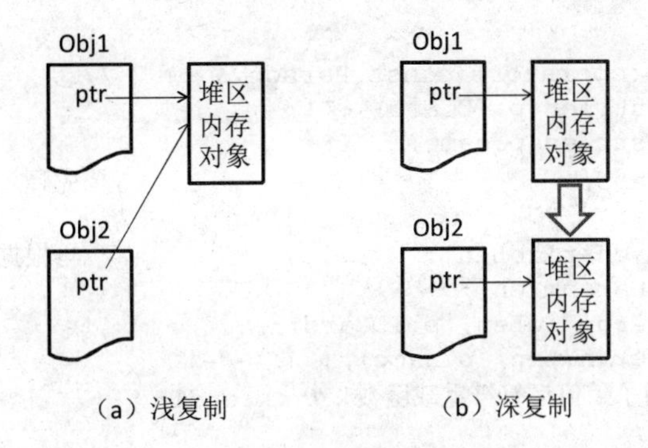

图 6-2　深复制与浅复制

从图 6-2 不难发现，浅复制是对象中指向堆区的指针变量之间的复制，深复制是对象中指针变量所指向区域之间的复制。

【例 6-3】设计一个 Person 类，其中身份证号和姓名信息存储在堆区。

程序代码：

```
#include<iostream>
using namespace std;
class Person {                                          //个人类
    friend ostream & operator<<(ostream &, Person &);
public:
    Person() :Person("无","不详"){}
    Person(const char id[], const char nm[]);
    Person(const Person &);                             //拷贝构造函数
    ~Person();
    Person & operator=(const Person &);                 //赋值运算符重载函数
private:
    char * IDCard;                                      //身份证号
    char * name;                                        //姓名
};
Person::Person(const char id[], const char nm[]) {
    int idLen = strlen(id) + 1;
    int nmLen = strlen(nm) + 1;
    IDCard = new char[idLen];
    name = new char[nmLen];
    strcpy_s(IDCard, idLen, id);
    strcpy_s(name, nmLen, nm);
}
Person::Person(const Person & p) {                      //①
    //IDCard=p.IDCard;                                  //②，浅复制
    //name=p.name;
    int idLen = strlen(p.IDCard) + 1;
    int nmLen = strlen(p.name) + 1;
    IDCard = new char[idLen];
    name = new char[nmLen];
    strcpy_s(IDCard, idLen, p.IDCard);
    strcpy_s(name, nmLen, p.name);
    cout << "调用了拷贝构造函数！" << endl;
}
Person::~Person() {
    delete[] IDCard;
    delete[] name;
```

```
}
Person & Person::operator=(const Person & p) { //③
    int idLen = strlen(p.IDCard) + 1;
    int nmLen = strlen(p.name) + 1;
    delete[] IDCard;                          //先释放原先占用的堆空间
    delete[] name;
    IDCard = new char[idLen];                 //再根据长度重新申请
    name = new char[nmLen];
    strcpy_s(IDCard, idLen, p.IDCard);
    strcpy_s(name, nmLen, p.name);
    cout << "调用了赋值运算符重载函数！" << endl;
    return *this;
}
ostream & operator<<(ostream & os, Person & p) {
    os << "身份证号：" << p.IDCard << "\t姓名：" << p.name;
    return os;
}
int main() {
    Person person1("0123456789000X", "张三");  //调有参构造函数
    Person person2 = person1;    //等价于 Person person2(person1);
    Person person3;                           //调默认构造函数
    cout << "person1:" << person1 << endl;
    cout << "person2:" << person2 << endl;
    cout << "person3:" << person3 << endl;
    person3 = person1;                        //调赋值运算符重载函数
    cout << "person3:" << person3 << endl;
}
```

运行结果：

```
调用了拷贝构造函数！
person1:身份证号：0123456789000X 姓名：张三
person2:身份证号：0123456789000X 姓名：张三
person3:身份证号：               姓名：
调用了赋值运算符重载函数！
person3:身份证号：0123456789000X 姓名：张三
```

程序说明：

① 拷贝构造函数和赋值运算符重载函数的功能相同，都是产生相同的两个对象，但它们的调用时机不相同。拷贝构造函数是在对象定义时调用，而赋值运算符重载函数的调用发生在一个对象赋值给另一个对象。

② 删除该函数中前两行的注释符，并给其他语句添上注释，则程序运行结束时出现错误。由于拷贝构造函数采用浅复制，导致 person1 析构时重复释放已被 person2 释放的空间。

③ 赋值符重载函数的实现通常是先释放对象在定义时已分配的空间，再重新申请内存空间，而拷贝构造函数则不需要。

6.2 智 能 指 针

在 C++语言中，堆内存的申请与释放均由程序员负责，缺少类似于 Java 语言的垃圾回收机制。虽然程序员直接管理内存的效率较高，但是极易产生错误。常见的错误有 3 种，

分别是：没有释放内存，导致“内存泄漏”；使用已释放的对象，产生错误结果；同一内存被重复释放，出现运行异常。

C++ 11 标准库中提供了一组**智能指针**(Smart Pointer)，其行为与常规指针类似，区别在于它能自动回收堆内存中的对象。这组智能指针包含在头文件<memory>中，分别是 shared_ptr、unique_ptr 和 weak_ptr。事实上，智能指针是一种具有常规指针特征的对象。

6.2.1　unique_ptr

类似于标准库类型 vector，智能指针也是用类模板实现的。智能指针实际上是用模板类在栈中定义了一个对象，对象生命期结束时，析构函数会自动释放它所管理的堆内存。

唯一智能指针 unique_ptr 与其名称一样“独一无二”地指向一个对象，当 unique_ptr 被销毁时，其所指向的对象也被销毁。定义格式如下：

```
unique_ptr<元素类型, 删除器类型> 智能指针名;
```

说明：

- 元素类型必须与被指对象的类型相一致。
- 删除器类型是可选项。若不指定此项，则用 delete 释放其指向的对象。如果指定了删除器类型，则在创建智能指针时需指定函数(或函数对象，包括 lamda 表达式)负责释放所占用的堆内存。

下面简要介绍智能指针 unique_ptr 的基本用法，更详尽的内容请参考联机帮助。

```
unique_ptr<int> up1(new int(100));                   //定义指针 up1
unique_ptr<int[]> up2(new int[5] {1, 2, 3, 4, 5});   //定义数组指针 up2
unique_ptr<int> up3(up1);                            //错误!unique_ptr 不支持拷贝
unique_ptr<int> up4;                                 //定义指针 up4
up4 = up1;                                           //错误!unique_ptr 不支持赋值
unique_ptr<int> up5(std::move(up1));                 //移动构造，转移所有权，up1 为空
up1.reset(new int(5));                               //up1 指向新对象
up1.swap(up5);                                       //交换所拥有的对象和删除器
up5 = nullptr;                                       //销毁所指对象，up5 为空指针
int * p = up1.release();    //up1 放弃所有权，置为空指针并返回所指对象的指针
delete p;                   //显式释放 p 指向的对象
if (up1.get() == nullptr)   //与 if (up1 == nullptr)等价
```

【例 6-4】unique_ptr 智能指针与直接管理内存对比示例。

程序代码：

```
#include<iostream>
#include<string>
#include<memory>
using namespace std;
class  Example{
public:
    Example(string n = "") :name(n) {}
    ~Example() { cout << name <<"的对象调用了析构函数！" << endl; }
private:
    string name;
};
int main() {
```

```
    unique_ptr<Example> uptr(new Example("unique_ptr 智能指针指向"));//①
    Example * ptr = new Example("普通指针指向");                    //②
}
```

运行结果：

```
unique_ptr 智能指针指向的对象调用了析构函数!
```

程序说明：

① 程序运行结束时，智能指针 uptr 调用删除器释放了其所指向的堆内存中的对象，该对象调用析构函数输出了运行结果中的信息。

② 由于 delete ptr;语句的缺失，ptr 指针所指向的对象没有被释放。

6.2.2 shared_ptr 和 weak_ptr

1. shared_ptr

智能指针 shared_ptr 称为**共享指针**，允许多个指针指向同一个对象，是一个共享所有权的智能指针。shared_ptr 使用**引用计数**(Reference Count)管理内存，每新增一个共享指针，内部的引用计数自动加 1，反之，每减少一个共享指针，引用计数减 1。当引用计数减少到 0 时，则自动删除共享指针所指向的对象，释放内存。

与 unique_ptr 不同，shared_ptr 智能指针允许复制和赋值。shared_ptr 基本用法如下：

```
shared_ptr<int> sp1(new int(100));      //用模板方式定义共享指针 sp1
std::shared_ptr<int> p = new int(10);  //错误!
auto sp2 = make_shared<int>(5);         //用 make_shared 定义 sp2
auto q(sp1);                            //复制方式，q 与 sp1 指向相同对象
auto r = sp2;                           //用 sp2 定义 r
q = r;                                  //支持赋值，递减 q、递增 r 的引用计数
shared_ptr<int[]> sp3(new int[3],       //定义共享指针指向数组
    std::default_delete<int []>());     //自定义删除器，用 delete []释放内存
auto asp = std::shared_ptr<int[]>       //定义共享数组指针，同时赋初始值
    (new int[n] {1,2,3,4,5,6,7,8,9,10},//int n = 10;
           [](int *p) { delete[] p; });//自定义删除器——Lambda 表达式
shared_ptr<int[]> sp3(new int[3]);      //定义共享指针指向数组
auto asp = std::shared_ptr<int[]>           //定义共享数组指针，同时赋初始值
    (new int[n] {1,2,3,4,5,6,7,8,9,10});    //int n = 10;
auto vp = make_shared<vector<string>>();    //vp 指向 string 的 vector 容器
cout << sp2.use_count();           //use_count()返回共享对象的智能指针数量
cout << sp3.unique();              //use_count()为 1 时，返回 true，否则返回 false
```

从上面的代码可知，用模板类或 make_shared 函数均可以定义 shared_ptr 智能指针。格式如下：

```
auto sp = std::shared_ptr<Example>(new Example(argument));//模板类
auto msp = std::make_shared<Example>(argument);    //make_shared 函数
```

相对而言，两种方法中用 make_shared 函数分配动态内存更安全。因为模板类方法存在内存二次分配的问题，如果在 Example 对象分配成功后，shared_ptr 分配失败，则未命名的 Example 对象将被泄漏。而使用 make_shared 的语句更简单，仅涉及一个函数调用，

这种资源分配不会出现异常。

unique_ptr 在指向数组时，默认的删除器用 delete []释放内存，而 shared_ptr 的默认删除器中是用 delete，因此定义 shared_ptr 类型指针时需要显式地提供删除器。

2. weak_ptr

weak_ptr(**弱指针**)是一种不控制所指对象生存期的智能指针，它指向一个由 shared_ptr 管理的对象，并且不改变 shared_ptr 的引用计数。当 shared_ptr 的引用计数为 0 时，即使有 weak_ptr 指向同一对象，该对象也会被释放。

weak_ptr 没有重载运算符*和->，因而不能直接访问所指对象。但是，可以使用 weak_ptr 中封装的 lock 函数返回一个 shared_ptr，通过它访问对象。

shared_ptr 使用不当可能出现**循环引用**，相互引用的双方因等待对方先销毁而无法释放内存。使用 weak_ptr 能打破这种循环引用导致不能释放资源的问题。

weak_ptr 的另一个重要用途是检测 shared_ptr 管理的对象是否已经被释放, 从而避免访问非法内存。

weak_ptr 通常与 shared_ptr 配合使用，其基本用法如下：

```
weak_ptr<string> w;                     //空 weak_ptr，可以指向 string 对象
weak_ptr<int> wp(sp1);                  //wp 与 sp1 指向相同，不增 sp1 引用计数
wp = sp2;                               //wp 与 sp2 指向相同，不增 sp2 引用计数
wp.use_count();                         //返回 sp2 的引用计数
wp.reset();                             //wp 置为空
wp.expired();                           //若引用计数为 0，返回 true，否则返回 false
wp.lock();                              //若 expired 为 true，返回空 shared_ptr
                                        //否则，返回 wp 所指向的对象的 shared_ptr
```

【例 6-5】shared_ptr 之循环引用与 weak_ptr 用法示例。

程序代码：

```
#include<iostream>
#include<memory>
using namespace std;
class Woman;                                        //Woman 类声明
class Man {                                         //定义 Man 类
public:
    ~Man() { cout << "Call man Destructor!" << endl; }
    void setWife(shared_ptr<Woman> woman) {         //设置 wife 成员对象
        wife = woman;
    }
    int use_count() { wife.use_count(); }  //返回 wife 所指对象的引用计数值
private:
    shared_ptr<Woman> wife;                     //定义 shared_ptr<Woman>智能指针
};
class Woman {                                   //定义 Woman 类
public:
    ~Woman() { cout << "Call woman Destructor!" << endl; }
    void setHusband(shared_ptr<Man> man) {
        husband = man;
    }
    int use_count() { return husband.use_count(); }
```

```
private:
    //shared_ptr<Man> husband;                  //①
    weak_ptr<Man> husband;                      //②
};
int main() {
    shared_ptr<Man> m(new Man());               //定义 shared_ptr 指针 m
    shared_ptr<Woman> w(new Woman());           //定义 shared_ptr 指针 w
    if (m && w) {                               //如果 m 和 w 均不空
        m->setWife(w);
        w->setHusband(m);
    }
    cout << "m.use_count==" << m.use_count() << endl;  //显示 m 的引用计数
    cout << "w.use_count==" << w.use_count() << endl;  //显示 w 的引用计数
}
```

运行结果：

```
m.use_count==1
w.use_count==2
Call man Destructor!
Call woman Destructor!
```

程序说明：

① 若删除该行语句前端注释符再在下行语句前添加注释，则程序的运行结果为：

```
m.use_count==2
w.use_count==2
```

由此可见，m 和 w 的引用计数均为 2，并且没有调用析构函数，即共享对象没有被释放，这是由于 Shared_ptr 构成循环引用所致。

② 从运行结果第 1 行可知，弱指针 husband 不增加 m 的引用计数。当撤销共享指针 m 时，引用计数从 1 减至 0，共享对象被释放，对象中的 wife 也随之被撤销，使得 w 的引用计数减 1。此时，再撤销 w，其引用计数减至为 0，共享对象也随之释放。

上面循环引用情况的发生是因为 m 和 w 撤销后，两个共享智能指针的引用计数均减少至 1，但没有一个为 0，导致共享对象都不被释放，并且均在等待对方撤销对自己的引用。

6.3 移动构造与移动赋值

C++ 11 新引入了移动构造函数和移动赋值函数，丰富了对象的构造和赋值方式，能减少不必要的复制和销毁，提升性能。

6.3.1 移动语义

分配了堆内存的对象在复制时需要做深复制，即在堆空间分配两块相互独立的内存分别供复制和被复制对象使用，否则在对象撤销时会出现重复释放同一块堆空间的错误。C++程序在对象复制、赋值和函数值返回过程中均可能产生临时对象，这些对象的生命期很短，复制后即被销毁。对象的复制和销毁会产生堆空间的申请与释放，而实际上临时对象所拥有的堆空间完全可以不释放，直接“移交”给新对象，进而避免无价值的空间分配与释放。

移动语义(Move Sementics)是 C++ 11 引入的重要的新特性。它允许转移临时对象(将亡值)中的资源给“持久”对象，临时对象所拥有的资源(堆内存、文件或网络等)获得了新生，同时避免了无效的复制与析构。

右值引用是用来支持移动语义的，其仅接收将亡值或纯右值，可以把资源从一个对象移动到另一个对象，而不是复制。右值引用的一个重要性质是只能绑定一个将要销毁的对象。

【例 6-6】右值引用与移动语义示例。

程序代码：

```
#include<iostream>
using namespace std;
const int x = 3;                          //常变量 x
void process_value(int & i) {             //形参为左值引用
    cout << "LValue processed: " << i << endl;
}
void process_value(int && i) {            //形参为右值引用
    cout << "RValue processed: " << i << endl;
}
void forward_value(int && i) {            //形参为右值引用
    process_value(i);
}
int max(int a, int b) {                   //返回 int 类型变量
    return a > b ? a : b;
}
int main() {
    int a = 0;
    process_value(a);                     //变量 a 是左值
    process_value(1);                     //符号常量 1 是右值
    forward_value(2);                     //①
    process_value(3);                     //②
    process_value(max(4,3));              //③
}
```

运行结果：

```
LValue processed: 0
RValue processed: 1
LValue processed: 2
RValue processed: 3
RValue processed: 4
```

程序说明：

①　符号常量 2 在 forward_value 接收时是右值，但在内部 process_value 接收 i 时，变成了左值。

②　常变量 x 是纯右值，匹配函数 process_value(int && i)。

③　函数调用 max(4,3)返回一个整型临时变量，它是将亡值，故其匹配以右值引用为形参的函数。

6.3.2 std::move 函数

右值引用正常情况下不能直接绑定到一个左值之上，但可以通过函数显式地转换左传为相应的右值引用类型实现绑定。

std::move 是标准库中的函数，其功能是将左值强制转换为右值引用，继而可以通过右值引用使用该值。调用 move 函数后，移动后源对象中的值可能已不存在，故可以销毁源对象或为其赋新值，但不能使用移动之后源对象中的值。

【例 6-7】std::move 函数移动左值中数据示例。

程序代码：

```
#include <iostream>
#include <vector>
#include <string>
using namespace std;
int main() {
    string str1 = "面向对象程序设计，";
    string str2 = "C++ 11 新标准。";
    vector<string> vec;
    vec.push_back(str1);                    //拷贝方式
    vec.push_back(std::move(str2));         //移动方式
    for (auto x : vec)                      //输出 vec 中内容
        cout << x;
    cout << endl;
    cout << "str1=" << str1 << endl;        //输出 str1 中内容
    cout << "str2=" << str2 << endl;        //输出 str2 中内容
}
```

运行结果：

```
面向对象程序设计，C++ 11 新标准。
str1=面向对象程序设计，
str2=
```

程序说明：

从运行结果可知，对象 str2 被 std::move 函数移动后，其中含有的字符串“C++ 11 新标准。”已不复存在，被移动到 vec 容器之中。而 str1 是用拷贝方式传递实参给 vec.push_back 函数，其依然拥有原字符串“面向对象程序设计，”。

6.3.3 移动构造函数

与拷贝构造函数类似，移动构造函数的第一个形参也是该类类型的引用，区别在于其是右值引用，而拷贝构造函数是左传引用。若还需要其他形参，则必须提供默认值。

移动构造函数通常不分配资源，使用从临时或其他对象中转移出来的资源，即移交现有资源的所有权，因此不会抛出异常。C++ 11 引入了 noexcept 关键字，用其标注函数，告知编译器该函数不会抛出异常。例如，Student 类的移动构造函数可声明如下：

```
Student(Student && s) noexcept;
```

【例 6-8】移动构造函数设计方法示例。

程序代码：

```
#include<iostream>
using namespace std;
class A {
public:
    A(int x = 0) : ptr(new int(x)) {                    //有参构造函数
        cout << "调用类A的构造函数！" << endl;
    }
    A(const A & a) : ptr(new int(*a.ptr)) {             //复制构造函数
            cout << "调用类A的拷贝构造函数！" << endl;
    }
    A(A && a) noexcept : ptr(a.ptr) {                   //移动构造函数
        a.ptr = nullptr;                                //①
        cout << "调用类A的移动构造函数！" << endl;
    }
    ~A() {                                              //析构函数
        delete ptr;
        cout << "调用类A的析构函数！" << endl;
    }
    int * getPtr() { return ptr; }
    int getVal() { return *ptr; }
private:
    int * ptr;
};
A funA() {                                              //②
    A a(100);
    cout << "对象a中的ptr=" << a.getPtr() << "\t*ptr=" << a.getVal() <<
endl;
    return a;                                           //返回局部对象A
}
int main() {
    A && x = funA();
    cout << "funA函数返回对象中的ptr=" << x.getPtr() << "\t*ptr=" <<
x.getVal() << endl;
}
```

运行结果具体如下。

(1) 以下为含有移动构造函数运行的结果：

```
调用类A的构造函数！
对象a中的ptr=000494E8    *ptr=100
调用类A的移动构造函数！
调用类A的析构函数！
funA函数返回对象中的ptr=000494E8        *ptr=100
调用类A的析构函数！
```

(2) 以下是不含移动构造函数运行的结果：

```
调用类A的构造函数！
对象a中的ptr=00E10578    *ptr=100
调用类A的拷贝构造函数！
调用类A的析构函数！
```

```
funA 函数返回对象中的 ptr=00E190F8        *ptr=100
调用类 A 的析构函数!
```

程序说明：

① 移动构造函数中，在 a.ptr 赋值给 this->ptr 之后，需要置空对象 a 中的 ptr 指针。

② 函数 funA 中定义了局部对象 a，并输出其中指针 ptr 和*ptr 的值。对象 a 返回时，会产生一个临时对象在栈空间。从运行的两种不同结果可见，含有移动构造函数时，临时对象中的 ptr 值与对象 a 相同，即没有产生新的堆空间分配。而不含移动构造函数的运行结果显示是调用了拷贝构造函数，并且 ptr 的值互不相同，即重新申请了新的堆空间并复制数值 100，此外还释放了对象 a 占用的堆空间。

6.3.4 移动赋值运算符

与移动拷贝构造函数类似，一个对象赋值给另一个对象时，也可以转移资源的所有权。当赋值运算的右操作对象是将亡值时，移动赋值函数能移交将亡值中的资源给左操作对象。

移动赋值运算符重载函数同样不会抛出异常，故通常标记其为 noexcept。此外，移动赋值函数在接受转移资源前需要先释放左操作对象已拥有的资源。

【例 6-9】移动赋值运算符重载函数设计示例。

程序代码：

```
#include<iostream>
#include<string>
#include<vector>
using namespace std;
class Message {
    friend ostream & operator<<(ostream & os,const Message & msg) {
        os << *msg.ptr;
        return os;
    }
public:
    Message(const string & str = "无") : ptr(new string(str)) {}
    //有参构造函数
    Message(const Message & msg) : ptr(new string(*(msg.ptr))) {}
    //拷贝构造函数
    Message(Message && msg) noexcept : ptr(msg.ptr) {      //移动构造函数
        msg.ptr = nullptr;
        cout << "调用移动构造函数! " << endl;
    }
    Message & operator=(const Message & msg);              //拷贝赋值运算符
    Message & operator=(Message && msg) noexcept;          //移动赋值运算符
    ~Message() {
        delete ptr;
    }
private:
    string * ptr;                                          //指向堆中对象
};
Message & Message::operator=(const Message & msg) {
    if (this != &msg) {
        delete ptr;
```

```
        ptr = new string(*(msg.ptr));                    //深复制
    }
    cout << "调用赋值运算符重载函数！" << endl;
    return *this;
}
Message & Message::operator=(Message && msg) noexcept {
    if (this != &msg) {                                  //防止自我赋值
        delete ptr;                                      //释放左操作数拥有的资源
        ptr = msg.ptr;                                   //浅复制
        msg.ptr = nullptr;                               //容易忘记！
    }
    cout << "调用移动赋值运算符重载函数！" << endl;
    return *this;
}
Message getMsg() {
    Message tmp("消息 3");
    return tmp;
}
int main() {
    Message myMsg[3],obj("消息 2");
    myMsg[0] = Message("消息 1");                        //①
    myMsg[1] = obj;                                      //②
    myMsg[2] = getMsg();                                 //③
    for (int i = 0; i < 3; i++)
        cout << myMsg[i] << endl;
}
```

运行结果：

```
调用移动赋值运算符重载函数！
调用赋值运算符重载函数！
调用移动构造函数！
调用移动赋值运算符重载函数！
消息 1
消息 2
消息 3
```

程序说明：

① Message("消息 1")生成的无名对象在赋值时，移动赋值函数将其拥有的资源移交给 myMsg[0]。

② 从运行结果第 2 行可知，该语句调用普通赋值函数，myMsg[1]与 obj 独自拥有资源。

③ 运行结果的第 3 和第 4 行是该行语句产生。getMsg()函数生成的局部对象 tmp，在函数返回时被复制到栈中，再由移动赋值函数完成向 myMsg[2]的赋值。对象 tmp 拥有的堆资源，先通过移动构造函数移交给栈中临时对象，再由移动赋值函数转移给 myMsg[2]。

6.4　合成的成员函数

C++类中构造、赋值等重要的成员函数，如果用户没有定义，编译器会在需要时隐式地合成。这部分函数分别是默认构造函数、拷贝构造函数、移动构造函数、拷贝赋值运算符、移动赋值运算符和析构函数，其中后 5 个函数是拷贝控制成员。

除隐式合成方式之外，C++ 11 支持显式地告诉编译器合成它们。此外，还允许禁止合成拷贝控制成员函数，用于阻止对象的复制或赋值。

6.4.1 用=default 显式合成

若将类中隐式合成的成员函数定义为=default，则意味着显式地要求编译器合成它们。合成的拷贝构造函数和拷贝赋值运算符重载函数都是逐个成员地复制数据，只要类中没有定义，编译器在需要时会自动合成拷贝构造函数和拷贝赋值运算符重载函数。

与拷贝操作不同，如果一个类定义了自己的拷贝构造函数、拷贝赋值运算符重载函数或者析构函数，编译器就不会为它合成移动构造函数和移动赋值运算符。只有当一个类没有定义任何自己版本的拷贝控制成员，且它的所有数据成员都能移动构造或移动赋值时，编译器才会为它合成移动构造函数或移动赋值运算符重载函数。

【例 6-10】 用=default 显式指定编译器合成构造函数、赋值运算符重载函数与析构函数。

程序代码：

```
#include<iostream>
#include<string>
using namespace std;
class Msg {
public:
    Msg() = default;                                   //默认构造函数
    Msg(const Msg &) = default;                        //①拷贝构造函数
    Msg & operator=(const Msg &) = default;            //赋值运算符重载函数
    ~Msg() = default;                                  //析构函数
    Msg(Msg &&) = default;                             //移动构造函数
    Msg & operator=(Msg &&) = default;                 //移动赋值运算符
    Msg(string str) :s(str) {}                         //有参构造函数
private:
    string s;
};
int main() {
    Msg msg1("This is a test message.");
    Msg msg2(msg1);
    Msg msg3;
    msg3 = std::move(msg1);                            //②
}
```

程序说明：

① 删除包含该行的连续 5 个拷贝控制成员，不影响程序正常运行。因为编译器会根据需要隐式地合成它们。

② 跟踪运行程序可以观察到，该行运行结束后，对象 msg1 中的 s=""，而之前为空的 msg3 中的 s="This is a test message."。

6.4.2 用=delete 阻止拷贝

在 C++ 11 标准下，函数声明的后面加上=delete 的作用是指示该函数是**删除的函数**(Deleted Function)。类中定义了删除的函数，表明不能以任何方式使用它们，即此类已不支持删除的函数所提供的功能。

如果定义类中拷贝构造函数和拷贝赋值运算符为删除的函数，则此类的对象也就不能进行拷贝构造和赋值。此外，声明有参构造函数为删除的，也就意味着不能用这些参数类型的实参构造对象。

【例 6-11】用=delete 阻止对象的拷贝。

程序代码：

```
#include<iostream>
using namespace std;
class NoCopy {
public:
    NoCopy(int a = 0) :x(a) {}
    NoCopy(char a) = delete;                          //①
    NoCopy(const NoCopy &) = delete;                  //②
    NoCopy & operator=(const NoCopy &) = delete;      //③
    ~NoCopy() = default;
private:
    int x;
};
int main() {
    NoCopy obj1(10),obj3;
    NoCopy obj4('A');                                 //编译错误！
    NoCopy obj2(obj1);                                //编译错误！
    obj3 = obj1;                                      //编译错误！
}
```

程序说明：

① 如果没有定义该构造函数为删除的，则主函数中第 2 行语句定义的对象 obj4 能正常构造，其中 x 的值为 65。有了该构造是删除的函数声明后，NoCopy obj4('A');语句不能通过编译。

② 定义拷贝构造函数是删除的，主函数中第 3 行语句无法通过编译。

③ 定义拷贝赋值运算符重载函数是删除的，主函数中第 4 行语句无法通过编译。

6.5　动态内存应用示例

自由存储区为程序员创造性地设计灵活且高效的应用软件提供了支撑。本节通过数组(Array)类和字符串(String)类的设计，进一步学习自由存储区应用、类和运算符重载等重要的 C++程序设计技术。

6.5.1　Array 类的设计

数组是用一片连续的存储空间存放相同类型的数据。普通的数组是存放在栈区或全局数据区中，其空间大小是固定的，不能动态地调整。此外，对于越界访问，编译器不做检查，容易产生错误。下面介绍利用堆内存、类、运算符重载等技术设计数组类的方法。

【例 6-12】设计一个可动态调整大小的 Array 类，并测试其主要功能。

程序代码：

```
//文件名: Array.h
#ifndef ARRAY_H
#define ARRAY_H
#include<iostream>
using namespace std;
class Array {
    friend istream & operator>>(istream &, Array &);
    friend ostream & operator<<(ostream &, const Array &);
public:
    Array(int n = 10);                              //默认构造函数
    Array(const Array &);                           //拷贝构造函数
    Array(Array &&) noexcept;                       //移动构造函数
    ~Array();                                       //析构函数
    const Array & operator=(const Array &);         //拷贝赋值运算符, ①
    Array & operator=(Array &&) noexcept;           //移动赋值运算符
    bool operator==(const Array &) const;           //逻辑相等运算符, ②
    bool operator!=(const Array &) const;           //逻辑不等运算符
    int getSize() const { return size; }            //返回 size 值
    double & operator[](int);                       //访问单元元素
    void sort();                                    //从小到大排序
    void reset(int);                                //调整数组大小
private:
    int size;                                       //数组大小
    double * ptr;                                   //指向堆内存指针
};
#endif
//文件名: Array.cpp
#include<iostream>
#include<exception>
using namespace std;
#include"Array.h"
istream & operator>>(istream & is, Array & ary) {
    for (int i = 0; i < ary.size; i++)
        is >> ary.ptr[i];
    return is;
}
ostream & operator<<(ostream & os, const Array & ary) {
    for (int i = 0; i < ary.size; i++)
        os << ary.ptr[i] << ';';
    return os;
}
Array::Array(int n) {
    size = n > 0 ? n : 10;
    ptr = new double[size];
    for (int i = 0; i < size; i++)
        ptr[i] = 0.0;
}
Array::Array(const Array & ary) :size(ary.size) {
    ptr = new double[size];
    for (int i = 0; i < size; i++)
        ptr[i] = ary.ptr[i];
}
Array::Array(Array && ary) noexcept {
    this->ptr = ary.ptr;
    ary.ptr = nullptr;
}
```

```
Array::~Array() {
    delete[] ptr;
}
const Array & Array::operator=(const Array & ary) {
    if (&ary != this) {              //防止自我复制
        if (size != ary.size) {      //若两者大小不等，先释放再申请
            delete[] ptr;
            size = ary.size;
            ptr = new double[size];
        }
        for (int i = 0; i < size; i++)
            ptr[i] = ary.ptr[i];
    }
    return *this;
}
Array & Array::operator=(Array && ary) noexcept {
    if (this != &ary) {
        delete[] ptr;
        ptr = ary.ptr;
        ary.ptr = nullptr;
        ary.size = 0;
    }
    return *this;
}
bool Array::operator==(const Array & ary) const {
    if (size != ary.size)
        return false;
    for (int i = 0; i < ary.size; i++)
        if (ptr[i] != ary.ptr[i])
            return false;
    return true;
}
bool Array::operator!=(const Array & ary) const {
    return !(*this == ary);
}
double & Array::operator[](int idx) {
    if (idx < 0 || idx >= size)
        throw out_of_range("下标越界！");
    return ptr[idx];
}
void Array::sort() {
    double tmp;
    for (int i = 1; i < size; i++)
        for(int j=0; j<size-i; j++)
            if (ptr[j] > ptr[j + 1]) {
                tmp = ptr[j]; ptr[j] = ptr[j + 1]; ptr[j + 1] = tmp;
            }
}
void Array::reset(int n) {
    double * p = new double[n];
    size = n;
    delete[] ptr;
    ptr = p;
}
//文件名：mainFun6_12.cpp
#include<iostream>
#include <ctime>
#include"Array.h"
```

```
using namespace std;
int main() {
    Array myAry1,myAry2;
    srand((unsigned)time(NULL));
    for (int i = 0; i < 10; i++)
        myAry1[i] = (double)rand()/1000;
    cout << "myAry1:" << myAry1 << endl;
    myAry1.sort();
    cout << "排序后...\nmyAry1:" << myAry1 << endl;
    myAry2 = std::move(myAry1);
    cout << "移动赋值后...\nmyAry2:" << myAry2 << endl;
    cout << "myAry1:" << myAry1 << endl;
    try {
        for (int i = 0; i < 12; i++)
            myAry2[i] = i;
    }
    catch (out_of_range exp) {
        cout << exp.what() << endl;
    }
    cout << "myAry2:" << myAry2 << endl;
    myAry2.reset(20);
    for (int i = 0; i < 20; i++)
        myAry2[i] = i;
    cout << "调整数组大小后...\nmyAry2:" << myAry2 << endl;
    return 0;
}
```

运行结果：

```
myAry1:32.53;7.701;26.186;15.005;8.382;18.237;0.656;22.483;18.246;23.661;
排序后...
myAry1:0.656;7.701;8.382;15.005;18.237;18.246;22.483;23.661;26.186;32.53;
移动赋值后...
myAry2:0.656;7.701;8.382;15.005;18.237;18.246;22.483;23.661;26.186;32.53;
myAry1:
下标越界!
myAry2:0;1;2;3;4;5;6;7;8;9;
调整数组大小后...
myAry2:0;1;2;3;4;5;6;7;8;9;10;11;12;13;14;15;16;17;18;19;
```

程序说明：

① 该函数的返回类型中的 const 是禁止修改函数返回的对象。函数形参中的 const 是防止传递的对象被修改。

② 该成员函数声明后面的 const 用于说明形参 this 指针，即不能修改类中的任何数据成员。

6.5.2 String 类的设计

字符串在 C 语言中采用字符数组方式存储，并以'\0'为结束符。string 是 C++标准库中专门用于处理字符串的类，其功能非常强大。下面介绍一个模拟 string 主要功能的 MyString 类的设计方法。

【例 6-13】设计一个 MyString 类，并测试其主要功能。

程序代码：

```
//文件名: MyString.h
#ifndef MYSTRING_H
#define MYSTRING_H
#include<iostream>
using namespace std;
class MyString {
    friend ostream & operator<<(ostream &, const MyString &);
    friend istream & operator>>(istream &, MyString &);
public:
    MyString(const char * = "");                    //默认构造函数
    MyString(const MyString &);                     //拷贝构造函数
    MyString(MyString &&);                          //移动构造函数
    ~MyString() { delete[] sp; }                    //析构函数
    MyString & operator=(const MyString &);         //拷贝赋值运算符
    MyString & operator=(MyString &&);              //移动赋值运算符
    MyString & operator+=(const MyString &);        //拷贝+=运算符
    MyString operator+(const MyString &) const;     //+运算符重载函数
    MyString operator+(double) const;               //+运算符重载函数
    bool operator!() const;                         //! 运算符重载
    bool operator==(const MyString &) const;        //==运算符重载
    operator const char *();                        //转换成C格式字符串
    bool isSubStr(const char *) const;              //子串判别函数
    char & operator[](int);                         //下标运算符重载
    MyString operator()(int, int = 0) const;        //返回子串
    MyString & append(const char *);                //返回合并后的字符串
private:
    int length;                                     //字符串长度
    char * sp;                                      //堆指针
    void setMyString(const char *);                 //设置字符串
};
#endif
//文件名: MyString.cpp
#include<iostream>
#include"MyString.h"
#include<string.h>
using namespace std;
MyString::MyString(const char * strp) {
    length = strlen(strp);
    setMyString(strp);
}
MyString::MyString(const MyString & s) {
    length = s.length;
    setMyString(s.sp);
}
MyString::MyString(MyString && s):sp(s.sp) {
    length = s.length;
    s.sp = nullptr;
    s.length = 0;
}
void MyString::setMyString(const char * s) {
    sp = new char[length + 1];
    if (s != "")
        strcpy(sp, s);                              //拷贝字符串
    else
        sp[0] = '\0';
}
```

```
ostream & operator<<(ostream & os, const MyString & s) {
    os << (s.sp!=nullptr?s.sp:"");
    return os;
}
istream & operator>>(istream & is, MyString & s) {
    char buffer[1000];
    is >> buffer;
    s = buffer;
    return is;
}
MyString & MyString::operator=(const MyString & s) {
    if (&s != this) {
        delete[] sp;
        length = s.length;
        setMyString(s.sp);                          //拷贝 s.sp 中的内容
    }
    return *this;
}
MyString & MyString::operator=(MyString && s) {
    if (&s != this) {                               //防止自我复制
        delete[] sp;                                //释放 sp 所指内存
        length = s.length;                          //修改长度
        sp = s.sp;                                  //s.sp 移交给 sp
        s.sp = nullptr;                             //置空
        s.length = 0;                               //长度为 0
    }
    return *this;
}
MyString & MyString::operator+=(const MyString & s) {
    int len = length + s.length;
    char * tmpPtr = new char[len + 1];
    strcpy(tmpPtr, sp);
    strcpy(tmpPtr + length, s.sp);
    delete[] sp;
    sp = tmpPtr;
    length = len;
    return *this;
}
MyString MyString::operator+(const MyString & s) const {
    MyString tmp(*this);
    tmp += s;
    return tmp;
}
MyString MyString::operator+(double d) const {
    char buffer[50];                        //定义缓冲区
    _gcvt(d, 10, buffer);                   //浮点值 d 转换为字符串并存于 buffer
    MyString tmp(*this);
    tmp += buffer;
    return tmp;
}
bool MyString::operator!() const {
    return length == 0;
}
bool MyString::operator==(const MyString & s) const {
    return strcmp(sp, s.sp) == 0;
}
MyString::operator const char *() {
    return sp;
```

```
}
bool MyString::isSubStr(const char * str) const {
    if (sp == nullptr || length == 0 || str == nullptr || strlen(str) ==
0)
        return false;
    if (strstr(sp, str))                //从字符串 sp 中寻找 str 第 1 次出现的位置
        return true;                    //若成功，返回位置指针
    else                                //若失败，返回空指针
        return false;
}
char & MyString::operator[](int index) {
    if (index < 0 || index >= length)
        throw out_of_range("越界访问！");
    return sp[index];
}
MyString MyString::operator()(int index, int sublen)const {
    if (index < 0 || index >= length || sublen < 0)    //容错
        return "";                                     //返回空串
    int len;                                           //计算子串长度
    if (sublen == 0 || (index + sublen > length))
        len = length - sublen;
    else
        len = sublen;
    char * tmpPtr = new char[len + 1];                 //申请堆空间
    strncpy(tmpPtr, &sp[index], len);                  //拷贝子串
    tmpPtr[len] = '\0';
    MyString tmpMyString(tmpPtr);                      //生成临时对象
    delete[] tmpPtr;                                   //释放堆空间
    return tmpMyString;
}
MyString & MyString::append(const char * str) {
    *this += str;
    return *this;
}
//文件名：mainFun6_13.cpp
#include<iostream>
#include"mystring.h"
using namespace std;
int main(void) {
    MyString myStr1("江苏省淮安市"), myStr2, myStr3;
    cout << "输入一串字符：";
    cin >> myStr2;
    cout << "myStr1:" << myStr1 << endl;
    cout << "myStr2:" << myStr2 << endl;
    myStr3 = myStr1 += myStr2;
    cout << "执行 myStr3=myStr1+=myStr2;后...\nmyStr3:" << myStr3 << endl;
    myStr3.append("张三");
   cout << "执行 myStr3.append(\"张三\");后...\nmyStr3:" << myStr3 << endl;
    cout << "执行 myStr3+123.34 为：" << myStr3 + 123.34 << endl;
    cout << "连续输出 myStr3[2]和 myStr3[3]的值为："
        << myStr3[2] << myStr3[3] << endl;
    cout << "myStr3(4,10)的值为：" << myStr3(4, 10) << endl;
    cout << "字符串'淮安'在 myStr1 中吗？"
        << (myStr1.isSubStr("淮安") ?"是" : "否") << endl;
    myStr2 = std::move(myStr3);
    cout << "移动赋值后...\nmyStr2:" << myStr2 << "\nmyStr3:" << myStr3 <<
```

```
endl;
}
```

运行结果：

```
输入一串字符：淮阴师范学院↙
myStr1:江苏省淮安市
myStr2:淮阴师范学院
执行 myStr3=myStr1+=myStr2;后...
myStr3:江苏省淮安市淮阴师范学院
执行 myStr3.append("张三");后...
myStr3:江苏省淮安市淮阴师范学院张三
执行 myStr3+123.34 为：江苏省淮安市淮阴师范学院张三 123.34
连续输出 myStr3[2]和 myStr3[3]的值为：苏
myStr3(4,10)的值为：省淮安市淮
字符串“淮安”在 myStr1 中吗？是
移动赋值后...
myStr2:江苏省淮安市淮阴师范学院张三
myStr3:
```

6.6 案例实训

1. 案例说明

设计一个输出螺旋方阵的程序。如下所示，所谓螺旋方阵是指方阵中的元素按照一定的规则排列。旋转方向为：顺时针或逆时针，旋转层次为：从外向内或从内向外，数值为：从小到大或从大到小。本例仅考虑从小到大、从外向内、顺时针方向旋转的螺旋方阵。

```
 1   2   3   4   5
16  17  18  19   6
15  24  25  20   7
14  23  22  21   8
13  12  11  10   9
```

2. 编程思想

对于 n 阶方阵，从外向内分层考察，共有[n/2]层。例如，5 阶方阵共有 3 层。输出螺旋方阵的方法是先正确填充方阵(二维数组)中的元素，再输出二维数组。填充数组的方法是按层，同一个层中按行、列的次序依次填充。填充的值可以通过变量自动增加或减少的方法产生。

3. 程序代码

请扫二维码。

本章实训案例代码

6.7　本章小结

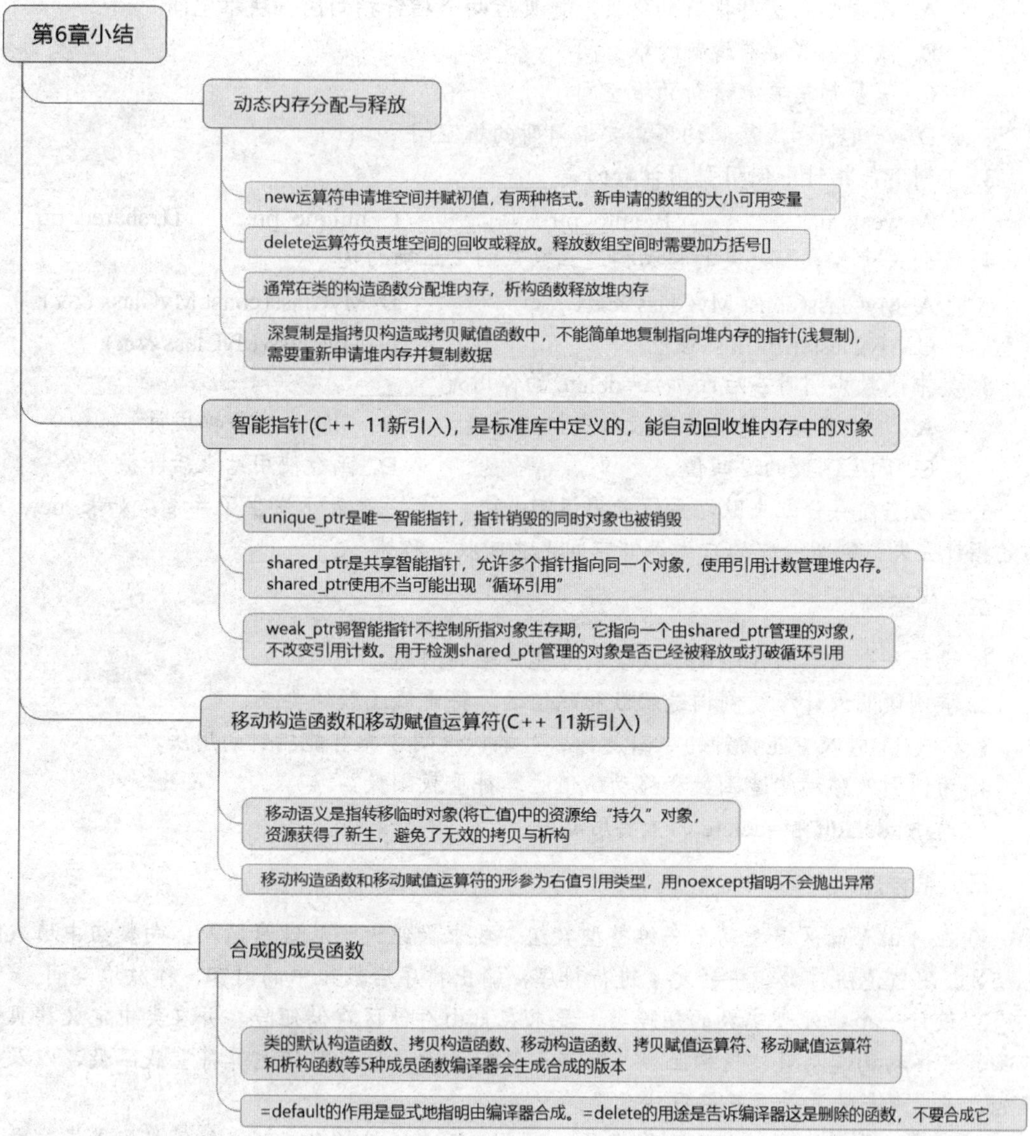

- 第6章小结
  - 动态内存分配与释放
    - new运算符申请堆空间并赋初值，有两种格式。新申请的数组的大小可用变量
    - delete运算符负责堆空间的回收或释放。释放数组空间时需要加方括号[]
    - 通常在类的构造函数分配堆内存，析构函数释放堆内存
    - 深复制是指拷贝构造或拷贝赋值函数中，不能简单地复制指向堆内存的指针(浅复制)，需要重新申请堆内存并复制数据
  - 智能指针(C++ 11新引入)，是标准库中定义的，能自动回收堆内存中的对象
    - unique_ptr是唯一智能指针，指针销毁的同时对象也被销毁
    - shared_ptr是共享智能指针，允许多个指针指向同一个对象，使用引用计数管理堆内存。shared_ptr使用不当可能出现“循环引用”
    - weak_ptr弱智能指针不控制所指对象生存期，它指向一个由shared_ptr管理的对象，不改变引用计数。用于检测shared_ptr管理的对象是否已经被释放或打破循环引用
  - 移动构造函数和移动赋值运算符(C++ 11新引入)
    - 移动语义是指转移临时对象(将亡值)中的资源给“持久”对象，资源获得了新生，避免了无效的拷贝与析构
    - 移动构造函数和移动赋值运算符的形参为右值引用类型，用noexcept指明不会抛出异常
  - 合成的成员函数
    - 类的默认构造函数、拷贝构造函数、移动构造函数、拷贝赋值运算符、移动赋值运算符和析构函数等5种成员函数编译器会生成合成的版本
    - =default的作用是显式地指明由编译器合成。=delete的用途是告诉编译器这是删除的函数，不要合成它

6.8　习　　题

一、填空题

1. 关于动态存储分配，下列说法正确的是________。

   A. new 和 delete 是 C++语言中专门用于动态内存分配和释放的函数

   B. 动态分配的内存空间也可以被初始化

   C. 当系统内存不够时，会自动回收不再使用的内存单元，因此程序中不必用

delete 释放内存空间

D. 当动态分配内存失败时，系统会立刻崩溃，因此一定要慎用 new

2. 关于深复制与浅复制的叙述中，下列说法正确的是_______。

A. 深复制只是对指针的拷贝，拷贝后两个指针指向同一块堆空间

B. 浅复制需要申请新的堆空间

C. 深复制需要申请新的堆空间

D. 深复制和浅复制均不需要申请新的堆空间

3. 下列智能指针中使用引用计数的是_______。

A. weak_ptr　　B. auto_ptr　　C. unique_ptr　　D. shared_ptr

4. 下列关于 MyClass 类的移动构造函数声明中正确的是_______。

A. MyClass(const MyClass &);　　B. MyClass(const MyClass &&);

C. MyClass(MyClass &);　　D. MyClass(MyClass &&);

5. 类中函数声明时在后面加注=delete 的作用是_______。

A. 该类不提供该成员函数所支持的功能　　B. 删除类中数据成员

C. 删除函数的返回值　　D. 函数使用结束后即被删除

6. 当动态内存分配失败，系统采用返回一个_______来表示发生了异常。如果 new 返回的指针丢失，则所分配的自由存储空间无法回收，称为_________。

二、简答题

1. 设计一个简单的程序说明浅复制可能产生的问题。

2. 举例说明设计深复制构造函数和赋值运算符重载函数的要点。

3. C++ 11 引入智能指针的原因是什么？举例说明 3 类智能指针的用法。

4. 为何引入移动构造函数和移动赋值运算符重载函数？

5. 简述=default 和=delete 的主要用途。

三、编程题

1. 在自由存储区定义动态一维整型数组，要求数组大小从键盘输入，向数组中填入随机整数。用冒泡法对数组中的元素进行排序，输出排序后数组中的内容，释放堆空间。

2. 设计一个能处理实数的矩阵类，要求在自由存储区存储矩阵，并在类中定义拷贝构造函数、移动构造函数、析构函数、赋值运算符函数、移动赋值运算符重载函数，以及矩阵加、减、乘与转置等运算符重载函数。

3. 设计一个学生类，其中含有学号、姓名、语文、数学和英语成绩等数据成员。定义求课程成绩总分与平均值的成员函数。在主函数中定义学生类指针数组，用于指向自由存储区的学生类对象。输入若干个学生信息，再输出他们的学号、姓名、总成绩和平均分等信息。分别用普通指针和智能指针实现，并比较它们的差异。

第7章 类的继承

继承(Inheritance)是 C++语言的重要机制，是面向对象程序设计方法的三个基本特征之一。继承允许程序在已有类的基础上进行扩展，是一种重要的代码复用手段。继承反映了类与类之间的一种层次关系，更是现实世界中事物之间存在的复杂联系的体现。继承也体现了人类认识事物由简单到复杂的过程和思考问题的方法。

本章着重学习继承这一面向对象程序设计的重要概念，以及在 C++语言中实现继承的相关技术。

学习目标：

- 掌握继承的基本概念与派生类的定义方法。理解继承方式与访问控制的关系，了解成员函数同名覆盖与隐藏的概念。
- 掌握派生类与基类间赋值兼容的概念，能正确地使用基类指针或引用访问派生类的对象。
- 掌握派生类的构造与析构函数的定义方法。
- 掌握多重继承的概念，理解产生“钻石继承”的原因，掌握虚基类的用法。

7.1 面向对象编程：继承

在面向对象程序设计中，用类将数据(事物的属性)和函数(事物的行为)进行封装。客观世界的复杂性和多样性决定了类之间存在着各种关联。前面所介绍的组合就是类与类之间存在的整体与部分之间的关系。

类的继承机制是指类可以在已定义类的基础上派生出新类，新类将拥有原有类的数据和函数，并且可以增添新的数据和函数成员，或者对原有类中的成员进行更新。

在面向对象编程中，原有类被称为**基类**(Base Class)或**父类**(Super Class)，新产生的类被称为**派生类**(Derived Class)或**子类**(Sub Class)。例如，由学生类可以派生出中学生类、大学生类和研究生类；由交通工具类可派生出汽车类、轮船类和飞机类，而汽车类可又充当客车类和卡车类的基类。

组合描述的是现实世界的实体之间存在“拥有”的联系，即实体间有“has a”的关系。而继承则是描述了实体之间存在“是”的联系，即实体间有“is a”的关系。

类之间的继承关系是一种层次结构。一个类可以独立存在，既不是其他类的基类，也不继承于其他类，然而更多地，类和类之间存在着联系。在类的继承机制中，一个类可以作为基类，也可以作为派生类。基类可分为直接基类和间接基类，**直接基类**就是派生类显式继承的类，**间接基类**是在类层次结构中向上间隔两层以上(含两层)所继承的类。

类的继承有两种方式：**单继承**和**多重继承**。单继承的派生类有且仅有一个直接基类，如图 7-1 中的飞机类是单继承于交通工具类，战斗机类则是单继承于飞机类。在单继承中，可以视派生类是基类的特例。多重继承的派生类具有两个或两个以上的直接基类，如

图 7-1 中的水陆两用车类继承于客车类和客船类。在多重继承中，派生类是从多个基类派生而来，是一个具有多个基类特征的复合体，就像杂交水稻具有不同稻种特性一样。

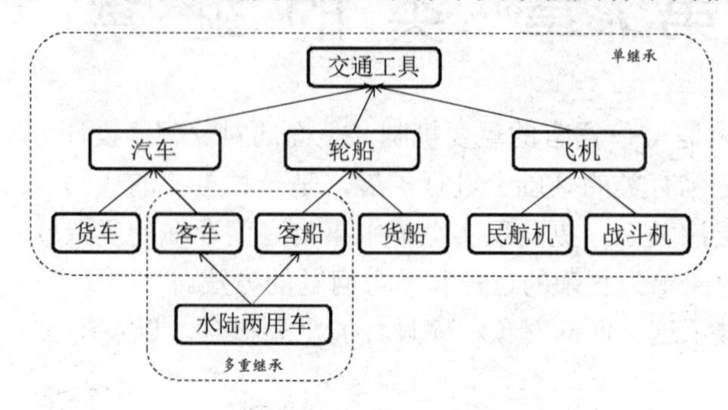

图 7-1　类的单继承与多重继承

在 C++语言中，允许一个类派生于两个以上的基类，支持类的多重继承。然而在 Java 和 C#语言中不支持类的多重继承，它们仅在接口中支持多重继承。类的多重继承会导致**“钻石继承”**的问题。例如，水陆两用车的对象将继承交通工具类的两个数据成员(一个来自汽车类，另一个来自轮船类)，它们各自均独立地分配空间，并且不能同步，存在数据二义性问题。C++中用**虚基类**技术解决由于支持多重继承所带来的“钻石继承”问题。

继承与组合都属于面向对象的代码复用技术。继承和组合既有区别，也有联系。在一些复杂的类的设计中，二者经常是一起使用。在某些情况下，继承和组合的实现方法还可以互换。例如，圆(Circle)类的设计，其圆心用点(Point)类来描述，此时，既可以以 Point 类为父类设计 Circle 类，使其拥有圆心坐标，也可以在 Circle 类中用 Point 类定义数据成员 center。代码框架如下：

```
class Point{//点类
private:
    double x,y;
public:
    ......
};
class Circle{//组合
private:
    Point center;
    double radius;
public:
    ......};

class Circle:public Point{//继承
private:
    double radius;
public:
......
};
```

面向对象程序设计的继承机制为描述客观世界的层次关系提供了自然且简便的方法。继承使得派生类自动地拥有基类的数据成员和函数成员，派生类是基类的扩展，是一种面向对象的代码复用技术，体现的是软件可重用的设计思想与方法。

7.2 派 生 类

派生类继承了基类的数据成员和函数成员。C++支持 3 种继承方式，不同的继承方式决定了基类中成员被派生类继承后的可见性。派生类中可以重定义基类中的同名成员函数。派生类与基类属于同一类族，它们之间存在赋值兼容问题。本节主要介绍派生类的定义、继承方式、成员函数覆盖和赋值兼容等基础知识。

7.2.1　派生类的定义

定义派生类的一般格式如下：

```
class <派生类名> [final]:[<继承方式 1>] <基类名 1>,…,[<继承方式 n>][ <基类名 n>]{
    <派生类的成员>
};
```

说明：

- 与类的定义相似，用关键字 class 标明是类定义。区别在于派生类名后(用冒号分隔)列出所继承的基类。对于单继承只有一个基类，而多重继承则有多个基类，它们之间用逗号分隔。
- 继承方式有 3 种：公有继承(public)、私有继承(private)和保护继承(protected)。默认继承方式是私有继承，即不指明继承方式等同于私有继承。注明继承方式是一种良好的编程风格。
- 派生类中的成员包括数据成员和成员函数。与普通类相同，派生类中数据成员的访问控制限定通常是私有的，成员函数的访问控制是公有的。
- 关键字 struct 也能声明派生类，区别在于其默认继承方式是公有继承。
- C++ 11 新标准引入了 final 关键字，用于阻止类的继承。声明时标记为 final 的类不能作为基类。

【例 7-1】派生类对象中数据成员和成员函数观察。

程序代码：

```
#include<iostream>
using namespace std;
class Base {                                    //基类
public:
    Base(int x = 0) :b(x) {}
    void show();
private:
    int b;
};
void Base::show() {
    cout << "\tb=" << b << endl;
}
class Derived :public Base {                    //派生类
public:
    Derived(int x = 0, int y = 0);
    void display();
private:
    int d;
};
Derived::Derived(int x, int y) :Base(x) {
    d = y;
}
void Derived::display() {
```

```
    show();
    cout << "\td=" << d << endl;
}
int main() {
    Base bObj(100);
    Derived dObj(200, 300);
    cout << "bObj:" ;
    bObj.show();
    cout << "dObj:" ;
    dObj.display();
    return 0;
}
```

运行结果：

```
bObj:   b=100
dObj:   b=200
      d=300
```

图 7-2 所示为例 7-1 的程序跟踪窗口。

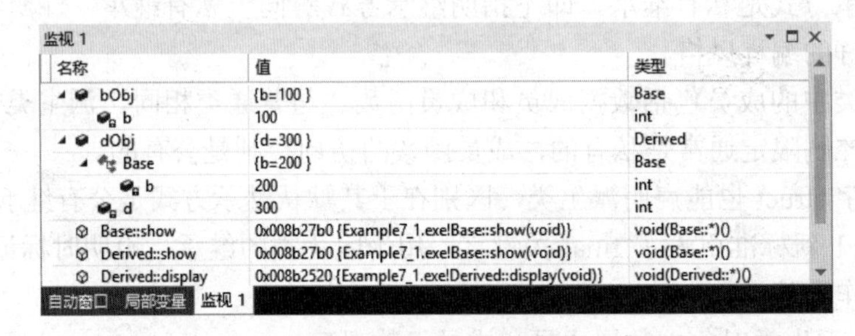

图 7-2　例 7-1 的程序跟踪窗口

跟踪与观察：

(1) 从图 7-2 可见，派生类对象 dObj 的数据部分含有数据项 Base 和 d，其中 Base 中的 b 值为 200，d 的值为 300。

派生类对象 dObj 中包含了基类 Base 部分，并且派生类的构造函数通过调用基类的构造函数将 200 赋给了 b。

(2) 观察图 7-2 的后 3 项，派生类继承了基类的 show 函数，Derived::show 与 Base::show 项完全相同，都是同一个函数 void Base::show(void)。

从例程不难发现，继承是一种类的复用技术，基类的数据成员和成员函数均被“遗传”给派生类。从集合的观点，派生类成员集是基类成员集的超集。

派生类是否继承了父类的所有成员函数呢？答案是否定的。C++中下列特殊的成员函数不被派生类所继承：①构造函数；②析构函数；③私有函数；④赋值运算符重载函数。

私有的成员函数不能被继承的原因十分自然，因为它仅属于基类，在派生类中也不能直接访问它，否则破坏了基类的封装性。

构造函数、析构函数和赋值运算符重载函数不被继承的主要原因是基类的对应函数不能处理在派生类引入的新的数据成员，不能完全正确地完成相应功能(只能正确地处理基类的数据成员)。因而，派生类对象在调用这些函数时会首先调用基类的对应函数。

7.2.2　继承方式与访问控制

在类的定义中，用访问控制符 private、protected 和 public 说明成员的可见性。公有成员能被任何函数所访问，而私有和保护成员仅能接受类的成员函数和类的友元(包括友元函数和友元类)的访问。派生类继承于基类，那么基类成员在派生类中的可见性如何呢？

C++类的继承方式有 3 种，不同的继承方式决定了基类中的成员在派生类中的可见性。表 7-1 列出了 3 种继承方式在派生类中影响基类成员的可见性和访问控制属性的情况。

表 7-1　继承方式对基类成员访问控制属性的影响

基类成员 继承方式	private	protected	public
private	不可访问/私有成员	可访问/私有成员	可访问/私有成员
protected	不可访问/私有成员	可访问/保护成员	可访问/保护成员
public	不可访问/私有成员	可访问/保护成员	可访问/公有成员

表 7-1 中的“不可访问”和“可访问”表示在派生类中访问基类成员的能力。“私有成员”“保护成员”和“公有成员”表示基类成员在派生类中访问控制属性变化情况。

例如，基类是 public 的成员采用 private 继承方式时，表中相应项为“可访问/私有成员”，表示在派生类中可直接访问基类的公有成员，但该成员在派生类中其访问控制属性已被改为是私有成员，因此从派生类对象外不可直接访问基类的公有成员(从基类对象外可以直接访问)。派生类中基类成员访问控制属性的改变直接影响到基类成员在派生类对象外的访问能力。

从纵向观察表 7-1 可知：

- 基类的私有成员无论采用怎样的继承方式，它在派生类中均不可访问，也不存在访问控制属性改变的问题。基类中的私有成员只能通过保护或公有的函数访问。
- 基类的保护成员在派生类中所有的继承方式均可直接访问，不过私有继承方式会把基类访问控制属性是保护成员的转换为派生类中的私有成员，而保护和公有继承方式依然保持其为保护成员的访问控制属性。
- 基类的公有成员在派生类中也是可直接访问的，派生类中基类成员的访问控制属性均随继承方式而改变。

从横向观察表 7-1 可知，3 种继承方式都不改变从派生类访问基类成员的能力，但私有和保护继承方式均会改变基类成员在派生类中的访问控制属性，而只有公有继承方式保持基类成员的访问控制属性在派生类中不变。在应用中，公有继承方式绝对是主流的派生方式，其他两种方式使用较少。

需要强调的是无论采用什么样的继承方式，基类中的成员均被派生类所继承，派生类对象含有基类的数据成员和成员函数。继承方式仅仅影响到基类成员在派生类中的访问控制属性。对于在派生类中不可直接访问的私有成员，正确的方法是通过基类提供的公有成员函数进行间接的访问。利用成员函数访问私有数据的目的，是防止数据成员被直接修改，它是面向对象程序设计的封装思想的重要体现。

【例 7-2】3 种继承方式对访问控制能力的影响示例。

程序代码：

```
#include<iostream>
#include<string>
using namespace std;
class Base {
public:
    Base(string n = "") :name(n) {}
    void pubFun() {
        cout << name << "调用基类的公有函数 pubFun()! " << endl;
    }
protected:
    void protFun() {
        cout << name << "调用基类的保护函数 protFun()! " << endl;
    }
private:
    string name="";
};
class DerivedA final : public Base {    //DerivedA 为 final 类，不能作为基类
public:
    DerivedA() :Base("公有派生类 DerivedA 对象 ") {}
};
class DerivedB :protected Base {
public:
    DerivedB() :Base("保护派生类 DerivedB 对象 ") {}
};
class DerivedC :private Base {
public:
    DerivedC() :Base("私有派生类 DerivedC 对象 ") {}
    void show() {                        //可在类中调用基类的公有和保护成员函数
        pubFun();
        protFun();
    }
};
//class X : public DerivedA {};          //①
int main() {
    DerivedA objA;                       //公有派生类对象 objA
    DerivedB objB;                       //保护派生类对象 objB
    DerivedC objC;                       //私有派生类对象 objC
    objA.pubFun();                       //pubFun()为公有函数，可以访问
    //objA.protFun();                    //protFun()为保护函数，不能访问
    //objB.pubFun();                     //pubFun()为保护函数，不能访问
    //objC.pubFun();                     //pubFun()为私有函数，不能访问
    objC.show();                         //②
}
```

运行结果：

```
公有派生类 DerivedA 对象 调用基类的公有函数 pubFun()!
私有派生类 DerivedC 对象 调用基类的公有函数 pubFun()!
私有派生类 DerivedC 对象 调用基类的保护函数 protFun()!
```

程序说明：

① 由于 DerivedA 是 final 类，用其派生新类 X，编译器报错：不能将"final"类类型用作基类。

② 私有派生不影响派生中成员函数访问基类中的公有和保护成员。运行结果中的第 2、3 行信息是由该行语句输出。

7.2.3 成员函数的同名覆盖与隐藏

改造基类成员函数是派生类在基类上扩展功能的重要手段之一。在派生类中重新定义基类的同名成员函数后，基类中同名成员函数将被**同名覆盖**(Override)或**隐藏**(Hide)。

派生类中重定义的同名成员函数的函数签名决定了基类中成员函数是被同名覆盖还是被隐藏。

同名覆盖是由于派生类与基类的同名成员函数的函数签名相同，派生类对象在调用同名成员函数时，系统调用派生类的同名成员函数，而基类的相应函数被遮盖。

隐藏是由于派生类与基类的同名成员函数的函数签名不同(即函数名相同而形参不同)，派生类对象在调用同名成员函数时，编译器在派生类中查找了同名函数，而形参又不匹配。派生类中同名但不同签名的成员函数阻止了对基类中同名函数的访问。

与函数签名相关的另一个概念是函数重载。在类的设计中，如果同一个类中有多个同名但不同签名的成员函数，则这些成员函数之间是函数重载关系。函数重载要求函数在同一个作用域中，因此函数重载只能出现在同一个类，基类与派生类的同名函数之间不存在重载关系。

C++的函数重载、覆盖、隐藏这 3 个概念，对于初学者来说普遍感到容易混淆和难以掌握。如果了解了编译器查找成员函数的方法和实现机理，则它们的含义和区别会变得简单明晰。

编译器调用类的成员函数的方法是：根据函数名(不是函数签名)沿着类的继承链逐级向上查找相匹配的函数定义。如果在类层次结构的某个类中找到了同名的成员函数，则停止查找，否则沿着继承链向上继续查找。派生中的同名函数阻止编译器到其基类继续查找，这就是出现同名覆盖和隐藏现象的原因。整个查找过程会出现下列两种情况：

- 在派生类中没有找到成员函数，再到基类中查找。如果在基类中找到并且实参与形参正确匹配，则函数调用成功，否则出错。
- 在派生类中找到了同名的成员函数，不再到基类中查找。此时又有两种情况：①函数调用实参与形参正确匹配，则调用派生类中的同名成员函数(同名覆盖)；②实参与形参匹配不成功，编译器报告错误(隐藏)。

从成员函数调用的查找方法可知，同名覆盖和隐藏基类函数的原因是由于编译器在派生类中遇到同名函数后不再到基类中继续查找。然而，在派生类中可利用作用域标识符(::)直接调用基类的同名成员函数，方式如下：

```
[<派生类对象名>.]<基类名>::<函数名>
```

【例 7-3】派生类中成员函数的同名覆盖与隐藏示例。

程序代码：

```
#include <iostream>
using namespace std;
class B {
public:
    void fun(int a) {
        cout << "调用B::fun(int)函数，" << "实参值为：" << a << endl;
    }
    void gun(char ch) {
        cout << "调用B::gun(char)函数，" << "实参值为：" << ch << endl;
    }
    void hun() {
        cout << "调用B::hun()函数。" << endl;
    }
};
class D : public B {
public:
    void fun(int a, int b) {          //隐藏B中fun(int)函数
        cout << "调用D::fun(int,int)函数，" << "实参值为：" << a << "," <<
b << endl;
    }
    void gun(char ch) {               //覆盖B中gun(char)函数
        cout << "调用D::gun(char)函数，" << "实参值为：" << ch << endl;
    }
    void gun(double x) {              //重载gun函数
        cout << "调用D::gun(double)函数，" << "实参值为：" << x << endl;
    }
};
int main() {
    B b;
    D d;
    cout << "B对象调用成员函数:\n";
    b.fun(123);
    b.gun('B');
    b.hun();
    cout << "D对象调用成员函数:\n";
    //d.fun(100);                      //编译出错。B::fun(int)被隐藏
    d.B::fun(100);                     //可显式调用被隐藏的B::fun(int)
    d.fun(300, 600);
    d.gun('D');
    d.gun(3.14);
    d.hun();                           //调用基类函数hun()
    return 0;
}
```

运行结果：

```
B对象调用成员函数:
调用B::fun(int)函数，实参值为：123
调用B::gun(char)函数，实参值为：B
调用B::hun()函数。
D对象调用成员函数:
调用B::fun(int)函数，实参值为：100
```

```
调用D::fun(int,int)函数，实参值为：300,600
调用D::gun(char)函数，实参值为：D
调用D::gun(double)函数，实参值为：3.14
调用B::hun()函数。
```

跟踪与观察：

(1) 从图 7-3 可见，用 D::开头列出的 5 个函数项中，D::hun(void)值是基类 B 的 hun(void)函数，而 D::fun(int)项报错。hun(void)和 fun(int)这两个函数在类 D 中均没有定义，但是一个能调用基类中对应函数，一个却不能。原因是 D 中定义了 fun(int,int)同名函数，隐藏了对 B::fun(int)函数的调用。这也是主函数中语句 d.fun(100);编译报错的原因。

(2) 派生类中 D::gun(char)函数与基类中 B::gun(char)函数的签名完全相同，它在派生类中覆盖了 B::gun(char)。主函数中语句 d.gun('D');的输出是 D::gun(char)所为。

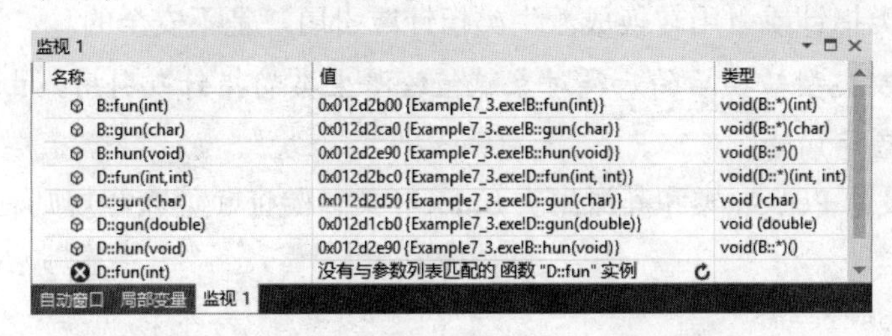

监视 1

名称	值	类型
B::fun(int)	0x012d2b00 {Example7_3.exe!B::fun(int)}	void(B::*)(int)
B::gun(char)	0x012d2ca0 {Example7_3.exe!B::gun(char)}	void(B::*)(char)
B::hun(void)	0x012d2e90 {Example7_3.exe!B::hun(void)}	void(B::*)()
D::fun(int,int)	0x012d2bc0 {Example7_3.exe!D::fun(int, int)}	void(D::*)(int, int)
D::gun(char)	0x012d2d50 {Example7_3.exe!D::gun(char)}	void (char)
D::gun(double)	0x012d1cb0 {Example7_3.exe!D::gun(double)}	void (double)
D::hun(void)	0x012d2e90 {Example7_3.exe!B::hun(void)}	void(B::*)()
D::fun(int)	没有与参数列表匹配的 函数 "D::fun" 实例	

自动窗口　局部变量　监视 1

图 7-3　例 7-3 中基类与派生类的成员函数

7.2.4　派生类与基类的赋值兼容

派生类对象中包含基类的数据成员，派生类是对基类的一种扩展。那么，派生类对象是否能赋值给基类对象、指针或引用呢？反过来是否也可以呢？

由于派生类中包含从基类继承的成员，因此在任何需要基类对象的地方都可以用公有派生类的对象来代替。派生类对象向基类对象、指针或引用赋值满足以下兼容规则：

- 派生类对象可以赋值给基类对象，它是把派生类对象中从对应基类中继承来的成员赋值给基类对象。
- 派生类对象的地址可以赋给指向基类的指针变量，即基类指针可以指向派生类对象。但通过该指针只能访问派生类中从基类继承的成员，不能访问派生类中的新增成员。
- 派生类对象可以代替基类对象向基类对象的引用进行赋值或初始化。但它只能引用包含在派生类对象中基类部分的成员。

注意：这里所说的赋值只是对数据成员赋值，对成员函数不存在赋值问题。

基类对象是否能直接赋给派生类对象、指针或引用呢？答案是不能直接赋值，编译器会报告错误。

在对基类对象进行适当的转换或增添成员函数后，基类对象能向派生类对象、指针或引用赋值。然而，由于从基类转换来的派生类对象缺少派生类中新增的数据成员，因而访问指向基类对象的派生类指针(或引用)是不安全的。

下面列出两种转换方法。

(1) 在派生类中定义正确的转换构造函数或赋值运算符重载函数，则能确保将基类对象赋给派生类对象语句通过编译。此时，派生类对象中数据成员的内容与所定义的构造函数或赋值运算符重载函数相关。

(2) 用强制类型转换运算符 static_cast 转换基类对象为派生类对象并赋给派生类指针或引用，格式如下：

```
<派生类> * <派生类指针>=static_cast<派生类 *>(&<基类对象>);
<派生类> & <派生类引用>=static_cast<派生类 &>(<基类对象>);
```

其中 static_cast 运算符的使用格式为 static_cast<类型名>(<表达式>)，功能是把<表达式>转换为<类型名>的类型，但没有运行时类型检查来保证转换的安全性。用 static_cast 运算符能实现类层次结构中基类和派生类之间指针或引用的转换。这种转换分为“上行”和“下行”两种。上行转换是指把派生类指针或引用转换成基类指针或引用，是安全的；下行转换是指把基类指针或引用转换成派生类指针或引用，是不安全的。

注意：将强制类型转换后的基类对象赋值给派生类的指针或引用，由于缺少派生类的成员，可能导致程序崩溃。

【例 7-4】设计 Person 类和其派生类 Student 类，验证赋值兼容规则。

程序代码：

```
#include<iostream>
#include<string>
using namespace std;
class Person {                                              //个人类
public:
    Person(string n = "", bool s = true, double h = 0);
    void show();
private:
    string name;                                            //姓名
    bool sex;                                               //性别，男 true，女 false
    double height;                                          //身高
};
Person::Person(string n, bool s, double h) :name(n), sex(s), height(h) {}
void Person::show() {
    cout << "\t 姓名: " << name << "\t 性别: " << (sex ? "男" : "女")
<< "\t 身高" << height << endl;
}
class Student :public Person {                              //学生类
public:
    Student(string n, bool s, double h, string sn, int es):Person(n, s, h) {
        sNo = sn;
        score = es;
    }
    void show();                                            //覆盖基类同名函数
private:
    string sNo;                                             //学号
    int score;                                              //入学成绩
};
void Student::show() {
    Person::show();
    cout << "\t 学号: " << sNo << "\t 入学成绩: " << score << endl;
}
```

```
int main() {
    Person psn("张三", true, 76.8), *pPtr;
    Person person("王五", true, 53);
    Student stu("李四", false, 63.5, "s0001", 385),*sPtr;
    cout << "执行 pPtr=&psn;pPtr->show();后：\n";
    pPtr = &psn;                                        //基类指针指向基类对象
    pPtr->show();
    cout << "执行 pPtr=&stu;pPtr->show();后：\n";
    pPtr = &stu;                                        //①
    pPtr->show();
    cout << "执行 sPtr=&stu;sPtr->show();后：\n";
    sPtr = &stu;                                        //②
    sPtr->show();
    cout << "执行 psn=stu;psn.show();后：\n";
    psn = stu;                                          //③
    psn.show();
    cout << "执行 sPtr=static_cast<Student *>(&person);sPtr->show();后：\n";
    sPtr=static_cast<Student *>(&person);               //④
    sPtr->show();
    return 0;
}
```

运行结果：

```
执行 pPtr=&psn;pPtr->show();后：
    姓名：张三      性别：男      身高 76.8
执行 pPtr=&stu;pPtr->show();后：
    姓名：李四      性别：女      身高 63.5
执行 sPtr=&stu;sPtr->show();后：
    姓名：李四      性别：女      身高 63.5
    学号：s0001     入学成绩：385
执行 psn=stu;psn.show();后：
    姓名：李四      性别：女      身高 63.5
执行 sPtr=static_cast<Student *>(&person);sPtr->show();后：
    姓名：王五      性别：男      身高 53
    学号：
```

图 7-4 所示为例 7-4 中基类指针和派生类指针。

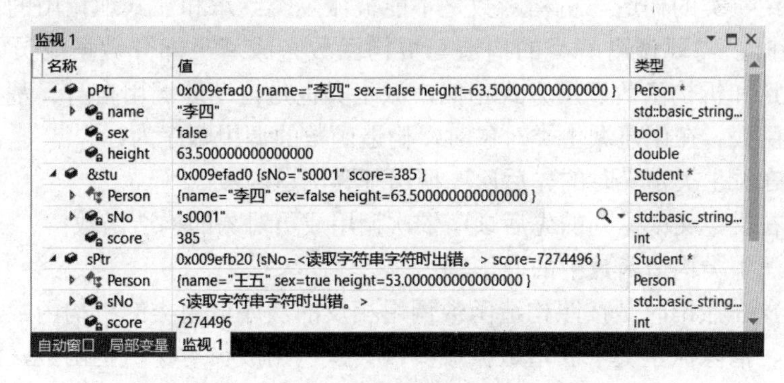

图 7-4　例 7-4 中基类指针和派生类指针

程序说明：

① 从图 7-4 的前两项可见，基类指针 pPtr 可以指向派生类对象 stu，但 pPtr 中不包含 sNo 和 score 内容，仅能访问 stu 中的 Person 部分内容。从输出结果可见，pPtr->show();语句调用的也是 Person 中的 show 函数。

② sPtr = &stu;语句是派生类指针指向派生类对象，其完整地输出了 stu 中的信息。

③ psn = stu;语句是派生类对象 stu 赋值给基类对象 psn，但 psm 中“切掉”了派生类中定义的数据成员，仅含有 stu 中基类部分的信息。

④ 该行语句是强行让派生类指针 sPtr 指向基类对象 person。若该行语句改为 sPtr = &person;，则编译器报类型不匹配的错误。从图 7-4 的最后项可见，sPtr 项中的 sNo 和 score 的值均不正确。程序运行至主函数倒数第 2 行 sPtr->show();语句，在输出 sNo 项时，抛出异常，致使运行结果的最后一行仅输出：学号，程序返回代码为：-1073741819。

7.3 派生类的构造与析构

在派生类对象中，数据成员分为两类：一类是继承于基类部分的数据成员；另一类是新添加的数据成员，包含用其他类定义的成员对象。派生类对象中数据成员继承了基类数据，因而构造函数需要负责它们的初始化。派生类构造函数的定义格式如下：

```
派生类名(<参数总表>):基类名 1(<参数表 1>)[,…, 基类名 m(<参数表 m>),
          成员对象名 1(<成员对象参数表 1>),…,成员对象名 n(<成员对象参数表 n>)]{
     <派生类新增成员的初始化>;
}
```

说明：

(1) 基类名 1(<参数表 1>),…, 基类名 m(<参数表 m>)为基类成员的初始化表，成员对象名 1(<成员对象参数表 1>),…,成员对象名 n(<成员对象参数表 n>)为成员对象初始化表。派生类中新增的类型为基本类型的数据成员也可采用成员对象的方式进行初始化。

(2) 派生类构造函数中所列出的基类名 i(<参数表 i>)，在基类中需要有相匹配的构造函数。<参数总表>中包含其所有基类、成员对象和新增成员初始化所需的参数。

(3) 冒号后面的基类名和对象名之间用逗号分隔，其顺序没有严格的限制。

前面已介绍，类的构造与析构函数是不能被派生类继承和显式地调用的。派生类对象在创建和撤销时，需要调用基类的构造与析构函数完成基类部分数据成员的初始化和释放。与类的构造和析构函数调用方式相似，派生类也是自动地调用自身、基类和成员对象的构造与析构函数。在创建派生类对象时，构造函数的调用顺序为：

① 按照在派生类定义时的先后次序调用基类构造函数；

② 按照在类定义中排列的先后顺序依次调用成员对象的构造函数；

③ 执行派生类构造函数中的操作。

派生类对象在撤销时是按照构造函数调用相反的次序调用类的析构函数。首先调用派生类析构函数，清除派生类中新增数据成员；其次调用成员对象析构函数，清除派生类对象中的成员对象；最后调用基类的析构函数，清除从基类继承来的数据成员。

【例 7-5】设计 Teacher 类，它继承于 Person 类并组合了 Date 类。演示派生类对象在构造和析构时，基类和成员对象构造与析构函数的调用情况。

程序代码:

```
#include<iostream>
#include<string>
using namespace std;
//日期类
class Date {
    friend ostream & operator<<(ostream &, const Date &);
public:
    Date(int = 1900, int = 1, int = 1);
    ~Date();
private:
    int year, month, day;
};
ostream & operator<<(ostream & os, const Date & d) {
    os << d.year << "-" << d.month << "-" << d.day;
    return os;
}
Date::Date(int y, int m, int d) {
    year = y; month = m; day = d;
    cout << "Date类对象(" << *this << ")被构造! " << endl;
}
Date::~Date() {
    cout << "Date类对象(" << *this << ")被析构! " << endl;
}
//个人类
class Person {
    friend ostream & operator<<(ostream &, const Person &);
public:
    Person(string = "", bool = true);
    ~Person();
    string getName() { return name; }
    bool getSex() { return sex; }
private:
    string name;                    //姓名
    bool sex;                       //性别
};
ostream & operator<<(ostream & os, const Person & p) {
    os << "姓名: " << p.name << ", 性别: " << (p.sex ? "男" : "女");
    return os;
}
Person::Person(string n, bool s):name(n),sex(s) {
    cout << "Person类对象(" << *this << ")被构造! " << endl;
}
Person::~Person() {
    cout << "Person类对象(" << *this << ")被析构! " << endl;
}
//教师类
class Teacher :public Person {//Person类派生Teacher类
    friend ostream & operator<<(ostream &, Teacher &);
public:
    Teacher(string = "", bool = true, int = 1900, int = 1, int = 1, int
= 0, string = "");
    ~Teacher();
private:
```

```
    int empoyeeNumber;            //工号
    Date dateOfWork;              //参加工作日期，组合 Date 类对象
    string profTitle;             //职称
};
ostream & operator<<(ostream & os, Teacher & t) {
   os << "姓名: " << t.getName() << ", 性别: " << (t.getSex() ? "男" : "女")
        << ", 工号" << t.empoyeeNumber << ", 参加工作日期: "
<< t.dateOfWork << ", 职称: "
        << t.profTitle;
    return os;
}
Teacher::Teacher(string n, bool s, int y, int m, int d, int en, string
pt)
    :dateOfWork(y, m, d),         //成员对象初始化
    Person(n, s) {                //基类初始化
    empoyeeNumber = en;
    profTitle = pt;
    cout << "Teacher类对象(" << *this << ")被构造! " << endl;
}
Teacher::~Teacher() {
    cout << "Teacher类对象(" << *this << ")被析构! " << endl;
}
//主函数
int main() {
    Teacher trobj("张三", true, 2003, 8, 10, 601263, "讲师");
    return 0;
}
```

运行结果:

```
Person类对象(姓名: 张三, 性别: 男)被构造!
Date类对象(2003-8-10)被构造!
Teacher类对象(姓名: 张三, 性别: 男, 工号601263, 参加工作日期: 2003-8-10, 职称: 讲
师)被构造!
Teacher类对象(姓名: 张三, 性别: 男, 工号601263, 参加工作日期: 2003-8-10, 职称: 讲
师)被析构!
Date类对象(2003-8-10)被析构!
Person类对象(姓名: 张三, 性别: 男)被析构!
```

程序说明:

从运行结果可见，派生类对象 trobj 构造的顺序是先调用基类 Person 构造函数，再调成员对象类 Date 的构造函数，最后调派生类 Teacher 的构造函数。而析构函数的调用次序正好与构造函数相反。

C++ 11 新标准推出了派生类中继承基类构造函数的方法，简称**继承构造函数**(Inheriting Constructor)。声明方式如下:

```
class <派生类名> : <继承方式> <基类名>{
    using <基类名>::<基类名>;
};
```

在派生类中，用 using 声明继承构造函数，则编译器会根据基类构造函数合成一个与之对应的派生类构造函数。并且合成是在程序中需要调用派生类构造函数时才发生。继承

构造函数的使用需要注意下列事项：

- 继承构造函数无法初始化派生类数据成员。
- 默认、拷贝和移动构造函数不会被继承。
- 基类构造函数拥有默认值会导致合成多个版本的构造函数。继承构造函数不能继承基类构造函数的默认参数。
- 派生类定义的构造函数若与基类继承的构造函数具有相同的参数列表，则该构造函数不会被继承。
- 如果基类构造函数是私有成员函数，或者派生类继承于虚基类(参见 7.4 节)，则不能在派生类中声明继承构造函数。
- 一旦使用继承构造函数，编译器不再为派生类合成默认构造函数。

【例 7-6】继承构造函数用法示例。

程序代码：

```
#include<iostream>
using namespace std;
class Base {
public:
    Base(int x = 0, char c = 'B') :b(x), ch(c) {}
    Base(const Base & bs) :b(bs.b), ch(bs.ch) {}
    void show() {
        cout << "b=" << b << "\tch=" << ch;
    }
private:
    int b;
    char ch;
};
class Derived :public Base {
public:
    using Base::Base;                              //继承基类构造函数
    Derived(int a, char b, double c)               //派生类自定义构造函数
        :Base(a, b), d(c) {}
    void show() {
        Base::show();
        cout << "\td=" << d << endl;
    }
private:
    double d = 3.14;
};
int main() {
    Derived obj1(100, 'X'), obj2(200);             //①
    Derived obj3(50, 'D', 12.34), obj4 = obj1;     //②
    //Derived obj5;                                //编译器报错
obj1.show();
    obj2.show();
    obj3.show();
    obj4.show();
    return 0;
}
```

运行结果：

```
b=100   ch=X    d=3.14
```

```
b=200   ch=B    d=3.14
b=50    ch=D    d=12.34
b=100   ch=X    d=3.14
```

程序说明：

① 从运行结果可知，obj1 对象的初始化调用了继承构造函数 Derived::Derived(int,char)，obj2 对象的初始化调用了继承构造函数 Derived::Derived(int)，而派生类中数据成员 d 的值为 3.14。

② 从图 7-5 可见，派生类中有 3 个有参的构造函数，其中 Derived(int,char,double)为用户自定义构造函数。图中第 6 项 Derived::Derived()被标记为错误，即派生类无缺省构造函数。这是主函数中语句 Derived obj5;报错的原因。

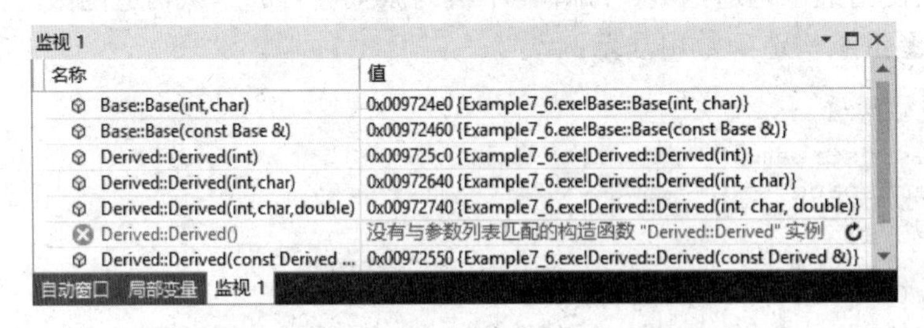

图 7-5　例 7-6 继承构造函数跟踪窗口

从运行结果可见，对象 obj3 调用派生类中用户自定义构造函数 Derived(int, char, double)进行初始化，对象 obj4 的初始化调用了系统合成的拷贝构造函数。

7.4　多重继承与虚基类

C++支持从两个及以上基类共同派生出新的派生类，这种继承结构被称为**多重继承**(Multiple Inheritance)或**多继承**。多重继承能方便地描述事物的多种特征，能方便地支持代码复用，具有结构简单清晰的优点。但是由于继承了多个类的成员，使其结构较为复杂，容易引起比较严重的语义歧义问题，因此一些新的面向对象程序设计语言(如：Java，C#)并不支持类的多重继承，取而代之的是以**接口**(一种特殊的类)实现多重继承。

7.4.1　多重继承

多重继承的派生类继承于多个基类，在派生类定义时，多个基类之间用逗号分隔。派生类对象初始化时，将首先调用基类的构造函数，其调用顺序是参照定义中的次序，如：

```
class C : public A, public B {
public:
   C() : B(), A() { cout<<"Call C Constructor!"<<endl; }
};
```

基类 A 的构造函数先调用，尽管在构造函数声明中基类 B 的构造函数在基类 A 的前面。

由于多重继承的基类不止一个，而不同的类其数据成员和成员函数有可能同名，此时派生类继承了不同基类的同名成员，会出现访问二义性问题。

【例 7-7】以手机类和 mp4 播放器类为基类派生音乐手机类示例。

程序代码:

```
#include<iostream>
#include<string>
using namespace std;
class MobilePhone {                  //手机类
public:
    MobilePhone(string t = "", float p = 0.0, string ap = "")
        :trademark(t), price(p), apperance(ap) {}
    void show();
private:
    string trademark;                    //商标
    float price;                         //价格
    string apperance;                    //外形,分为直板、翻盖、滑盖等
};
void MobilePhone::show() {
    cout << "品牌: " << trademark << "\t 价格: " << price << "\t 外形: "
        << apperance << endl;
}

class MusicPlayer {                      //音乐播放器类
public:
    MusicPlayer(string t = "", float p = 0.0, string af = "", int f = 0)
        :trademark(t), price(p), audioFormat(af), flashMemory(f) {}
    void show();
private:
    string trademark;                    //商标
    float price;                         //价格
    string audioFormat;                  //支持的音乐格式
    int flashMemory;                     //内置内存
};
void MusicPlayer::show() {
    cout << "品牌: " << trademark << "\t 价格: " << price << "\t 音乐格式: "
        << audioFormat << "\t 内存: " << flashMemory << "GB" << endl;
}
class MusicPhone : public MobilePhone, public MusicPlayer {//音乐手机类
public:
    MusicPhone(string t = "", float p = 0.0, string ap = "", string af =
"", int f = 0,
        string col = "")    :MobilePhone(t, p, ap), MusicPlayer(t, p, af,
f), color(col) {}
    void display();
private:
    string color;                        //颜色
};
void MusicPhone::display() {
    MobilePhone::show();                 //①
    MusicPlayer::show();
    cout << "颜色: " << color << endl;
}
int main() {
    MusicPhone myObj("步步高", 1800, "滑盖", "MIDI/MP3/AAC 等", 1, "黑色");
    myObj.display();
```

```
    //myObj.show();                    //② 报错："MusicPhone::show"不明确
    return 0;
}
```

运行结果：

```
品牌：步步高    价格：1800     外形：滑盖
品牌：步步高    价格：1800     音乐格式：MIDI/MP3/AAC等        内存：1GB
颜色：黑色
```

程序说明：

① MobilePhone 类和 MusicPlayer 类均拥有 show 成员函数，在派生类中访问 show 函数必须指明是属于哪个基类的成员函数，方法是 MobilePhone::show();，其中“::”是作用域标识符。

② 因为派生类 MusicPhone 类从基类 MobilePhone 和 MusicPlayer 分别继承了两个 show 函数，导致编译器无法区分是调用哪个基类中的 show 函数。

7.4.2 虚基类

在例程 7-7 中，手机类和播放器类均含有商标和价格数据成员，并且在派生类中包含了两份同样的数据。这种设计不仅浪费存储空间，而且会带来数据更新的一致性问题。例如，若音乐手机降价了，则需要同时修改两处 price 私有数据。一种比较自然的设计方法是定义一个商品类，其中包含商标和价格数据，而手机类和播放器类分别继承于商品类。商品类多重继承层次结构如图 7-6 所示。

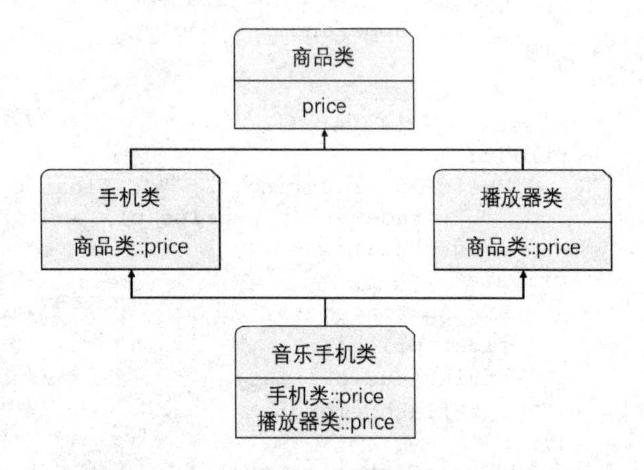

图 7-6 商品类的多重继承层次结构

在多重继承的类继承层次结构中，继承于两个不同基类的派生类，由于其基类又派生于同一个基类(不一定是直接基类)，故可能出现如图 7-6 所示的“**钻石继承**”(又称**菱形继承**)情况。此时商品类中的数据成员(如价格 price)分别被其派生类手机类和播放器类所继承，而音乐手机类又多重继承于手机类和播放器类，因此，商品类的数据成员 price 分别通过手机类和播放器类派生给音乐手机类，同样的数据成员在音乐手机派生类对象中将出现两个，并且存储地址也不相同。这样不仅浪费存储空间，而且还会因为需要维护数据的一致性增加额外的开销。

下面的示例说明了多重继承可能引发“钻石继承”问题。

【例 7-8】多重继承中存在的“钻石继承”和数据同步问题示例。

程序代码：

```
#include<iostream>
#include<string>
using namespace std;
class Merchandise {                                    //商品类
```

```
public:
    Merchandise(string n = "", float p = 0.0) :name(n), price(p) {}
    string getName() { return name; }
    float getPrice() { return price; }
    void setName(string n) { name = n; }
    void setPrice(float p) { price = p; }
private:
    string name;                              //商品名称
    float price;                              //价格
};
class MobilePhone :public Merchandise {       //手机类
public:
    MobilePhone(string n = "", float p = 0.0, string ap = "")
        :Merchandise(n, p), apperance(ap) {}
    void show();
private:
    string apperance;                         //外形,分为直板、翻盖、滑盖等
};
void MobilePhone::show() {
    cout << "商品名称: " << getName() << "\t 价格: " << getPrice() << "\t 外形: "
        << apperance << endl;
}
class MusicPlayer :public Merchandise {       //音乐播放器类
public:
    MusicPlayer(string n = "", float p = 0.0, string af = "", int f = 0)
        :Merchandise(n, p), audioFormat(af), flashMemory(f) {}
    void show();
private:
    string audioFormat;                       //支持的音乐格式
    int flashMemory;                          //内置内存
};
void MusicPlayer::show() {
    cout << "商品名称: " << getName() << "\t 价格: " << getPrice() << "\t 音
乐格式: "
        << audioFormat << "\t 内存: " << flashMemory << "GB" << endl;
}
class MusicPhone : public MobilePhone, public MusicPlayer {//音乐手机类
public:
    MusicPhone(string t = "", float p = 0.0, string ap = "", string af =
"", int f = 0,
        string col = "") :MobilePhone(t, p, ap), MusicPlayer(t, p, af,
f), color(col) {}
    void display();
private:
    string color;                             //颜色
};
void MusicPhone::display() {
    MobilePhone::show();
    MusicPlayer::show();
    cout << "颜色: " << color << endl;
}
int main() {
   MusicPhone myObj("音乐手机", 1800, "滑盖", "MIDI/MP3/AAC 等", 1, "黑色");
    myObj.MusicPlayer::setPrice(500);
```

```
    myObj.display();
    return 0;
}
```

运行结果：

```
商品名称：音乐手机        价格：1800        外形：滑盖
商品名称：音乐手机        价格：500         音乐格式：MIDI/MP3/AAC等 内存：1GB
颜色：黑色
```

跟踪与观察：

从图 7-7 可见，对象 myObj 展开后，其中包含两个 price。修改其中之一的值，另外一个值不会改变，即它们两个是各自独立的。

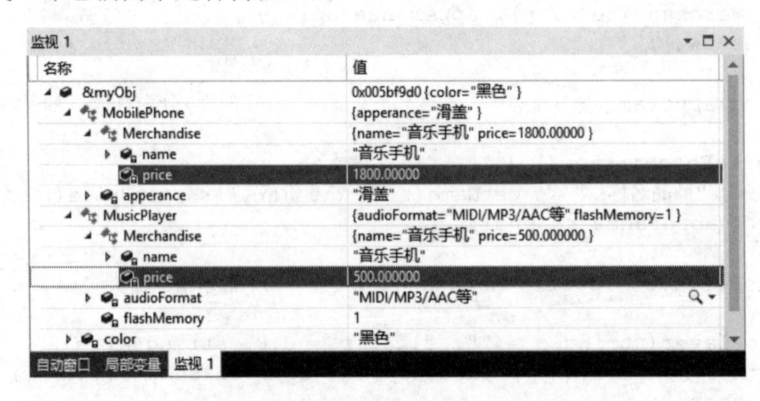

图 7-7　例 7-8 中对象 myObj 的跟踪窗口

多重继承中存在的钻石继承结构将导致基类的数据成员在派生类对象中重复出现。为解决多重继承在路径汇聚点上的派生类因从不同路径继承了某个基类多次而产生重复继承的问题，C++语言通过引入**虚基类**(Virtual Base Class)来支持派生类对象在内存中仅有基类数据成员的一份拷贝，以消除钻石继承所产生的数据重复存储问题。

虚基类定义的语法非常简单，只需用 virtual 限定符在派生类定义时将基类的继承方式声明为虚拟的即可。例如：

```
class MobilePhone : virtual public Merchandise{
……}
```

其中 virtual 和 public 关键字的次序可任意。

下面的例程是在例 7-8 的基础上，通过定义虚基类解决派生类对象中基类数据成员重复存储的问题。

【例 7-9】用虚基类解决“钻石继承”问题。

程序代码：

```
#include<iostream>
#include<string>
using namespace std;
class Merchandise {//商品类
    略，参见例 7-8
};
class MobilePhone : virtual public Merchandise {    //手机类
```

```
    略，参见例 7-8
};
class MusicPlayer :public virtual Merchandise {//音乐播放器类
    略，参见例 7-8
};
class MusicPhone : public MobilePhone, public MusicPlayer {//音乐手机类
public:
    MusicPhone(string t = "", float p = 0.0, string ap = "", string af =
"", int f = 0,
        string col = "") :MobilePhone(t, p, ap), MusicPlayer(t, p, af,
f), color(col),
        Merchandise(t,p){}        //注意！需要显式调用虚基类构造函数
    略，参见例 7-8
};
int main() {
   MusicPhone myObj("音乐手机", 1800, "滑盖", "MIDI/MP3/AAC 等", 1, "黑色");
    myObj.MusicPlayer::setPrice(500);
    myObj.display();
    return 0;
}
```

运行结果：

```
商品名称：音乐手机        价格：500    外形：滑盖
商品名称：音乐手机        价格：500    音乐格式：MIDI/MP3/AAC 等   内存：1GB
颜色：黑色
```

图 7-8 所示为例 7-9 程序类图。

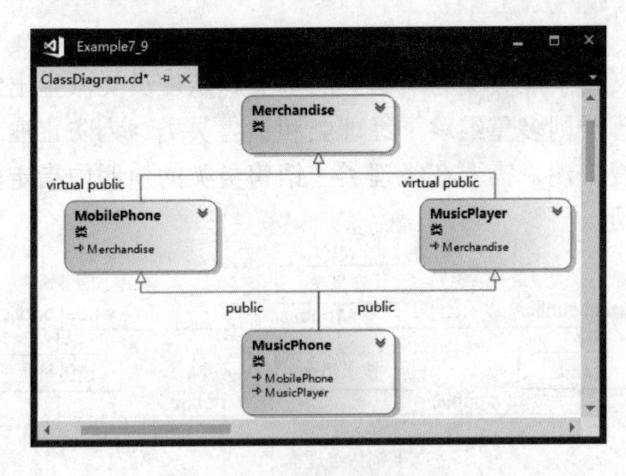

图 7-8　例 7-9 程序类图

跟踪与观察：

(1)　从图 7-8 可见，4 个类之间形成了菱形关系。MobilePhone 和 MusicPlayer 类都继承于 Merchandise 类，而 Merchandise 被声明为虚基类。

(2)　对比图 7-7 和图 7-9 可见，图 7-9 中的 myObj 对象比图 7-7 的相同对象多了 Merchandise 项。若修改其中的 price 项为 700，则展开 MobilePhone 和 MusicPlayer 项可见其中的 price 项的值均为 700。事实上，修改 myObj 中任何一个 price 的值，另外两个均同步更新，这是因为 myObj 中仅包含了一个 price。

图 7-9 例 7-9 myObj 对象跟踪窗口

7.5 案 例 实 训

1. 案例说明

设计一个员工工资管理程序，要求交互输入人员信息，计算人员工资并保存至文件。

假设某公司的雇员(Employee)包括下列 4 类人员：经理(Manager)、技术员(Technician)、销售员(Salesman)、销售经理(Sales Manager)。

- 雇员类中含有工号、姓名、性别、月薪等基本信息。
- 经理工资包括固定奖金和业绩工资，月薪为二者之和。
- 技术员工资的计算方法是当月工作时间乘每小时工资。
- 销售员工资由基本工资(1800 元)外加销售额与提成比例之积构成。
- 销售经理工资是经理工资的一半再加所辖部门销售总额与提成比例之积。

2. 编程思想

在设计时，先定义一个雇员类为所有类的基类。从雇员类派生出经理类、技术员类、销售员类，而销售经理类则多重继承于经理类和销售员类。为防止雇员类中的数据成员在销售经理类对象中重复出现，需要在经理类、销售员类的声明中指定基类为虚基类。类的层次结构如图 7-10 所示。

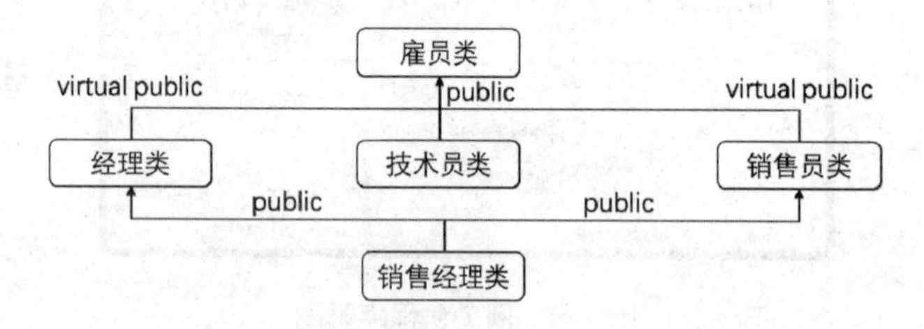

图 7-10 工资管理程序的类层次结构图

雇员类中包含所有员工共同具有的数据：工号、姓名、性别、月薪等。经理类中含有经理才有的数据：固定奖金和业绩工资。技术员类中包含的数据：每小时酬金和月工作时间。销售员类中包含的数据：销售额和提成比例。月薪的计算由派生类根据不同的规则自己计算，结果保存于基类的月薪数据成员中。

3. 程序代码

请扫二维码。

本章实训案例代码

7.6　本章小结

- 第7章小结
  - 继承是指在基类上定义派生类，是对基类的扩充，是一种代码复用手段
    - 继承是一种层次结构，C++支持单重和多重两种继承方式
    - 派生类与基类之间是“is a”的关系
  - 派生类
    - C++支持public、protected和private 3种继承方式，其中public最为常用
    - 派生类构造函数在初始化列表中调用基类构造函数
    - 派生类构造函数的调用顺序：① 基类构造函数，② 成员对象构造函数，③ 函数自身。析构函数的调用顺序与构造函数正好相反
    - C++ 11引入“继承构造函数”简化派生类构造函数的设计
    - 派生类中函数签名与基类同名函数相同的成员函数会“同名覆盖”基类中的同名函数
    - 派生类中函数签名与基类同名函数不同的成员函数会“同名隐藏”基类中的同名函数
  - 派生类与基类的赋值兼容
    - 基类指针(或引用)可以指向(或引用)派生类对象，但仅能访问派生类中基类部分的成员。反之，派生类指针(或引用)不能指向(或引用)基类对象
    - 派生类的指针(或引用)能指向(或引用)强制类型转换后的基类对象，但可能导致程序崩溃
  - 多重继承与虚基类
    - 派生类可以同时继承有多个基类，形成较复杂的层次结构
    - 钻石继承是指间接基类中的数据成员会在派生类中不止一个，引发数据一致性问题
    - 虚基类是C++中解决“钻石继承”问题的方法

7.7 习　　题

一、填空题

1. 用来派生新类的类称为________，而派生出的新类称为它的子类或派生类。

2. 有如下程序：

```
#include<iostream>
using namespace std;
class CA{
public:
    CA(){cout<<'A';}
};
class CB:private CA{
public:
    CB(){cout<<'B';}
};
int main(){
    CA a;
    CB b;
    return 0;
}
```

这个程序的输出结果是________。

3. 有如下类声明：

```
class MyBASE{
    int k;
public:
    void set(int n){k=n;}
    int get()const{return k;}
};
class MyDERIVED:protected MyBASE{
protected:
    int j;
public:
    void set(int m,int n){MyBASE::set(m);j=n;}
    int get()const{return MyBASE::get()+j;}
};
```

则类 MyDERIVED 中保护的数据成员和成员函数的个数是________。

A. 4　　B. 3　　C. 2　　D. 1。

4. 有如下声明：

```
class Base{
protected:
    int amount;
public:
    Base(int n=0):amount(n){}
    int getAmount() const{return amount;}
};
class Derived : public Base{
```

高等学校应用型特色规划教材

```
    int value;
public:
    Derived(int m,int n):value(m),Base(n){}
    int getData() const{return value+amount;}
};
```

已知 x 是一个 Derived 对象，则下列表达式中正确的是________。

A. x.value+x.getAmount()　　B. x.getData()-x.getAmount()

C. x.getData()−x.amount　　D. x.value+x.amount

5. 建立一个有成员对象的派生类对象时，各构造函数体的执行次序为________。

A. 派生类、成员对象类、基类　　B. 成员对象类、基类、派生类

C. 基类、成员对象类、派生类　　D. 基类、派生类、成员对象类

6. C++中设置虚基类的目的是________。

A. 简化程序　　B. 消除二义性

C. 提高运行效率　　D. 减少目标代码

7. 在公有派生情况下，有关派生类对象和基类对象的关系，不正确的叙述是________。

A. 派生类的对象可以赋给基类的对象

B. 派生类的对象可以初始化基类的引用

C. 派生类的对象可以直接访问基类中的成员

D. 派生类的对象的地址可以赋给指向基类的指针

8. 有如下程序：

```
#include<iostream>
using namespace std;
class PARENT{
public:
    PARENT(){cout<<"PARENT";}
};
class SON : public PARENT{
public:
    SON(){cout<<"SON";};
};
int main(){
    SON son;
    PARENT * p;
    p=&son;
    return 0;
}
```

执行上面程序的输出是________。

二、简答题

1. 派生类可以有几种继承方式？简述不同的继承方式对基类成员的访问能力。

2. 什么是成员函数的同名覆盖？什么是隐藏？简述它们之间的区别。

3. 简述派生类与基类的赋值兼容规则。

4. 派生类中不被继承的基类函数有哪些？简述派生类构造函数和析构函数的执行顺序。

5. 什么是“钻石继承”？什么是虚基类？怎样定义虚基类？用实例说明虚基类在派生

类中的存储方式。

6. 举例说明继承和组合之间的区别与联系。

三、编程题

1. 定义一个教室类，其中包含门号、座位数、面积等数据成员。再定义一个多媒体教室派生类，包含多媒体设备信息。在两个类中分别定义构造函数、析构函数、输入与输出函数。

2. 定义一个平面几何图形基类(Shape)，在此基础上派生出矩形类(Rectangle)和圆类(Circle)，再从矩形类派生出正方形类(Square)，所有类中均含有求面积的成员函数。

3. 定义一个人员类(Person)，并以此派生出学生类(Student)和教师类(Teacher)，再由学生类和教师类派生出在职读书教师类(StuTech)。人员类含有姓名、性别、年龄等信息，学生类有学号、班级、专业等信息，教师类有职称、工资等信息。

4. 创建一个银行账户的继承层次，表示银行的所有客户账户。所有的客户都能在他们的银行账户存钱、取钱，但是账户也可以分成更具体的类型。例如，一方面存款账户 SavingAccount 依靠存款生利，另一方面，支票账户 CheckingAccount 对每笔交易(即存款或取款)收取费用。

设计一个类层次，以 Account 为基类，SavingAccount 和 CheckingAccount 为派生类。基类 Account 应该包括一个 double 类型的数据成员 balance，表示账户的余额。该类应提供一个构造函数，接收一个初始余额值并用它初始化数据成员 balance。成员函数 credit 可以向当前余额加钱；成员函数 debit 负责从账户中取钱，并且保证账户不会被透支。如果提取金额大于账户金额，函数将保持 balance 不变，并输出错误信息。成员函数 getBalance 则返回当前 balance 的值。

派生类 SavingAccount 不仅继承了基类 Account 的功能，而且还应提供一个附加的 double 类型数据成员 interestrate 表示这个账户的比率(百分比)。SavingAccount 的构造函数应接收初始余额值和初始利率值，还应提供一个 public 成员函数 calculateInterest，返回代表账户的利息的一个 double 值，这个值是 balance 和 interestrate 的乘积。注意：类 SavingAccount 应继承成员函数 credit 和 debit，不需要重新定义。

派生类 CheckingAccount 不仅继承了基类 Account 的功能，还应提供一个附加的 double 类型数据成员表示每笔交易的费用。CheckingAccount 的构造函数应接收初始余额值和交易费用值。类 CheckingAccount 需要重新定义成员函数 credit 和 debit，当每笔交易完成时，从 balance 中减去每笔交易的费用。重新定义这些函数时应用(即调用)基类 Account 的这两个函数来执行账户余额的更新。CheckingAccount 的 debit 函数只有当钱被成功提取时(即提取金额不超过账户余额时)才应收取交易费。提示：定义 Account 的 debit 函数使它返回一个 bool 类型值，表示钱是否被成功提取。然后利用该值决定是否需要扣除交易费。

当这个层次中的类定义完毕后，编写一个程序，要求创建每个类的对象并测试它们的成员函数。将利息加到 SavingAccount 对象的方法是：先调用它的成员函数 calculateInterest，然后将返回的利息数传递给该对象的 credit 值。

5. 在例 6-13 的 String 类上派生新的字符串类 MyString，MyString 类中增加字符串替换、删除和插入这 3 个成员函数。

第8章 多 态 性

多态性(Polymorphism)是面向对象程序设计的重要特性之一。多态是指为一个函数名称关联多种含义的能力，它不仅提高了面向对象软件设计的灵活性，而且使得设计和实现具有良好的可重用性和可扩充性的应用软件成为可能。

本章主要介绍动态绑定、虚函数、抽象类等重要的概念和实现方法。

学习目标：

- 掌握多态性的概念、虚函数的定义与用法，了解 override 和 final 修饰符的用法。
- 理解动态绑定的实现原理，掌握虚析构函数的用法。
- 理解抽象类的概念，掌握纯虚函数的定义与用法。

8.1 面向对象编程：多态

多态性一词最早源于生物学，是指地球上所有生物，从食物链系统、物种水平、群体水平、基因水平等层次上所体现出的形态和状态的多样性。

在面向对象程序设计中，多态性是指同样的消息被不同类型的对象接收时会产生完全不同的行为，即每个对象可以用自己特有的方式响应相同的消息。这里的消息是指对函数的调用，不同的行为是指不同的实现，即执行不同的函数。类似的事件也出现在现实世界中，例如“开始运行”这一操作指令，对于应用软件是在计算机中启动软件系统，对于轮船是开始行驶，对于发电机是开始旋转发电，等等。

从程序实现的角度，多态可分为两类：编译时的多态和运行时的多态。编译时的多态性是通过静态绑定实现的，而运行时的多态性则是在程序运行过程中通过动态绑定实现的。这里的**绑定**(Binding，又称**联编**)是指函数调用与执行代码之间关联的过程。

静态绑定(Static Binding)是在程序的编译与连接时就已确定函数调用和执行该调用的函数之间的关联。在生成的可执行文件中，函数调用所关联执行的代码是已确定的，因此静态绑定也称为**早绑定**(Early Binding)。前面介绍的函数重载(含运算符重载)就属于编译时的多态。编译器在判定应当调用多个重载函数中哪一个时，是根据源程序中函数调用所传递的实参类型查找到与之相匹配的重载函数并连接。

动态绑定(Dynamic Binding)是在程序运行时根据具体情况才能确定函数调用所关联的执行代码，因而也称为**晚绑定**(Late Binding)。动态绑定所支持的多态性能为程序设计带来良好的灵活性、可重用性和可扩充性。在 C++中，通常意义上所说的多态性是指动态多态性，本书今后所讲的多态性在没有特别说明的情况下是指动态多态性。

利用多态性容易实现“单个接口，多种方法”的软件设计技术。面向对象程序设计要求程序具有可扩展的能力，实现界面(接口)和处理方法的分离。在 C++中，动态多态性的实现方法是在同一个类的继承层次结构中通过定义**虚函数**(Virtual Function)实现。下面通过一个简单的实例予以说明。

设计平面与立体几何形处理程序，类的层次结构如图 8-1 所示。几何形类为基类，其中定义了求面积和体积的成员函数。在派生类中，根据几何形特征，分别重新定义相应函数以正确地求出相应的面积和体积。

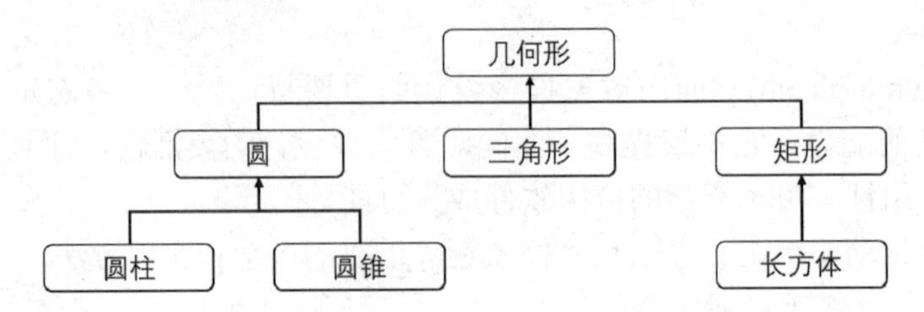

图 8-1　几何形类层次结构图

在类的继承中，重新定义同名且形参相同的成员函数称为同名覆盖。类层次结构中的类所定义的对象均能正确调用自己的成员函数。现假设需要设计一个显示函数，其功能是显示类层次结构中所有类(包含还未定义的派生类)对象的面积和体积等信息，该函数需要能接收类层次结构中的所有类的对象，故函数形参应定义为几何形类的指针(或引用)。由于该函数的形参是基类指针(或引用)，从前一章的知识可知，若传递的实参为派生类对象，则函数只能访问几何形类的成员函数而不能访问派生类中的面积和体积函数。C++的解决方法是将几何形类中的面积和体积函数定义为虚函数，程序在运行时利用多态性能正确地调用所传递对象的计算面积和体积的成员函数。

在 C++中，当通过基类指针(或引用)请求调用虚函数时，C++程序会在运行过程中正确地选择与对象关联的派生类中重定义的虚函数。

利用虚函数和多态性，程序员可以处理普遍性而让运行环境处理特殊性。即使在不知道一些对象的类型的情况下，也可以让各种各样的对象表现出适合这些对象的行为。

前面例子中的几何形类事实上是一个非常抽象的概念，其具体形状未知，面积和体积无法计算，用其定义对象也无实际意义。这种类在面向对象程序设计中被称为抽象类(Abstract Class)，其主要用途是为其他类提供合适的基类。在抽象类中通常仅定义一些没有实现的虚函数(接口)，而在其派生类中才实现各自对应的函数。这就是所谓的“单个接口，多种方法”的软件设计思想与技术。

8.2　虚函数与动态绑定

类中成员函数被声明为虚函数后，C++编译器将对虚函数进行特别处理以支持动态绑定。本节在介绍虚函数的基本用法后，着重解析 VC++中动态绑定机制的实现方法，旨在从技术层面理解多态性的概念。

C++ 11 新引入继承控制修饰符 override 和 final，控制基类成员函数在派生类中的重载。

8.2.1　虚函数的定义与用法

虚函数的定义方法是用关键字 virtual 修饰类的成员函数。例如：

```
virtual double area();
```

在C++中，不是任何成员函数都能说明为虚函数。虚函数的使用需要注意以下几点：

- 在派生类中重定义的虚函数要求函数签名和返回值必须与基类虚函数完全一致，而关键字 virtual 可以省略。在类的层次结构中，成员函数一旦在某个类中被声明为虚函数，那么在该类之后派生出来的新类中其都是虚函数。
- 虚函数不能是友元函数或静态成员函数。
- 构造函数不能是虚函数，而析构函数可以是虚函数。
- 基类的虚函数在派生类中可以不重新定义。若在派生类中没有重新改写基类的虚函数，则调用的仍然是基类的虚函数。
- 通过类的对象调用虚函数仅属于正常的成员函数调用，调用关系是在编译时确定的，属于静态绑定。动态绑定(动态多态性)仅发生在使用基类指针或基类引用调用虚函数的过程中。

【例 8-1】设计动物类及其派生类，并定义虚函数显示每种动物爱吃的食物。

程序代码：

```
#include<iostream>
#include<string>
using namespace std;
class Animal {                                          //基类Animal
public:
    Animal(string n = "动物") :name(n) {}
    virtual void eat() {                                //虚函数eat()
        cout << "爱吃的食物互不相同。" << endl;
    }
    string getName() {
        return name;
    }
private:
    string name;
};
class Poultry : public Animal {                         //派生类Poultry
public:                                                 //①
    Poultry(string n = "家禽") :Animal(n) {}
};
class Chicken : public Poultry {                        //派生类Chicken
public:
    Chicken(string n = "鸡") :Poultry(n) {}
    virtual void eat() {                                //重载虚函数eat()
        cout << "爱吃的食物为谷物。" << endl;
    }
};
class Duck : public Poultry {                           //派生类Duck
public:
    Duck(string n = "鸭") :Poultry(n) {}
    virtual void eat() {                                //重载虚函数eat()
        cout << "爱吃的食物为小鱼小虾。" << endl;
    }
};
class Panda : public Animal {                           //派生类Panda
```

```
public:
    Panda(string n = "熊猫") :Animal(n) {}
    virtual void eat() {                              //重载虚函数 eat()
        cout << "爱吃的食物为竹子。" << endl;
    }
};
class Monkey : public Animal {                        //派生类 Monkey
public:
    Monkey(string n = "猴子") :Animal(n) {}
    virtual void eat() {                              //重载虚函数 eat()
        cout << "爱吃的食物为桃子。" << endl;
    }
};
void show(Animal * ptr) {                             //②
    cout << (ptr->getName()) << ",";
    ptr->eat();                                       //动态绑定——多态
}
int main() {
    Animal * ptrArray[6];                             //基类指针数组
    ptrArray[0] = new Monkey;
    ptrArray[1] = new Panda;
    ptrArray[2] = new Chicken;
    ptrArray[3] = new Duck;
    ptrArray[4] = new Poultry;
    ptrArray[5] = new Animal;
    for (int i = 0; i < 6; i++)
        show(ptrArray[i]);
    for (int i = 0; i < 6; i++)
        delete ptrArray[i];                           //释放堆空间
    return 0;
}
```

运行结果：

```
猴子,爱吃的食物为桃子。
熊猫,爱吃的食物为竹子。
鸡,爱吃的食物为谷物。
鸭,爱吃的食物为小鱼小虾。
家禽,爱吃的食物互不相同。
动物,爱吃的食物互不相同。
```

程序说明：

① 从图 8-2 可见，Animal 位于类层次结构的根上，派生类 Poultry 没有定义虚函数 eat()。从运行结果的第 5 行可知，Poultry 类的对象调用了其基类的对应函数。而 Chicken、Panda 等派生类对象均调用了类中定义的虚函数 eat()。

② 用基类指针指向派生类对象，并通过指针调用派生类中定义的虚函数，实现了“单个接口，多种方法”的多态性。读者不妨修改 show 函数的形参为引用类型，对比两者的差别。

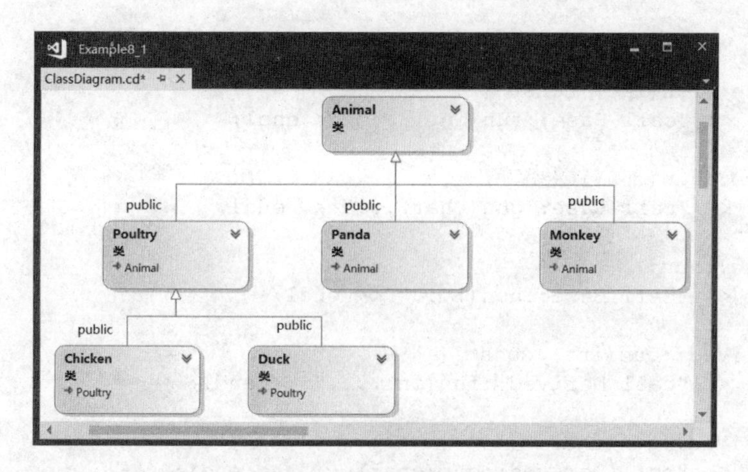

图 8-2　例 8-1 的动物类层次结构图

8.2.2　override 和 final 修饰符

C++ 11 引入了修饰符 override 和 final 用于控制成员函数的重载。需要注意的是 override 和 final 不是关键字，只是在特定上下文有特殊意义的修饰符，在其他地方可以当成普通的标识符使用。

派生类中重载虚函数声明时，若在函数尾部使用了 override 修饰符，那么该函数必须重载其基类中的同名函数，否则代码将无法通过编译。修饰符 override 能确保在派生类中声明的重载函数与基类的虚函数有相同的签名，检查函数重载是否正确。

修饰符 final 可用于阻止类的派生和虚函数重载。类声明时加上 final 修饰符，则该类不能再派生新的类。类似地，在虚函数声明时加上 final，则意味着该函数在派生类中的重载到此为止。

【例 8-2】修饰符 override 和 final 的用法示例。

程序代码：

```
#include<iostream>
using namespace std;
class Base {
public:
    virtual void fun(int) const;
    virtual void gun(char);
    void hun();
    };
class Derived : public Base{
public:
    //void fun(double) const override;            //①
    virtual void fun(int) const override;         //正确，重载基类 fun(int)
    virtual void gun(char) override final;        //正确，gun(char) 加了 final
    void hun();                                   //②
};
class Third final: public Derived {               //Third 类被修饰为 final
public:
    //void gun(char);                             //错误！
    void fun(int) const override;
```

```
};
//class G : public Third {};                          //③
void Base::fun(int) const {
    cout << "call Base::fun(int)..." << endl;
}
void Base::gun(char) {
    cout << "call Base::gun(char)..." << endl;
}
void Base::hun() {
    cout << "call Base::hun()..." << endl;
}
void Derived::fun(int) const {
    cout << "call Derived::fun(int)..." << endl;
}
void Derived::gun(char) {
    cout << "call Derived::gun(char)..." << endl;
}
void Derived::hun() {
    cout << "call Derived::hun()..." << endl;
}
void Third::fun(int) const {
    cout << "call Third::fun(int)..." << endl;
}
int main() {
    Third obj;
    int override = 100; char final = 'A';        //④
    obj.fun(override);
    obj.gun(final);
    obj.hun();
}
```

运行结果：

```
call Third::fun(int)...
call Derived::gun(char)...
call Derived::hun()...
```

程序说明：

① 该行语句编译器报告错误：使用“override”声明的成员函数不能重写基类成员。如果删除其后的 override，则程序编译时不再有错。此时，基类的虚函数 fun(int) 没有被重载，而是在派生类 Derived 中重新定义了成员函数 fun(double)。

② 在 hun() 函数后加上 override 修饰符，程序报告与①相同的错误。若加上修饰符 final，则报告错误：不能使用“final”修饰符声明非虚拟函数。

③ 由于 Third 类声明时用了修饰符 final，故其派生新类 G 时，编译器报告错误：不能将“final”类类型用作基类。

④ 从该行语句可见，override 和 final 在程序中依然可作为普通的标识符使用。

8.2.3 动态绑定的实现方法

C++标准中并没有具体规定动态绑定的实现方法，不同的编译器可用不同的技术实现。本节主要介绍 VC++编译器实现虚函数、多态和动态绑定的方法。了解实现方法有益于深入理解和合理应用动态多态技术。下面通过跟踪和分析例 8-1 来剖析 VC++实现动态绑定的方法。

在 VC++中，多态是通过 3 个层次的指针(即“三层间接访问”)实现的。为便于对比和分析，在 Animal 类中添加显示动物寿命的虚成员函数 lifeSpan()，如下：

```
virtual void lifeSpan(){
    cout<<"寿命大致在×年到×年之间！"<<endl;
}
```

在主函数中定义对象 Monkey myObj。以跟踪方式运行例 8-1，监视 1 窗口中添加跟踪与监视内容如图 8-3 所示。

监视 1

名称	值	类型
ptrArray[0]	0x001a5e38 {...}	Animal * {Monkey}
[Monkey]	{...}	Monkey
__vfptr	0x00e3ee2c {Example8_1.exe!void(* Monkey::`vftable'[3])(...	void * *
[0]	0x00e31681 {Example8_1.exe!Monkey::eat(void)}	void *
[1]	0x00e310af {Example8_1.exe!Animal::lifeSpan(void)}	void *
name	"猴子"	std::basic_string<...
ptrArray[3]	0x001a7750 {...}	Animal * {Duck}
[Duck]	{...}	Duck
__vfptr	0x00e3edd8 {Example8_1.exe!void(* Duck::`vftable'[3])()} {...	void * *
[0]	0x00e314f1 {Example8_1.exe!Duck::eat(void)}	void *
[1]	0x00e310af {Example8_1.exe!Animal::lifeSpan(void)}	void *
name	"鸭"	std::basic_string<...
ptrArray[4]	0x001a7700 {...}	Animal * {Poultry}
[Poultry]	{...}	Poultry
Animal	{name="家禽" }	Animal
__vfptr	0x00e3eda0 {Example8_1.exe!void(* Poultry::`vftable'[3])()...	void * *
[0]	0x00e310b4 {Example8_1.exe!Animal::eat(void)}	void *
[1]	0x00e310af {Example8_1.exe!Animal::lifeSpan(void)}	void *
name	"家禽"	std::basic_string<...
myObj	{...}	Monkey
Animal	{name="猴子" }	Animal
__vfptr	0x00e3ee2c {Example8_1.exe!void(* Monkey::`vftable'[3])(...	void * *
[0]	0x00e31681 {Example8_1.exe!Monkey::eat(void)}	void *
[1]	0x00e310af {Example8_1.exe!Animal::lifeSpan(void)}	void *
name	"猴子"	std::basic_string<...

自动窗口　局部变量　监视 1　诊断工具

图 8-3　观察虚函数的实现方法

图 8-3 中显示了程序运行时 ptrArray[0]、ptrArray[3]、ptrArray[4]这 3 个 Animal 指针所指对象和 myObj 对象的数据结构。

从图 8-3 中背景加深的条目可见，所有对象都拥有一个名称为__vfptr 的指针(称为**虚函数表指针**)，其中 ptrArray[0]和 myObj 的__vfptr 的值完全相同。图 8-3 中，不同类对象的__vfptr 分别指向了 Monkey 类、Duck 类和 Poultry 类的虚函数表，表名均为‘vftable’。

Monkey 类的虚函数表中有两个函数指针，分别指向 Monkey::eat()和 Animal::lifespan()；Duck 类的虚函数表中的两个函数指针分别指向 Duck::eat()和 Animal::lifespan()；Poultry 类的虚函数表中的两个函数指针分别指向 Animal::eat()和 Animal::lifespan()。

VC++处理动态绑定的基本方法是：编译器为拥有虚函数的类创建一个虚函数表，在对象中封装__vfptr 指针，用于指向类的虚函数表‘vftable’。虚函数表中存储了该类所拥有的虚函数的入口地址，即函数指针。如果派生类重新定义了基类的虚函数，那么虚函数表中保存的是指向该类虚函数的指针，否则保存的是其父类的对应虚函数指针。例如，Poultry 类由于没有重定义虚函数，其虚函数表中保存的是基类 Animal 的虚函数指针。调用哪个虚函数决定于所访问的虚函数表中所记录的虚函数指针。

多态的实现涉及 3 个层次的指针，如图 8-4。第 1 层次指针是类的虚函数表‘vftable’中的函数指针，它们指向虚函数被调用时的实际函数。第 2 层次指针是对象中封装的__vfptr 指针，其中存储了类的虚函数表的入口地址。第 3 层次是对象指针(也可以是引用)，以间接方式访问对象。该指针通常是类层次结构中基类的指针，可以指向派生类的所有对象。

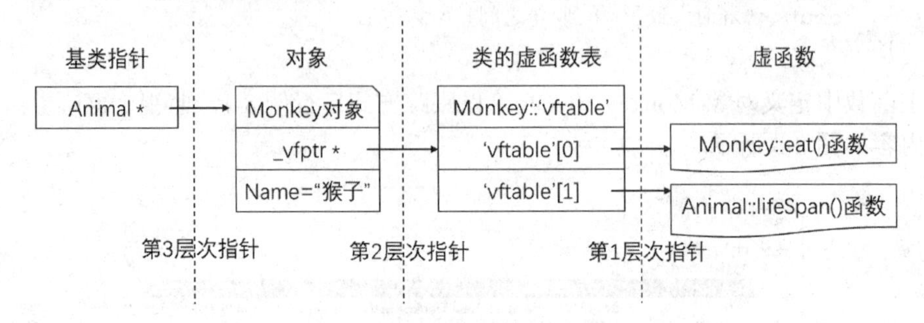

图 8-4　VC++动态绑定实现方法示意

动态绑定的实现使用了较复杂的数据结构，类的虚函数表需要少许额外的内存空间，另外通过 3 层指针访问虚函数也需要一些额外的执行时间。这里需要说明的是：VC++中通过虚函数和动态绑定实现的多态是相当高效的，它们对软件性能产生的影响很小。

多态性的优势是实现界面与处理方法的分离，软件将根据运行时指针(或引用)所访问的实际对象来确定调用对象所在类的虚函数版本。在基类中定义派生类的对象都具有的接口界面(即声明虚函数)，而在派生类中重新定义适合该类的函数实现。由于接口界面是在基类中定义的，所有派生类均拥有该公有的接口界面，因而派生类可以在保持接口不变的前提下设计具有特定功能的处理函数(处理方法可变)。这就是前面所说的“单个接口，多种方法”的设计理念，其主要目的是提高程序的可重用性和可扩充性。

8.2.4　虚析构函数

类的构造函数不能声明为虚函数。从派生类对象创建的角度，对象总是要先构造对象中的基类部分，然后才构造派生类部分。构造函数的访问顺序是：先调用基类的构造函数，后调用派生类自身的构造函数。如果构造函数设为虚函数，那么派生类对象在构建时将直接调用派生类构造函数，而父类的构造函数就不得不显式地调用。在程序中声明构造函数为虚函数是错误行为，编译器将报告错误。

对于基类包含虚函数的类，其析构函数往往需要声明为虚函数。这是因为多态性常常是通过指向派生类对象的基类指针而实现。如果基类指针指向的是自由存储区中派生类的对象，此时需要用 delete 语句释放空间。由于基类指针只能访问基类中的非虚成员函数，因此对象在撤销时只调用了基类的非虚析构函数，而派生类的析构函数没有被调用。

在基类中定义其析构函数是虚函数，其所有派生类中的析构函数将都是虚函数，尽管它们的名称并不相同。如果对一个基类指针应用 delete 运算符显式地销毁其类层次结构中的一个对象，则系统会依次调用派生类和基类的虚析构函数撤销各自创建的对象。

【例 8-3】虚析构函数应用示例。

程序代码：

```
#include<iostream>
#include<string>
using namespace std;
class Base {
public:
    Base() {
        cout << "Base()..." << endl;
    }
    virtual ~Base() {                                   //定义虚析构函数
        cout << "~Base()..." << endl;
    }
};
class Derived : public Base {
public:
    Derived() :name(new string("NULL")) {
        cout << "Derived()..." << endl;
    }
    Derived(const string & n) :name(new string(n)) {}
    ~Derived() {                                        //也是虚析构函数
        delete name;
        cout << "~Derived()..." << endl;
    }
private:
    string * name;
};
int main() {
    Base * ary[2]{                                      //基类指针数组
        new Base(),
        new Derived()
    };
    for(auto x:ary)                                     //释放堆空间
        delete x;
    return 0;
}
```

运行结果如下。

情况 1：Base 基类的析构函数为虚函数。

```
Base()...
Base()...
Derived()...
~Base()...
~Derived()...
~Base()...
```

情况 2：Base 基类的析构函数不是虚函数。

```
Base()...
Base()...
Derived()...
~Base()...
~Base()...
```

程序说明：

根据 Base 基类析构函数是否虚函数，运行结果中列出了两种不同情况下程序的输出内容。当基类析构函数为非虚函数时，可见派生类 Derived 的析构函数没有运行，导致释放堆空间语句 delete name;没有执行。

8.3 纯虚函数与抽象类

C++语言允许类中虚函数在声明时直接指定“=0”，说明该函数不提供具体的实现，这种虚函数称为**纯虚函数**(Pure Virtual Function)。纯虚函数的声明格式如下：

```
virtual  <返回值>  函数名([<形参表>]) = 0;
```

含一个或多个纯虚函数的类称为**抽象类**(Abstract Class)。由于纯虚函数没有具体的函数体，用抽象类定义对象是无实际意义的，因而用含有纯虚函数的抽象类定义对象编译器将报错。

在几何形类结构中，几何形是一个抽象的概念，对于一个不知具体形状的几何形，我们是无法计算其面积或体积的。通常我们将几何形类定义为抽象类，用它作为具体类的基类，即以其为基础派生出各种具体的几何形类(如圆类、三角形类、长方体类等)。几何形类中定义的纯虚函数(如求面积、求体积)在派生类中被定义，并根据具体几何形的特征编写相应的虚函数实现。

尽管无法实例化抽象类的对象，但是程序可以定义抽象基类的指针或引用，并通过它们访问以其为基类的继承层次结构中的所有派生类的对象。程序通常使用抽象基类的指针或引用操纵派生类的对象，其实这就是所谓的动态多态性的核心思想与方法。

抽象基类中声明的纯虚函数是所有派生类的公共接口，在类继承层次结构中不同层次的派生类可以提供不同的具体实现，但使用这些函数的方法则是一致的(用抽象基类的指针或引用访问)。有人形象地称抽象基类中的纯虚函数为“软插槽”，而派生类中定义的函数体则是插在其上的“软模块”。

【例 8-4】纯虚函数与抽象类用法示例。以几何形类为抽象基类，派生圆、矩形、圆柱等类，计算各种几何形的面积和体积。

程序代码：

```
//文件名: shape.h
#ifndef SHAPE_H
#define SHAPE_H
#include<iostream>
#include<string>
using namespace std;
const double PI = 3.1415926;
class Shape {                                    //①
public:
    virtual double area() const = 0;
    virtual double volume() const = 0;
    virtual void input() = 0;
    virtual void output() const = 0;
};
class Circle : public Shape {                    //圆类
public:
    double area() const override;
```

```
    double volume() const override;
    void input() override;
    void output() const override;
protected:
    double radius;
};
class Triangle : public Shape {          //三角形类
public:
    double area() const override;
    double volume() const override;
    void input() override;
    void output() const override;
protected:
    double a, b, c;
};
class Rectangle : public Shape {         //矩形类
public:
    double area() const override;
    double volume() const override;
    void input() override;
    void output() const override;
protected:
    double length, width;
};
class Cylinder : public Circle {         //圆柱类
public:
    double area() const override;
    double volume() const override;
    void input() override;
    void output() const override;
protected:
    double height;
};
class Cone : public Circle {             //圆锥类
public:
    double area() const override;
    double volume() const override;
    void input() override;
    void output() const override;
protected:
    double height;
};
class Cuboid : public Rectangle {        //长方体类
public:
    double area() const override;
    double volume() const override;
    void input() override;
    void output() const override;
protected:
    double height;
};
#endif
//文件名: shape.cpp
#include<iostream>
#include"shape.h"
```

```
using namespace std;
//定义 Circle 类成员函数
double Circle::area() const {
    return PI * radius*radius;
}
double Circle::volume() const {
    return 0;
}
void Circle::input() {
    cout << "请输入圆的半径：";
    cin >> radius;
}
void Circle::output() const {
    cout << "圆半径：" << radius << "\t 面积：" << area() << "\t 体积："
 << volume() << endl;
}
//定义 Triangle 类成员函数
double Triangle::area() const {
    double p = (a + b + c) / 2;
    return sqrt(p*(p - a)*(p - b)*(p - c));
}
double Triangle::volume() const {
    return 0;
}
void Triangle::input() {
    cout << "请依次输入三角形的三边长：";
    cin >> a >> b >> c;
}
void Triangle::output() const {
    cout << "三角形三边为：" << a << "," << b << "," << c << "\t 面积："
        << area() << "\t 体积：" << volume() << endl;
}
//定义 Rectangle 类成员函数
double Rectangle::area() const {
    return length * width;
}
double Rectangle::volume() const {
    return 0;
}
void Rectangle::input() {
    cout << "请输入矩形的长和宽：";
    cin >> length >> width;
}
void Rectangle::output() const {
    cout << "矩形的长和宽为：" << length << "," << width << "\t 面积："
        << area() << "\t 体积：" << volume() << endl;
}
//定义 Cylinder 类成员函数
double Cylinder::area() const {
    return 2 * PI*radius*radius + 2 * PI*radius*height;
}
double Cylinder::volume() const {
    return 2 * PI*radius*height;
}
void Cylinder::input() {
```

```
    cout << "请输入圆柱的底面半径和高：";
    cin >> radius >> height;
}
void Cylinder::output() const {
    cout << "圆柱体的底面半径和高为：" << radius << "," << height
         << "\t 表面积：" << area() << "\t 体积：" << volume() << endl;
}
//定义Cone类成员函数
double Cone::area() const {
    double l = sqrt(radius*radius + height * height);
    return PI * radius*radius + PI * radius*l;
}
double Cone::volume() const {
    return PI * radius*radius*height / 3;
}
void Cone::input() {
    cout << "请输入圆锥的底面半径和高：";
    cin >> radius >> height;
}
void Cone::output() const {
    cout << "圆锥体的底面半径和高为：" << radius << "," << height
        << "\t 表面积：" << area() << "\t 体积：" << volume() << endl;
}
//定义Cuboid类成员函数
double Cuboid::area() const {
    return 2 * (length*width + length * height + width * height);
}
double Cuboid::volume() const {
    return length * width*height;
}
void Cuboid::input() {
    cout << "请输入长方体的长、宽和高：";
    cin >> length >> width >> height;
}
void Cuboid::output() const {
    cout << "长方体的长、宽和高为：" << length << "," << width << ","
        << height << "\t 表面积：" << area() << "\t 体积：" << volume() <<
endl;
}
//文件名: mainFun8_4.cpp
#include<iostream>
#include"shape.h"
using namespace std;
void menu() {                                                  //②
    cout << "+*欢迎使用面积和体积计算工具*+" << endl;
    cout << "+     1.圆                    +" << endl;
    cout << "+     2.三角形                +" << endl;
    cout << "+     3.矩形                  +" << endl;
    cout << "+     4.圆柱                  +" << endl;
    cout << "+     5.圆锥                  +" << endl;
    cout << "+     6.长方体                +" << endl;
    cout << "+     7.退出                  +" << endl;
    cout << "+*********************************+" << endl;
}
```

```
int main() {
    int choice = 0;
    Shape * ptr;
    while (true) {
        menu();
        cout << "请选择: "; cin >> choice;
        switch (choice) {
        case 1:
            ptr = new Circle;
            break;
        case 2:
            ptr = new Triangle;
            break;
        case 3:
            ptr = new Rectangle;
            break;
        case 4:
            ptr = new Cylinder;
            break;
        case 5:
            ptr = new Cone;
            break;
        case 6:
            ptr = new Cuboid;
            break;
        default:
            return 0;
        }
        ptr->input();
        ptr->output();
        delete ptr;
    }
}
```

运行结果：

```
+*欢迎使用面积和体积计算工具*+
+     1.圆                   +
+     2.三角形               +
+     3.矩形                 +
+     4.圆柱                 +
+     5.圆锥                 +
+     6.长方体               +
+     7.退出                 +
+*********************************+
请选择: 4
请输入圆柱的底面半径和高: 3 15
圆柱体的底面半径和高为: 3,15     表面积: 339.292 体积: 282.743
+*欢迎使用面积和体积计算工具*+
+     1.圆                   +
+     2.三角形               +
+     3.矩形                 +
+     4.圆柱                 +
+     5.圆锥                 +
+     6.长方体               +
```

```
+     7.退出                        +
+**********************************+
请选择：7
```

程序说明：

① 类 Shape 中声明了 4 个纯虚函数，是 1 个抽象类，用其为基类派生出新的类。主函数中，定义了一个基类指针 Shape * ptr，该指针在程序运行时可指向任何派生类的对象，并用一致的方法 ptr->input();和 ptr->output();实现不同几何形对象的数据输入与输出。

② menu()为简单的菜单函数，作为软件的交互操作界面。

读者不妨在例程的基础上，派生三棱柱、球等几何体，体验多态性所带来的程序容易扩展的优点。

下面的求函数定积分例程进一步演示了多态的应用方法和优势。

【例 8-5】用梯形法求函数的定积分。

分析：

函数 f(x)在闭区间[a,b]上的定积分的几何意义是曲线 f(x)、x 轴、直线 f(a)和 f(b)所围成的曲边梯形的面积。

梯形法求定积分的方法是将区间[a,b]等分成若干个小区间，在小区间上用小梯形的面积代替曲边梯形的面积，如图 8-5 所示。当小区间的个数足够多时，小梯形面积之和为函数 f(x)在[a,b]上定积分的近似值。

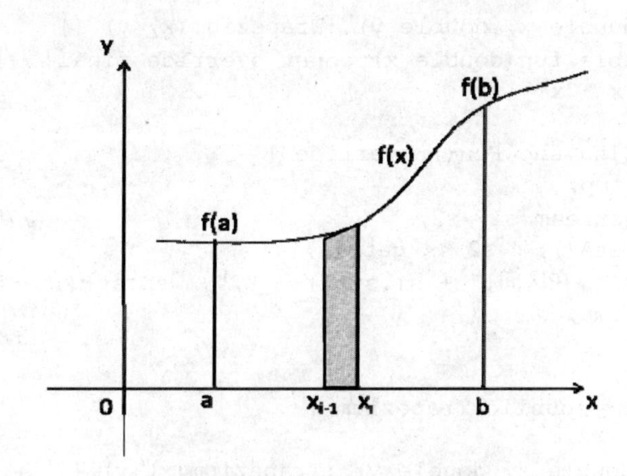

图 8-5　用梯形法求定积分

假设区间[a,b]被均分为 n 等份，则每个小区间的长度为 h=(b−a)/n。若小区间的分割点依次为 $x_0=a$，x_1，…，x_{i-1}，x_i，…，$x_n=b$，那么定积分的计算公式为：

$$\int_a^b f(x)=\sum_{i=1}^{n}\frac{(f(x_{i-1})+f(x_i))h}{2}=\frac{(f(a)+f(b))h}{2}+(f(x_1)+\cdots+f(x_{n-1}))h$$

程序代码：

```
#include<iostream>
#include<sstream>                                          //包含字符串流
#include<string>
using namespace std;
const int n = 2000;                                        //n 是积分区间均分值
const double PI = 3.1415926;
```

```
class Trapezium {                                       //梯形法求定积分基类
    friend ostream & operator<<(ostream & os, Trapezium & t);
public:
    Trapezium(double x, double y) :a(x), b(y) {}
    virtual double fun(double x) const = 0;             //①
    virtual string showFun() = 0;                       //显示被积函数及区间
    double getA() { return a; }
    double getB() { return b; }
    double Integerate();                                //②
private:
    double a, b;                                        //积分上下限为 a 和 b
};
ostream & operator<<(ostream & os, Trapezium & t) {
    os <<t.showFun()<< "上的定积分值为" << t.Integerate() << endl;
    return os;
}
double Trapezium::Integerate() {
    double h = (b - a) / n;
    double result = (fun(a) + fun(b))*h / 2;
    for (int i = 1; i < n; i++)
        result += fun(a + h * i)*h;
    return result;
}
class FunctionA : public Trapezium {                    //派生被积函数类
public:
    FunctionA(double x, double y) :Trapezium(x, y) {}
    virtual double fun(double x) const override final{ //阻止派生
        return x * x * x;
    }
    virtual string showFun() override {
        string tmp;
        ostringstream s1, s2;                           //③
        s1 << getA();   s2 << getB();
        tmp = "x^3 在区间[" + s1.str() + "," + s2.str() + "]";
        return tmp;
    }
};
class FunctionB : public Trapezium {
public:
    FunctionB(double x, double y) :Trapezium(x, y) {}
    double fun(double x) const override final{
        return sin(x);
    }
    virtual string showFun() override {
        string tmp;
        ostringstream s1, s2;
        s1 << getA(); s2 << getB();
        tmp = "sin(x)在区间[" + s1.str() + "," + s2.str() + "]";
        return tmp;
    }
};
int main() {
    FunctionA objA(0.0, 5.0);
    FunctionB objB(0.0, PI);
    Trapezium * ptr = &objA;
```

```
    cout << (*ptr);
    cout << objB;
    return 0;
}
```

运行结果：

```
x^3 在区间[0,5]上的定积分值为 156.25
sin(x)在区间[0,3.14159]上的定积分值为 2
```

程序说明：

① 由于 fun(double x)和 showFun()是纯虚函数，故 Trapezium 类为抽象类。

② 函数 Integerate()实现了梯形法求定积分的功能，其处理的函数是类中的虚函数 fun(double x)。由于该虚函数在派生类中被重载，即替换了基类的纯虚函数 fun，使得派生类对象能方便地求出其定积分的值。

③ ostringstream 是标准流库中的输出字符串流，用法和输入输出流类似，可以用其方便地将 double 等类型数据转换为字符串。例程中语句 s1 << getA();是将数值输入到流 s1，用 s1.str()实现向字符串的转换。反之，可用 istringstream 或 stringstream 流将字符串转换为浮点数。

8.4 案例实训

1. 案例说明

设计一个简单的图书音响管理程序。图书、杂志、报纸等属于传媒类商品，可定义一个抽象类 Media 充当所有类的基类，类的继承层次结构设计如图 8-6 所示。

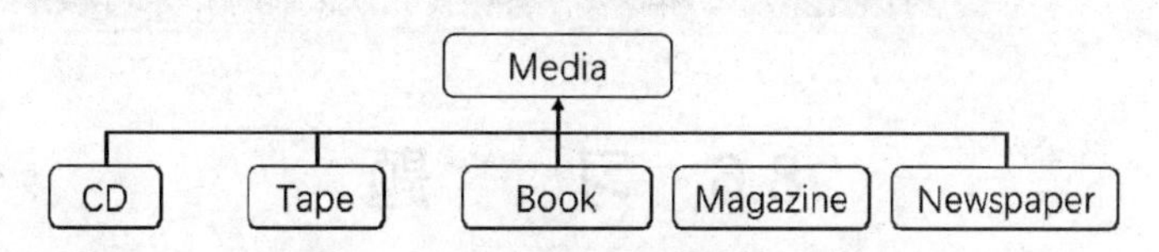

图 8-6　传媒类及其派生类的层次结构

Media 基类中封装了 title 和 price 两个数据，用于保存商品的名称和价格，为派生类所继承。在派生类中，根据需要添加新的数据项。例如在 Book 类中增加作者(Author)、出版社(Publisher)和 ISBN 等数据项。

2. 编程思想

先在 Media 基类中分别定义输入与输出纯虚函数，再在派生类中重新定义它们。Media 类中声明输入与输出流重载函数，它们分别调用输入与输出纯虚函数，这样我们就可以通过基类(Media)的指针或引用访问派生类的对象，用一致的方法对派生类的对象进行数据的输入与输出。

3. 程序代码

请扫二维码。

本章实训案例代码

8.5 本 章 小 结

第8章小结

- 多态性，是面向对象程序编程的重要特性之一
  - 绑定(又称联编)是指函数调用与执行代码之间关联的过程。静态绑定发生在可执行文件生成过程中，动态绑定发生在程序运行过程中
  - 在成员函数的前面用关键字virtual标注其为虚函数，派生类中可以重载基类的虚函数
  - C++ 11用修饰符override帮助检查重载虚函数在语法上的错误，用final修饰符阻止虚函数在派生类中的重载
  - C++用虚函数实现多态。含有虚函数的类，编译器为其生成一个虚函数表。在对象中，编译器会添加一个虚函数表指针指向类的虚函数表，这就是实现晚绑定的“秘密”机关
  - 构造函数不能设为虚函数，而析构函数是虚函数是科学的，能帮助销毁派生类对象
- 纯虚函数与抽象类
  - 用“=0”标注的虚函数是纯虚函数，不需要编写实现代码，是供派生类重载的虚函数
  - 含有纯虚函数的类为抽象类，通常在类层次结构的顶层，不能用其定义对象

8.6 习 题

一、填空题

1. 下列选项中，与实现运行时多态性无关的是________。

   A. 重载函数　　B. 虚函数　　C. 指针　　D. 引用

2. C++语言中的多态性分为编译时的多态性和________时的多态性。

3. 有如下程序：

```
#include<iostream>
using namespace std;
class ONE{
public:
    virtual void f(){ cout<<"1";}
};
class TWO : public ONE{
public:
    TWO(){ cout<<"2";}
};
```

```
class THREE : public TWO{
public:
    virtual void f(){ TWO::f(); cout<<"3";}
};
int main(){
    ONE aa,*p;
    TWO bb;
    THREE cc;
    p=&cc;
    p->f();
    return 0;
}
```

执行上面程序的输出是________。

4. 如果不使用多态机制，那么通过基类的指针虽然可以指向派生类对象，但是只能访问从基类继承的成员。下列程序没有使用多态机制，其输出结果是________。

```
#include<iostream>
using namespace std;
class Base{
public:
    void print(){cout<<'B';}};
class Derived : public Base{
public:
    void print(){cout<<'D';}};
int main(){
    Derived * pd=new Derived();
    Base * pb = pd;
    pb->print();
    pd->print();
    delete pd;
    return 0;
}
```

5. 有如下程序：

```
#include<iostream>
using namespace std;
class GA{
public:
    virtual int f(){ return 1;}
};
class GB : public GA{
public:
    virtual int f(){ return 2;}
};
void show(GA g){ cout<<g.f();}
void display(GA & g){ cout<<g.f();}
int main(){
    GA a; show(a); display(a);
    GB b; show(b); display(b);
    return 0;
}
```

运行时的输出结果是________。

6. 下列有关抽象类和纯虚函数的叙述中，错误的是________。

   A. 拥有纯虚函数的类是抽象类，不能用来定义对象

   B. 抽象类的派生类若不实现纯虚函数，它也是抽象类

   C. 纯虚函数的声明以“=0;”结束

   D. 纯虚函数都不能有函数体

7. 下列有关继承和派生的叙述中，正确的是________。

   A. 派生类不能访问基类的保护成员

   B. 作为虚基类的类不能被实例化

   C. 派生类应当向基类的构造函数传递参数

   D. 虚函数必须在派生类中重新实现

8. 虚函数支持多态调用，一个基类的指针可以指向派生类的对象，而且通过这样的指针调用虚函数时，被调用的是指针所指对象的虚函数。而非虚函数不支持多态调用。有如下程序：

```
#include<iostream>
using namespace std;
class Base{
public:
    virtual void f(){ cout<<"f0+";}
    void g(){ cout<<"g0+";}
};
class Derived : public Base{
public:
    void f(){ cout<<"f+";}
    void g(){ cout<<"g+";}
};
int main(){
    Derived d;
    Base * p=&d;
    p->f();p->g();
    return 0;
}
```

运行时输出的结果是________。

9. 抽象类应含有________。

   A. 至多一个虚函数　　　　B. 至少一个虚函数

   C. 至多一个纯虚函数　　　D. 至少一个纯虚函数

10. 在下面程序横线处填上适当的内容，使该程序输出结果为

```
Creating B
end of B
end of A
```

```
#include<iostream>
using namespace std;
class A{
public:
    A(){}
    __________{cout<<"end of A"<<endl;}
};
```

```
class B : public A{
public:
    B(){___________________}
    ~B(){cout<<"end of B"<<endl;}
};
int main(){
    A * pa = new B;
    delete pa;
    return 0;
}
```

二、简答题

1. 什么是多态性？什么是绑定？什么是动态绑定(动态联编)？它对程序设计有何正面和负面影响？

2. 什么是虚函数？它有什么特点？简述虚函数的定义方法。

3. 举例说明修饰符 override 和 final 的用法。

4. 举例简述 VC++利用虚函数表指针实现动态多态性的方法。

5. 为什么在应用动态多态性的类层次中基类的析构函数通常指定为虚函数？

6. 什么是抽象类？什么是纯虚函数？抽象类在类的层次结构中有何作用？为什么抽象类不可以定义对象？

三、编程题

1. 定义一个交通工具类，并定义其派生类(汽车类、火车类、轮船类、飞机类等)，在类层次结构中的所有类中设计一个虚函数用于显示各类信息。

2. 定义一个平面几何图形基类，其中包含求周长的虚函数。从基类派生三角形、圆、矩形等派生类，并重新定义求周长的虚函数。在主函数中，定义基类指针数组，分别指向派生类对象，用循环语句输出数组中每个对象的周长。

3. 参照 7.5 节案例实训，采用动态多态性设计公司工资管理程序。

4. 定义一个求定积分的基类(DefInte)，其中含有受保护的数据成员积分区间 a 和 b、积分区间的等分个数 n、纯虚函数 double Integerate()和积分函数 double fun(double)。公有派生具体求定积分的类：矩形法类(RectangleInte)和辛普生法类(SimpsonInte)。

矩形法的计算公式为：

$$Sum=(f(a)+f(a+h)+f(a+2h)+\cdots+f(a+(n-1)h)h$$

辛普生法的计算公式为：

$$Sum=(f(a)+f(b)+4(f(a+h)+f(a+3h)+\cdots+f(a+(n-1)h))+2(f(a+2h)+f(a+4h)+\cdots+f(a+(n-2)h)))h/3$$

对函数 4.0/(1+x*x)，分别用两种方法求定积分并比较它们的精度。

第 9 章　模板与泛型编程

模板(Template)作为一种强有力的软件复用技术，是 C++语言的重要特性之一。模板为泛型编程奠定了基础，它是编写与数据类型无关的通用算法的工具。C++语言中最具特色的标准模板库就是模板的杰出应用。

模板包括**函数模板**(Function Template)和**类模板**(Class Template)。模板的设计思想是用一般化的符号来代替特定的数据类型，降低数据类型对算法实现的影响，使得所设计的函数或类能适合多种数据类型，提高代码的通用性。模板的设计方法被称为**参数化**(Parameterize)程序设计。本章主要介绍模板与泛型编程的基本概念与方法。

学习目标：

- 掌握函数模板的定义与实例化方法，了解函数模板与重载、完美转发等概念与用法。
- 掌握类模板的定义与实例化方法，掌握类模板与继承、类模板与友元的用法，了解别名模板、变量模板、嵌套类模板和模板特例化的概念与用法。
- 了解可变参数函数模板、可变参数类模板的概念。

9.1 函数模板

函数重载是一种编译时的多态技术。利用函数重载，编译器能根据函数签名和所传递实参的数据类型匹配合适的重载函数。函数重载需要针对不同的形参类型编写多个同名函数，例如，求数组中最大元素的函数 max(int ary[],int size)，程序需要依据所处理数组的类型设计不同的函数，而这些函数又非常类似。

函数模板是以另一种方式实现多态，被称为**参数化多态**。用函数模板可以实现一个不受数据类型限制的具有良好通用性的函数设计，其方法是在函数模板的形参表中用无类型的参数代替形参的数据类型，例如将 max 函数形参表中 ary 数组的数据类型用通用的参数表示。

函数模板是产生函数的“模具”或“蓝图”，其自身并不能直接在计算机上运行。用函数模板生成可执行函数的过程是在程序编译时，编译器用具体的数据类型置换模板类型的形参，并对其进行严格的类型检查。

9.1.1 函数模板的定义与实例化

函数模板的定义格式如下：

```
template <模板参数列表> 返回类型 函数名(形式参数表){
    函数体
}
```

说明：

- template 为模板关键字，模板定义以它为开始。
- **模板参数列表**(Template Parameter List)是一个用逗号分隔的一个或多个模板参数的列表。模板参数有两种：**模板类型参数**和**非类型模板参数**。
- 模板类型参数是由关键字 typename 或 class(旧标准)加标识符组成。非类型模板参数的声明与普通函数形参的声明相同，可以指定默认值。
- C++ 11 新标准支持为函数模板参数指定默认类型。

  例如，求数组中最大元素的函数模板可声明如下：

```
template <typename T=int> T max(T ary[],int size); //T 的默认类型为 int
```

函数模板的**实例化**(Instantiate)是指编译器根据函数调用时所传递的实参数据类型生成具体函数的过程。实例化的结果是生成能处理某种特定数据类型的函数实体，这种函数称为**模板函数**(Template Function)。模板函数对比函数模板虽然从字面上仅仅是顺序之差，但其含义却截然不同。前者是不能直接运行的模板，而后者是可执行的函数。

函数模板的实例化过程是由编译器根据程序对函数模板的调用情况自动生成模板函数。如果程序中没有对函数模板的任何调用，则系统将不会发生函数模板的实例化过程，也就不会生成任何模板函数。

【例 9-1】编写求数组中最大元素和最小元素的函数模板。

程序代码：

```
#include<iostream>
#include<string>
using namespace std;
template <typename T> T Max(T ary[], int size = 10) {
//函数模板，返回数组中最大值
    T maxVal = ary[0];
    for (int i= 1; i < size; i++)
        if (ary[i] > maxVal)                          //T 类型必须支持关系运算“>”
            maxVal = ary[i];
    return maxVal;
}
template <typename T, int size = 10> T Min(T ary[size]) {
//函数模板，返回数组中最小值
    T minVal = ary[0];
    for (int i = 1; i < size; i++)
        if (ary[i] < minVal)                          //T 类型必须支持关系运算“<”
            minVal = ary[i];
    return minVal;
}
class Student {//Student 类，用于测试函数模板
    friend ostream & operator<<(ostream & os, const Student & stu){
        os << "(姓名: " << stu.name << ",年龄: " << stu.age << ")";
        return os;
    }
public:
    Student(string n="" , int a = 0) :age(a),name(n) {}
    bool operator>(const Student & stu){//根据年龄比大小
        return this->age > stu.age;
```

```
    }
    bool operator<(const Student & stu) {
        return this->age < stu.age;
    }
private:
    string name;
    int age;
};
int main() {
    int intArray[10] = { 2,8,17,45,23,54,33,76,17,18 };
    double dblArray[5] = { 1.2,3.5,6.4,8.9,0.4 };
    Student studentArray[4] = { Student("张三",23),Student("李四",21),
                                Student("王五",25),Student("赵六",24) };

    cout << "intArray[10]: Max=" << Max(intArray)
        << "\t Min=" << Min<int,10>(intArray) << endl;     //生成模板函数
    cout << "dblArray[5]: Max=" << Max(dblArray,5)
        << "\t Min=" << Min<double,5>(dblArray) << endl;
    cout << "studentArray[4]: Max=" << Max(studentArray, 4)
        << "\t Min=" << Min<Student,4>(studentArray) << endl;  //
    return 0;
}
```

运行结果：

```
intArray[10]: Max=76      Min=2
dblArray[5]: Max=8.9      Min=0.4
studentArray[4]: Max=(姓名：王五,年龄：25)        Min=(姓名：李四,年龄：21)
```

图 9-1 所示为例 9-1 程序生成的模板函数。

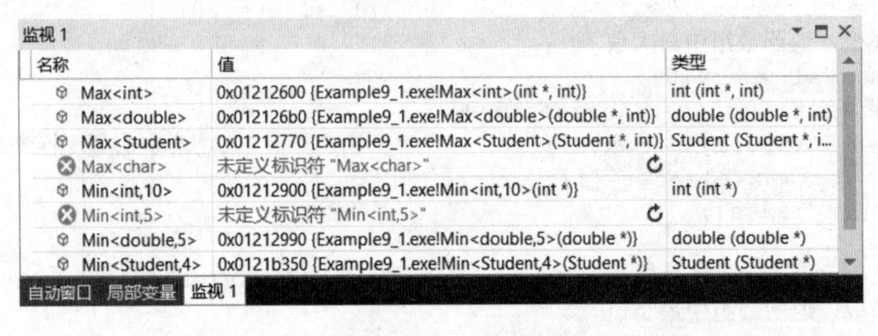

监视 1

名称	值	类型
Max<int>	0x01212600 {Example9_1.exe!Max<int>(int *, int)}	int (int *, int)
Max<double>	0x012126b0 {Example9_1.exe!Max<double>(double *, int)}	double (double *, int)
Max<Student>	0x01212770 {Example9_1.exe!Max<Student>(Student *, int)}	Student (Student *, i...
Max<char>	未定义标识符 "Max<char>"	
Min<int,10>	0x01212900 {Example9_1.exe!Min<int,10>(int *)}	int (int *)
Min<int,5>	未定义标识符 "Min<int,5>"	
Min<double,5>	0x01212990 {Example9_1.exe!Min<double,5>(double *)}	double (double *)
Min<Student,4>	0x0121b350 {Example9_1.exe!Min<Student,4>(Student *)}	Student (Student *)

自动窗口 局部变量 监视 1

图 9-1 例 9-1 程序生成的模板函数

跟踪与观察：

(1) 从图 9-1 可见，编译器利用 Max 函数模板生成了模板函数 Max<int>、Max<double>和 Max<Student>，而 Max<char>的值为空，即没有生成对应的模板函数。用 Min 函数模板生成了 Min<int,10>、Min<double,5>和 Min<Student,4> 3 个模板函数，而 Min<int,5>的值为空，没有产生该模板函数。

(2) 程序中函数模板 Max 是将数组大小 size 作为函数形参，而函数模板 Min 则把 size 作为非模板类型参数。对比 Max(studentArray, 4)和 Min<Student,4>(studentArray)可见，两者的调用方式是有差别的，前者更接近普通的函数调用。

(3) 在函数模板 Max 的函数体中，if(ary[i] > maxVal)语句中的大于运算符用于比较两者的大小，因而 Student 类必须提供 operator>运算符重载函数，以支持关系表达式 ary[i] >

maxVal 通过编译。

从例 9-1 可知，运算符重载在 C++程序设计中非常重要。如果 Student 类不支持>、<和<<运算符重载，则编译器不能用 Student 类型实例化函数模板 Max 和 Min，只能处理系统内置的数据类型，函数模板的应用范围将受到限制。事实上，系统之所以能处理 int、double 等内置的数据类型，是因为 VC++已为它们编写了支持相应功能的代码。对编译器而言，无论是内置数据类型还是用户自定义的类类型，只要能提供对应的运算符功能代码即可。从程序设计的角度，对于内置数据类型是系统已为其定义了相应的功能模块，而类类型则需要用户自己编写实现代码。

9.1.2　函数模板与重载

函数重载是 C++的一个重要特性，它允许在程序中使用多个同名的函数。只要这些函数的签名不同，编译器就能区分它们并调用。函数模板和函数重载有着密切的关系，模板函数是用一个同名的函数模板实例化的结果，模板函数与普通函数一样，均是程序代码区的一段功能模块。

普通的同名函数可以重载，类似地，函数模板与函数模板之间，以及函数模板与非模板函数之间也能进行重载。重载函数模板的主要方式有下列两种：

- 函数模板与函数模板重载。多个函数模板的函数名相同，但每个函数模板具有不同的形式参数。
- 函数模板与非模板函数重载。非模板函数与函数模板同名，但具有不同的函数形式参数。

编译器匹配重载函数的规则是普通函数(非模板函数)优先于模板函数。即编译器如果能匹配到普通函数完成一个函数的调用，则不再寻找函数模板来实例化一个模板函数实现函数调用。函数模板间的重载与普通函数重载相似，是以最佳匹配为原则。如果存在多个函数模板与某个调用相匹配，编译器则认为这个调用具有歧义，将报编译错误。

【例 9-2】重载函数模板与非模板函数示例。

程序代码：

```
#include<iostream>
using namespace std;
template <typename T>
T Max(T ary[], int size = 10) {
    cout << "函数模板 T Max(T ary[],int size=10)被调用，T 被置换为"
        << typeid(T).name() << "类型。" << endl;
    T tmp = ary[0];
    for (int i = 1; i < size; i++)
        if (ary[i] > tmp)
            tmp = ary[i];
    return tmp;
}
template <typename T>
T Max(T x, T y) {
    cout << "函数模板 T Max(T x,T y)被调用，T 被置换为"
        << typeid(T).name() << "类型。" << endl;
    return x > y ? x : y;
```

```
}
double Max(double x, double y) {
    cout << "函数 double Max(double x,double y)被调用。" << endl;
    return x > y ? x : y;
}
int main() {
    int intArray[10] = { 2,8,17,45,23,54,33,76,17,18 };
    int x = 100, y = 600;
    double a = 3.14, b = 7.872;
    cout << "intArray[10]: Max=" << Max(intArray) << endl;          //①
    cout << "int x=100,y=600; Max(x,y)=" << Max(x, y) << endl;
    cout << "double a=3.14,b=7.872; Max(a,b)=" << Max(a, b) << endl;
    //②
    cout << "Max('A','a')=" << Max('A', 'a') << endl;
    return 0;
}
```

运行结果:

```
函数模板 T Max(T ary[],int size=10)被调用，T 被置换为 int 类型。
intArray[10]: Max=76
函数模板 T Max(T x,T y)被调用，T 被置换为 int 类型。
int x=100,y=600; Max(x,y)=600
函数 double Max(double x,double y)被调用。
double a=3.14,b=7.872; Max(a,b)=7.872
函数模板 T Max(T x,T y)被调用，T 被置换为 char 类型。
Max('A','a')=a
```

程序说明:

① 在编程环境中，将鼠标指针悬浮于 Max(intArray)之上，从弹出的小窗口可见实例化后得到的模板函数：int Max<int>(int * ary,int size=10)。类似地，Max(x, y)实例化得到模板函数 int Max<int> (int x,int y)，Max('A','a')是 char Max<char>(char x,char y)。

② 从运行结果可见，Max(a,b)调用的是 double Max(double x,double y)函数，编译器是优先绑定非模板函数，只有在找不到相匹配的函数时，才考虑实例化函数模板生成模板函数。

9.1.3 完美转发

完美转发(Perfect Forwarding)是指在函数模板中，将模板实参传递给函数模板中调用的另外一个函数时，要求保持模板实参的左右值属性不变。

如果将函数模板参数不分左右值，一律转发为左值，则模板中的其他函数只能将转发来的参数视为左值，从而失去针对该参数的左右值属性进行不同处理(例如，左值实施拷贝语义，而右值实施移动语义)的可能性。引入完美转发的目的是：实参是左值，则被转发为左值；实参是右值，就按右值转发。

C++ 11 引入了**引用折叠**(Reference Collapsing)新的语言规则，并结合新的模板推导规则来实现完美转发。引用折叠规则是:

- 所有右值引用折叠到右值引用上仍然是一个右值引用。即 T&&+&&=>T&&。
- 所有的其他引用类型之间的折叠都将变成左值引用。即 T&+&=>T&;

T&+&&=>T&; T&&+&=>T&。

此外，标准库中新增了 std::forward 函数模板，该函数能保持原始实参类型不会被改变。事实上，forward 函数模板返回的是实参类型 T 的右值引用(即 T&&)，引用折叠后其还是原有的类型。

【例 9-3】完美转发用法解析。

程序代码：

```
#include <iostream>
using namespace std;
void fun(int & x) { cout << "call fun(int & x),x=" << x << endl; }
void fun(int && x) { cout << "call fun(int && x),x=" << x << endl; }
void fun(const int & x) { cout << "call fun(const int & x),x=" << x <<
endl; }
void fun(const int && x) { cout << "call fun(const int && x),x="
<< x << endl; }
template<typename T>
void Forward(T t) {
    fun(t);                                          //①
}
template<typename T>
void PerfectForward(T && t) {                        //引用折叠
    fun( std::forward<T>(t) );                       //②
}
int main(){
    int a=20;
    const int b = 30;
    cout << "run Forward(T t)..." << endl;
    Forward(10);                                     //调用 fun(int & x)
    Forward(a);                                      //调用 fun(int & x)
    Forward(std::move(a));                           //调用 fun(int & x)
    Forward(b);                                      //调用 fun(int & x)
    Forward(std::move(b));                           //调用 fun(int & x)
    cout << "run PerfectForward(T && t)..." << endl;
    PerfectForward(10);                              //调用 fun(int && x)
    PerfectForward(a);                               //调用 fun(int & x)
    PerfectForward(std::move(a));                    //调用 fun(int && x)
    PerfectForward(b);                               //调用 fun(const int & x)
    PerfectForward(std::move(b));                    //调用 fun(const int && x)
    return 0;
}
```

运行结果：

```
run Forward(T t)...
call fun(int & x),x=10
call fun(int & x),x=20
call fun(int & x),x=20
call fun(int & x),x=30
call fun(int & x),x=30
run PerfectForward(T && t)...
call fun(int && x),x=10
call fun(int & x),x=20
call fun(int && x),x=20
```

```
call fun(const int & x),x=30
call fun(const int && x),x=30
```

程序说明：

① 若修改 Forward 函数的形参为：T & t，则主函数中 Forward(10)和 Forward(std::move(a))语句均报编译错误。若将 Forward 中的函数调用改为 fun(std::forward<T>(t))，则对应的函数调用均为 fun(int && x)。

② 如果将该行语句改为：fun(t);，则原来是调用重载函数 fun 中形参是右值引用的，全部改为调用形参是左值引用的函数，即运行结果中倒数第 3、第 5 行的输出是调用函数 fun(int & x)，而最后一行的输出是调用函数 fun(const int & x)。

9.2 类 模 板

类似于函数模板，类模板是将类中数据成员的数据类型声明为模板参数，使之能处理不同类型的数据，成为生成类的“模具”或“蓝图”。类模板是设计线性表、栈、队列等基本数据结构的强有力工具。

与函数模板不同，编译器不能为类模板推断模板参数类型，需要用模板实参**实例化类模板**，生成**模板类**(Template Class)，再用模板类定义对象。类模板提供了强大的代码复用机制。

类模板与模板类的区别是：类模板是模板类的抽象和定义，它是以模板形参为数据类型说明类中部分数据成员，不能用类模板直接定义对象；模板类则是一个可用于定义对象的类，它是用具体的数据类型(模板实参)实例化类模板后得到的类。

9.2.1 类模板的定义与实例化

类模板的定义格式如下：

```
template <模板形参列表> class 类名{
    类成员;
};
```

说明：

- template 为模板关键字。与函数模板的定义相似，模板形参列表的参数可以有多个，分为模板类型形参和模板非类型形参两类，并且允许设置默认值。
- 模板类型形参是由关键字 typename 或 class 加标识符组成。
- 类模板的成员函数既可以是函数模板，也可以是普通函数。
- 类模板的成员函数也可以在类外定义，但必须与类模板在同一个文件中。

下面通过 TwoDimArray 类模板的定义，介绍类模板设计相关的语法规则。

类模板的定义与普通类相似，差别在于类模板需要以 template 开头，并列出模板形参。

```
template <typename T,int Row,int Col>        //T 为模板类型形参
class TwoDimArray{                            //类模板，Row 和 Col 非类型形参
public:
```

```
    void output();                              //普通函数
    void setElem(int i,int j,T & x);            //函数模板，形参中有模板类型 T
    ……
private:
    T elem[Row][Col];                           //数据成员
};
```

类模板中成员函数在类外定义的语法格式为：

```
template <模板形参列表> 返回类型 类名<模板形参名表>::函数名(函数形参列表){
    函数体
}
```

这里，模板形参列表与类模板的形参列表相同，模板形参名表是模板形参列表中列出的形参名，并且声明顺序也与其一致。TwoDimArray 中 output 函数的定义如下：

```
template <typename T,int Row,int Col>           //声明为模板
void TwoDimArray<T,Row,Col>::output(){          //类外定义成员函数
        for(int i=0;i<Row;i++){
            for(int j=0;j<Col;j++)
                cout<< elem[i][j]<<"\t";
            cout<<endl;
        }
}
```

类模板定义时，允许为模板形参指定默认值。与函数形参指定默认值类似，也遵守“从右向左”依次指定默认值的规则。例如：

```
template <typename T=int,int Row=5,int Col=8> class TwoDimArray{…};
```

实例化类模板是编译器绑定实参到模板形参，产生特定模板类的过程。例如：

```
TwoDimArray<double,5,10> myAry;     //用实参 double、5、10，实例化类模板
```

用 typedef 或 using 定义类型别名，有助于创建与平台无关类型，隐藏复杂和难以理解的语法，简化一些比较复杂的类型声明。例如：

```
typedef  TwoDimArray<double,5,10>  DubAry;  //定义 DubAry 为类类型
DubAry  myAry;                              //用 DubAry 定义对象 myAry
using intAry = TwoDimArray<int, 10, 10>;
using
std::string=std::basic_string<char,std::char_traits<char>,std::allocator
<char>>
```

【例 9-4】用类模板实现矩阵类。

程序代码：

```
//文件名：matrix.h
#ifndef MATRIX_H
#define MATRIX_H
#include<iostream>
#include<iomanip>
using namespace std;
template <typename T = double>                  //默认值为 double
class Matrix {
    template <typename T>
```

```
    friend ostream & operator<<(ostream & os, const Matrix<T> & mx);
    //①
public:
    Matrix(int x = 0, int y = 0);                          //构造函数
    Matrix(int x, int y, T * ary);                         //构造函数
    Matrix(const Matrix & mx);                             //拷贝构造函数
    Matrix(Matrix && mx)noexcept:ptr(mx.ptr) {             //移动构造函数
        mx.ptr = nullptr;
        this->m = mx.m;
        this->n = mx.n;
    }
    ~Matrix() {                                            //析构函数
        free();
    }
    void setValue(int r, int c, T x);                      //设置二维数组单元值
    Matrix<T> operator+(const Matrix<T> & mx)const;//+运算符重载函数,矩阵相加
    Matrix<T> operator*(const Matrix<T> & mx)const;//*运算符重载函数,矩阵相乘
    Matrix<T> & operator=(const Matrix<T> & mx);   //赋值运算符重载函数
    Matrix<T> & operator=(Matrix<T> && mx) noexcept; //移动赋值运算符重载函数
protected:
    void create(int x, int y);                             //申请堆空间
    void free();                                           //释放堆空间
private:
    T ** ptr;
    int m, n;
};
template<typename T>
Matrix<T>::Matrix(int x, int y) {                          //②
    create(x, y);
}
template<typename T>
Matrix<T>::Matrix(int x, int y, T * ary) {
    create(x, y);
    for (int i = 0; i < m; i++)                            //赋值
        for (int j = 0; j < n; j++)
            ptr[i][j] = ary[i*n+j];
}
template<typename T>
Matrix<T>::Matrix(const Matrix & mx) {
    create(mx.m, mx.n);
    for (int i = 0; i < m; i++)
        for (int j = 0; j < n; j++)
            ptr[i][j] = mx.ptr[i][j];
}
template<typename T>
void Matrix<T>::setValue(int r, int c, T x) {
    ptr[r][c] = x;
}
template<typename T>
Matrix<T> & Matrix<T>::operator=(const Matrix<T> & mx) {
    free();
    create(mx.m, mx.n);
    for (int i = 0; i < m; i++)
        for (int j = 0; j < n; j++)
```

```
            ptr[i][j] = mx.ptr[i][j];
    return *this;
}
template<typename T>
Matrix<T> & Matrix<T>::operator=(Matrix<T> && mx)noexcept {
    if (this != &mx) {
        free();
        m = mx.m; n = mx.n;
        ptr = mx.ptr;
        mx.ptr = nullptr;
    }
    return *this;
}
template<typename T>
void Matrix<T>::create(int x, int y) {
    m = x; n = y;
    ptr = new T*[m];
    for (int i = 0; i < m; i++)
        ptr[i] = new T[n];
}
template<typename T>
void Matrix<T>::free() {
    if (!ptr)
        return;
    for (int i = 0; i < m; i++)
        delete[] ptr[i];
    delete[] ptr;
    m = 0; n = 0;
}
template<typename T>
Matrix<T> Matrix<T>::operator+(const Matrix<T> & mx)const {
    if (m != mx.m || n != mx.n)
        throw string("两矩阵不满足相加条件！");
    Matrix<T> tmp(m, n);
    for (int i = 0; i < m; i++)
        for (int j = 0; j < n; j++)
            tmp.ptr[i][j] = ptr[i][j] + mx.ptr[i][j];
    return tmp;
}
template<typename T>
Matrix<T> Matrix<T>::operator*(const Matrix<T> & mx)const {
    if (this->n != mx.m)
        throw std::string("两矩阵不满足相乘条件！");
    Matrix<T> tmp(m, mx.n);
    for (int i = 0; i < m; i++)
        for (int j = 0; j < mx.n; j++) {
            T sum = NULL;
            for (int k = 0; k < n; k++)
                sum += ptr[i][k] * mx.ptr[k][j];
            tmp.ptr[i][j] = sum;
        }
    return tmp;
}
template<typename T>
ostream & operator<<(ostream & os, const Matrix<T> & mx) {
```

```
    for (int i = 0; i < mx.m; i++) {
        for (int j = 0; j < mx.n; j++)
            os << setw(6) << mx.ptr[i][j];
        os << endl;
    }
    return os;
}
#endif
//文件名: mainFum9_4.cpp
#include<iostream>
#include<string>
#include"matrix.h"
using namespace std;
int main(void) {
    int x[12]{ 1,3,5,7,9,11,13,15,17,19,21,23 };
    int y[12]{ 2,4,6,8,10,12,14,16,18,20,22,24 };
    int z[15]{ 1,2,3,4,5,6,7,8,9,10,11,12,13,14,15 };
    Matrix<int> A(4, 3, x), B(4, 3, y), C(3, 5, z);
    cout << "A=\n" << A << endl;
    cout << "B=\n" << B << endl;
    cout << "C=\n" << C << endl;
    try {
        cout << "A+B=\n" << A + B << endl;      //矩阵加法
        cout << "A*B=\n" << A * C << endl;      //矩阵乘法
        cout << "A+C=\n" << A + C << endl;      //A与C不满足矩阵加法规则
    }
    catch (string exp) {
        cout << exp << endl;
    }
    return 0;
}
```

运行结果:

```
A=
     1     3     5
     7     9    11
    13    15    17
    19    21    23
B=
     2     4     6
     8    10    12
    14    16    18
    20    22    24
C=
     1     2     3     4     5
     6     7     8     9    10
    11    12    13    14    15
A+B=
     3     7    11
    15    19    23
    27    31    35
    39    43    47
A*B=
    74    83    92   101   110
   182   209   236   263   290
```

```
290   335   380   425   470
398   461   524   587   650
```

两矩阵不满足相加条件！

程序说明：

① 流输出友元函数 operator<<在类内声明，必须以 template 开头，后接类模板形参列表。

② 类外定义的成员函数，以 template 加类模板形参列表开始，并且用类名<模板形参>说明成员函数属于哪个类，如：void Matrix<T>::create(int x, int y)。

例程中没有定义矩阵的转置、乘法等运算，留给读者作为练习。

9.2.2 类模板与继承

与普通类相似，类模板既可以有基类，也可以有派生类。普通类、模板类和类模板均可作为类模板的基类，模板类也可以派生普通类，所有与继承相关的性质模板类也都具备。

类模板和继承有下列 4 种形式。

1. 类模板继承普通类

基类是普通类，派生类是类模板。例如：

```
class Base {                          //普通类
public:
    ...
};
template <typename T>
class TDerived :public Base{          //类模板
public:
    ...
};
```

2. 普通类继承模板类

基类是模板类，派生类是普通类。例如：

```
template <typename T>
class TBase {                         //类模板
public:
    ...
};
class Derived :public TBase<int>{     //普通类，TBase<int>是模板类
public:
    ...
};
```

3. 类模板继承类模板

基类与派生类均是类模板，通常派生类中扩展模板的类型形参。例如：

```
template <typename T>
class TBase {                         //类模板
public:
```

```
    ...
};
template <typename T1,class T2>     //扩展类型形参
class TDerived :public TBase<T1>{   //类模板
    T2 data;
public:
    ...
};
```

4. 类模板继承模板形参类型

类模板以模板形参给出的类型为基类。

【例 9-5】以类模板的形参为基类派生类模板示例。

程序代码：

```
#include<iostream>
using namespace std;
class A {                                                       //普通类
public:
    A(){ cout << "A 的对象被创建..." << endl; }
    ~A() { cout << "A 的对象已销毁! " << endl; }
};
template <typename T>
class TBase {                                                   //类模板
public:
    TBase() { cout << "TBase 用"<<typeid(T).name()<<
        "类型实例化得到模板类所定义的对象被创建..." << endl; }
    ~TBase() { cout << "TBase 用"<<typeid(T).name()<<
        "类型实例化得到模板类所定义的对象已销毁! " << endl; }
};
template <typename T>
class TDerived : public T{                                      //T 为基类!
public:
    TDerived():T(){ cout << "TDerived 的对象被创建..." << endl; }
    ~TDerived() { cout << "TDerived 的对象已销毁! " << endl; }
};
int main() {
    TDerived<A> obj1;
    TDerived<TBase<double>> obj2;
}
```

运行结果：

```
A 的对象被创建...
TDerived 的对象被创建...
TBase 用 double 类型实例化得到模板类所定义的对象被创建...
TDerived 的对象被创建...
TDerived 的对象已销毁!
TBase 用 double 类型实例化得到模板类所定义的对象已销毁!
TDerived 的对象已销毁!
A 的对象已销毁!
```

9.2.3 类模板与友元

函数和类均可以被声明为另一个类的友元。类似地，函数(含模板函数)、函数模板、类(含模板类)和类模板都可以声明为类模板的友元。

下面的例程是 VC++联机帮助中一个示例的修改版，其功能是定义数组类模板。

【例 9-6】函数模板作为类模板的友元示例。

程序代码：

```
#include <iostream>
using namespace std;
template <typename T>
class Array {
    template<typename T>
    friend Array<T>* combine(Array<T>& a1, Array<T>& a2); //友元函数
public:
    Array(int sz) : size(sz) {
        ptr = new T[size];
        memset(ptr, 0, size * sizeof(T));
    }
    Array(const Array& a) {
        size = a.size;
        ptr = new T[size];
        memcpy_s(ptr, size, a.ptr, a.size);
    }
    ~Array() {
        delete[] ptr;
    }
    T& operator[](int i) {                              //[]运算符重载
        return *(ptr + i);
    }
    int Length() { return size; }
    void print() {
        for (int i = 0; i < size; i++)
            cout << *(ptr + i) << " ";
        cout << endl;
    }
private:
    T * ptr;
    int size;
};
template<typename T>
Array<T>* combine(Array<T>& a1, Array<T>& a2) {
    Array<T>* a = new Array<T>(a1.size + a2.size);
    for (int i = 0; i < a1.size; i++)
        (*a)[i] = *(a1.ptr + i);
    for (int i = 0; i < a2.size; i++)
        (*a)[i + a1.size] = *(a2.ptr + i);
    return a;
}
int main() {
    Array<char> alpha1(26);
    for (int i = 0; i < alpha1.Length(); i++)
```

```
        alpha1[i] = 'A' + i;
    alpha1.print();
    Array<char> alpha2(26);
    for (int i = 0; i < alpha2.Length(); i++)
        alpha2[i] = 'a' + i;
    alpha2.print();
    Array<char>*alpha3 = combine(alpha1, alpha2);
    alpha3->print();
    delete alpha3;
}
```

运行结果：

```
A B C D E F G H I J K L M N O P Q R S T U V W X Y Z
a b c d e f g h i j k l m n o p q r s t u v w x y z
A B C D E F G H I J K L M N O P Q R S T U V W X Y Za b c d e f g h i j k
l m n o p q r s t u v w x y z
```

9.2.4 别名模板

别名模板(Alias Template)是一种带模板类型形参的类型别名。2.10.1 节介绍了用 typedef 和 using 声明别名的方法。C++ 11 用 using 声明类型别名的语法格式为：

```
using newtype = oldtype;
```

其语法功能与传统 C/C++语言中的 typedef 语句相当。不同之处在于，using 支持别名模板的声明，格式为：

```
template<typename ...> using newtype = oldtype<...>;
```

别名模板经实例化所得到的别名称为**模板别名**，其可作为一个类型别名。下面列出几种常见的别名模板用法。

(1) 为部分模板形参特例化的类模板命名别名。例如：

```
template<typename T, typename U> class MyClass{};
template<typename T>   using  newClass= MyClass<T, int>;
newClass<std::string> myObj;
```

(2) 为类模板中嵌入的类型声明别名。例如：

```
template<typename T>
struct S{                                  //C++ 11 之前声明类模板别名方式
    typedef MyClass<T, int> type;          //MyClass 与(1)中相同
};
template<typename T>
using newClass = typename S<T>::type;   //与(1)中 newClass 等价
```

(3) 为函数指针模板声明别名。例如：

```
template<typename T> using funPtr = bool(*)(T, T);              //函数指针模板
template<typename T> bool myMax(T a, T b) {return a > b;}; //函数模板
funPtr<int> mx = myMax;
```

【例 9-7】别名模板应用示例。

程序代码：

```
#include <iostream>
#include<string>
#include<map>
using namespace std;
template<typename T> using table= map<T, string>;
int main(){
    table<int> tbl;
    string ary[]{"零","壹","贰" ,"叁" ,"肆" ,"伍" ,"陆" ,"柒" ,"捌" ,"玖" };
    for (int i = 0; i < 10; i++)
        tbl.insert(pair<int,string>(i, ary[i]));
    for (auto v : tbl)
        cout << "阿拉伯数字： " << v.first << ", 中文大写数字： " << v.second
<< endl;
    return 0;
}
```

运行结果：

```
阿拉伯数字： 0, 中文大写数字： 零
阿拉伯数字： 1, 中文大写数字： 壹
阿拉伯数字： 2, 中文大写数字： 贰
阿拉伯数字： 3, 中文大写数字： 叁
阿拉伯数字： 4, 中文大写数字： 肆
阿拉伯数字： 5, 中文大写数字： 伍
阿拉伯数字： 6, 中文大写数字： 陆
阿拉伯数字： 7, 中文大写数字： 柒
阿拉伯数字： 8, 中文大写数字： 捌
阿拉伯数字： 9, 中文大写数字： 玖
```

9.2.5　变量模板

变量模板(Variable Template)是 C++ 14 新引入的模板形式。引入变量模板的主要目的是对模板化常量的支持，使得操纵一个可变类型的常量得以显著的简化。

【例 9-8】变量模板用法示例。

程序代码：

```
#include<iostream>
#include<iomanip>
#include<string>
using namespace std;
template<class T>
constexpr T pi = T(3.1415926535897932385);      //可变类型常量 pi
template<typename T>
T var;                                          //变量模板
int main() {
    var<double> = 1.45;
    var<string> = "今天油价,92 号汽油是 ";
    var<double> = 6.45;                         //可再次赋值
    cout << pi<int> << endl;                            //int 型 pi
    cout << setprecision(15) << pi<double> << endl;     //double 型 pi
    cout << var<string> << var<double> << endl;
    cout <<"&var<string>="<< &var<string> <<"\t&var<double>="
        << &var<double> << endl;
```

```
    cout << "&pi<int>="<<&pi<int> << "\t&pi<double>" << &pi<double> <<
endl;
    return 0;
}
```

运行结果：

```
3
3.14159265358979
今天油价,92 号汽油是 6.45
&var<string>=001042EC   &var<double>=001042E0
&pi<int>=00100DE8       &pi<double>00100DF0
```

9.2.6 嵌套类模板

嵌套类模板(Nested Class Templates)是在另外一个类或类模板中定义的类模板。嵌套类模板成员函数的定义可以在模板内，也可以在类模板之外。

下面通过联机帮助中的一个示例介绍嵌套类模板的用法。

【例 9-9】嵌套类模板用法示例。

程序代码：

```
#include <iostream>
using namespace std;
template <class T>
class X {
    template <class U> class Y {          //定义嵌套类模板 Y
        U* u;
    public:
        Y();
        U& Value();
        void print();
        ~Y();
    };
    Y<int> y;                             //Y<int>模板类定义数据成员
public:
    X(T t) { y.Value() = t; }
    void print() { y.print(); }
};

template <class T>                        //X 类模板形参
template <class U>                        //Y 类模板形参，T 和 U 顺序不能颠倒
X<T>::Y<U>::Y() {                         //定义默认构造函数
    cout << "X<T>::Y<U>::Y()" << endl;
    u = new U();
}
template <class T>
template <class U>
U& X<T>::Y<U>::Value() {
    return *u;
}
template <class T>
template <class U>
void X<T>::Y<U>::print() {
    cout << this->Value() << endl;
```

```
}
template <class T>
template <class U>
X<T>::Y<U>::~Y() {
    cout << "X<T>::Y<U>::~Y()" << endl;
    delete u;
}
int main() {
    X<int>* xi = new X<int>(10);                    //用 int 类型实例化
    X<char>* xc = new X<char>('c');                 //用 char 类型实例化
    xi->print();
    xc->print();
    delete xi;
    delete xc;
}
```

运行结果：

```
X<T>::Y<U>::Y()
X<T>::Y<U>::Y()
10
99
X<T>::Y<U>::~Y()
X<T>::Y<U>::~Y()
```

9.2.7　模板特例化

模板是泛型编程的基础，追求的是代码与数据类型之间的无关性。然而，世事常有例外，通用的模板有时不能满足要求，需要针对特定的类型编写专门的代码。

所谓**模板特例化**(Template Specialization)是指针对特定的类型定义一个专门版本的模板。函数模板特例化是用指定实参替换原函数模板的模板形参，并且用 template<>表明是特例化的函数模板。例如，下面的 print 函数模板，对 double 类型定义了特例化的函数模板，其输出格式是用逗号分隔的货币格式的浮点数。

```
template<typename T>
void print(const T & v) {                           //函数模板
    cout << v << endl;
}
template<>                                          //特例化模板
void print(const double & v){                       //专门处理 double 类型
    string s = to_string(v),x="";                   //to_string 转换 double 为 string
    int i=s.find('.', 0),j=i;                       //
    x = s.substr(i, 3);                             //获取小数点加后两位
    while (j-3 > 0) {
        x.insert(0, "," + s.substr(j - 3, 3)); //3 位插入一个逗号分隔符
        j = j - 3;
    }
    if (j != 0)                                     //j 大于 0，小于等于 3 时
        x.insert(0, s.substr(0, j));                //插入最左 j 位值
    cout << "$" << x << endl;
}
print(10);                                          //输出 10
print(23456.78);                                    //输出 $23,456.78
```

特例化版本的函数模板，本质上是一个实例，并非函数重载。特例化不影响函数的匹配。

与函数模板不同，类模板的特例化不必为所有模板形参提供实参，可以仅为部分模板形参明确实参，因而，类模板的特例化分为**全特化和偏特化**(又称或**部分特例化**)。下面简化了的代码段解析了类模板特例化的概念与方法。

```
template<typename T1, typename T2>
class Test{                                    //类模板
    ......
};
template<>
class Test<int , char>{                        //全特化
    ......
};
template <typename T2>
class Test<char, T2>{                          //偏特化
    ......
};
```

9.3 可变参数模板

可变参数模板(Variadic Template)是 C++ 11 新增的特性，是一种可以携带任意数量、任意类型参数的模板。函数模板和类模板均支持可变模板参数。

模板中可变数目的参数称为**参数包**(Parameter Packet)。参数包有两类，分别是**模板参数包和函数参数包**。获取参数包中参数的方法称为参数包**展开**(Expand)。通过包展开，分解出包中每个参数，获得相应的参数列表。参数包的展开是在编译期，可变参数函数或类模板实例的形参类型在编译期已明确，故不影响模板类或模板函数的类型安全。

9.3.1 可变参数函数模板

可变参数模板的语义与普遍模板相同，差别在于声明可变参数模板时，需要在typename 或 class 后面带上省略号(…)。例如：

```
template<typename T,typename... Args>      //Args 是模板参数包
void fun(const T &t,const Args&...rest);   //rest 是函数参数包
```

其中，Args 表示零个或多个模板类型参数，rest 表示零个或多个函数参数。

对于可变参数函数模板，展开参数包的方法有两种，一种是通过递归的函数模板来展开参数包，另外一种是通过逗号表达式和初始化列表展开参数包。下面通过简单的小程序介绍展开参数包的方法与过程。

【例 9-10】可变参数函数模板用法示例。

程序代码：

```
#include<iostream>
using namespace std;
template<typename T>
```

```
void print(T t) {                                   //递归终止函数
    cout << "t = " << t << endl;
}
template<class T, class... Args>                    //①
void print(T head, Args... rest) {                  //递归函数展开参数包
    cout << "head = " << head
        <<"\tsizeof...(rest) = "<< sizeof...(rest) << endl;
    print(rest...);
}
template<typename T>
void printArg(T a) {                                //输出处理函数
    cout << a <<"\t";
}
template<typename ...Args>
void expand(Args... args) {                         //逗号表达式展开参数包
    int ary[] = { (printArg(args), 0)... };         //②
}
int main() {
    cout << R"(执行print("1", 2.5, 'a', 618);)" << endl;
    print("1", 2.5, 'a', 618);
    cout << R"(执行expand(10,'b',"C++11",3.14);)" << endl;
    expand(10,'b',"C++11",3.14);
    return 0;
}
```

运行结果：

```
执行print("1", 2.5, 'a', 618);
head = 1        sizeof...(rest) = 3
head = 2.5      sizeof...(rest) = 2
head = a        sizeof...(rest) = 1
t = 618
执行expand(10,'b',"C++11",3.14);
10      b       C++11   3.14
```

程序说明：

① print 是利用递归函数展开参数包，另外还需要一个递归终止函数。

从运行结果可知，递归调用过程为：print("1",2.5,'a',618);、print(2.5,'a',618);、print('a',618);、print(618);，其中，最后一个调用的是 void print(T t)递归终止函数。

sizeof…是 C++ 11 新引入的运算符。功能与 sizeof 类似，它能计算并返回可变参数模板的类型形参或函数形参的数目。若将例程中 sizeof…(rest)改为 sizeof…(Args)，结果完全相同。

print("1", 2.5, 'a', 618);是 print 函数模板的实例，参数包的展开已在编译期完成。将鼠标指针悬于 print 函数之上，弹出窗口中显示的模板函数如下：

```
void print<const char *,double,char,int>(const char * head,double
rest,char rest,int rest)
```

② expand 函数模板是借助逗号表达式和初始化列表展开参数包。C++中，逗号表达式的值是最右边表达式的值，例如，int x = (a = b, b = 100);中 x 的值是 100。

expand 函数体中的(printArg(args), 0)是逗号表达式，其先执行 printArg(args)，输出参

数的值，再返回逗号表达式值 0。

{(printArg(args),0)…}将根据 args 中元素的个数(sizeof…(args))，展开为初始化列表{(printArg(arg1),0), (printArg(arg2),0),…,(printArg(argN),0)}。变长数组 int ary[]的作用纯粹是在数组构造过程中展开参数包，其中的值无任何用途。

9.3.2 可变参数类模板

可变参数类模板是一个带可变模板参数的类模板。例如，C++ 11 中的元组 std::tuple 就是一个可变参数类模板，其定义如下：

```
template<typename ...Types> class tuple;
```

std::tuple 可以携带任意类型任意个数的模板参数，例如：

```
std::tuple<int> tp1 = std::make_tuple(100);
std::tuple<int, double, string> tp2 = std::make_tuple(1, 3.14,"tuple");
std::tuple<> tp0;                               //模板参数也可以为 0 个
```

可变参数类模板的参数包展开方法有两种：一种是通过递归和特化方式，另一种是通过继承方式。

【例 9-11】递归方式展开可变参数类模板示例。

程序代码：

```
#include<iostream>
//前向声明 At 是一个可变参数类模板
template<int index, typename... Types> struct At;
//定义部分展开的可变参数类模板 At
template<int index, typename First, typename... Types>          //①
struct At<index, First, Types...>{
    using type = typename At<index - 1, Types...>::type;
};
//定义特化的递归终止类，即递归边界条件
template<typename T, typename... Types>
struct At<0, T, Types...>{
    using type = T;
};
int main(){
    using T = At<1, int, double, char, bool>::type;                  //②
    T x = 3.14;
    std::cout << "T = " << typeid(T).name()
        << "\tx = " << x << std::endl;
    return 0;
}
```

运行结果：

```
T = double      x = 3.14
```

程序说明：

① 在该类模板中，递归地定义了 using type=At<index - 1, Types…>::type，其中第 1 个模板参数是 index-1。递归前进阶段，index 的值是递归 1 次减 1，同时 Types...中的参数项也减少 1 个。当 index 值为 0 时，调用递归终止类 At<0, T, Types…>。在递归返回阶

段，终止类中返回的类型 T 被逐级传回。

例如，At<2, int, double, char, bool>的递归过程示意如下：

At<2, int, double, char, bool>　==》 At<1, double, char, bool> ==》 At<0, char, bool>，最终返回 char。

② 该行语句中，T 的值随着 At 后面的整数值而改变。值 0、1、2、3 依次对应 int、double、char、bool。

若将该语句中的 1 改为 4，编译器会立即在 At<index－1, Types…>::type 下标注红线。将鼠标指针悬浮于红线上，可见错误提示，其中含有递归前进的过程信息。若将递归终止类中的 0 改为 1，红线自动消失。这是由于 index 值为 1 时，递归终止类被调用，即 At 中索引对应类型的值为 1-4。而 4 没有超越类型索引范围，故编译器不再报告错误。

9.4 案 例 实 训

1. 案例说明

栈是一种特殊的数据结构，在程序设计中具有广泛的应用，C++程序在函数调用过程中就使用栈来处理程序调用时的现场。

栈的结构与操作特征是：数据元素间是一种前后相邻的线性关系，元素的删除与插入操作只能在一端进行。允许实施插入与删除操作的一端称为栈顶，另一端称为栈底，如图 9-2 所示。没有任何元素的栈称为空栈。

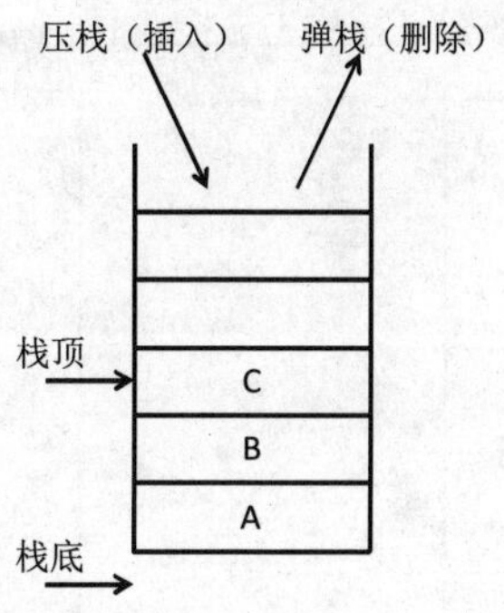

图 9-2　栈的结构与操作

元素的插入操作通常称为压栈，删除操作称为弹栈。在图 9-2 中，A、B 和 C 三个元素被依次压入栈中，而出栈次序是 C、B、A，与入栈顺序正好相反。栈的典型特性是后进先出(Last In First Out，LIFO)。

栈在实现时可以采用数组为基本存储结构，称为顺序栈；也可以使用指针将节点相互链接，称为链栈。

2. 编程思想

顺序栈使用一片连续的内存空间存储节点元素，通常是在对象构造时根据用户指定的大小在自由存储区申请某种数据类型的数组，并将其首地址赋给一个指针变量，数组的大小保存在 size 变量中。此外，还应设置用于记录栈顶位置的整型变量 top。当栈空时，top 的值为-1；当栈满时，top 的值为 size-1。每次有元素压入栈中，top 的值加 1，出栈后其值减 1。

3. 程序代码

请扫二维码。

本章实训案例代码

9.5 本 章 小 结

- 第9章小结
  - 模板是泛型编程的基础，是编写类型无关算法的工具，被称为参数化程序设计
  - 函数模板是产生函数的蓝图，本身不能直接运行，生成的模板函数等同于普通函数
    - 模板的定义是以template关键字开头，后接模板参数列表，模板类型参数是以typename或class开头
    - 编译器根据函数调用时提供的实参，实例化函数模板产生模式函数
    - 同名函数重载时，非模板函数优先于模板函数。若有普通函数可以调用，则编译器不再生成模板函数
    - C++ 11引入完美转发的目的是模板实参在传递给另一个函数模板时，保持其左右值类型不变
    - 引用折叠规则是T&&折叠到&&后依然为&&，而其他情况均为T&
  - 类模板是生成类的模具。用具体数据类型实例化类模板得到的模板类与普通类等价
    - 普通类、类模板、模板类均可作为类模板的基类，模板类也可派生普通类
    - 普通函数或类、函数模板或类模板、模板函数或模板类均可成为类模板的友元
    - 别名模板是一种带模板类型形参的类型别名，用typedef和using声明别名模板
    - 变量模板是对模板化常量的支持，使得操纵一个可变类型的常量得以显著的简化
    - 嵌套类模板是在另外一个类或类模板中定义的类模板
    - 模板特例化是针对特定的类型定义一个专门版本的模板，满足个性功能需求
  - 主要函数及方法

9.6 习 题

一、填空题

1. 有如下函数模板：

```
template <typename T> T sequare(T x){ return x*x; }
```

其中 T 是________。

A. 函数形参　　B. 函数实参　　C. 模板形参　　D. 模板实参

2. 下列有关函数模板的叙述中，正确的是________。

A. 函数模板不能含有常规形参

B. 函数模板的一个实例就是一个函数定义

C. 类模板的成员函数不能是模板函数

D. 用类模板定义对象时，绝对不能省略模板实参

3. 下列关于模板的叙述中，错误的是________。

A. 模板声明中的第一个符号总是关键字 template

B. 在模板声明中用<和>括起来的部分是模板的形参表

C. 类模板不能有数据成员

D. 在一定条件下函数模板的实参可以省略

4. 模板对类型的参数化提供了很好的支持，因此________。

A. 类模板的主要作用是生成抽象类

B. 类模板实例化时，编译器将根据给出的模板实参生成一个类

C. 在类模板中的数据成员都具有同样类型

D. 类模板中的成员函数都没有返回值

5. 完美转发是将模板实参传递给函数模板中的被调函数时保持其____________不变。

A. 数据类型　　B. 左右值属性　　C. 值　　D. 名称

6. 有如下函数模板：

```
template <typename T, typename U>
T cast(U u){ return u; }
```

其功能是将 U 类型数据转换为 T 类型数据。已知 i 为 int 型变量，下列对模板函数 cast 的调用中正确的是________。

A. cast(i)　　B. cast<>(i)

C. cast<char*,int>(i)　　D. cast<double,int>(i)

7. 已知一个函数模板定义为

```
template <typename T1,typename T2>
T1 FUN(T2,n){ return n*5.0; }
```

若要求以 int 型数据 7 为函数实参调用该模板函数，并返回一个 double 型数据，则该调用应表示为________。

8. 关于关键字 class 和 typename，下列表述中正确的是________。

A. 程序中的 typename 都可以替换为 class

B. 程序中的 class 都可以替换为 typename

C. 在模板形参表中只能用 typename 来声明参数的类型

D. 在模板形参表中只能用 class 或 typename 来声明参数的类型

9. 关于别名模板，下列表述中正确的是________。

A. 别名模板可以用 using 声明

B. 别名模板不能用 typedef 声明

C. 不能为函数指针模板声明别名

D. 不能为类模板中嵌入的类型声明别名

10. 关于嵌套类模板，下列表述中正确的是________。

A. 嵌套类模板成员函数不能在类模板之外定义

B. 嵌套类模板成员函数只能在类模板之内定义

C. 嵌套类模板是在另一个类或类模板中定义的类模板

D. 嵌套类模板不能在普通类中定义

二、简答题

1. 什么是模板？模板分为几种类型？什么是模板的实例化？怎样进行实例化？

2. 什么是函数模板？怎样定义函数模板？函数模板只允许使用类型参数吗？

3. 什么是完美转发？举例说明。

4. 什么是类模板？怎样定义类模板？类模板的成员函数在类外定义时需要注意些什么？

5. 可以使用哪些不同的方式派生类模板？举例说明。

6. 分别举例说明别名模板、变量模板、嵌套类模板、模板特例化等 C++ 11 新概念。

7. 什么是可变参数模板？举例说明。

三、编程题

1. 编写求一维数组中前 n 个元素平均值的函数模板。

2. 编写一个函数模板，实现将任意数组中的元素倒置。

3. 在例 9-4 中，添加矩阵减法(-)和判别相等(==)运算符重载函数。以分数类 Fractions 实例化矩阵类模板 Matrix，完成相应功能的测试，并验证其正确性。

4. 定义一个集合类模板 Set，实现并集(+)、交集(*)和差集(-)运算符重载函数，同时实现集合元素的添加(addToSet)、删除(removeFromSet)、集合是否为空(isEmpty)等基本操作。编写测试代码，验证类中功能函数的正确与否。

第 10 章　标准模板库

标准库是对 C++核心语言的拓展，标准化的库资源已成为 C++应用软件开发的首选。C++标准模板库(Standard Template Library，STL)是标准库的核心，其深刻影响了标准库的整体结构。它提供了大量可扩展的类模板，包含了程序设计中普遍涉及的数据结构和算法。

学习目标：

- 掌握标准模板库中容器、迭代器、算法、适配器、函数对象和分配器等基本概念，理解它们之间的关系。
- 掌握容器的基本用法，能利用容器编写简单的应用程序。
- 掌握迭代器的基本用法，了解泛型算法和函数对象的概念与用法。

10.1　STL 组件概述

标准模板库是泛型程序设计(Generic Programming)思想的产物。泛型程序设计是继面向对象程序设计之后的又一种程序设计方法，与面向对象程序设计方法的多态一样，也是一种软件复用技术。泛型程序设计的目的是编写完全一般化并可重复使用的算法，其效率与针对某特定数据类型而设计的算法相同。泛型即是指具有在多种数据类型上皆可操作的含意。STL 中包含很多计算机基本算法和数据结构，而且将算法与数据结构完全分离，其中算法是泛型的，不与任何特定数据结构或对象类型联系在一起。

早期的 C++标准并不支持模板，模板和 STL 的引入与 Alexander Stepanov(被誉为 STL 之父)和 Meng Lee 的工作和努力密不可分。在标准模板库中，大部分基本算法被抽象，被泛化，独立于与之对应的数据结构，并以相同或相近的方式处理各种不同情形。

泛型程序设计思想和面向对象程序设计思想不尽相同。在面向对象程序设计中，更注重的是对数据的抽象，而算法则通常被附属于数据类型之中，通常是以成员函数的形式包含在类中，相同的算法在不同的类中需要编写各自的成员函数，算法的实现与具体的数据类型相关。尽管泛型程序设计和面向对象程序设计有诸多不同，但这两种方法并不矛盾，而是相辅相成。

标准模板库主要由容器(Container)、迭代器(Iterator)、算法(Algorithm)、适配器(Adaptor)、函数对象(Function Object)和分配器(Allocator)几大组件构成。其中容器、迭代器和算法是关键组件，它们之间的结构关系如图 10-1 所示。

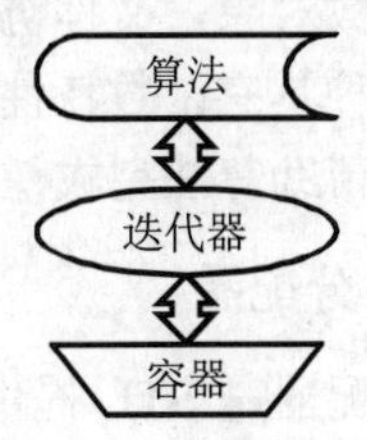

图 10-1　STL 中关键组件及其联系

1. 容器

容器的作用类似于数组，是存储各种数据项的基础组件。STL 中容器的实现都是类模

板，为适应不同的需求，提供了不同的容器，涵盖了多种数据结构。容器分为 3 种类型：顺序容器(Sequence Container)、关联容器(Associative Container)和无序容器(Unordered Container)。顺序容器包括：array、vector、deque、list 和 forward_list，其中 forward_list 和 array 是 C++ 11 新引入的容器。关联容器包含：set、multiset、map 和 multimap。无序容器包括：unordered_set、unordered_multiset、unordered_map 和 unordered_multimap。

每种容器都拥有一组相关联的成员函数，多数容器所提供成员函数功能相似(如 size、insert)，被称为“泛型操作”。

2. 迭代器

迭代器的作用类似于指针，程序使用迭代器访问容器中的元素，因而迭代器也称为“泛型指针”。事实上，STL 算法也可以使用普通指针作为迭代器来操纵普通数组中的元素。如图 10-1 所示，迭代器位于容器与算法之间，算法使用迭代器操作容器中的数据元素，从而实现了算法与数据的分离。

STL 定义了 5 种迭代器：前向迭代器(Forward Iterator)、双向迭代器(Bidirectional Iterator)、输入迭代器(Input Iterator)、输出迭代器(Output Iterator)和随机访问迭代器(Random Access Iterator)。

3. 算法

算法是 STL 的核心，它实现了一些常用的数据处理方法。算法是通过迭代器处理容器中的数据元素，不依赖于具体的容器，故算法也称为“泛型算法”。

STL 中包含了 70 多个通用的算法，大致分为四大类：不可修改序列算法(Non-modifying Sequence Algorithms)、修改序列算法(Mutating Sequence Algorithms)、排序及相关算法(Sorting and Related Algorithms)和数值算法(Numeric Algorithms)。

4. 适配器

适配器是对标准组件的限制或改装，它通过修改其他组件的接口使适配器满足特定的需求。例如，stack 容器适配器就是以序列容器为底层数据结构，实现在一端执行插入与删除操作。STL 中针对容器、迭代器和算法分别提供了容器适配器、迭代器适配器和函数对象适配器 3 种适配器。

5. 函数对象

函数对象，又称仿函数，是在类中定义了 operator()运算符重载函数的类对象。它本质上是一种具有函数特性的对象，用法与函数调用相一致。STL 中的许多算法允许传递函数对象，帮助算法完成任务。函数对象使用类模板实现，具有良好的灵活性和通用性。

6. 分配器

分配器是 STL 提供的内存管理模块，它封装了内存分配与维护方面的信息和方法，为容器提供内存管理服务。每种容器都使用分配器来保存其内存分配模式。不同的分配器封装了不同的内存分配模式，使得 STL 能够更容易地应用于不同的内存分配模式，同时也有利于程序员通过添加自己的内存分配管理模式扩展 STL 的应用。

10.2 容　　器

STL 容器是一组类模板，具有存储和管理对象的能力。不同容器所采用的内存分配和管理方式互不相同，每种容器都有其特性、优点和不足。如同现实生活中的桶和盆各有各的用途一样，不同容器所适用的应用需求也互不相同。

容器中存储的元素具有相同的数据类型，它可以是基本数据类型，也可以是自定义类型。对于自定义类型，通常需要提供构造函数、析构函数、赋值运算符重载函数以及关系和逻辑运算符函数。本节介绍 STL 中三大容器的概念和用法。

10.2.1 顺序容器

表 10-1 列出了标准库中的顺序容器，它们都提供了快速访问数据元素的能力。由于数据存储方式是有差别的，使得它们在元素插入、删除和随机访问等操作的效率相差较大。

表 10-1　STL 中的顺序容器

名　称	说　明	头文件
array (固长数组)	数组大小固定，支持快速随机访问，不能添加或删除元素	<array>
vector (向量)	数组大小可变，支持快速随机访问，在尾部之外的位置插入或删除元素可能较慢	<vector>
deque (双端队列)	在头部和尾部执行快速的插入或删除元素操作，支持快速随机访问	<deque>
list (双向链表)	只支持双向顺序访问，在任何位置执行快速的插入或删除元素操作	<list>
forward_list (单向链表)	只支持单向顺序访问，在任何位置执行快速的插入或删除元素操作	<forward_list >

与内置数组相比，array 是一种更安全、更容易使用的数组类型，其大小是固定的，不支持插入和删除元素以及改变容器大小操作。

vector 中的元素是连续存储的，通过下标计算其地址非常快速，但在其中间插入或删除元素需要移动元素，以保持存储的连续性，因而比较耗时。在尾部插入或删除元素较快。

deque 与 vector 类似，支持快速的随机访问，在头部和尾部均能快速地插入或删除元素，但在中间做插入和删除操作的代价较高。

list 和 forward_list 在容器任何位置的插入和删除操作都很快速，但不支持元素的随机访问，为访问一个元素只能遍历整个容器。

顺序容器中的数据元素逻辑上是按照线性方式存储，但不同的容器所采用的存储结构却相关较大，如图 10-2 所示。顺序容器是“以址寻值”，即根据位置找到数据元素。

事实上，正是存储结构上的差异，导致了不同容器的插入、删除、遍历等操作在性能上的差别。例如，在 vector 中间插入元素，须先向后移动其中的元素，方能将新元素插入其中，效率比较低下，而在 list 中间插入新元素，仅需要调整节点间的指针，效率较高。

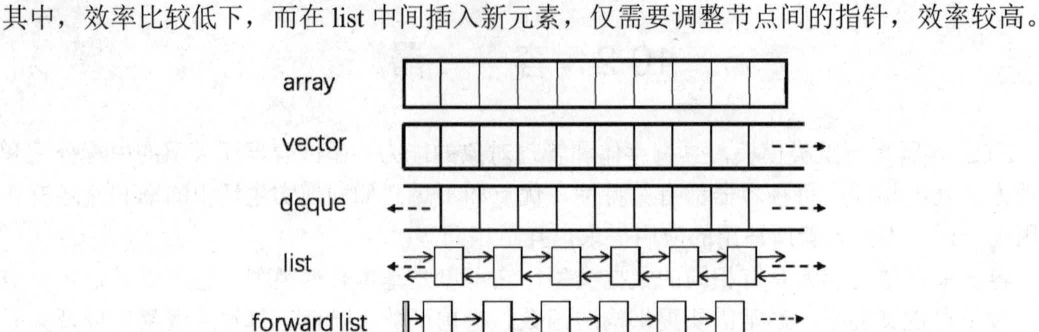

图 10-2　顺序容器存储结构示意图

除顺序容器外，标准库还定义了 3 个顺序容器适配器：stack、queue 和 priority_queue。由于适配器要求容器具有插入、删除以及访问尾元素的能力，因而 array 和 forward_list 容器不能用来构造适配器。

stack 适配器要求 push_back、pop_back 和 back 操作，可以使用除 array 和 forward_list 之外的容器类型来构造。

queue 适配器要求 back、push_back、front 和 push_front 操作，因此其可以构造于 list 或 deque 之上，但不能基于 vector 构造。

priority_queue 适配器除 front、push_back 和 pop_back 操作之外，还要求具有随机访问能力，因此其不能基于 list 构造，可以构造于 vector 或 deque 之上。

容器支持的各种操作可通过联机帮助查阅，这里不再单独介绍。

【例 10-1】顺序容器和容器适配器应用示例。

程序代码：

```
#include<iostream>
#include<deque>
#include<list>
#include<stack>
#include<forward_list>
using namespace std;
template <typename T>
void print(T & cont) {                                  //输出容器中的数据
    for (auto elem : cont)
        cout << elem << ",";
    cout << endl;
}
int main() {
    deque<int> intDeque{-3,-2,-1,0,1,2,3};              //①
    cout << "intDeque contained: "; print(intDeque);
    intDeque.pop_front();                               //intDeque 前端删除
    intDeque.push_back(4);                              //intDeque 后端插入
    cout << "pop_front() and push_back(4): "; print(intDeque);
    stack<char, list<char>> charStack;                  //②
    for (int i = 'A'; i <= 'E'; i++)
        charStack.push(i);                              //元素压栈
    cout << "charStack pop element: ";
    while (!charStack.empty()) {
```

```
        cout << charStack.top() << ",";                //获取栈顶元素
        charStack.pop();                               //元素弹栈
    }
    cout << endl;
    forward_list<int> fwdList{ 1,2,3 };                //③
    fwdList.insert_after(fwdList.before_begin(), { 4,5 }); //前端插入 4 和 5
    fwdList.push_front(0);                                 //前端插入 0
    cout << "fwdList contained: "; print(fwdList);
    fwdList.sort();                                        //支持排序
    cout << "fwdList sorted: "; print(fwdList);
    return 0;
}
```

运行结果:

```
intDeque contained: -3,-2,-1,0,1,2,3,
pop_front() and push_back(4): -2,-1,0,1,2,3,4,
charStack pop element: E,D,C,B,A,
fwdList contained: 0,4,5,1,2,3,
fwdList sorted: 0,1,2,3,4,5,
```

程序说明:

① 由于容器设计为类模板，需要用具体类型对其实例化，生成模板类 deque<int>，再用其定义对象 intDeque。该语句在定义对象的同时用{-3,-2,-1,0,1,2,3}对其进行初始化。

② 容器适配器 stack<char>是构造于 deque<char>之上，这里 stack<char, list<char>>是以 list 为基础容器。

③ forward_list 不提供 size()函数，因为其不保存元素的数量。如果需要计算元素个数，可用标准模板库的 distance()函数，例如，distance(fwdList.begin(), fwdList.end());。

10.2.2 关联容器

顺序容器的元素是按照在容器中的位置来顺序保存和访问的，而关联容器中元素的位置取决于其值和给定的排序准则，元素的值或关键字决定存储位置，与元素的插入次序无关。关联容器的内部结构是一个**平衡二叉树**(Balanced Binary Tree)，可以根据给定的值，快速找到其在容器中的位置，是“以值寻址”。关联容器中数据元素的存储位置必与元素的值有所关联，故它支持通过键值高效地查找和读取元素。

关联容器是有序容器，其关键字类型必须定义元素比较的方法，默认情况下是按从小到大的 less<>序排列。

表 10-2 列出了标准库中的关联容器，关联容器支持高效的关键字查找与访问。

表 10-2　STL 中的关联容器

名　称	说　明	头文件
set(集合)	不允许有重复元素，可双向遍历元素	<set>
multiset(多集)	允许有重复元素，可双向遍历元素	
map(映射)	一对一映射，不允许重复元素，允许快速的基于关键字的查找	<map>
multimap(多射)	一对多映射，允许重复元素，允许快速的基于关键字的查找	

set 与 multiset 关联容器只能保存单一数据类型，平衡二叉搜索树中节点值即为所保存的数据值，其中 multiset 允许有重复元素。

map 和 multimap 关联容器用于保存“关键字-值”(key-value)类型的数据，其内部根据 key 值有序保存。

pair 是标准库中定义的类型，它包含在头文件 unility 中。pair 是用来生成特定类型的模板，其保存两个数据成员，故必须提供两个类型名方能创建 pair 对象。

关联容器的定义与用法示例：

```
set<int> set1{ 1,3,5,2,4,6,1,2 };                //按升序构建，1 和 2 仅保存一次
set<int,greater<>> set2{ 2,4,6,1,3,5 };          //按降序构建平衡二叉树
multiset<int> mset1{ 1,3,5,1,3,5 };              //1、3、5 重复保存
set1.insert(100);                                //插入 100
set2.erase(6);                                   //删除 6
multimap<string, string> mmap;                   //定义 multimap 容器对象
pair<string, string> item("s1001", "张三");      //定义插入元素
mmap.insert(item);                               //插入
mmap.insert(pair<string, string>("s1002", "李四")); //另一种插入方式
for (auto x : mmap)                              //输出
    cout << x.first << "-" << x.second << endl;
mmap.erase("s1001");                             //删除 s1001
```

【例 10-2】关联容器 multimap 应用示例。

程序代码：

```
#include<map>
#include<string>
#include<iostream>
using namespace std;
using Dictionary = multimap<string, string>;
int main() {
    Dictionary dict;
   dict.insert({ { "dog","狗；卑鄙的人；(俚)朋友" }, {"monkey","猴子；顽童"},
        { "dog","跟踪；尾随" }, { "monkey","胡闹；捣蛋" },
        { "kid","小孩；小山羊" }, { "figure","数字；人物" } });//插入多个元素
    cout << "英语" << "\t" << "中文" << endl;
    for (const auto & elem : dict)                            //①
        cout << elem.first << "\t" << elem.second << endl;
    string word{"dog"};
    cout << word << ":";
    for (auto pos = dict.lower_bound(word);                        //②
        pos != dict.upper_bound(word); ++pos)
        cout << " " << pos->second ;
    return 0;
}
```

运行结果：

```
英语    中文
dog     狗；卑鄙的人；(俚)朋友
dog     跟踪；尾随
figure  数字；人物
kid     小孩；小山羊
```

```
monkey  猴子；顽童
monkey  胡闹；捣蛋
dog：狗；卑鄙的人；(俚)朋友 跟踪；尾随
```

程序说明：

① 从输出结果可知，multimap 容器中元素是有序排列，并且支持多个相同的 key。

② lower_bound 和 upper_bound 返回迭代器 iterator，故 pos 访问元素用运算符->。

10.2.3　无序容器

C++ 11 新增加了 4 个无序容器，分别是 unordered_map、unordered_multimap、unordered_set 和 unordered_multiset。它们的基本功能与 map 和 set 类似，但是二者内部实现方式却完全不同。

无序容器不使用元素大小的比较来组织元素，而是使用**哈希函数**(Hash Function，又称散列函数)和关键字的哈希值存储元素，其内部结构如图 10-3 所示。无序容器在存储上是由若干个**桶**(Bucket)组成，每个桶保存零个或多个元素，桶中元素以单链表方式保存。每个元素的关键字传递给哈希函数，计算出一个哈希值，再根据这个值确定元素存放在哪个桶，所有哈希值相同的元素存储在同一个桶中。哈希函数的质量、桶的数量和大小直接影响到无序容器的性能。

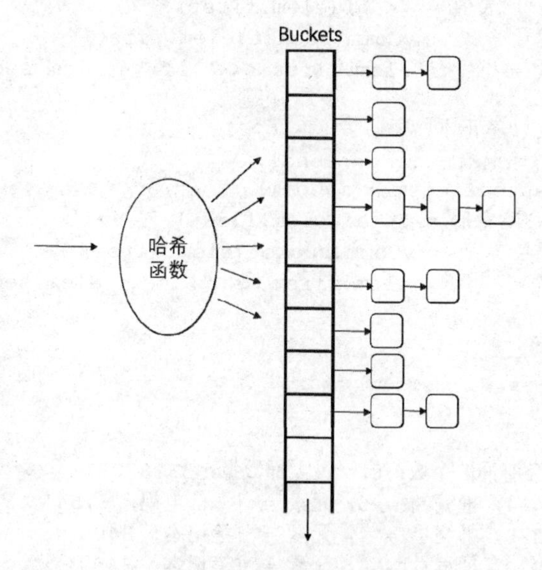

图 10-3　无序容器内部结构

C++ 11 中的哈希函数是一个函数对象(参见 10.4 节)，将关键字转换为 std::size_t 类型。标准库为常用的类型预设了若干哈希函数，被封装到函数对象模板 std::hash<T>之中，它们能根据关键字类型自动调用。

除三大容器之外，STL 还提供了 4 个“近容器(Near Container)”，称它们为近容器的原因是它们具有与顺序容器相似的功能，但并不支持容器的所有功能。这 4 个近容器分别为：

- 数组，任何一个数组均可视为一个近容器，下标运算可看作迭代器。

- string 类型，实际上是 basic_string 类模板的实例化对象。
- bitset 位集，可定义任意长的二进制位，用于操纵标志值集合。
- valarray 可变长数组，用于执行高性能的数学矢量操作。

【例 10-3】无序容器 unordered_multimap 应用示例。

程序代码：

```
#include <unordered_map>
#include<string>
#include <iostream>
using namespace std;
using Commodity = unordered_multimap<string, double>;
int main(){
    Commodity myComm{ {"海信电视",6754.00},{"笔记本",8400.00} }; //无序容器
    myComm.insert(Commodity::value_type("OPPO 手机", 2599.00)); //插入方式 1
    Commodity::key_type key = "笔记本";
    Commodity::mapped_type mapped = 3499.00;
    Commodity::value_type val = Commodity::value_type(key, mapped);
    myComm.insert(val);                                         //插入方式 2
    Commodity::hasher hf = myComm.hash_function();              //哈希函数
    cout << "myComm 无序容器中当前桶的个数：" << myComm.bucket_count()
        << "，最大桶数量：" << myComm.max_bucket_count() << endl;
    for (const auto & elem : myComm)                            //输出
        cout << "哈希值 = "<<hf(elem.first)
        <<"，桶编号 = "<<myComm.bucket(elem.first)
        <<"，元素 = [" << elem.first << ", " << elem.second << "]。" <<
endl;
    myComm.erase("笔记本");                                     //删除
    cout << "删除笔记本后..." << endl;
    for (const auto & elem : myComm)
        cout << "哈希值 = "<<hf(elem.first)
        <<"，桶编号 = "<<myComm.bucket(elem.first)
        <<"，元素 = [" << elem.first << ", " << elem.second << "]。" <<
endl;
    return (0);
}
```

运行结果：

```
myComm 无序容器中当前桶的个数：8， 最大桶数量：536870911
哈希值 = 1046631414，桶编号 = 6，元素 = [海信电视, 6754]。
哈希值 = 1435391220，桶编号 = 4，元素 = [笔记本, 8400]。
哈希值 = 1435391220，桶编号 = 4，元素 = [笔记本, 3499]。
哈希值 = 2079031162，桶编号 = 2，元素 = [OPPO 手机, 2599]。
删除笔记本后...
哈希值 = 1046631414，桶编号 = 6，元素 = [海信电视, 6754]。
哈希值 = 2079031162，桶编号 = 2，元素 = [OPPO 手机, 2599]。
```

10.3 迭 代 器

迭代器源于指针而高于指针，是连接容器与算法的桥梁。迭代器支持的操作与指针类似，算法通过迭代器操纵容器，是实现泛型算法的基础。本节介绍标准库中迭代器的分

类、迭代器的辅助函数，以及迭代器适配器的基础知识与用法。

10.3.1　迭代器分类

标准库中迭代器被分为 5 种类型，分别为：输入迭代器(Input Iterator)、输出迭代器(Output Iterator)、前向迭代器(Forward Iterator)、双向迭代器(Bidirectional Iterator)和随机迭代器(Random Access Iterator)。

不同类型迭代器支持的操作和能力互不相同，以满足不同的需求。表 10-3 列出了 5 类迭代器所提供的操作，其中 p 和 q 表示迭代器，√表示迭代器支持该操作。

表 10-3　各种迭代器支持的操作

表达式	含　义	支持的迭代器				
		输入	输出	前向	双向	随机
++p	前置自增，p 前移一位，返回新位置	√	√	√	√	√
p++	后置自增，p 前移一位，返回旧位置	√	√	√	√	√
*p	间接引用，作为右值，支持读操作	√		√	√	√
p=q	把一个迭代器 q 赋值给 p，支持拷贝构造	√	√	√	√	√
p==q	比较迭代器 p 与 q 是否相等	√		√	√	√
p!=q	比较迭代器 p 与 q 是否不等	√		√	√	√
*p=val	间接引用，作为左值，支持写操作		√	√	√	√
p->m	等价于(*p).m，间接访问数据元素 m			√	√	√
--p	前置自减，p 后移一位，返回新位置				√	√
p--	后置自减，p 后移一位，返回旧位置				√	√
p+=n	p 前移 n 个位，p 改变					√
p-=n	p 后退 n 个位，p 改变					√
p+n 或 n+p	p 前移 n 个位之后迭代器的位置，p 不变					√
p-n	p 后退 n 个位之后迭代器的位置，p 不变					√
p-q	p 和 q 相减，得到两者间的距离，其值为整数					√
p[i]	返回与 p 相距 i 个位置元素的引用					√
p<q	判别 p 是否在 q 之前					√
p>q	判别 p 是否在 q 之后					√
p<=q	判别 p 是否不在 q 之后					√
p>=q	判别 p 是否不在 q 之前					√

从表 10-3 可见，除输出迭代器之外，其余 4 种迭代器依次满足包含关系，即输入迭代器、前向迭代器、双向迭代器和随机迭代器中，后者包含前者。如：双向迭代器必然是前向迭代器，前向迭代器必然是输入迭代器。

如果迭代器能满足输出迭代器的要求，则称其为可写迭代器，否则称为只读迭代器。可写迭代器能改变其所指元素的值，而只读迭代器则不可。

标准库的顺序容器中，array、vector 和 deque 均能提供可写随机迭代器，list 能提供可写双向迭代器，而 forward_list 能提供可写前向迭代器。在关联容器中，set 和 multiset 能提供只读双向迭代器，而 map 和 multimap 能提供的只读迭代器不能修改关键字 key，但能修改值 value。在无序容器中，4 个容器均提供只读双向迭代器。

容器的迭代器分类决定了该容器是否可以使用某个特定的泛型算法，支持随机访问迭代器的容器可以使用 STL 中的所有算法。

程序中通过迭代器对象来操纵容器，其定义格式如下：

```
容器类型<容器元素类型>::迭代器名称 对象名;
```

例如，

```
deque<int>::iterator it;    //it 是 int 类型双端队列的迭代器
```

【例 10-4】list 容器迭代器应用示例。

程序代码：

```
//文件名: student.h
#ifndef STUDENT_H
#define STUDENT_H
#include<string>
#include<iostream>
using namespace std;
class Student {
    friend ostream & operator<<(ostream &, const Student &);
    friend istream & operator>>(istream &, Student &);
    friend bool myGreater(const Student &, const Student &);
    //支持 list::sort 降序
public:
    Student(string id = "", string nm = "", double scr = 0.0) :
        stuID(id), name(nm), score(scr) {}
    bool operator<(const Student &);              //支持 list::sort 升序
private:
    string stuID;
    string name;
    double score;
};
bool Student::operator<(const Student & stu) {
    return this->score < stu.score;
}
bool myGreater(const Student & st1, const Student & st2) {
    return st1.score > st2.score;
}
ostream & operator<<(ostream & os, const Student & stu) {
   os << "学号: " << stu.stuID << "\t 姓名: " << stu.name << "\t 成绩: " << stu.score;
    return os;
}
istream & operator>>(istream & is, Student & stu) {
    cout << "请输入学号, 姓名, 成绩: ";
    is >> stu.stuID >> stu.name >> stu.score;
    return is;
}
#endif
//文件名: mainFun10_4.cpp
#include"student.h"
#include<iostream>
#include<list>
```

```
#include<iterator>                        //ostream_iterator
#include<algorithm>                       //for_each
using namespace std;
void print(Student & s) {                 //Student 对象输出
    cout << s << endl;
}
int main() {
    list<Student> myStuList {  Student("211001","张三",87),
                              Student("211002","李四",76),
                              Student("211003","王五",92),
                              Student("211004","赵六",89) };
    list<Student>::const_iterator it;                       //定义迭代器 it
    std::ostream_iterator<Student> output(cout, "\n");      //定义流迭代器
    cout << "myStuList 中内容: " << endl;
    for (it = myStuList.cbegin(); it != myStuList.cend(); ++it ) { //①
        cout << *it << endl;
    }
    myStuList.sort();                                       //升序排序
    cout << "myStuList.sort()后: " << endl;
    for_each(myStuList.begin(), myStuList.end(), print);    //②
    cout << "myStuList.sort(myGreater)后: " << endl;
    myStuList.sort(myGreater);                              //降序排序
    copy(myStuList.begin(), myStuList.end(), output);      //③
    return 0;
}
```

运行结果：

```
myStuList 中内容:
学号: 211001    姓名: 张三     成绩: 87
学号: 211002    姓名: 李四     成绩: 76
学号: 211003    姓名: 王五     成绩: 92
学号: 211004    姓名: 赵六     成绩: 89
myStuList.sort()后:
学号: 211002    姓名: 李四     成绩: 76
学号: 211001    姓名: 张三     成绩: 87
学号: 211004    姓名: 赵六     成绩: 89
学号: 211003    姓名: 王五     成绩: 92
myStuList.sort(myGreater)后:
学号: 211003    姓名: 王五     成绩: 92
学号: 211004    姓名: 赵六     成绩: 89
学号: 211001    姓名: 张三     成绩: 87
学号: 211002    姓名: 李四     成绩: 76
```

程序说明：

① 该语句是通过迭代器输出容器中的元素。用 const_iterator 定义的 it 是只读迭代器，通常 const 命名的迭代器为只读的。cbegin()返回容器中第一个元素的位置，而 cend()返回最末元素之后的下一个位置，通常迭代器标记的范围是“前闭后开”区间。++it 是迭代器前移，进而遍历整个容器。

② 该语句是用算法 for_each 输出容器中的元素。这里对容器 myStuList 的操作范围是从 begin()到 end()，for_each 函数中对数据进行的操作是由 print 函数提供。

③ 该语句是用算法 copy 输出容器中的数据。ostream_iterator 是标准库定义的流迭代器，用其定义的对象 output 指明 cout 是数据宿，并用"\n"为分隔符。

C++标准库为迭代器提供了辅助函数，帮助操纵迭代器。辅助函数有 advance()、next()和 prev()函数允许向前或向后移动迭代器，distance()函数可计算两个迭代器之间的距离，iter_swap()函数用于交换两个迭代器所指的值。其中前 4 个函数的调用需要引用 iterator 头文件，最后一个函数需引用 algorithm 头文件。

【例 10-5】迭代器辅助函数应用示例。

程序代码：

```
#include<iostream>
#include<list>
#include<algorithm>
#include<iterator>
using namespace std;
int main() {
    list<int> coll;
    ostream_iterator<int> output(cout, ",");
    for (int i = 1; i < 10; i++)
        coll.push_back(i);
    cout << "coll 容器中元素：" << endl;
    copy(coll.begin(), coll.end(), output);
    iter_swap(coll.begin(), next(coll.begin()));    //iter_swap 和 next 函数
    cout << "\n 交换首位和次位元素后：" << endl;
    copy(coll.begin(), coll.end(), output);
    iter_swap(coll.begin(),prev(coll.end()));       //prev 返回最后元素位置
    cout << "\n 交换首位和末位元素后：" << endl;
    copy(coll.begin(), coll.end(), output);
    return 0;
}
```

运行结果：

```
coll 容器中元素：
1,2,3,4,5,6,7,8,9,
交换首位和次位元素后：
2,1,3,4,5,6,7,8,9,
交换首位和末位元素后：
9,1,3,4,5,6,7,8,2,
```

10.3.2 迭代器适配器

与容器有适配器相似，迭代器也有适配器。C++标准库中，预定义了几个迭代器适配器，分别是反向迭代器、插入迭代器、流迭代器和移动迭代器。

1. 反向迭代器

reverse_iterator 和 const_reverse_iterator 迭代器重新定义了递增和递减运算，使其遍历

方向与原迭代器完全相反。如果使用反向迭代器，算法将以反向次序处理元素。所有标准容器都允许用反向迭代器来遍历元素。反向迭代器用法举例：

```
vector<int> coll{1,2,3,4,5,6,7,8,9};
vector<int>::const_reverse_iterator rit;        //反向迭代器
for (rit = coll.crbegin(); rit != coll.crend(); rit++)
    cout << *rit << ",";                        //输出 9,8,7,6,5,4,3,2,1,
```

2. 插入迭代器

插入迭代器可以将算法“写入”数据的行为改变为“插入”数据。标准库中预定义了 3 种插入迭代器，分别为：

- back_insert_iterator　　//在容器末端插入数据
- front_insert_iterator　　//在容器前端插入数据
- insert_iterator　　//在容器的指定位置插入数据

为方便构造插入迭代器，标准库中还预定义了 3 个函数模板：back_inserter()、front_inserter()和 inserter()。插入迭代器用法举例：

```
back_insert_iterator<vector<int>> iter(coll);  //coll 与前面的定义相同
*iter = 10; iter++; *iter = 11;               //插入两个数据元素 10 和 11
back_inserter(coll) = 12;                      //用函数 back_inserter()插入
for (auto & elem : coll)
    cout << elem << ",";                       //输出
1,2,3,4,5,6,7,8,9,10,11,12,
```

3. 流迭代器

流迭代器算法的作用范围不仅仅是内存中的容器，而是可以用于外部数据(如文件、标准输入与输出等)。流迭代器所支持的操作较简单，仅符合输入或输出迭代器要求，只能为算法提供单次遍历。

标准库中预定义的流迭代器有 4 种：

- istream_iterator　　//输入流迭代器
- ostream_iterator　　//输出流迭代器
- istreambuf_iterator　　//输入流缓冲区迭代器
- ostreambuf_iterator　　//输出流缓冲区迭代器

流迭代器用法举例：

```
string s = "abcdef";
copy(s.cbegin(), s.cend(), ostream_iterator<char>(cout, "<")); //输出
a<b<c<d<e<f<
```

4. 移动迭代器

C++ 11 新标准库中，定义了移动迭代器 move_iterator，通过改变给定迭代器的解引用运算符(*)的行为来适配此迭代器。一般来说，一个迭代器的解引用运算符返回一个指向元素的左值。与其他迭代器不同，移动迭代器的解引用运算符生成一个右值引用。

调用标准库的 make_move_iterator 函数，将一个普通迭代器转换为一个移动迭代器。该函数接收一个迭代器参数，返回一个移动迭代器。

【例 10-6】移动迭代器应用示例。

程序代码：

```
#include<vector>
#include<list>
#include<iterator>
#include<algorithm>
#include<iostream>
#include<string>
using namespace std;
int main() {
    list<string> s{ "abcdef" ,"123456"};
    cout << "s = ";
    copy(s.cbegin(), s.cend(), ostream_iterator<string>(cout, ";"));
    cout << "\nvec = " ;
    vector<string>
vec(make_move_iterator(s.begin()),make_move_iterator(s.end()));
    copy(vec.cbegin(), vec.cend(), ostream_iterator<string>(cout, ";"));
    cout << "\ns = ";
    copy(s.cbegin(), s.cend(), ostream_iterator<string>(cout, ";"));
    return 0;
}
```

运行结果：

```
s = abcdef;123456;
vec = abcdef;123456;
s = ;;
```

10.4　算法与函数对象

标准库中的算法是用函数模板实现，不依赖于特定的数据类型，故称之为泛型算法。函数对象是配合算法中个性操作的需要，如排序算法的升序或降序，是改变算法默认操作的技术手段之一。

10.4.1　泛型算法

泛型算法本身不会执行容器的操作，它们只运行于迭代器之上，执行迭代器的操作。算法不会改变底层容器的大小，更不会直接添加或删除元素，但可以改变元素的值或位置。当算法操作插入迭代器时，迭代器可以完成向容器添加元素，但算法自身永远不会这样做。

标准库中的泛型算法主要定义在头文件 algorithm 和头文件 numeric 中，可分为 7 个大类。

- 非变动型算法(nonmodifying algorithm)
- 变动型算法(modifying algorithm)
- 移除型算法(removing algorithm)
- 变序型算法(mutating algorithm)
- 排序算法(sorting algorithm)

- 已排序区间算法(sorted range algorithm)
- 数值算法(numeric algorithm)

非变动型算法既不改动元素次序，也不改动元素值。它们通过输入和前向迭代器完成工作，故可作用于所有标准容器之上。表 10-4 列出了标准库中非变动型算法的名称与功能，其中新增栏为 √，表示是 C++ 11 新增添的算法。

表 10-4　非变动型算法

函数名称	功　能	新　增
for_each	对每个元素执行某操作	
count	返回元素个数	
count_if	返回满足某一条件的元素个数	
min_element	返回最小值元素	
max_element	返回最大值元素	
minmax_element	返回最小值和最大值元素	√
find	查找与被输入值相等的第一个元素	
find_if	查找满足某个条件的第一个元素	
find_if_not	查找不满足某个条件的第一个元素	√
search_n	查找具备某特性之前 n 个连续元素	
search	查找某个子区间的第一次出现位置	
find_end	查找某个子区间的最后一次出现位置	
find_first_of	查找数个可能元素中的第一个出现者	
adjacent_find	查找连续两个相等的元素	
equal	判断两区间是否相等	
is_permutation	判断两个序列是否同一元素集的不同排列	√
mismatch	返回两序列的各组对应元素中的第一对不相等元素	
is_sorted	返回区间内的元素是否已排序	√
is_sorted_until	返回区间内第一个未遵循排序准则的元素	√
is_partitioned	返回区间内的元素是否基于某准则被分割为两组	√
partition_point	返回区间内的一个分割元素，它把元素切割为两组	√
is_heap	返回区间内的元素是否形成一个 heap	√
is_heap_until	返回区间内第一个未遵循 heap 排序准则的元素	√
all_of	返回是否所有元素均符合某准则	√
any_of	返回是否至少有一个元素符合某准则	√
none_of	返回是否无任何元素符合某准则	√

变动型算法执行时，要么直接改变元素的值，要么在复制元素到另一区间的过程中改变元素的值。表 10-5 列出了变动型算法的简况。

表 10-5　变动型算法

函数名称	功　能	新　增
for_each	针对每个元素执行某项操作	
copy	从第一个元素开始，复制某个区间	

续表

函数名称	功 能	新 增
copy_if	复制符合某个给定条件的元素	√
copy_n	复制 n 个元素	√
copy_backward	从最后一个元素开始，复制某个区间	
move	从第一个元素开始，移动某个区间	√
move_backward	从最后一个元素开始，移动某个区间	√
transform	改变并复制元素到另一区间，将两区间的元素合并	
merge	合并两个区间	
swap_ranges	交换两区间的元素	
fill	以给定值替换每一个元素	
fill_n	以给定值替换 n 个元素	
generate	以某项操作的结果替换每一个元素	
generate_n	以某项操作的结果替换 n 元素	
iota	将所有元素以一系列的递增值取代	√
replace	将具有某特定值的元素替换为另一个值	
replace_if	将符合某准则的元素替换为另一个值	
replace_copy	复制整个区间，并替换某特定值的元素为另一个值	
replace_copy_if	复制整个区间，并替换符合某条件的元素为另一个值	

移除型算法是一种特殊的变动型算法。它们可以移除区间内元素，也可以在复制过程中执行移除动作。表 10-6 列出了移除型算法的函数和功能。

表 10-6　移除型算法

函数名称	功 能	新 增
remove	将等于某特定值的元素全部移除	
remove_if	将满足某准则的元素全部移除	
remove_copy	将不等于某特定值的元素全部复制到它处	
remove_copy_if	将不满足某准则的元素全部复制到它处	
unique	移除毗邻的重复元素(指元素值相等者)	
unique_copy	移除毗邻的重复元素，并复制到它处	

变序型算法通过元素值的赋值或互换，改变元素顺序，但不改变元素值。表 10-7 列出了标准库中的变序型算法。

表 10-7　变序型算法

函数名称	功 能	新 增
reverse	将元素的次序逆转	
reverse_copy	复制的同时，逆转元素顺序	
rotate	旋转元素次序	
rotate_copy	复制的同时，旋转元素次序	
next_permutation	得到元素的下一个排列次序	
prev_permutation	得到元素的上一个排列次序	

续表

函数名称	功　能	新　增
shuffle	将元素的次序打乱	√
random_shuffle	将元素的次序打乱	
partition	改变元素的次序，使符合某准则的元素移到前面	
stable_partition	和 partition 类似，但保持元素之间的相对位置	
partition_copy	改变元素次序，使符合条件者前移，过程中会复制元素	

C++标准库提供了多个排序函数，它们使用的排序算法不同，此外有些算法并非对所有元素排序。表 10-8 列出了标准库中的排序算法。

表 10-8　排序算法

函数名称	功　能	新　增
sort	对所有元素排序	
stable_sort	对所有元素排序，并保持相等元素间原有的相对次序	
partial_sort	排序，直到前 n 个元素就位	
partial_sort_copy	排序，直到前 n 个元素就位；将结果复制于它处	
nth_element	根据第 n 个位置进行排序	
partition	改变元素次序，使符合某条件的元素放在前面	
stable_partition	与 partition 类似，但保持相等元素间原有的相对次序	
partition_copy	改变元素次序，使符合某条件的元素放在前面，会复制元素	
make_copy	将某个区间转换成一个 heap	
push_heap	将元素加入一个 heap	
pop_heap	从 heap 移除一个元素	
sort_heap	对 heap 进行排序，完成后不再是 heap 了	
is_sorted	检验区间内元素是否已排序	√
is_sorted_until	返回区间内第一个不满足排序状态的元素	√
is_partitioned	检验区间内元素是否根据某个准则被分为两组	√
partition_point	返回区间内的分割点，它分割区间为“满足”和“不满足”两组	√
is_heap	检验区间内的元素是否都排序成为一个 heap	√
is_heap_until	返回区间内第一个破坏 heap 排序状态的元素	√

已排序区间算法是指其所作用的区间在某种排序准则下已排序。表 10-9 中的前 5 个算法属于非变动型算法，它们只是根据要求查找元素；其他算法用来将两个已排序区间组合，然后把结果写到目标区。

表 10-9　已排序区间算法

函数名称	功　能	新　增
binary_search	判断某区间内是否包含某个元素	
includes	判断某区间内的每一个元素是否都涵盖于另一个区间	
lower_bound	查找第一个大于等于某给定值的元素	
upper_bound	查找第一个大于某给定值的元素	

续表

函数名称	功　能	新　增
equal_range	返回等于某给定值的所有元素构成的区间	
merge	将两个区间的元素合并	
set_union	求两个区间的并集	
set_intersection	求两个区间的交集	
set_difference	求两个区间的差集	
set_symmetric_difference	求两个区间的对称差。集合的对称差是指只属于其中一个集合，而不属于另一个集合的元素组成的集合	
inplace_merge	两个已排序区间合并成新的有序区间，并保留值相等元素	
partition_point	用一个判断式分割区间，返回分割元素	√

数值算法是以各种不同的方式结合数值元素，详见表 10-10。

表 10-10　数值算法

函数名称	功　能	新　增
accumulate	计算特定范围内所有元素的和	
inner_product	计算两区间的内积	
adjacent_difference	将每个元素和其前一元素结合	
partial_sum	将每个元素和其之前的所有元素结合	

STL 算法的主要内容可参考相关书籍和联机帮助，这里不再详细介绍。下面通过例程介绍它们的基本用法。

【例 10-7】sort、merge 和 count_if 算法应用示例。

程序代码：

```
#include<iostream>
#include<vector>
#include<set>
#include<algorithm>
#include<iterator>
    //ostream_iterator
#include <functional>                                    //bind2nd
using namespace std;
using IntVec = vector<int>;                              //IntVec 类型声明
using IntSet = set<int>;                                 //IntSet 类型声明
int main() {
    int intArray[10] { 1,3,5,7,9,8,6,4,2,0 };           //近容器
    IntVec myVec(intArray, intArray + 10);
    //1,3,5,7,9,8,6,4,2,0
    IntSet mySet(intArray, intArray + 10);
    //0,1,2,3,4,5,6,7,8,9
    std::ostream_iterator<int> output(cout, " ");  //定义流迭代器 output
    //分别输出数组、容器中的内容
    cout << "intArray 数组中的元素：";
    copy(intArray, intArray + 10, output);
    cout << "\nmyVec 容器中的元素：";
    copy(myVec.begin(), myVec.end(), output);
```

```
    cout << "\nmySet 容器中的元素：";
    copy(mySet.begin(), mySet.end(), output);
    cout << endl;
    //用 sort 算法分别对数组和 myVec 容器中的元素排序
    cout << "用 sort 对 intArray 数组中元素排序后：";
    sort(intArray, intArray + 10);                        //排序，默认为升序
    copy(intArray, intArray + 10, output);
    cout << "\n 用 sort 对 myVec 容器中元素排序后：";
    sort(myVec.begin(), myVec.end(), greater<int>());  //按降序排序
    copy(myVec.begin(), myVec.end(), output);  cout << endl;
    IntVec anotherVec, mergeVec(19);
    for (int i = -9; i < 0; i++)
        anotherVec.push_back(i);
    reverse(myVec.begin(), myVec.end());                  //reverse 反转 myVer
    merge(anotherVec.begin(), anotherVec.end(), myVec.begin(), //①
        myVec.end(), mergeVec.begin());
    cout << "用 merge 合并 myVec 和 anotherVer 容器至 mergeVer：\n";
    copy(mergeVec.begin(), mergeVec.end(), output);
    cout << "\nmergeVec 中小于零的元素个数为：";
    cout << count_if(mergeVec.begin(),mergeVec.end(),bind2nd(less<int>(),0)); //②
    return 0;
}
```

运行结果：

```
intArray 数组中的元素：1 3 5 7 9 8 6 4 2 0
myVec 容器中的元素：1 3 5 7 9 8 6 4 2 0
mySet 容器中的元素：0 1 2 3 4 5 6 7 8 9
用 sort 对 intArray 数组中元素排序后：0 1 2 3 4 5 6 7 8 9
用 sort 对 myVec 容器中元素排序后：9 8 7 6 5 4 3 2 1 0
用 merge 合并 myVec 和 anotherVer 容器至 mergeVer：
-9 -8 -7 -6 -5 -4 -3 -2 -1 0 1 2 3 4 5 6 7 8 9
mergeVec 中小于零的元素个数为：9
```

程序说明：

① merge 函数在这里合并 anotherVec 和 myVec 容器到容器 mergeVec 中。

② count_if(…,bind2nd(less<int>(),0))返回容器中值小于 0 的元素个数。其中 bind2nd 函数模板为函数对象适配器，作用是绑定二元函数对象 less<int>()的第二个参数为定值 0。

这里，可以用 lambda 表达式“[](int x) { return x < 0; }”替换 bind2nd(less<int>(),0)，运行结果完全一致。

注意：C++ 11 中，认定 bind2nd 这样的函数对象适配器已过时，而在 C++ 17 中，已不再支持。

10.4.2 函数对象

函数对象(Function Object)又称仿函数，是指重载了函数调用运算符(operator())的类对象。例如，Multiply 类中定义了函数调用运算符重载函数，则该类的对象即为函数对象。

```
class Multiply{
public:
    double operator()(double x,double y){
```

```
        return  x * y;
    }
};
```

函数对象调用 operator()重载函数有两种方式：对象名(实参表)或类名()(实参表)。在程序中可以用下列方式使用 Multiply 函数对象。

```
Multiply multiplyFunObj;
cout<<multiplyFunObj(2.8,6.3)<<endl;         //与函数调用相同！对象名=函数名
cout<<Multiply()(3.7,5.5)<<endl;             //Multiply()将生成临时函数对象
```

STL 中的算法通过函数对象使算法变得更加通用、更加灵活。算法中的子操作能通过函数对象实现参数化，例如，sort 算法通过传递函数对象来改变默认的排序规则。

在 C++中，普通函数、函数指针都可以作为函数对象使用。与函数指针相比，函数对象是用类模板实现，可以对重载的 operator()函数进行内联以提高性能。此外，由于对象可以拥有自己的数据成员而具有更强的数据处理能力。

STL 已预先定义了一些常用的函数对象，供程序员直接使用。主要包括算术运算、逻辑运算、关系运算和位运算等 4 类函数对象。

算术运算：plus、minus、multiplies、divides、modulus、negate。

逻辑运算：logical_and、logical_or、logical_not。

关系运算：equal_to、not_equal_to、greater、great_equal、less、less_equal。

位运算(C++ 11 新增)：bit_and、bit_or、bit_xor。

以上函数对象模板均以参与运算的数据类型为模板参数，其中 negate 和 logical_not 为单目，其余皆为双目函数对象。

函数适配器(Function adapter，又称函数改造器)，是能够将函数对象与另一个函数对象(或某个值、或某个普通函数)结合起来的函数对象，其自身也是函数对象。通过函数适配器的绑定、组合和修饰能力，把多个函数对象、值和函数组合在一起，形成用户所需的表达式，配合算法完成特定的任务。

C++ 11 标准库预定义了功能强大的新的函数适配器 bind(绑定器)，它是 C++ 98 中 bind1st 和 bind2nd 的替代品。此外，C++ 11 还新定义了函数适配器 mem_fn(调用包装器)，用于取代原有的 mem_fun、mem_fun_ref 和 ptr_fun。C++ 11 的取反器还是原来的 not1 和 not2，由于用途不大，C++ 17 中已被弃用。

函数对象如同算法的助手，能大大增强算法的应用能力，使 STL 成为一个功能强大的泛型库。函数对象应用于算法举例：

```
vector<int> x{ 1,3,5,7,9,2,4,6,8,10 }, y;            //定义容器 x,y
copy_if(x.begin(), x.end(),y.begin(), bind(greater<int>(),_1,5));
    //复制大于 5 的元素到 y
```

除函数对象之外，C++ 11 语言的新特性 lambda 函数也可以传递给算法和容器的成员函数，使其能处理独特的行为。与函数对象相比，lambda 函数具有直观、易读、轻便且强大的特点。例如：

```
for_each(y.cbegin(), y.cend(), [](int x) {cout << x << ","; });
//输出 y 中元素
```

【例 10-8】用 accumulate 函数求前 n 项自然数的和、平方和、立方和。

程序代码：

```
#include<iostream>
#include<vector>
#include<algorithm>
#include<numeric>
using namespace std;
int square(int x, int y) {                                    //用于求平方和
    return x + y * y;
}
template<typename T>
class cube {                                                  //类模板
public:
    T operator()(const T & x, const T & y) {
//重载函数调用运算符，用于求立方和
        return x + y * y*y;
    }
};
int main() {
    int num;
    vector<int> naturalNumVec;
    cout << "请输入正整数：" ; cin >> num;
    for (int i = 1; i <= num; i++)
        naturalNumVec.push_back(i);
    cout << "naturalNumVec 容器中内容为：";
    for_each(naturalNumVec.cbegin(), naturalNumVec.cend(),
            [](int x) { cout << x << ","; });
    cout << "\n 自然数前" << num << "项之和为："
        << accumulate(naturalNumVec.cbegin(), naturalNumVec.cend(), 0)
<< endl;
    cout << "自然数前" << num << "项的平方和为："              //①
        << accumulate(naturalNumVec.cbegin(), naturalNumVec.cend(), 0,
square) << endl;
    cout << "自然数前" << num << "项的立方和为："
        << accumulate(naturalNumVec.cbegin(),                  //②
            naturalNumVec.cend(), 0, cube<int>()) << endl;
    return 0;
}
```

运行结果：

```
请输入正整数：10
naturalNumVec 容器中内容为：1,2,3,4,5,6,7,8,9,10,
自然数前 10 项之和为：55
自然数前 10 项的平方和为：385
自然数前 10 项的立方和为：3025
```

程序说明：

① square 是普通函数，求平方的累加和，其中 x 用于累加。C++ 11 中，该函数可以用 lambda 函数“[](int x, int y){ return x + y * y; }”代替，其功能完全一致，但更简明。

② cube 是类模板，其重载了函数调用运算符。accumulate 函数调用时，通过传递函数对象 cube<int>()，来改变算法中求累加和的方法，从而实现计算立方和功能。

C++ 98 中，绑定某个函数、函数对象或者成员函数的不同参数值，需要用到不同的转换器，如 bind1st、bind2nd、mem_fun 和 mem_fun_ref 等。在 C++ 11 中，绑定参数的方法得以简化，模板 bind 提供了“一站式”绑定，其包含在头文件 functional 中，格式为：

```
bind(函数对象或函数指针,参数绑定值 1,……,参数绑定值 n);
```

其中，第一个参数是待绑定的函数对象或者函数指针，参数绑定值可以是一个变量或常量，也可以是函数对象的某个参数。该参数用标准中预定义的占位符_1、_2、…表示，它们声明在 std::placeholders 命名空间。例如：

```
void fun(int a, int b, int c){
    cout << a <<","<< b <<","<< c << endl;
}
auto fn = bind(fun, _3, _2, _1);    //_3, _2, _1 依次对应 fun 的 c,b,a
fn(10,20,30);                       // 输出：30,20,10
```

【例 10-9】bind 用法示例。

程序代码：

```
#include <functional>
#include <iostream>
using namespace std;
using namespace std::placeholders;
int main(){
    auto plus10 = bind(plus<int>(), _1, 10);
    cout << "7+10 = " << plus10(7) << endl;
    auto plus10times2 = bind(multiplies<int>(),
                    bind(plus<int>(), _1, 10), 2); //bind 嵌套使用
    cout << "(7+10)*2 = " << plus10times2(7) << endl;
    auto pow3 = bind(multiplies<int>(),
                    bind(multiplies<int>(), _1, _1), _1);  //bind 嵌套使用
    cout << "7*7*7 = " << pow3(7) << endl;
    auto inversDivide = bind(divides<double>(), _2, _1);
    cout << "7/49 = " << inversDivide(49, 7) << endl;
    return 0;
}
```

运行结果：

```
7+10 = 17
(7+10)*2 = 34
7*7*7 = 343
7/49 = 0.142857
```

10.5 案例实训

1. 案例说明

设计一个简易电话簿管理软件，存储姓名和电话号码，同一姓名可以有多个号码，能对记录进行插入、删除和查找操作，姓名和号码数据保存于文本文件。程序启动时，数据自动从文件加载到内存。运行结束时，回写内存中数据到文件。

2. 编程思想

电话簿在内存中可以用容器 multimap 存储，其中 key 为姓名，value 是电话号码。由于 multimap 是多射容器，支持一对多，允许同一姓名有多个号码。姓名与号码的插入、删除操作均在容器上完成。

基于面向对象的封装思想，设计一个 TeleBook 类，其中数据部分为 multimap<string, string>类型的变量，插入、删除和查找等操作定义为成员函数。在构造函数中，完成对容器数据的初始化，姓名和号码是从磁盘的文本文件中读取。在程序退出前，再把容器中的数据回写到文件。

3. 程序代码

请扫二维码。

本章实训案例代码

10.6　本 章 小 结

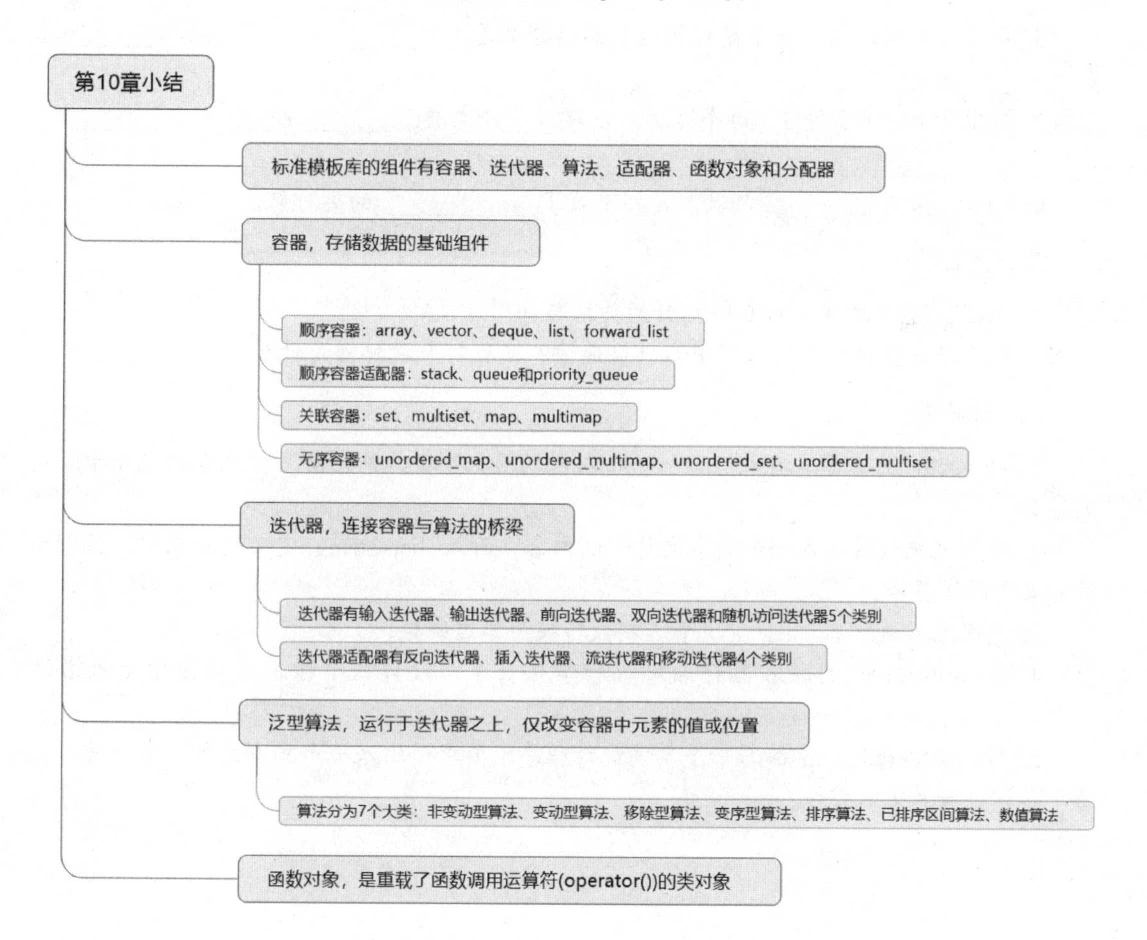

10.7 习　　题

一、填空题

1. STL 大量使用继承和虚函数，是否正确？_______

2. STL 中关键的 4 个组件是_______、_______、_______和______。这里______处于核心地位，______如同______和______之间的桥梁，______通过______从______中获取元素，然后将获取的元素传递给特定的________进行操作，最后将处理后的结果储存到______中。

3. C++ 11 新标准中的容器分 3 种基本类型：________、________和_______，其中容器是新增加的，它们的功能与______容器类似，但二者内部实现方式却完全不同。

4. STL 中 3 种容器适配器是_______、_______和_______。

5. 标准库中迭代器被分为 5 种类型，分别是________、________、________、______和________。

6. 标准库中预定义了 4 个迭代器适配器，分别是_________、_________、_________和______。

7. 标准库中提供了超过 100 个算法，分为_____个大类：_______、_______、_______、_______、________、_______和_______。

8. 函数对象又称_______函数，是指重载了____________的类对象。

二、简答题

1. 简述 STL 中迭代子与 C++指针的关系与异同点。

2. 什么是函数对象？它通常用在什么地方？函数对象适配器是什么？

三、编程题

1. 以 vector 为容器，存放 100 个 50 以内的随机整数，输出有多少元素的值等于给定的整数。

2. 使用流迭代器读取一个文本文件中的内容，存入 list<string>定义的对象中，按倒序输出其中的字符串。

3. 利用容器适配器 stack 实现十进制数转换为二进制数。

4. 用 multimap 关联容器存储班级和学生姓名，设计一个按班级输出学生姓名的程序。

5. 用 unordered_map 编写一个单词统计程序。要求：输入一个文本文件，输出统计出每个单词个数的文本文件。

第 11 章　输入输出流与文件

在 C++标准库中包含了一个输入/输出(Input/Output，I/O)流类库，提供了数百种与输入输出相关的功能函数，支持各种格式的数据输入与输出。

流(Stream)是一种抽象的概念，C++中用它来描述信息序列的连续传输。流在数据源(生产者)和数据宿(消费者)之间建立关联，并管理和维护数据的传输。流是建立在面向对象基础上的一种抽象的处理数据的工具。

文件是存储在外存储器(硬盘、光盘、U 盘等)中数据的集合。根据文件的存储格式划分，C++中的文件分为文本文件(Text File)和二进制文件(Binary File)。文件的输入与输出操作是以流为基础的。

学习目标：

- 掌握流的概念，了解流格式控制方法。
- 了解输入流与输出流中常用的成员函数、流的错误状态以及判别方法，掌握输入输出流的设计方法。
- 掌握文本文件的概念，以及文本文件的输入输出方法。了解二进制文件的概念与输入输出方法。了解字符串流的概念与用法。

11.1　流　概　述

程序的主要工作是接收输入数据、对数据进行加工、输出执行结果。不同的高级语言采用不同的数据输入与输出方法，例如，Basic 语言有专门的输入输出语句，C 语言提供专门的输入输出函数，C++语言则是通过流类库提供了面向对象的灵活的输入输出机制。

“流”是物质从一处向另一处移动的过程。在 C++语言中，流是指信息(字节序列)从外部输入设备(键盘、磁盘和网络连接等)向计算机内存输入和从内存向外部输出设备(显示器、打印机、磁盘和网络连接等)输出的过程，这种输入输出过程被形象地比喻为“流”。

流是一种面向对象的抽象的数据处理工具。在流中已封装了数据的读取、写入等基本操作。用户在程序中只要对流进行相关操作，而不必关心流的另一端数据的处理过程。流不但可以处理文件，还可以处理动态内存、网络数据等多种形式的数据。在程序中利用流进行数据输入与输出，将大大提高程序设计效率。

C++系统定义了输入/输出流类库，其中的每一个类都称作相应的流或流类，用以完成某一特定的功能。I/O 流类库采用功能强大的类层次结构实现，提供了几百种输入输出功能。流类库中各个类模板之间的层次关系如图 11-1 所示。

C++标准库中，I/O 流类模板是流类库的基础，类模板名称是以“basic_”为前缀，它们均从 ios_base 类派生。basic_ios 类模板派生于类 ios_base，类 ios_base 中定义了不依赖于模板参数的支持流输入与流输出的流状态数据和设置函数，模板 basic_ios 中定义了依赖于模板参数的流状态数据和成员函数。basic_ios 类模板声明格式如下：

```
template <class Elem, class Traits> class basic_ios : public ios_base
```

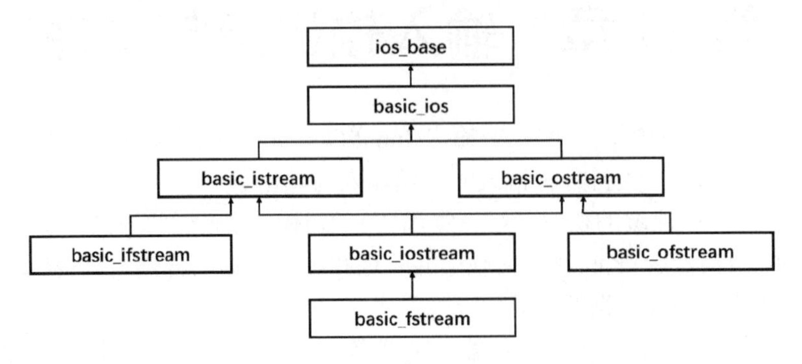

图 11-1　主要的 I/O 流类模板层次结构

在 I/O 流类模板层次结构中，类模板 basic_istream 支持输入流操作，类模板 basic_ofstream 支持文件输出操作，类模板 basic_iostream 同时支持输入流和输出流操作。类模板 basic_ifstream 支持文件输入操作，类模板 basic_ostream 支持输出流操作，类模板 basic_fstream 同时支持文件输入和文件输出操作。

在 C++流类库中，针对单字节字符(char 类型)和双字节字符(wchar_t 类型)分别基于流类模板实例化了两组流类库：经典流类库和标准流类库。经典流类库中的模板类命名方法是去掉对应类模板名的前缀 basic_，标准流类库中的模板类名是用 w 替换对应类模板名的前缀 basic_。

经典流类库支持 ASCII 字符的输入输出，标准流类库可以处理双字节的 Unicode 字符集。本章重点介绍 char 类型的输入输出流类库。

在<iosfwd>头文件中，基于 I/O 流类模板定义了相应的模板类。例如，用 basic_istream 类模板定义了模板类 istream，格式如下：

```
typedef basic_istream<char, char_traits<char> > istream;
```

此外，还定义有：

```
typedef basic_ios<char, char_traits<char>> ios;
typedef basic_ostream<char, char_traits<char> > ostream;
typedef basic_iostream<char, char_traits<char> > iostream;
typedef basic_ifstream<char, char_traits<char> > ifstream;
typedef basic_ofstream<char, char_traits<char> > ofstream;
typedef basic_fstream<char, char_traits<char> > fstream;
```

前面章节的大多数程序都包含了<iostream>头文件，在<iostream>头文件中定义有 cin、cout、cerr 和 clog 对象，它们分别对应于标准输入流、标准输出流、未缓冲的标准错误流和缓冲的标准错误流。

cin 是 istream 类的对象，它被指定为标准输入设备，通常是键盘，用于处理标准输入。

cout 是 ostream 类的对象，它对应标准输出设备，通常是显示器，用于处理标准输出。

cerr 是 ostream 类的对象，它被指定为标准输出设备(显示器)，用于处理标准错误信息。cerr 的输出是非缓冲的，即插入到 cerr 中的输出会被立即显示。

clog 也是 ostream 类的对象，与 cerr 一样也是输出错误信息到标准输出设备，但 clog

的输出是带缓冲的，即插入到 clog 中的输出要等刷新缓冲区后才能显示。

C++的流输入与流输出分为格式化和非格式化两种。格式化的输入输出采用流格式控制符或 ios 类的成员函数控制输入/输出的格式，非格式化输入输出是指按系统预先定义的格式进行输入/输出。用户在程序中进行格式化输入输出时，应包含<iomanip>头文件，该头文件中定义了带参的**流操纵子**(Manipulator)。

在 istream 类中，对左移位运算符(<<)进行重载，用于流输出，并称其为**流插入运算符**(Stream Insertion Operator)。在 ostream 类中，对右移位运算符(>>)进行重载，用于流输入，并称其为**流提取运算符**(Stream Extraction Operator)。“插入”的含义是向流中插入一个字符序列，“提取”的含义是从流中提取一个字符序列。

在流类库中，“>>”和“<<”针对不同的数据类型进行了重载。在类设计中，为使类类型能与基本数据类型一样也能通过流提取和流插入运算符进行输入与输出，通常在类中以友元函数的方式重载提取和插入运算符。

在 C++中，对文件的输入输出操作是通过 stream 的派生类 fstream、ifstream 或 ofstream 实现的，因而文件的读/写操作与标准设备的输入/输出操作方式几乎相同。

对于 C++的标准流类库，数据的输入既可以是来自键盘，也可以是磁盘文件或网络数据，它们一律被视为输入流的“源头”。同样地，显示屏、打印机和磁盘文件等设备或文件对于输出流而言均被看成是流的“汇宿”。

11.2　流的格式控制

流的格式化输入输出是通过设置流的格式状态字中的标志位来影响输入输出的格式。设置标志位的方法有两种：一种是用流格式操纵符，另一种是用流格式控制成员函数。

11.2.1　流格式状态字

在程序设计中，程序员需要对数据的输入与输出格式加以控制，以满足用户的需求。I/O 流中，通过维护一个格式状态字，记录流对象当前的格式状态并控制流输入与输出的方式。流格式状态字是一个 unsigned int 型变量，其中的每一位用于标志一种状态。用双字节变量标志流的十几个状态，不仅节省内存，而且便于操作。

查阅 VC++ 2017 的 xiosbase 文件可知，在标准库中，系统用十六进制数定义了若干符号常量，用于向格式状态字中的位赋值。其中第一个定义语句为：

```
#define _IOSskipws 0x0001。
```

再用这些符号常量，在_Iosb 类中定义了公有静态常量。skipws 常量的定义如下：

```
static const _Fmtflags skipws = (_Fmtflags)_IOSskipws;
```

这里 skipws 常量的值为 0x0001，即双字节中的 0 号位的值为 1，其余位均为 0。

类 ios_base 继承于_Iosb 类，在编程时可以通过 ios 类引用这些常量，如 iso::skipws。在 ios_base 类中，定义了 unsigned int 型数据成员_Mystate 作为流格式状态字。用位运算对格式状态字中的位进行设置或清除。iso 类中定义的 I/O 流格式标志符及含义参见表 11-1。

表 11-1 I/O 流格式标志符及含义

标 志 符	含 义
ios::skipws	忽略输入流中的空白字符(空格、制表、换行和回车等)，为默认设置
ios::unitbuf	插入后刷新流
ios::uppercase	十六进制中字母大写显示，科学记数法中 e 显示成大写 E
ios::showbase	显示进制基数，八进制为 0，十六进制为 0x 或 0X
ios::showpoint	显示浮点数时，必定带小数点
ios::showpos	显示正数时带“+”号
ios::left	在域中左对齐，填充字符加到右边
ios::right	在域中右对齐，填充字符加到左边，为默认设置
ios::internal	数字的符号在域中左对齐，数字在域中右对齐，填充字符加到两者之间
ios::dec	在输入/输出时将数据按十进制处理，为默认设置
ios::oct	在输入/输出时将数据按八进制处理
ios::hex	在输入/输出时将数据按十六进制处理
ios::scientific	以科学记数法格式显示浮点数
ios::fixed	以小数形式显示浮点数，默认小数部分为 6 位
ios::boolalpha	以 true 和 false 显示布尔值真与假
ios::adjustfield	指示对齐标志位：ios::left| ios::right| ios::internal
ios::basefield	指示进制标志位：ios::dec| ios::oct| ios::hex
ios::floatfield	指示浮点数标志位：ios::fixed| ios::scientific

在流格式状态标志中，如果格式标志位设置为 1，表示标志开启(使用此格式)，否则表示标志关闭(不使用此格式)。

表 11-1 中的前 15 个流格式标志符常量所对应的二进制数值都是某一位的值为 1，其余位均为 0，用它们可以对格式状态字中的各个位进行设置。下面的例子显示了流格式标志符常量的值和流格式状态字中各个位的含义。

【例 11-1】 输出流格式标志符枚举常量的值。

程序代码：

```
#include<iostream>
#include<iomanip>
using namespace std;
int main()  {
    long defaultState,currentState;
    defaultState=cout.flags();
    cout.flags(ios::hex|ios::showbase|ios::internal);
    cout.fill('0');
    cout<<"ios::skipws\t"<<setw(6)<<ios::skipws<<endl;
    cout<<"ios::unitbuf\t"<<setw(6)<<ios::unitbuf<<endl;
    cout<<"ios::uppercase\t"<<setw(6)<<ios::uppercase<<endl;
    cout<<"ios::showbase\t"<<setw(6)<<ios::showbase<<endl;
    cout<<"ios::showpoint\t"<<setw(6)<<ios::showpoint<<endl;
    cout<<"ios::showpos\t"<<setw(6)<<ios::showpos<<endl;
    cout<<"ios::left\t"<<setw(6)<<ios::left<<endl;
    cout<<"ios::right\t"<<setw(6)<<ios::right<<endl;
    cout<<"ios::internal\t"<<setw(6)<<ios::internal<<endl;
```

```
    cout<<"ios::dec\t"<<setw(6)<<ios::dec<<endl;
    cout<<"ios::oct\t"<<setw(6)<<ios::oct<<endl;
    cout<<"ios::hex\t"<<setw(6)<<ios::hex<<endl;
    cout<<"ios::scientific\t"<<setw(6)<<ios::scientific<<endl;
    cout<<"ios::fixed\t"<<setw(6)<<ios::fixed<<endl;
    cout<<"ios::boolalpha\t"<<setw(6)<<ios::boolalpha<<endl;
    cout<<"ios::adjustfield\t"<<setw(6)<<ios::adjustfield<<endl;
    cout<<"ios::basefield\t"<<setw(6)<<ios::basefield<<endl;
    cout<<"ios::floatfield\t"<<setw(6)<<ios::floatfield<<endl;
    currentState=cout.flags();
    cout<<"显示输出流默认和当前的格式状态字的值："<<endl;
    cout<<"defaultState:\t"<<setw(6)<<defaultState<<endl;
    cout<<"currentState:\t"<<setw(6)<<currentState<<endl;
    return 0;
}
```

运行结果：

```
ios::skipws          0x0001
ios::unitbuf         0x0002
ios::uppercase       0x0004
ios::showbase        0x0008
ios::showpoint       0x0010
ios::showpos         0x0020
ios::left            0x0040
ios::right           0x0080
ios::internal        0x0100
ios::dec             0x0200
ios::oct             0x0400
ios::hex             0x0800
ios::scientific      0x1000
ios::fixed           0x2000
ios::boolalpha       0x4000
ios::adjustfield     0x01c0
ios::basefield       0x0e00
ios::floatfield      0x3000
```

显示输出流默认和当前的格式状态字的值：

```
defaultState:        0x0201
currentState:        0x0908
```

程序说明：

① 从程序运行结果可知，流格式状态字中各个位对应的格式标志如图 11-2 所示。

② 为使整数值能以十六进制格式输出，程序中用格式状态字设置函数 flags 和 fill，如下所示：

```
cout.flags(ios::hex|ios::showbase|ios::internal);
cout.fill('0');
```

程序中用两个整型变量分别保存了输出流在设置前和设置后格式状态字的值。设置前，格式状态字被保存到 defaultState，值为 0x0201，对应的二进制值为 0000 0010 0000 0001，即 skipws 位和 dec 位的值是 1。设置后，currentState 中保存的值为 0x0908，对应的二进制值为 0000 1001 0000 1000，即 showbase 位、internal 位和 hex 位的值为 1。

对字节中的位进行 0 或 1 的设置是基于 C++中的位运算，下面的位运算示例说明了字节中位的设置方法。

假设字节 A=0100 0010，B=0001 0010，C=0100 0000，则表达式 A=A|B;的结果为 0101 0010，即用 B 将 A 的第 1 位和第 4 位设置为 1，无论位中的原值是 0 还是 1，均设为 1。

表达式 A=A&(~C);的计算过程为：A&(1011 1111)=0000 0010，其结果是将 A 的第 6 位值设置为 0。无论该位原值是什么，结果均为 0。

位	状态字
0	skipws
1	unitbuf
2	uppercase
3	showbase
4	showpoint
5	showpos
6	left
7	right
8	internal
9	dec
10	oct
11	hex
12	scientific
13	fixed
14	boolalpha
15	

图 11-2 流格式状态字的格式标志

11.2.2 流格式操纵符

C++在流类库中还提供了许多流格式操纵符，它们可以直接用于流中实现格式化输入输出，详见表 11-2。在使用以函数形式出现的操纵符时，程序中需要包含头文件 iomanip。

表 11-2 流格式操纵符

类 别	操 纵 符	功 能	适用
空白字符	skipws*	输入操作时跳过空白字符	I
	noskipws	输入操作时不跳过空白字符，空白字符将结束缓冲	I
流刷新	unitbuf	输出操作后刷新流	O
	nounitbuf*	输出操作后不刷新流	O
字符大写	uppercase	十六进制显示用 A～F，科学计数法用 E	O
	noupercase*	十六进制显示用 a～f，科学计数法用 e	O
进制基数	showbase	显示进制基数，八进制为 0，十六进制为 0x 或 0X	O
	noshowbase*	不显示进制基数	O

续表

类 别	操 纵 符	功 能	适用
小数点	showpoint	用小数点显示浮点数	O
	noshowpoint*	不显示浮点数小数部分为 0 的数的小数点	O
正号	showpos	在正数前显示“+”号	O
	noshowpos*	在正数前不显示“+”号	O
对齐	left	在域中左对齐，填充字符加到右边	O
	right*	在域中右对齐，填充字符加到左边	O
	Internal	在数的基数符号和数值之间填充字符	O
进制	dec*	整数以十进制显示	I/O
	oct	整数以八进制显示	I/O
	hex	整数以十六进制显示	I/O
	setbase(n)	将基数设置为 n 进制，n 为 8、10、16	I/O
浮点数	scientific	用科学计数法显示浮点数	O
	fixed*	用十进制格式显示浮点数	O
布尔值	boolalpha	用 true 或 false 显示逻辑值	I/O
	noboolalpha*	用 1 或 0 显示逻辑值	I/O
换行	endl	输出一个换行符并刷新流	O
串结束	ends	输出空字符('\0')并刷新流	O
空白	ws	跳过前面输入的空白符	I
域宽	setw(w)	设置当前域宽为 w	O
域填充	setfill(chr)	设置填充字符为 chr	O
精度	setprecision(n)	设置浮点数小数部分位数(含小数点)，默认值为 6	O
设标志	setiosflags(f)	按 f 设置指定的标志位为 1	I/O
清标志	resetiosflags(f)	按 f 设置指定的标志位为 0	I/O

注：表格中*表示该项是默认值。I 表示仅适用于输入；O 表示仅适用于输出；I/O 表示既可用于输入，也可用于输出。

【例 11-2】流格式操纵符的用法。

程序代码：

```
#include<iostream>
#include<iomanip>
using namespace std;
int main()  {
    int x=12345,y=54321;
    double PI=3.1415926535898;
    cout<<"以十进制方式输出 x:\t"<<x<<endl;
    cout<<"以八进制方式输出 x:\t"<<oct<<x<<endl;
    cout<<"以十六进制方式输出 x:\t"<<hex<<setfill('0')<<internal
        <<setw(8)<<showbase<<x<<endl;
    cout<<"输出整数 y:\t"<<y<<endl;                              //①
    cout<<"以科学计数法输出浮点数
PI:\t"<<scientific<<setprecision(10)<<PI<<endl;
    cout<<"以字符串格式输出布尔值: \t"<<boolalpha<<true<<"\t"<<false<<endl;
```

```
    cout<<"当前输出流的格式状态字：\t"<<cout.flags()<<endl;            //②
    return 0;
}
```

运行结果：

```
以十进制方式输出 x:        12345
以八进制方式输出 x:        30071
以十六进制方式输出 x:      0x003039
输出整数 y:       0xd431
以科学计数法输出浮点数 PI:       3.1415926536e+00
以字符串格式输出布尔值:          true    false
当前输出流的格式状态字:          0x5909
```

程序说明：

① 运行结果的第 4 行输出的 y 值为十六进制数 0xd431，说明上一条输出语句中用流格式操纵符所做的设置除 setw(8)没有起作用外，其余设置均有效，直接影响后面的输出。

② cout.flags()返回当前输出流格式状态字的值，其二进制值是 0101 1001 0000 1001。查阅并比对表 11-2 知，skipws、showbase、internal、hex、scientific、boolalpha 标志位的值均为 1，其余位为 0。

11.2.3 流格式控制成员函数

前面介绍了用格式操纵符在流中直接对状态字的标志位进行设置的方法，另一种读写状态字中标志位的方法是调用流对象中的流格式控制成员函数。

常用的流格式控制成员函数参见表 11-3。

表 11-3 流格式控制成员函数

成员函数	功 能
long flags()	返回流的当前格式状态字
long flags(long_Flags)	用_Flags 设置流的格式状态字，返回以前格式状态字
long setf(long_Flags)	用_Flags 设置流的格式状态字，返回以前格式状态字
long setf(long_Flags,long _Mask)	先用_Mask 清除标志位，再以_Flags 设置并返回旧状态字
long unsetf(long_Mask)	用_Mask 清除标志位
int width(int w)	设置当前域宽
char fill(char ch)	设置域中空白处填充字符，默认为空格
int precision(int n)	设置浮点小数部分的位数

【例 11-3】用流格式控制成员函数设置格式状态字。

程序代码：

```
#include<iostream>
#include<iomanip>
using namespace std;
int main()  {
    int x=1024;
    long state;
    cout.setf(ios::hex);                                    //①
```

```
    cout.fill('0');
    cout.width(8);
    cout<<"x="<<x<<endl;
    state=cout.flags();
    cout<<hex<<showbase<<internal<<"先前流格式状态字："
        <<uppercase<<setw(6)<<state<<endl;
    cout.setf(ios::oct,ios::basefield);                          //②
    cout<<"x="<<x<<endl;
    cout<<"当前流格式状态字："<<cout.flags()<<endl;
    return 0;
}
```

运行结果：

```
000000x=1024
先前流格式状态字：0X0A01
x=02000
当前流格式状态字：02415
```

程序说明：

① 第 3、4、5 行语句分别对整数的输出进制、填充字符和域宽进行了设置，运行结果的第 1 行显示的整数 x 是以十进制格式输出，并且在 x 前填充了 6 个 0，而在数 1024 前没有填充 0。

用 cout.setf(ios::hex);语句进行设置的结果是将标志位 hex 的值改为 1。由于格式状态字中默认的进制输出格式十进制标志位 dec(值为 1)并没有清除，因此 x 变量依然是以十进制格式输出。

保存于 state 的格式状态字值为 0X0A01(二进制 0000 1010 0000 0001)。从中可知：虽然 dec 和 hex 位的值都为 1，但是起作用的是 dec 位。

② 语句 cout.setf(ios::oct,ios::basefield);是设置输出格式为八进制，程序运行结果的后两行证明了设置有效，此时格式状态字的八进制值为 02415(二进制 010 100 001 101)。标志位为 1 的位是 skipws、uppercase、showbase、internal 和 oct，dec 和 hex 位标志均为 0，故输出结果为八进制数。

11.3　输入流与输出流

用流提取(>>)和插入(<<)运算符能方便地实现数据的输入与输出，然而对于一些应用则需要使用流的成员函数进行输入与输出。

11.3.1　输入流

istream 类提供格式化和非格式化的输入功能。提取运算符从标准输入流 cin 中提取数据，复制给相应的对象，提取运算符一般将跳过输入流中的空白符。

在每个输入之后，流提取运算符都将返回接收读入消息的流对象的引用，例如，语句 cin>>x;将返回表达式中 cin 的引用。如果输入语句作为一个条件表达式使用，返回的引用就会隐式地调用这个流的重载 void *转换运算符函数，该函数根据最后一次输入操作成功与否，把这个引用转换为一个非空指针或空指针。如果用 cin 的返回值作为判别条件，则非空指针转换为布尔值 true，表示成功；非空指针转换为布尔值 false，表示失败。

在输入流中，提供了一组成员函数用于非格式化输入。提取运算符输入数据时默认状态是忽略空白，当输入含有空格的字符串时，只能输入第一个空格前的字符串。例如，以下程序段在输入字符串“Visual C++ 2017”时，只输出 Visual。

```
char str[100];
cin>>str;
cout<<str<<endl;
```

如果将语句 cin>>str;改为 cin>>noskipws>>str;，其输出结果依然为 Visual，原因是在接收一个字符串时，遇到“空格”“Tab”“回车”都结束。

通过键盘输入包含空格字符串的方法是使用流的成员函数 getline。表 11-4 列出了输入流中常用的成员函数。

表 11-4 输入流常用的成员函数

成员函数	功 能
int get()	提取一个字符(含空白符)，返回该字符的码值。若读到文件尾，则返回 EOF
istream & get(char & ch)	提取一个字符(含空白符)给 ch，返回 istream 对象的引用。若读到文件尾，则返回 EOF
istream & get(char * str, int count,char delim='\n')	提取最多 count-1 个字符给 str 数组，当读到第 count 个字符或定界符 delim 或文件尾时，停止提取。存入 str 数组中的字符串是以 null 结尾，定界符不保存
istream & getline(char * str,int count)	提取最多 count-1 个字符给 str 数组，当读到第 count 个字符或文件尾时，停止提取。存入 str 数组中的字符串以 null 结尾，定界符不保存
istream & getline(char * str,int count, char delim='\n')	与表中第 3 行的 get 函数相似
int gcount() const	返回最后一个 get 或 geline 函数提取的字符数，包括 Enter 键
istream & ignore(int count=1, char delim=EOF)	忽略流中 delim 分隔符之前至多 count 个字符，含定界符。提取的字符不保存，作用是空读
int peek()	返回流的下一个字符，如遇到流结束或错误，返回 EOF
istream & pukback(char ch)	将上一次通过 get 获取的字符放回到流中
istream & read(char * str,int count)	从输入流中提取字节，放入 str 指向的内存中，直至遇到第 count 个字节或文件尾，返回当前 istream 类对象

表 11-4 中的 EOF(End Of File)是系统定义的符号常量，用于标识文件结束，其值为-1。在 Windows 系统中，从键盘输入组合键 Ctrl+z(^Z)，即表示文件输入结束。

【例 11-4】用输入流成员函数 get 和 getline 输入含空格的字符串。

程序代码：

```
#include<iostream>
using namespace std;
int main()  {
    const int SIZE=10;
    char ch;
```

```
    char buffer[SIZE];
    cout<<"输入^Z 前，cin.eof()返回的值是："<<cin.eof()<<endl;
    cout<<"输入一字符串，以^Z 结束：";
    while((ch=cin.get())!=EOF)
        cout.put(ch);                                                //①
    cout<<"输入^Z 后，cin.eof()返回的值是："<<cin.eof()<<endl;
    cin.clear();                                                     //②
    cout<<"输入一字符串：";
    cin.getline(buffer,SIZE);                                        //③
    cout<<buffer<<endl;
    return 0;
}
```

运行结果：

```
输入^Z 前，cin.eof()返回的值是：0
输入一字符串，以^Z 结束：Visual C++ 2017↙
Visual C++ 2017
^Z↙
输入^Z 后，cin.eof()返回的值是：1
输入一字符串：Visual C++ 2017↙
Visual C+
```

程序说明：

① 该循环语句是从 cin 缓冲区中逐个读取输入的字符(含空白符)，由 cout 的 put 函数显示每个字符(包括空格和回车符)。允许多行输入，并且输入一行后紧接着输出该行。在一行开始输入 Ctrl+z 后，结束循环。

② 程序在接收 Ctrl+z 输入前和后，分别调用 cin.eof()输出了返回值。在输入 Ctrl+z 之前，返回值为 0，而之后，返回值为 1。

语句 cin.clear();的作用是恢复 cin 为正常状态。如果程序中去除该语句，则之后的 cin.getline(…)语句将不被执行。当 cin 的 eof 状态位标志为 1 时，表示数据输入已结束，不能再从键盘输入任何数据。

③ 语句 cin.getline(buffer,SIZE);至多只能输入 SIZE-1 个字符到 buffer，故当输入 Visual C++ 2017↙，输出结果为 Visual C+。

11.3.2 输出流

与 istream 类似，ostream 类提供了格式化和非格式化的输出功能。输出功能包括通过流插入运算符(<<)进行标准数据类型的输出，以及通过成员函数进行的非格式化输出。输出流中常用的成员函数见表 11-5。

表 11-5 输出流常用的成员函数

成员函数	功　能
ostream & put(char ch)	插入单个字符到输出流，返回调用的 ostream 对象
ostream & write(const char & str,int count)	读取 str 中 count 个字符(含空白符)到输出流，返回调用的 ostream 对象

【例 11-5】显示大写英文字母的 ASCII 码值。

程序代码：

```
#include<iostream>
using namespace std;
int main()  {
    cout.write("输出 26 个大写英文字母的 ASCII 码值：",33).put('\n');
    for(int i=65;i<65+26;i++){
        cout.put(i).put('=');
        cout<<hex<<showbase<<i<<(i%4==0?'\n':'\t');
    }
    cout<<endl;
    cout.put(176).put(162).put('\n');                              //①②
    return 0;
}
```

运行结果：

```
输出 26 个大写英文字母的 ASCII 码值：
A=0x41  B=0x42  C=0x43  D=0x44
E=0x45  F=0x46  G=0x47  H=0x48
I=0x49  J=0x4a  K=0x4b  L=0x4c
M=0x4d  N=0x4e  O=0x4f  P=0x50
Q=0x51  R=0x52  S=0x53  T=0x54
U=0x55  V=0x56  W=0x57  X=0x58
Y=0x59  Z=0x5a
啊
```

程序说明：

① put 函数支持输入单字符的码值，语句 cout.put(176).put(161).put('\n');的输出结果为汉字“啊”，它在国标码中是第一个汉字。因为汉字的机内码是两个字节，并且每个字节的最高位为 1，所以连续输出一个汉字的机内码会在屏幕上显示相应的汉字。

② put 和 write 函数均返回流对象，因而在程序中可以采用“瀑布方式”调用函数，如：cout.write(…).put(…);。

用流成员函数进行输入和输出字符从使用上不如用插入运算符方便，它们主要是用于二进制文件的非格式化输入输出。

11.3.3 流与对象的输入输出

封装是面向对象程序设计的重要特征，对象是程序的基本单元，在概念上对象是数据与操作数据的函数的组合体，那么能否用流的方法对对象进行输入输出呢？答案是肯定的。

实现类对象用流进行输入与输出的方法，是在类中定义插入(<<)和提取(>>)运算符重载函数。

流的插入与提取运算符是对位左移和位右移运算符的重载。对于内置数据类型，C++编译器已提供了相应的插入与提取重载函数，用户在程序中可以直接使用。但是，对于用户自定义的类类型，不能直接用流插入与提取运算符进行数据的输入与输出，需要程序员自定义相应的运算符重载函数，并且这些函数必须是类的友元函数。

有关流插入与提取运算符重载的详细内容见 5.7.4 节，这里不再赘述。

下面的例程演示了重载插入与提取运算符实现类中数据 I/O 的方法。

【例 11-6】在类中定义插入与提取运算符重载函数，实现对象的输入/输出。

程序代码：

```
#include<iostream>
using namespace std;
class Point {
    friend istream & operator>>(istream &, Point &);
    friend ostream & operator<<(ostream &, const Point &);
public:
    Point(double = 0.0, double = 0.0);
    Point(Point &);
private:
    double x, y;
};
Point::Point(double a, double b) {
    x = a; y = b;
}
Point::Point(Point & p) {
    x = p.x; y = p.y;
}
istream & operator>>(istream & is, Point & p) {
    char lbracket, rbracket, comma;
    char str[100];
    while (true) {
        is >> lbracket >> p.x >> comma >> p.y >> rbracket;
        if (!is.good()) {
            is.clear();                         //恢复流状态为正常态
            is.getline(str,100);                //读取流缓冲区中的信息
            cout << "输入错误! 请重新输入: ";
        }
        else
            break;
    }
    return is;
}
ostream & operator<<(ostream & os, const Point & p) {
    os << "(" << p.x << "," << p.y << ")";
    return os;
}
int main() {
    Point P1, P2;
    cout << "请输入平面上点 P1 的坐标, 输入格式为(x,y): ";
    cin >> P1;
    cout << "请输入平面上点 P2 的坐标, 输入格式为(x,y): ";
    cin >> P2;
    cout << "P1=" << P1 << "\tP2=" << P2 << endl;
    return 0;
}
```

运行结果：

```
请输入平面上点 P1 的坐标，输入格式为(x,y): (o.8,3.5) ↙
```

```
输入错误！请重新输入：(0.8,3.5) ↙
请输入平面上点 P2 的坐标，输入格式为(x,y)：(-2.4,-9.7) ↙
P1=(0.8,3.5)    P2=(-2.4,-9.7)
```

11.4 流的错误状态

在开发软件时，设计者需要考虑到用户在使用时可能输入或提供错误的数据，软件应当有一定的容错能力，以提高其稳健性。通常程序在运行过程中，数据输入或输出的许多环节都可能出现错误，为此 C++提供了专门的流错误状态标识与测试方法。

与流的格式状态控制方法相似，流类库中定义了多个错误状态位标志流的错误状态并控制流的输入与输出。VC++ 2017 在 ios 类中定义了一组枚举常量用于表示流错误，表 11-6 列出了流中定义的错误标志符和含义。

表 11-6 I/O 流错误状态标志符及含义

错误标志	含 义
ios::goodbit	数据流无错误，eofbit、failbit、badbit 均没有设置时，goodbit 被设置
ios::eofbit	数据流已遇到文件尾(end-of-file)
ios:: failbit	数据流发生格式错误，属于可恢复错误，数据不丢失
ios:: badbit	数据流发生不可恢复错误，数据丢失

流的错误状态可以通过 ios 类提供的成员函数进行测试或设置，常见的流错误状态检测和修改函数见表 11-7。

表 11-7 流错误状态操作函数

函数原型	功 能
int rdstate() const	返回流的当前错误状态位
void clear(int s=0)	设置流的错误状态为指定值，默认为 ios::goodbit
int good() const	返回流的错误状态值，值为 1 表示正常，为 0 表示流错误
int eof() const	若遇到文件尾(eofbit 位为 1)，返回值 1，否则返回 0
int fail() const	若流格式非法或流失败(failbit 或 badbit 位为 1)，返回值 1，否则为 0
int bad() const	如果流操作失败(badbit 位为 1)，返回值 1，否则为 0

【例 11-7】流错误状态标志符和操作函数应用示例。

程序代码：

```
#include<iostream>
#include<iomanip>
using namespace std;
int main()  {
    cout<<hex<<internal<<showbase<<setfill('0')<<
        "以下为错误状态标志符的值："<<endl;
    cout<<"ios::goodbit="<<setw(4)<<ios::goodbit<<endl;
    cout<<" ios::eofbit="<<setw(4)<<ios::eofbit<<endl;
    cout<<"ios::failbit="<<setw(4)<<ios::failbit<<endl;
    cout<<" ios::badbit="<<setw(4)<<ios::badbit<<endl;          //①
```

```
    cout<<"以下为 cin 返回的状态值: "<<endl
        <<"cin.rdstate():"<<cin.rdstate()<<endl
        <<"   cin.good():"<<cin.good()<<endl
        <<"    cin.eof():"<<cin.eof()<<endl
        <<"   cin.fail():"<<cin.fail()<<endl
        <<"    cin.bad():"<<cin.bad()<<endl;
    int x;
    cout<<"请输入一个整数: ";cin>>x;
    cout<<"以下为 cin 应当输入整数而输入字符后返回的状态值: "<<endl
        <<"cin.rdstate():"<<cin.rdstate()<<endl           //②
        <<"   cin.good():"<<cin.good()<<endl
        <<"    cin.eof():"<<cin.eof()<<endl
        <<"   cin.fail():"<<cin.fail()<<endl
        <<"    cin.bad():"<<cin.bad()<<endl;
    return 0;
}
```

运行结果：

```
以下为错误状态标志符的值:
ios::goodbit=0000
 ios::eofbit=0x01
ios::failbit=0x02
 ios::badbit=0x04
以下为 cin 返回的状态值:
cin.rdstate():0
   cin.good():0x1
    cin.eof():0
   cin.fail():0
    cin.bad():0
请输入一个整数: q↙
```

以下为 cin 应当输入整数而输入字符后返回的状态值：

```
cin.rdstate():0x2
   cin.good():0
    cin.eof():0
   cin.fail():0x1
    cin.bad():0
```

程序说明：

① 从运行结果可知，ios::eofbit 的值为 0x01，ios::failbit 的值为 0x02，ios::badbit 的值为 0x04，ios::goodbit 的值为 0。表明流错误状态字的 0 号位为 eof 标志位，1 号位为 fail 标志位，2 号位为 bad 标志位。当这些标志位均为清空状态时(值为 0)，流的状态为 good。

② 流状态测试函数 rdstate()读出状态字的设置情况。运行结果中，显示的结果为 0x2，与 cin.fail()返回 0x1 相一致。这是因为需要输入整数的地方，输入了 q 所致。

11.5　文件的输入与输出

计算机中的程序、数据、图像、视频等都是以文件的形式存储于外部存储设备之中，目前常见的辅助存储设备有硬盘、U 盘、光盘、固态硬盘和 CF 卡等。计算机操作系统本

身也是以文件的方法存储于外部存储设备中。文件管理是操作系统中最基本、最重要的功能，C++的标准 I/O 流类库中设计了专门用于文件处理的类 ifstream、ofstream 和 fstream，它们为程序员提供了安全、高效、灵活的文件 I/O，屏蔽了文件操作的复杂过程。

11.5.1 文件的基本操作

在 Windows 操作系统中，当我们打开一个 Word 文档、播放一段音乐或者编写程序时，都需要通过操作系统去打开一个或多个文件，应用软件再从打开的文件中读入数据，整个过程是由操作系统和应用软件相互配合完成的。文件打开后，在操作系统内部通过一个文件句柄登记了相关信息，应用软件对文件的读与写操作最终都是由操作系统去实现的。

需要指出的是任何操作系统打开文件的数量都是有限的。当应用软件不再使用已打开的文件时，需要关闭文件，将文件句柄返回给操作系统，释放句柄资源的目的是供其他程序继续使用。

类似于流格式控制标志设置方法，C++中定义了一组枚举常量，用于控制文件的打开和定位等相关操作，通过它们可以设置文件流中用于控制文件操作方式的标志位。表 11-8 列出了 ios 中定义的枚举常量及其含义。

表 11-8 文件流中控制文件操作的标志符枚举常量及含义

操作标志	含 义
ios::in	打开文件用于输入
ios::out	打开文件用于输出
ios::ate	打开文件用于输出，文件指针移到文件尾，数据可以写入到文件的任何位置
ios::app	打开文件用于输出，新数据添加到文件尾
ios::trunk	打开文件并清空，文件不存在则建立新文件
ios::binary	打开文件，用于二进制输入或输出
ios::beg	文件开头
ios::cur	文件指针的当前位置
ios::end	文件结尾

C++把文件视为有序的字节流。当打开一个文件时，程序需要创建一个文件流对象与之关联。流对象为程序提供了便捷地操作文件或设备的渠道。事实上，标准输入流对象 cin 允许程序从键盘或其他设备输入数据，标准输出流对象 cout 允许程序把数据输出到屏幕或其他设备。与标准输入/输出设备相似，文件流对象可视为程序与文件之间进行数据交换的桥梁。

文件流在进行输入/输出操作时受到一个文件位置指针(File Position Pointer)的控制。输入流中的指针简称为读指针，每一次读取操作均始于读指针当前所指位置，并且读指针自动向后(文件尾)移动。

输出流中的指针简称为写指针，每一次插入操作也是始于写指针的当前位置，并且指针也是自动向后移动。

文件位置指针是一个整数值，它是用相对于文件起始位置的字节数表示，是文件起始位置的偏移量。

在程序代码中，完成文件输入/输出的代码段通常有 3 个主要部分，即文件“打开”“使用”和“关闭”。下面分别给出各阶段的主要任务和实现方法。

1. 打开文件

打开文件的第一步，是先用文件流定义一个对象，然后再使用该文件流对象的成员函数打开一个外存上的文件，建立流对象与文件的关联。

标准流类库中用于文件操作的流主要有如下 3 种。

- ifstream 类：仅用于文件输入。
- ofstream 类：仅用于输出。
- fstream 类：既可输入又可输出。

用流对象打开文件的方法有两种：一种是用流提供的 open()成员函数，另一种是用流的构造函数，在定义对象时同时打开文件。

open()函数的原型如下：

```
void open(const char *_Filename, int _Mode, int _Prot);
```

其中：_Filename 为文件名，_Mode 为打开模式，_Prot 为打开文件的保护方式，通常取默认值。

下面给出几个文件打开示例。

```
ifstream infile("d:\\stu.txt");
//默认以 ios::in 的方式打开文件，文件不存在时操作失败
ofstream outfile; outfile.open("d:\\result.txt");
//默认以 ios::out 的方式打开文件
fstream myfile("d:\\sj.dat",ios::in|ios::out|ios::binary);
//以读写方式打开二进制文件
fstream mf;
mf.open("e:\\example\\test.cpp",ios::in|ios::out);  //以读写方式打开文本文件
```

文件在打开过程中可能出现错误，例如指定的文件不存在，或没有读写权限，或磁盘空间不足。处理文件打开异常的常用方法是对流对象进行测试，ios 的运算符重载成员函数 operator!可用于判定与流对象关联的文件是否被正确地打开。如果在流对象的打开操作后 failbit 位或 badbit 位被设置，则 operator!函数返回 true。测试代码的框架如下：

```
if(! myfile){
    cout<<"源文件存在，程序运行结束！"<<endl;
    return -1;
}
```

2. 使用文件

文件正常打开后，在程序中就可以通过插入与提取运算符，或流类的成员函数进行读写操作。前面章节介绍的从键盘输入和向屏幕输出的方法，在文件的输入与输出操作中几乎都能应用。

3. 关闭文件

文件在完成读/写操作后，应显式地关闭文件。关闭文件的方法十分简单，只要通过流

对象显式地调用 close()成员函数即可。

及时关闭文件是一个良好的编程习惯。文件关闭后，系统将与该文件相关联的缓冲区数据回写到文件，以保证文件的完整性，回收所占用的系统资源，供其他文件操作使用。关闭文件并没有释放文件流对象，程序还可以利用该对象打开其他文件，建立新的关联。

【例 11-8】 将文本文件的内容在显示屏上输出。

程序代码：

```
#include<iostream>
#include<fstream>
using namespace std;
int main()  {
    const int maxSize=200;
    ifstream infile;
    char buffer[maxSize];
    infile.open("e:\\test.cpp",ios::in);            //ios::in 可省略
    if(!infile){
        cout<<"打开文件错误，程序结束运行！"<<endl;
        return -1;
    }
    while(!infile.eof()){                           //①
        infile.getline(buffer,maxSize);             //读取一行到 buffer 缓冲区
        cout<<buffer<<endl;                         //少了 endl，输出将不换行
    }
    cin.get();                                      //按 Enter 键结束
    infile.close();                                 //②
    return 0;
}
```

运行结果：在运行窗口中显示 test.cpp 中的内容(略)。

程序说明：

① 文件读取是否已结束是通过 infile.eof()进行测试。当 eofbit 位被设置时，eof()函数返回 true。例程中数据的读入是每次一行，效率较高，但一个明显的缺点是要求文件中的一行不能超过 200 个字符。如果文件中的某行字符超过了 200 个，则程序运行进入了死循环。跟踪程序可以发现：当读了字符超过 200 个的行后，infile.fail()返回真，程序不能继续读取后继数据，eof()一直返回假，程序进入死循环。

解决上述问题的方法之一是逐个字符读取，其缺陷是效率较低。在例程的 while 循环语句之后插入下列代码，该代码段能正常处理过长的行。

```
infile.clear();              //先恢复为正常状态
infile.seekg(ios::beg);      //再将指针调用为 beg
char ch;
infile.unsetf(ios::skipws);//保证能读取空白符
while(infile>>ch)
    cout<<ch;
```

上面代码段的前两行是将文件读指针的位置调整到开头。第 4 行的作用是通过清空 infile 流的 skipws 位，确保程序能读取空格等空白字符。

② infile.close()语句的作用是关闭流与文件的连接。对象 infile 依然在内存中，还可以用其打开其他文件。如果修改 infile.open 的打开模式为 ios::in|ios::out，按 Ctrl+F5 组合

键运行程序并保持运行状态，再用系统的写字板打开 test.cpp 文件，则写字板会弹出警告对话框，显示的信息是：文档 E:\test.cpp 正被另一个应用程序使用，不能访问。

11.5.2　文本文件的输入与输出

文本文件是 C++文件输入/输出的默认模式。文本文件的存储方法比较简单，它是以字节为单位依次存储字符的编码。例如，在文本文件中，英文字母 A 存储的是其 ASCII 编码值 0x41，汉字“啊”是用两个字节存储了其机内码 0xB0A1，而浮点数 123.4 则是用 5 个字节存储了每个字符的 ASCII 编码。

用 ifstream 类对象打开输入文件后，从文件中读取数据的方法与 cin 相同。用 ofstream 类对象打开输出文件后，向文件写入数据的方法与 cout 用法基本一样。

对于用户自定义的类，如果在类中重载了插入与提取运算符，则该类的对象即可方便地进行格式化或非格式化的输入或输出。

【例 11-9】设计一个简单的商品信息管理程序，用文本文件保存商品数据。

程序代码：

```
//文件名：Commodity.h
#ifndef COMMODITY_H
#define COMMODITY_H
#include<iostream>
#include<string>
using namespace std;
class Commodity {
    friend istream & operator>>(istream &, Commodity &);
    friend ostream & operator<<(ostream &, Commodity &);
    friend fstream & operator>>(fstream &, Commodity &);   //支持从文件输入
    friend fstream & operator<<(fstream &, Commodity &);   //支持向文件输出
public:
    Commodity(string id="", string name="", double pr = 0, int am = 0)
        :price(pr), amount(am), proID(id), proName(name) {}
    Commodity(Commodity & cm)
        :proID(cm.proID), proName(cm.proName), price(cm.price),
amount(cm.amount) {}
private:
    string proID;
    string proName;
    double price;
    int amount;
};
istream & operator>>(istream & is, Commodity & cm) {
    cout << "商品编号: "; is >> cm.proID;
    cout << "商品名称: "; is >> cm.proName;
    cout << "价格: "; is >> cm.price;
    cout << "存量: "; is >> cm.amount;
    return is;
}
ostream & operator<<(ostream & os, Commodity & cm) {
    os << "商品编号: " << cm.proID << "\t 商品名称: " << cm.proName
        << "\t 价格: " << cm.price << "\t 存量: " << cm.amount << endl;
    return os;
```

```
}
fstream & operator>>(fstream & fs, Commodity & cm) {
    fs >> cm.proID >> cm.proName >> cm.price >> cm.amount;
    return fs;
}
fstream & operator<<(fstream & fs, Commodity & cm) {
    fs << cm.proID << "\t" << cm.proName << "\t" << cm.price
        << "\t" << cm.amount << endl;
    return fs;
}
#endif
//文件名：mainFun11_9.cpp
#include<iostream>
#include<fstream>
#include<string>
#include"Commodity.h"
using namespace std;
int main() {
    int number;
    Commodity * commPtr;
    fstream commFile;
    char fileName[100];
    //从键盘输入几条商品信息
    cout << "有多少商品信息需要输入？";
    cin >> number;
    commPtr = new Commodity[number];
    for (int i = 0; i < number; i++) {
        cout << "下面将输入第" << i + 1 << "条(共"
<< number << "条)商品信息：" << endl;
        cin >> commPtr[i];
    }
    //将输入的商品信息以添加方式保存到指定文件
    cout << "输入数据存储路径和文件名：";
    cin >> fileName;
    commFile.open(fileName, ios::out | ios::app);
    while (!commFile) {                              //②
        cout << "输入错误！请重新输入路径和文件名：";
cin >> fileName;
        commFile.clear();                            //清状态字，还原为正常态
        commFile.open(fileName, ios::out | ios::app);
    }
    for (int i = 0; i < number; i++)
        commFile << commPtr[i];                      //输出到文本文件
    delete[] commPtr;
    commFile.close();
    //再次用 commFile 对象打开文件，逐行读入文件中数据并输出到屏幕
    commFile.open(fileName, ios::in);                //以只读方式打开文件
    cout << "当前文本文件中的内容如下：\n";
    char buffer[400];
    while (commFile.getline(buffer, 400))
        cout << buffer << endl;
    commFile.close();
    return 0;
}
```

运行结果：

```
有多少商品信息需要输入？2↙
下面将输入第 1 条(共 2 条)商品信息：
商品编号：sh001↙
商品名称：电饭煲↙
价格：234.89↙
存量：21↙
下面将输入第 2 条(共 2 条)商品信息：
商品编号：sh002↙
商品名称：微波炉↙
价格：359.8↙
存量：10↙
输入数据存储路径和文件名：e:\xx\result.txt↙
输入错误！请重新输入路径和文件名：e:\result.txt↙
当前文本文件中的内容如下：
jd001   电视机   4573.9  11
jd002   手机 2310     30
sh001   电饭煲   234.89  21
sh002   微波炉   359.8   10
```

程序说明：

① Commodity 类中重载了插入与提取运算符，使得主函数中可以用>>和<<运算符进行数据的输入与输出。在 operator>>()函数中，因为从控制台输入需要提示信息，而从文件直接输入则不需要，故用 if (cin)判断当前的输入设备是否 cin。

② 程序运行时，输入 e:\xx\result.txt，报错！原因是系统中不存在 e:\xx 文件夹。运行结果最后显示 result.txt 文件中有 4 行商品信息，这是由于程序在本次运行之前已执行过一次并输入了两项商品信息。在文件打开时，程序设置了以 ios::app 模式打开，故所有新添加的数据均位于文件尾，不会影响文件中已有的信息。

11.5.3　二进制文件的输入与输出

除文本文件之外，计算机系统中大量的文件是二进制格式，如 Word 文档、图片文件、可执行程序等，这些文件基本上都根据需要设计了复杂的格式。在 C++中，二进制文件通常是把内存中的数据，依据其在内存中的存储格式原样写入文件中。

例如，下面的代码段的功能是将字符串和整型变量的值保存到二进制文件中：

```
char str[20]="abcd";
int x=10;
…
outfile.write(str,sizeof(str));
outfile.write((char *)&x,sizeof(x));
```

在 Windows 的文件系统中可以观察到该文件大小为 24 个字节，其中前 20 个字节存储的是 str 字符数组 abcd，仅用了 5 个字节，大小与内存保持一致。另 4 个字节存储的是整数 10 的值。

二进制文件这种以变量或对象所占内存的大小和内容一致的方式存储数据，使得数据在文件中的存储格式十分整齐，便于数据的读写和文件位置指针的定位。

在标准流类库中，istream 类的 get()成员函数是以字节方式读入数据，read()成员函数是以数据块的方式读取数据(参见表 11-4)。ostream 类的 put()和 write()成员函数则分别是以字节和块的方式写入数据(参见表 11-5)。这些函数既能操作二进制文件也能读写文本文件，然而由于文本文件是以字节为单位，以块方式读/写的数据存在因信息大小不一致难以定位的问题，因此，read()函数和 write()函数主要用于二进制文件的输入/输出。

除 read、write 等用于读/写成员函数外，istream 和 ostream 类中还提供了几个用于操作文件位置指针的成员函数，详见表 11-9。

在类的插入与提取运算符重载函数中，用 read()和 write()函数进行二进制文件的读与写，可实现内存对象与二进制文件的数据交换。

表 11-9　文件位置指针操控成员函数

类	成员函数	功　能
istream	long tellg()	返回输入文件读指针的当前位置
	istream & seekg(pos)	将输入文件中读指针移到 pos 位置
	istream & seekg(off,ios::seek_dir)	以 seek_dir 位置为基准移动 off 字节，off 为整数，seek_dir 为 ios::beg、ios::cur、ios::end 之一
ostream	long tellp()	返回输出文件写指针的当前位置
	istream & seekp(pos)	将输出文件中写指针移到 pos 位置
	istream & seekp(off,ios::seek_dir)	以 seek_dir 位置为基准移动 off 字节，off 为整数，seek_dir 为 ios::beg、ios::cur、ios::end 之一

注：tellg 中的 g 为 get 的第一个字母，tellp 中的 p 为 put 的第一个字母。

【例 11-10】用二进制文件存储学生成绩，在学生类中重载插入与提取运算符函数支持数据的格式化输入与输出。

程序代码：

```
//文件名：Student.h
#ifndef STUDENT_H
#define STUDENT_H
#include<iostream>
#include<string.h>
#include<stdlib.h>
using namespace std;
class Student {
    friend istream& operator>>(istream&, Student&);
    friend fstream& operator>>(fstream&, Student&);
    friend ostream& operator<<(ostream&, const Student&);
    friend fstream& operator<<(fstream&, const Student&);
public:
    Student() {};
    Student(char [] , char[] , double );
    friend bool operator>(const Student&, const Student&); //支持 greater
private:
    char stuNo[11] = "";
    char stuName[9] = "";
    double score = 0.0;
};
```

```
Student::Student(char sNo[], char sName[], double sc) :score(sc) {
    strcpy_s(stuNo, 11, sNo);
    strcpy_s(stuName, 9, sName);
}
bool operator>(const Student& stu1, const Student& stu2) {
    return stu1.score > stu2.score;
}
istream& operator>>(istream& is, Student& stu) {
    cout << "学号: "; is >> stu.stuNo;
    cout << "姓名: "; is >> stu.stuName;
    cout << "成绩: "; is >> stu.score;
    return is;
}
fstream & operator>>(fstream & is, Student & stu) {      //①
    is.read(stu.stuNo, 11);
    is.read(stu.stuName, 9);
    is.read((char*)& stu.score, sizeof(double));
    return is;
}
ostream & operator<<(ostream & os, const Student & stu) {
    os << "学号: " << stu.stuNo << "\t 姓名: " << stu.stuName << "\t 成绩: "
<< stu.score;
    return os;
}
fstream & operator<<(fstream & os, const Student & stu) {
    os.write(stu.stuNo, 11);
    os.write(stu.stuName, 9);
    os.write((char*)& stu.score, sizeof(double));
    return os;
}
#endif
//文件名: mainFun11_10.cpp
#include<iostream>
#include<fstream>
#include<vector>
#include<algorithm>
#include<iterator>
#include"student.h"
using namespace std;
int main() {
    fstream ioFile(".\\stuScore.dat", ios::in | ios::out | ios::binary);
        //②
    if (!ioFile) {
        cout << "当前文件夹下不存在 stuScore.dat, 请检查! " << endl;
        return -1;
    }
    Student stuArray[100], tmp;
    int n = 0;
    char ch;
    while (true) {
        cout << "是否输入学生成绩信息(Y/N)?";
        cin >> ch;
        if (toupper(ch) == 'Y') {
            cin >> tmp;
            ioFile.seekp(0, ios::end);
```

```
            ioFile << tmp;                      //在文件的尾部写入
        }
        if (toupper(ch) == 'N')
            break;
    }
    cout << "stuScore.dat二进制文件中的内容为：\n";
    ioFile.seekg(0, ios::beg);
    n = 0;
    while (!ioFile.eof())
        ioFile >> stuArray[n++];    //文件中记录读出至Student对象数组
    for (int i = 0; i < n - 1; i++)
        cout << stuArray[i] << endl;
    //按成绩从高到低排序输出，用vector容器处理
    cout << "按成绩从高到低输出：\n";
    vector<Student> myVector;
    std::ostream_iterator<Student> output(cout, "\n");
    for (int i = 0; i < n - 1; i++)
        myVector.push_back(stuArray[i]);
    sort(myVector.begin(), myVector.end(), greater<Student>());    //③
    copy(myVector.begin(), myVector.end(), output);
    ioFile.close();
    return 0;
}
```

运行结果：

```
是否输入学生成绩信息(Y/N)?y↙
学号：s12003↙
姓名：王五↙
成绩：436↙
是否输入学生成绩信息(Y/N)?y↙
学号：s12004↙
姓名：赵六↙
成绩：354↙
是否输入学生成绩信息(Y/N)?n↙
stuScore.dat二进制文件中的内容为：
学号：s12001 姓名：张三    成绩：410
学号：s12002 姓名：李四    成绩：398
学号：s12003 姓名：王五    成绩：436
学号：s12004 姓名：赵六    成绩：354
按成绩从高到低输出：
学号：s12003 姓名：王五    成绩：436
学号：s12001 姓名：张三    成绩：410
学号：s12002 姓名：李四    成绩：398
学号：s12004 姓名：赵六    成绩：354
```

程序说明：

① 该函数中 is.read(stu.stuNo,11);语句是从文件读入数据到 stuNo。is.read((char *)&stu.score,sizeof(double));语句中的 score 为 double 型，用(char *)&进行类型转换。

② 语句中的 ios::in|ios::out|ios::binary 表示以输入和输出方式打开二进制文件。打开的文件必须存在，系统不能自动创建，否则条件!ioFile 为真，程序结束运行。

③ 该行语句中的 greater<Student>()函数需要调用 Student 类中的 operator>函数。

11.6　字 符 串 流

标准流类库中，除支持标准设备和文件输入/输出的流外，C++的流 I/O 还包括把字符串输入/输出至内存的功能。由于字符串 I/O 与内存相关，故字符串流也称为内存流。

C++中的字符串有两种处理方式，一种是源于 C 语言的字符数组方式，另一种是基于面向对象技术的 string 类方式。相应地，C++标准库中有两种字符串流分别支持不同类型字符串的输入/输出。基于 std::string 编写的流在 sstream 文件中定义，基于 C 类型字符串 char*编写的流包含于 strstream 文件中。虽然两种字符串流处理的字符串类型不同，但它们所实现的功能基本一样。例如，str()函数在 ostrstream 类中返回的是 char*类型的字符串，而在 ostringstream 类中返回的是 std::string 类型的字符串。

与文件流类似，strstream 中用于输入/输出的类有 istrstream、ostrstream 和 strstream，sstream 中包含 istringstream、ostringstream 和 stringstream 类。由于 string 字符串的性能更好，因而一般情况下推荐使用 std::string 类型的字符串。如果为了保持和 C 语言的兼容，使用 strstream 也是不错的选择。事实上，C++中 std::string 和 char *两种字符串之间的转换并不困难。

字符串流为程序员提供了在内存中进行数据类型转换和数据验证的手段，主要应用于数值与字符串间的互相转换，验证或修改读入的数据，以及模仿键盘输入等。

【例 11-11】用字符串流在内存中完成字符串与数值间的转换，模仿键盘输入。

程序代码：

```
#include<iostream>
#include<sstream>
using namespace std;
int main() {
    string myStr;
    double x = 0, y = 0;
    stringstream iostrStream;
    cout << "利用内存流进行字符串与浮点数相互转换！" << endl;
    iostrStream << "3243.8a9";                  //①
    iostrStream >> x;                           //字符串转换为数值
    cout << "x=" << x << endl;
    iostrStream.ignore(100);                    //忽略上次输入留在缓冲区中的数据
    iostrStream.clear();                        //清除流错误标志
    iostrStream << "12.32";
    iostrStream >> y;
    cout << "y=" << y << endl;
    iostrStream.clear();
    iostrStream << "y+10=" << y + 10;           //②
    iostrStream >> myStr;
    cout << "myStr=" << myStr << endl;
    cout << "利用内存流模仿键盘输入！" << endl;
    iostrStream.clear();
    char sno[10];
    char sname[9];
    int score;
    iostrStream << "jk2012001\n 张三\n 387\n";       //③
    cout << "请输入学号:"; iostrStream >> sno; cout << sno << endl;
```

```
    cout << "请输入姓名:"; iostrStream >> sname; cout << sname << endl;
    cout << "请输入成绩:"; iostrStream >> score; cout << score << endl;
    cout << "输入的信息为: " << endl;
    cout << "学号: " << sno << "\t 姓名: " << sname << "\t 成绩: " << score << endl;
    return 0;
}
```

运行结果：

```
利用内存流进行字符串与浮点数相互转换!
x=3243.8
y=12.32
myStr=y+10=22.32
利用内存流模仿键盘输入!
请输入学号:jk2012001
请输入姓名:张三
请输入成绩:387
输入的信息为:
学号: jk2012001  姓名: 张三    成绩: 387
```

程序说明：

① iostrStream<<"3243.8a9";语句执行结束后，iostrStream 缓冲区中的内容为 3243.8a9。iostrStream>>x;语句向 x 输入浮点数 3243.8，字符 a 不是数值型字符，读取到 a 处结束，字符串"a9"没有输入至 x 中。

为不影响之后的数据输入，程序中用 iostrStream.ignore(100);语句清空缓冲区中的字符，再用 iostrStream.clear();清除流错误标志，否则其后的输入输出不能正常执行，y 的值为 0。

② 程序段 iostrStream<<"y+10="<<y+10;iostrStream>>myStr;演示了将数值转换为字符串的方法，代码与用 cout 和 cin 进行标准输入输出十分相似。

③ 该行语句的功能是输入字符串至 iostrStream 内存流中，之后的一行代码 cout<< "请输入学号:";iostrStream>>sno;cout<<sno<<endl;模仿了从键盘输入的过程。

建议读者修改例程，利用文件流从文本文件中读取输入信息，模仿键盘输入。

11.7 案例实训

1. 案例说明

设计一个能替换文本文件中字符串的小程序。功能：打开并显示文本文件，输入被替换的字符串和用于替换的字符串，替换文本中所有匹配的字符串，输出并保存替换结果。

2. 编程思想

逐行读取文本文件中的信息到 string 类的对象中，利用 string 类的 replace 成员函数对文本进行替换，最后再将替换后的对象保存至源文件中。

3. 程序代码

请扫二维码。

本章实训案例代码

11.8 本章小结

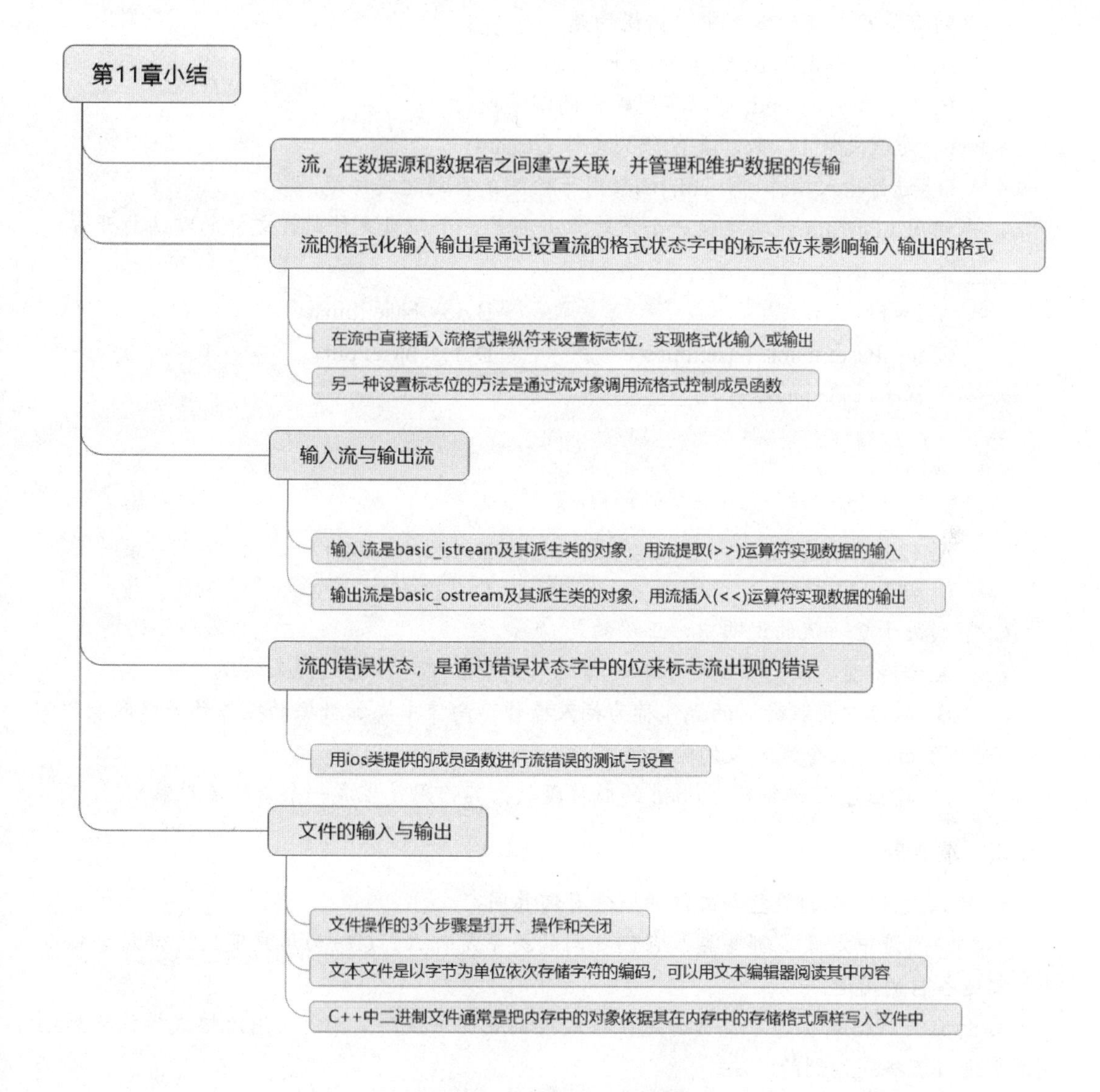

11.9 习　　题

一、填空题

1. 要利用 C++流进行文件操作，必须在程序中包含的头文件是________。

　　A. iostream　　B. fstream　　C. strstream　　D. iomanip

2. 语句 ofstream f("SALARY.DAT",ios_base::app);的功能是建立流对象 f，并试图打开文件 SALARY.DAT 与 f 关联，而且________。

　　A. 若文件存在，将其置为空文件；若文件不存在，打开失败

　　B. 若文件存在，将文件指针定位于文件尾；若文件不存在，建立一个新文件

C. 若文件存在，将文件指针定位于文件首；若文件不存在，打开失败

D. 若文件存在，打开失败；若文件不存在，建立一个新文件

3. 下列有关 C++流的叙述中，错误的是________。

A. C++操作符 setw 设置的输出宽度永久有效

B. C++操作符 endl 可以实现输出的回车换行

C. 处理文件 I/O 时，要包含头文件 fstream

D. 进行输入操作时，eof()函数用于检测是否到达文件尾

4. 当使用 ofstream 流类定义一个流对象并打开一个磁盘文件时，文件的默认打开方式为________。

A. ios base::in　　B. ios_base::binary

C. ios_base::in|ios_base::out　　D. ios_base::out

5. 以下程序段执行的结果是________。

```
cout.fill('#');
cout.width(10);
cout<<setiosflags(ios::left)<<123.456;
```

A. 123.456####　　B. 123.4560000

C. ####123.456　　D. 123.456

6. 下列关于 C++流的说明中，正确的是________。

A. 与键盘、屏幕、打印机和通信端口的交互都可以通过流来实现

B. 从流中获取数据的操作称为插入操作，向流中添加数据的操作称为提取操作

C. cin 是一个预定义的输入流类

D. 输出流有一个名为 open 的成员函数，其作用是生成一个新的流对象

二、简答题

1. 什么是流？流的概念与文件的概念有何异同？

2. C++的流中定义了哪些类？它们之间的关系是什么？C++为用户定义了哪几个标准流？简述各自的用途。

3. 什么是流格式状态字？什么是流格式控制成员函数？举例说明用流格式操作符和控制成员进行流格式控制的方法。

4. 什么是流格式操纵符？简述使用流格式操纵符与流格式控制成员函数设置流格式的异同，并举例说明。

5. 简述文件打开和关闭的过程与步骤。

6. 文件读写时按照文本方式和二进制方式有何区别？怎样在打开文件时进行读写方式的设置？简述文本文件和二进制文件在数据存储上的优点与不足。

7. 简述使用文件位置指针和成员函数对文件进行非顺序访问(读或写)的方法。

8. 举例说明利用字符串流简化程序设计的方法。

三、编程题

1. 编写一个程序，具有合并两个文本文件的功能。

2. 编写一个程序，统计一个文本文件中的行数和字符数。

3. 设计一个简单的商品库存管理程序。要求有简单的菜单，其中包含添加、修改、删除、保存等功能，商品信息以二进制文件保存。

4. 编写一个简易名片管理程序，要求名片信息保存在二进制文件中，并通过重载运算符<<和>>实现数据的输入与输出。

第 12 章　异常与命名空间

C++语言的异常处理(Exception Handling)机制，能有效地进行异常检测、抛出、捕获和处理，成为提高程序稳键性的重要手段之一。命名空间(Namespace)是 C++中避免名字冲突，组织代码到逻辑组中，使程序结构更加可控的机制。

本章主要学习异常处理、命名空间相关的基本概念与用法。

学习目标：

- 掌握异常的概念，理解异常与堆栈展开的关系。
- 了解构造函数与析构函数中使用异常可能出现的内存泄漏问题。
- 了解 noexcept 说明符、标准库中定义的异常类。
- 了解命名空间的作用与用法，理解作用域与命名空间的关系。

12.1　异 常 处 理

程序在运行过程中，由于用户输入错误、越界访问和系统环境资源不足等原因，会导致程序运行不正常或崩溃。程序在设计时必须考虑软件的容错能力，即应对运行时可能出现错误的代码段做相应的错误处理。在大型应用软件中，相当一部分代码是用于处理程序异常状况的，异常处理是程序的重要组成部分。

12.1.1　异常概述

程序在设计和运行过程中均可能出现各式各样的错误，依据错误产生的原因，主要分为 3 类：**语法错误、逻辑错误和运行错误**。

语法错误是程序在编译、连接时，编译器报告的错误。此类错误产生的原因主要是程序结构不合规则、变量没有定义、拼写错误或缺少相关文件等。编译器基本上能正确指出这类错误的位置，修改也比较简单。

逻辑错误是程序能正常编译、连接并运行，但结果错误或偶尔报错。此类错误是由算法设计有误或考虑问题不周全等因素引起，通过调试或测试，通常能查找出错误的原因。

运行错误是由于程序在执行过程中的错误输入或运行环境没有满足等因素，导致程序非正常终止。运行错误虽然是由于软件在使用过程中用户使用不当或环境资源不足等外在因素引起的，但通常可以事先预料。为确保用户对软件有良好的体验，提升软件的健壮性，在程序设计阶段必须对运行错误予以充分考虑并做相应的处理。

异常处理就是在运行时刻对运行错误进行检测、捕获和提示等过程。传统的 C 语言处理运行时错误的方法是用 if-else 语句检测处理可能发生的异常，其特征是测试程序是否被正确地执行。如果不是，则执行错误处理代码，否则继续运行。虽然这种方式的异常处理也能满足设计要求，但是将程序正常处理流程和错误处理逻辑混合在一起，正常的程序流程被“淹没”在异常判断与处理之中，增加了阅读、修改和维护程序的难度，在多人合作开发的大型软件中该问题更加突出。

C++语言的异常处理机制是把错误处理和正常流程分开描述，异常的引发和处理不在同一个函数中，使得程序的逻辑清晰易读，代码更容易修改，并且易于以集中方式处理各种异常。程序员可以决定如何选择并处理异常，具有较强的灵活性，能使程序更为稳健。

12.1.2　抛出异常与堆栈展开

在 3.4 节，已初步介绍了异常处理的语法和用法，并在 5-17、6-12、6-13、9-4 等例程中使用异常进行运行错误的处理。正如前面章节程序所示，抛出一条表达式来引发一个异常是处理异常的第一步。被抛出的表达式类型以及当前的函数调用链共同决定了哪段处理代码将被用于处理该异常。

处理代码中的 catch 子句捕获异常后，有可能不能完全处理该异常，此时 catch 子句在完成一些自己的处理后，可以将该异常重新抛出(Rethrow)，把异常传递给函数调用链中上一级的 try-catch 代码块进行捕获处理。如果上一级调用函数没有捕获从被调函数传递的异常或者就没有 try-catch 语句，则该异常被传递到更上一级的 catch 子句，这种传递终止于主函数。如果主函数也没有处理该异常，则调用在 C++标准库中定义的 terminate()函数终止程序。

重新抛出异常语句为空 throw 语句，即 throw;语句。

抛出的异常沿着逆函数调用链向上传递，终止于捕获并处理异常的函数。

在函数调用与被调用的过程中，程序形成了一个函数调用链。在程序的堆栈区，调用函数的活动记录和自动变量依照函数调用链的顺序压入堆栈。如果被抛出的异常在当前函数中没有捕获处理或重新抛出该异常，则函数调用堆栈便被“展开”，当前函数将终止执行，自动变量被销毁，活动记录被弹出，流程返回到上一级调用函数。本质上，堆栈展开(Stack Unwinding)是异常处理的核心技术。

堆栈在展开期间，函数将结束执行，编译器能保证释放异常发生之前所创建的局部对象。如果局部对象是类类型的，则自动调用该对象的析构函数。

异常使用不当可能导致动态内存空间“泄漏”。如果函数执行过程中，已用 new 创建一个对象，但在用 delete 撤销该对象之前引发了异常，程序控制流程离开了当前函数，指向动态对象的指针随着堆栈展开被清除，而动态内存中的对象却不能自动回收，就会造成内存泄漏。

下面的程序将导致动态内存空间释放语句没有执行。

```
#include<iostream>
using namespace std;
double divide(double * m, double * n) {
    if ((*n) == 0)
        throw n;
    return *m / (*n);
}
int main() {
    double * pm = new double(100);
    double * pn = new double(0);
    try {
        cout << *pm << "/" << *pn << "=" << divide(pm, pn) << endl;
```

```
        delete pm;                                    //没有执行，内存泄漏
        delete pn;
    }
    catch (double * exp) {
        cout << "分母不能为" << *exp << endl;
    }
    return 0;
}
```

当异常处理模块在接收到一个异常时，可能无法或只能部分处理该异常，此时异常处理代码模块可以抛出该异常。下面的例子演示了异常重新抛出和 terminate()终止函数的用法。

【例 12-1】 重新抛出异常与堆栈展开。

程序代码：

```
#include<iostream>
#include<string>
using namespace std;
void functionC() {
    cout << "函数 functionC()被执行！" << endl;
    try {
        throw string("该异常是由 functionC 函数引发！！！");
    }
    catch (string exp) {
        cout << "functionC 函数不处理的异常，抛给调用函数处理！" << endl;
        throw;
    }
}
void functionB() {
    cout << "函数 functionB()被执行！" << endl;
    try {
        functionC();
        cout << "函数 B 调用了函数 C!" << endl;
    }
    catch (int x) {
        cout << "functionB 函数不处理的异常，抛给调用函数处理！" << endl;
    }
}
void functionA() {
    cout << "函数 functionA()被执行！" << endl;
    try {
        functionB();
    }
    catch (string exp) {
        cout << "functionA 函数不处理的异常，抛给调用函数处理！" << endl;
        throw exp;
        cout << "函数 A 调用了函数 B!" << endl;          //永远执行不到的语句!
    }
}
//void ending(){
//cout<<"程序出现异常，终止运行！"<<endl;
//exit(-1);
//}
```

```
int main() {
    //set_terminate(ending);          //设置自定义终止函数为ending()
    try {
        functionA();                  //①
    }
    catch (string str) {
        cout << str << endl;
        throw;                        //②
    }
    return 0;
}
```

运行结果：

```
函数 functionA()被执行!
函数 functionB()被执行!
函数 functionC()被执行!
functionC 函数不处理的异常，抛给调用函数处理!
functionA 函数不处理的异常，抛给调用函数处理!
该异常是由 functionC 函数引发！！！
```

程序说明：

① 主函数调用了 functionA()，而 functionA()调用了 functionB()，functionB()又调用 functionC()。函数 functionC()中产生的异常被重新抛出，该异常沿逆函数调用链一直传递到主函数。

函数 functionB()没有处理 string 类型的 catch 语句，异常被直接传递到函数 functionA()。函数 functionA()的处理代码仅输出了字符串，又重新抛出异常。在主函数中输出传递的异常内容后，也同样抛出该异常。

② 主函数调用 terminate 函数处理异常，该函数默认是调用系统的 abort()函数。如图 12-1 为 terminate 函数调用 abort()函数出现的错误提示窗口。

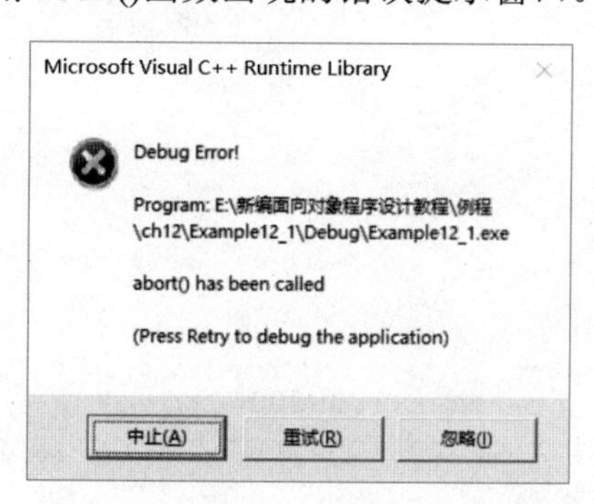

图 12-1　主函数未捕获异常提示对话框

去除程序中被注释符，即让函数 ending()和 set_terminate()生效，再执行程序，运行结果在最后一行显示“程序出现异常，终止运行！”信息，不再弹出图 12-1 所示的窗口。

12.1.3　构造函数、析构函数和异常

构造函数和析构函数在执行过程中也可能引发异常。如果构造函数在执行过程中引发了异常，此时由于对象还没有完全构造，故不会调用类的析构函数来撤销对象。对于构造

函数在引发异常前已经构造完成的子对象(包含基类子对象或成员子对象)，系统将调用相应的析构函数撤销子对象。但是，对在构造函数引发异常之前用 new 分配的动态内存空间，由于释放存储空间的 delete 语句通常在析构函数中而没有执行，因此构造函数中引发异常可能导致内存泄漏。

构造函数中抛出异常将导致对象的析构函数不被执行，分配的资源没有回收，解决这个问题的方法是用局部对象来管理资源(不是用指针)，因为异常处理不会破坏对象的特性。当异常发生时，局部对象的析构函数必定会被调用，相应地其管理的资源自然会被释放。

C++ 11 新标准的智能指针 shared_ptr 和 unique_ptr 均能自动释放其分配到的资源，而 weak_ptr 智能指针不支持。

构造函数在运行其函数体之前，先执行初始值列表。初始值列表抛出异常时，构造函数体内的 try 语句块还未生效，所以构造函数体内的 catch 语句无法处理初始值列表抛出的异常。处理构造函数初始值异常的方法是将构造函数写成函数 try 语句块。格式如下：

```
<类名>::<构造函数名>(<形参表>)  try : <初始值列表>{
    <函数体>
}catch(<异常类型> <形参名>){  <异常处理语句>  }
```

与函数 try 语句块关联的 catch 既能处理初始值列表抛出的异常，也能处理构造函数体抛出的异常。

函数调用堆栈展开过程中，函数中局部对象的析构函数会被调用。通常析构函数不应抛出异常，若抛出异常，将会导致调用标准库中的 terminate 函数，再引发调用 abort 函数，使程序非正常终止。析构函数处理的异常应当放在一个 try 语句块中，并且在其内部得到处理。

【例 12-2】重新抛出异常与堆栈展开。

程序代码：

```
#include<iostream>
#include<string>
#include<memory>
using namespace std;
class Picture {
public:
    Picture() {
        picturePtr = new char[100000000];
        cout << "call Picture Constructor." << endl;
    }
    ~Picture() {
        delete [] picturePtr;
        cout << "call Picture Destructor." << endl;
    }
    void fillPicture() {
        cout << "打开图片文件，填充至picturePtr所指内存中。" << endl;
    }
private:
    char * picturePtr;
};
class Sound {
```

```
public:
    Sound() {
        soundPtr = new char[500000000];
        cout << "call Sound Constructor." << endl;
    }
    ~Sound() {
        delete [] soundPtr;
        cout << "call Sound Destructor." << endl;
    }
    void fillSound() {
        cout << "打开声音文件，填充至soundPtr所指内存中。" << endl;
    }
private:
    char * soundPtr;
};
class Video {
public:
    Video() {
        videoPtr = new char[500000000];
        cout << "call Video Constructor." << endl;
    }
    ~Video() {
        delete [] videoPtr;
        cout << "call Video Destructor." << endl;
    }
    void fillVideo() {
        cout << "打开视频文件，填充至videoPtr所指内存中。" << endl;
    }
private:
    char * videoPtr;
};
class AnimalInfo {                              //①
public:
    AnimalInfo(string n = "") {
        name = n;
        cout << name << "对象调用AnimalInfo构造函数。" << endl;
        picture = new Picture;
        sound = new Sound;
        video = new Video;
    }
    ~AnimalInfo() {
        cout << name << "对象调用AnimalInfo析构函数。" << endl;
        delete picture;
        delete sound;
        delete video;
    }
private:
    string name;
    Picture * picture;                          //用普通指针指向堆空间资源
    Sound * sound;
    Video * video;
};
//用智能指针实现AnimalInfo类
/*class AnimalInfo{                             //②
public:
```

```
    AnimalInfo(string n="")
        try:picture(new Picture),sound(new Sound),video(new Video){
        name=n;
        cout<<name<<"对象调用 AnimalInfo 构造函数。"<<endl;
    }catch (bad_alloc & exp) {
        cout << exp.what() << endl;
        cout << "AnimalInfo 类构造对象出现异常！" << endl;
    };
    ~AnimalInfo(){
        //throw std::exception("AnimalInfo 类析构函数抛出的异常！");    //③
        cout<<name<<"对象调用 AnimalInfo 析构函数。"<<endl;
    }
private:
    string name;
    shared_ptr<Picture> picture;              //用智能指针指向堆空间资源
    shared_ptr<Sound> sound;
    unique_ptr<Video> video;
    //weak_ptr<Video> video;                  //编译错误
};*/
int main() {
    try {
        AnimalInfo elephant("大象");
        AnimalInfo lion("狮子");
        AnimalInfo monkey("猴子");
        AnimalInfo tiger("老虎");
        AnimalInfo panda("熊猫");
    }
    catch (bad_alloc & exp) {
        cout << exp.what() << endl;
        cout << "程序运行出现异常，终止！" << endl;
    }
    return 0;
}
```

运行结果：

```
大象对象调用 AnimalInfo 构造函数。
call Picture Constructor.
call Sound Constructor.
call Video Constructor.
狮子对象调用 AnimalInfo 构造函数。
call Picture Constructor.
call Sound Constructor.
大象对象调用 AnimalInfo 析构函数。
call Picture Destructor.
call Sound Destructor.
call Video Destructor.
bad allocation
程序运行出现异常，终止！
```

程序说明：

① 类 AnimalInfo 中分别用 Picture 类对象存储动物图片，Sound 类对象存储叫声，Video 类对象存储视频。它们均存储于自由存储区，并且申请了较大的内存空间。它们均在构造函数中用 new 运算符申请分配内存空间，在析构函数中用 delete 运算符释放内存

空间。

从程序运行结果可知，程序在创建“狮子”对象时，执行到 video=new Video;语句抛出了 bad_alloc 异常。此时，狮子对象中的 Picture 和 Sound 子对象已被创建，但它们的析构函数因异常的抛出而没有执行，引发内存泄漏。而“大象”对象因已完全构造，没有中途抛出异常，其析构函数正常运行，不受异常影响，不存在内存泄漏。

② 加注释的 AnimalInfo 类是用智能指针实现。去除注释/*和*/，并为前面的 AnimalInfo 类实现加上注释。运行程序，得到下面的结果：

```
call Picture Constructor.
call Sound Constructor.
call Video Constructor.
大象对象调用AnimalInfo构造函数。
call Picture Constructor.
call Sound Constructor.
call Sound Destructor.
call Picture Destructor.
bad allocation
AnimalInfo类构造对象出现异常!
大象对象调用AnimalInfo析构函数。
call Video Destructor.
call Sound Destructor.
call Picture Destructor.
bad allocation
程序运行出现异常，终止!
```

观察上面运行结果中间的画线部分可知：虽然程序也是在为“狮子”对象分配 Video 空间时发生 bad_alloc 异常，但是 Sound 和 Picture 类的析构函数均被执行，释放了对象构建过程中已分配的内存。

③ 若去除该行代码前面的注释，程序在运行到“AnimalInfo 类构造对象出现异常！”字符串输出之后，弹出如图 12-1 所示的对话框。这是由于析构函数抛出异常所致。

12.1.4　noexcept 说明符

noexcept 是 C++ 11 新引入的说明符，用于指明某个函数不会抛出异常。noexcept 说明符可以接收一个可选的 bool 类型实参，实参若为真，则函数不抛出异常，否则函数可能抛出异常。此外，noexcept 还是一个一元运算符，其返回值是一个 bool 型的右值常量表达式，用于测试给定的表达式是否会抛出异常。例如：

```
void print() noexcept;                       //不会抛出异常，等价于noexcept(true)
int find() noexcept(false);                  //可能抛出异常
void fun() noexcept(noexcept(print()));      //与print函数一致
if(noexcept(find()))                         //find函数不会抛出异常，为真
```

函数指针与所指函数的异常说明必须一致。说明为不会抛出异常的函数指针，只能指向不会抛出异常的函数；而说明为可能抛出异常的函数指针，所指向的函数不受限制。

类似地，如果基类的虚函数说明为不会抛出异常，则派生类中相应的虚函数也必须做同样的说明。与之相反，如果基类的虚函数允许抛出异常，则派生类的对应虚函数是否抛出异常不受限制。例如：

```
void f(int) {}
void (*fp1)(int) noexcept = f;              //错误! fp1 说明为不会抛出异常
void (*fp2)(int) noexcept(false) = f;       //正确!
class A{
public:
    virtual void fun1() noexcept = 0;       //基类虚函数，不会抛出异常
    virtual void fun2() noexcept(false);    //基类虚函数，可能抛出异常
    virtual void fun3();                    //基类虚函数，可能抛出异常
};
class B :public A {
public:
    void fun1() noexcept(false);            //错误! 异常规范比基类虚成员函数少
    void fun2();                            //正确! 说明一致
    void fun3() noexcept;                   //正确! 异常规范比基类虚成员函数多
};
```

12.1.5 标准库中异常类

C++的异常类型，既可以是 int、double 等基本数据类型，也可以是结构体、类等用户自定义的构造数据类型。程序中如果用基本数据类型表示异常，存在异常含义难以区分的问题。例如，程序中不能多处抛出含有不同语义的 int 类型异常，否则将难以区别这些异常的含义。

良好的编程规范是利用类的继承性构建一个异常类型的架构，对错误进行归类和描述。在 C++的标准库中定义了一个以 exception 为基类的异常类系，其结构如图 12-2 所示。

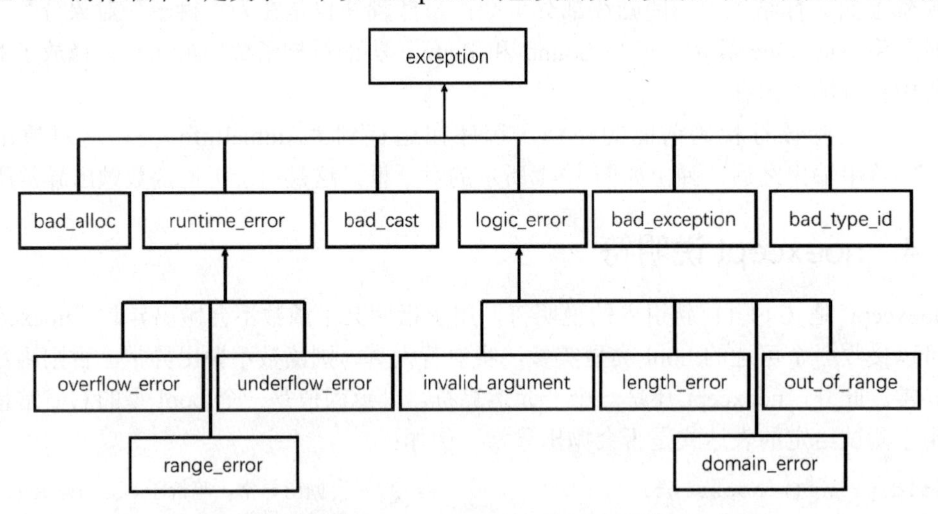

图 12-2 标准库的异常类层次结构

C++标准库的异常类分别定义在 4 个头文件中：<exception>头文件中定义了异常类 exception；<stdexcept>头文件中定义了 runtime_error 和 logic_error 异常类及其子类。<new>头文件中定义了 bad-alloc 异常类；<type_info>头文件中定义了 bad_cast 异常类。

exception 异常类包含了虚函数 what()，在派生类中可以对其进行重新定义，生成相应的错误消息。基类 exception 仅负责通知异常的产生，不提供更多的信息。

runtime_error 异常类用于描述在运行时才能检测到的错误，它派生了以下 3 个子类。

- range_error：该异常类用于描述结果超出了有意义的值域范围。
- overflow_error：该异常类用于表示计算上溢。
- underflow_error：该异常类用于描述计算下溢。

logic_error 异常类表示逻辑错误，用来描述在程序运行前检测到的错误，它派生了以下 4 个子类。

- domain_error：该异常类表示参数的结果值不存在。
- invalid_argument：该异常类表示不合适的参数。
- length_error：该异常类用于描述试图生成一个超出该类型最大长度的对象。
- out_of_range：该异常类表示使用了一个超出有效范围的值。

bad_alloc 异常类用于描述因无法分配内存而由 new 抛出的异常。

bad_cast 异常类是在 dynamic_cast 失败时抛出该异常类对象，dynamic_cast 运算符的作用是进行类型转换，dynamic_cast 主要用于类层次间的上行转换和下行转换，还可以用于类之间的交叉转换。

标准异常类可以直接应用于程序中，也可以在已定义的异常类之上，派生出自定义的异常类型。

顺序表是一种重要的数据结构，它使用一块连续的内存空间保存数据元素，并用元素所存储的物理位置来表示元素之间的先后关系。顺序表在创建和使用时可能因自由存储空间不足出现异常，可能由于访问、插入或删除操作所指定的位置错误出现访问错误，也可能因存储空间已满不能再插入新元素需要引发异常。

【例 12-3】标准异常类应用：设计具有异常处理功能的顺序表类。

程序代码：

```
//文件名：List.h
#ifndef LIST_H
#define LIST
template <typename T>
class List {                                          //线性表，抽象类
public:
    virtual void InitList() = 0;                      //表初始化
    virtual void DestoryList() = 0;                   //销毁表
    virtual int Length() = 0;                         //求表长度
    virtual T Get(int i) = 0;                         //取表中元素
    virtual int Locate(T & x) = 0;                    //元素查找
    virtual void Insert(int i, T & x) = 0;            //插入新元素
    virtual T Delete(int i) = 0;                      //删除元素
    virtual bool Empty() = 0;                         //判断表是否空
    virtual bool Full() = 0;                          //判断表是否满
};
#endif
//文件名：SeqList.h
#ifndef SEQLIST_H
#define SEQLIST_H
#include"List.h"
#include<iostream>
#include<stdexcept>
using namespace std;
```

```
template <typename T>
class SeqList : public List<T> {                         //顺序表类
    template <typename T>
    friend ostream & operator<<(ostream & os, const SeqList<T> & sl);
public:
    SeqList(int m = 20);                                 //构造函数
    SeqList(T ary[], int n, int max);                    //用 ary 中元素构造顺序表
    SeqList(const SeqList & sl);                         //拷贝构造函数
    SeqList(SeqList && sl) noexcept;                     //移动构造函数
    ~SeqList() noexcept {                                //析构函数
        DestoryList();
    }
    virtual void InitList() { curLen = 0; }              //初始化为空表
    virtual void DestoryList() {
        curLen = -1;
        maxSize = 0;
        delete[] ptr;
    }
    virtual int Length()  noexcept{
        return curLen;
    }
    virtual T Get(int i);                                        //取表中元素
    virtual int Locate(T & x) noexcept;                          //元素查找
    virtual void Insert(int i, T & x);                           //插入新元素
    virtual T Delete(int i);                                     //删除元素
    virtual bool Empty() { return curLen == 0; }                 //判断表是否空
    virtual bool Full() { return curLen == maxSize; }            //判断表是否满
    SeqList<T> & operator=(const SeqList<T> & sl);
    SeqList<T> & operator=(SeqList<T> && sl) noexcept;
private:
    T * ptr;
    int curLen;
    int maxSize;
};
template <typename T>
SeqList<T>::SeqList(int m) {
    maxSize = m;
    curLen = 0;
    try {
        ptr = new T[maxSize];
    }
    catch (bad_alloc & exp) {
        ptr = NULL;
        cout << exp.what() << "\n顺序表构造失败，程序将结束！" << endl;
        exit(-1);
    }
}
template <typename T>
SeqList<T>::SeqList(T ary[], int n, int max) {
    this->maxSize = max;
    curLen = 0;
    try {
        ptr = new T[maxSize];
    }
```

```
    catch (bad_alloc & exp) {
        ptr = NULL;
        cout << exp.what() << "\n 顺序表构造失败，程序将结束！" << endl;
        exit(-1);
    }
    while (curLen < n) {
        ptr[curLen] = ary[curLen];
        curLen++;
    }
}
template<typename T>
SeqList<T>::SeqList(const SeqList & sl){
    this->maxSize = sl.maxSize;
    this->curLen = sl.curLen;
    ptr = new T[maxSize];
    for (int i = 0; i < curLen; i++)
        ptr[i] = sl.ptr[i];
}
template<typename T>
SeqList<T>::SeqList(SeqList && sl) noexcept{
    this->maxSize = sl.maxSize;
    this->curLen = sl.curLen;
    ptr = sl.ptr;
    sl.ptr = nullptr;
}
template <typename T>
T SeqList<T>::Get(int i) {
    if (i >= 1 && i <= curLen)
        return ptr[i - 1];
    else
        throw out_of_range("访问位置参数错误！"); //抛出范围异常
}
template <typename T>
int SeqList<T>::Locate(T & x) noexcept{
    for (int i = 0; i < curLen; i++)
        if (ptr[i] == x)
            return i + 1;
    return 0;
}
template <typename T>
void SeqList<T>::Insert(int i, T & x) {
    if (Full())
        throw overflow_error("顺序表已满！");                    //上溢异常
    if (i < 1 || i > curLen + 1)
        throw invalid_argument("元素的插入位置参数错误！");      //参数错误异常
    for (int j = curLen; j >= i; j--)                            //向后移位
        ptr[j] = ptr[j - 1];
    ptr[i - 1] = x;                                              //插入
    curLen++;
}
template <typename T>
T SeqList<T>::Delete(int i) {
    T tmp;
    if (Empty())
        throw underflow_error("顺序表已空，不能删除元素！");     //下溢异常
```

```
    if (i < 1 || i >= curLen)
        throw invalid_argument("删除元素的位置参数错误!"); //参数错误异常
    tmp = ptr[i - 1];
    for (int j = i - 1; j < curLen - 1; j++)            //后面的元素前移
        ptr[j] = ptr[j + 1];
    curLen--;
    return tmp;
}
template<typename T>
SeqList<T>& SeqList<T>::operator=(const SeqList<T>& sl){
    if (this != &sl) {
        this->maxSize = sl.maxSize;
        this->curLen = sl.curLen;
        delete[] ptr;
        ptr = new T[maxSize];
        for (int i = 0; i < curLen; i++)
            ptr[i] = sl.ptr[i];
    }
    return *this;
}
template<typename T>
SeqList<T>& SeqList<T>::operator=(SeqList<T>&& sl) noexcept{
    if (this != &sl) {
        this->maxSize = sl.maxSize;
        this->curLen = sl.curLen;
        delete [] ptr;
        ptr = sl.ptr;
        sl.ptr = nullptr;
    }
    return *this;
}
template <typename T>
ostream & operator<<(ostream & os, const SeqList<T> & sl) {
    for (int i = 0; i < sl.curLen; i++)
        os << sl.ptr[i] << ", ";
    return os;
}
#endif
//文件名: mainFun12_3.cpp
#include<iostream>
#include"SeqList.h"
using namespace std;
SeqList<int> CreateList(int val[],int len, int max) {
    SeqList<int> tmp(val, len, max);
    return tmp;
}
int main() {
    int ary[] = { 4,7,2,9,10,43,6 }, x = 100, loc;
    SeqList<int> myList = CreateList(ary,7,1000);       //调用移动构造函数
    cout << "顺序表中内容: " <<myList << endl;
    try {
        cout << "在尾部插入元素 100 后: ";
        myList.Insert(8, x);
        cout << myList << endl;
        cout << "删除第 40 号位置元素后: ";
```

```
        myList.Delete(40);
        cout << myList << endl;
    }
    catch (overflow_error & exp) {
        cout << exp.what() << endl;
    }
    catch (underflow_error & exp) {
        cout << exp.what() << endl;
    }
    catch (invalid_argument & exp) {
        cout << exp.what() << endl;
    }
    while (1) {
        try {
            cout << "请依次输入插入元素的位置和值：";
            cin >> loc >> x;
            myList.Insert(loc, x);
            cout << myList << endl;
        }
        catch (overflow_error & exp) {
            cout << exp.what() << endl;
            break;
        }
        catch (invalid_argument & exp) {
            cout << exp.what() << endl;
            break;
        }
    }
    cout << myList << endl;
}
```

运行结果：

```
顺序表中内容：4, 7, 2, 9, 10, 43, 6,
在尾部插入元素 100 后：4, 7, 2, 9, 10, 43, 6, 100,
删除第 40 号位置元素后：删除元素的位置参数错误！
请依次输入插入元素的位置和值：5  55↙
4, 7, 2, 9, 55, 10, 43, 6, 100,
请依次输入插入元素的位置和值：15  150↙
元素的插入位置参数错误！
4, 7, 2, 9, 55, 10, 43, 6, 100,
```

12.2　命名空间

命名空间是一个声明性区域，为其内部的类型、函数和变量等标识符的名称提供一个范围。命名空间用于将代码组织到逻辑组中，还可用于避免名称冲突，尤其是在基本代码包括多个库时。

12.2.1　命名空间的定义

当应用程序用到多个供应商开发的库时，不可避免地会发生某些名字的相互冲突。不同的软件包，可能拥有相同的函数名、常量名或类名，正如国内许多城市都有北京路，只

有注明城市方能区别北京路。类似地，命名空间就是用于防止名字冲突的机制。

命名空间的定义是以关键字 namespace 开头，格式如下：

```
namespace  <命名空间名>{
    <各种声明或定义>
}
```

命名空间名必须在定义它的作用域内保持唯一。命名空间既可以定义在全局作用域内，也可以定义在其他命名空间中，但不能定义在函数或类的内部。

每个命名空间都是一个作用域，其中每个名字都必须表示该空间的唯一实体。命名空间中的名字可以被该空间内的其他成员直接访问，也可以被这些成员内嵌作用域中的任何单位访问。而命名空间之外的代码则必须明确指出所用的名字属于哪个命名空间。例如：

```
namespace ContosoData  {                     //命名空间
   class ObjectManager {                     //类定义
   public:
      void DoSomething() {}                  //成员函数
   };
   void Func(ObjectManager) {}               //函数定义
}
ContosoData::ObjectManager mgr;              //使用完全限定名
using ContosoData::ObjectManager;            //使用 using 引入一个标识符
using namespace ContosoData;                 //使用 using 引入命名空间所有内容
```

同一个命名空间可定义在几个不同的文件中，还可以为已经存在的命名空间添加新成员。命名空间不连续的特性，允许多个独立的接口和实现文件组合在一个命名空间。

如果未在显式命名空间中声明某个标识符，则该标识符属于**全局命名空间**(Global Namespace)。全局命名空间是以隐式方式声明，并且在程序的所有位置都可见。全局作用域中的标识符被隐式地添加到全局命名空间中。若要显式限定全局标识符，则使用没有名称的范围解析运算符，例如，::SomeFunction(x);。这将使标识符与任何其他命名空间中具有相同名称的任何内容区分开来，有助于他人轻松地阅读代码。

嵌套命名空间(Nested Namespace)是指定义在其他命名空间中的命名空间。普通的嵌套命名空间具有对其父级成员的非限定访问权限，而父成员不具有对嵌套命名空间的非限定访问权限。例如：

```
namespace ContosoDataServer  {
   void Foo();
   namespace Details  {                               //嵌套命名空间
      int CountImpl;
      void Ban() { return Foo(); }                    //访问父级成员
   }
   int Bar(){...};
   int Baz(int i) { return Details::CountImpl; }   //访问嵌套命名空间成员
}
```

内联命名空间(Inline Namespace)是 C++ 11 引入的一种新的嵌套命名空间。与普通嵌套命名空间不同，内联命名空间的成员会被视为父命名空间的成员，即可以被父成员直接使用。

当应用程序的代码在一次发布和另一次发布之间发生了改变，常常会用到内联命名空间，把新版本的代码放在内联命名空间中。例如：

```
namespace Test   {
    namespace old_ns {                          //嵌套命名空间，旧版代码
        std::string Func() { return std::string("Hello from old"); }
    }
    inline namespace new_ns {                   //内联命名空间，新版代码
        std::string Func() { return std::string("Hello from new"); }
    }
}
string s = Func();                              //调用 new_ns:: Func()
std::cout << s << std::endl;                    //Hello from new
```

未命名的命名空间(Unnamed Namespace)是指关键字 namespace 后紧跟花括号括起来的一系列声明语句。其中定义的变量拥有静态生命期，它们在一次使用前创建，直到程序结束才销毁。

和其他命名空间不同，未命名的命名空间仅在特定的文件内部有效，其作用范围不会横跨多个不同的文件。

12.2.2　命名空间与作用域

命名空间内部名字的查找规则是：由内向外依次查找每个外层作用域。外层作用域可能是一个或多个嵌套的命名空间，查找终止于最外层的全局命名空间。

类中的成员函数使用某个名字时，其查找次序是先在成员函数内部找，再到类(含基类)中查找，最后是在外层作用域(命名空间)中查找。例如：

```
#include "X.h"
namespace SpaceA {
    int x;
    namespace SpaceB {
        int x;                              //隐藏了 SpaceA::x
        int y;
        int fun1() {
            int y;                          //隐藏了 SpaceA::SpaceB::x
            return x;                       //返回 SpaceB::x
        }
        class A {
        public:
            int af1() { return y; }         //返回 SpaceB::y
            int af2() { return k; }         //VC++中可访问后定义的 k
            int af3();
        private:
            int x;
            int z;
        };
        int A::af3() { return k; }          //k 在 X.h 中声明
    }                                       //SpaceB 结束
    int fun2() {
        return y;                           //错误! y 没有定义
    }
}
//文件名: X.h
namespace SpaceA{
    namespace SpaceB {
        int k = 0;                          //全局变量 SpaceA::SpaceB::k
    }
}
```

12.3 案例实训

1. 案例说明

设计一个实用的小工具软件——批量创建文件夹。手动创建少量的文件夹不是一件难事，但建立上百个文件夹，则会成为一个负担。本例演示的小程序能根据文本文件中的信息批量创建文件夹。

2. 编程思想

VC++中用于创建文件夹的函数是_mkdir，程序通过读取文本文件中的一行文本，以该文本为名称在指定位置创建文件夹。_mkdir 包含在 direct.h 中，如果创建成功，返回 0，否则返回-1。对于指定文件、文件夹不存在等异常情况，用 try-catch 进行处理。

3. 程序代码

请扫二维码。

本章实训案例代码

12.4 本章小结

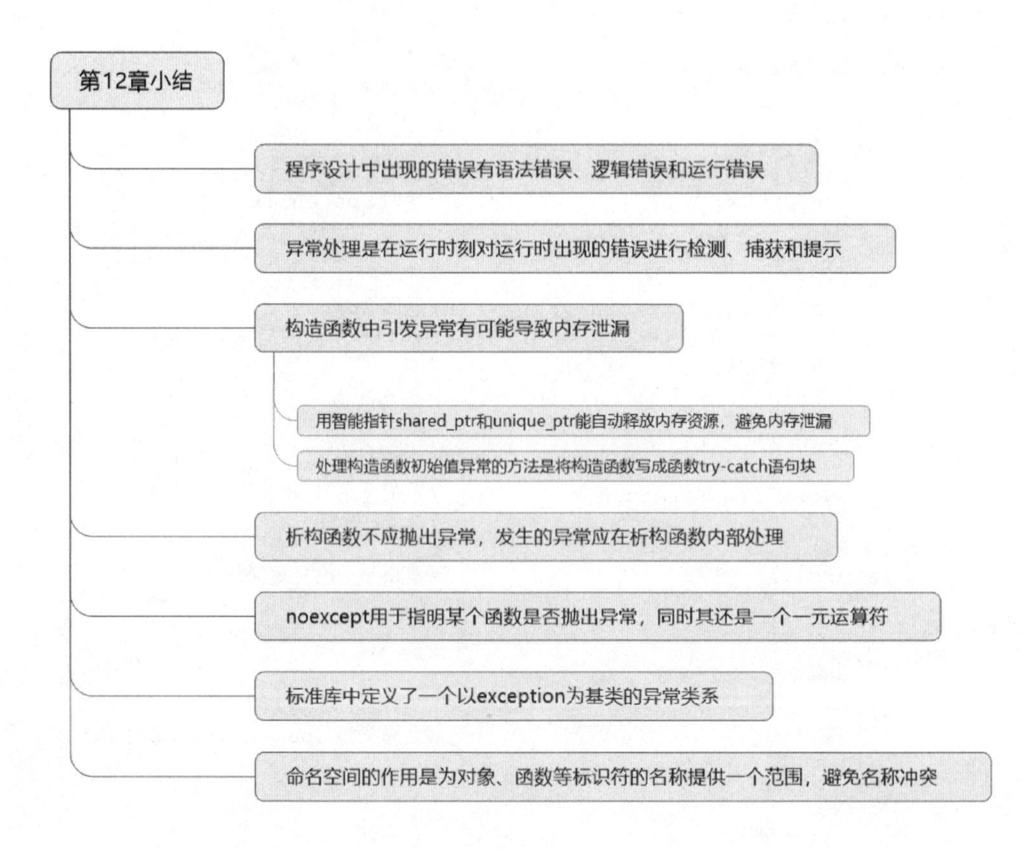
第12章小结
程序设计中出现的错误有语法错误、逻辑错误和运行错误
异常处理是在运行时刻对运行时出现的错误进行检测、捕获和提示
构造函数中引发异常有可能导致内存泄漏
用智能指针shared_ptr和unique_ptr能自动释放内存资源，避免内存泄漏
处理构造函数初始值异常的方法是将构造函数写成函数try-catch语句块
析构函数不应抛出异常，发生的异常应在析构函数内部处理
noexcept用于指明某个函数是否抛出异常，同时其还是一个一元运算符
标准库中定义了一个以exception为基类的异常类系
命名空间的作用是为对象、函数等标识符的名称提供一个范围，避免名称冲突

12.5　习　　题

一、填空题

1. 常见的异常有_______、_______、_______、_______、_______和_______等。

2. 异常处理机制允许把________和________分离，使程序的逻辑更加清晰并且易于维护。

3. 实现异常处理的关键技术是_______________。

4. C++标准库的异常类分别定义在_______、_______、_______、_______这 4 个头文件中。

5. 嵌套命名空间是指定义在_______的命名空间。普通的嵌套命名空间具有对其父级成员的________访问权限，而__________不具有对嵌套命名空间的非限定访问权限。

6. __________是 C++ 11 引入的一种新的嵌套命名空间。与普通嵌套命名空间不同，该命名空间中的成员可以被__________直接使用。

7. 命名空间内部名字的查找规则是：____________________。

8. 有如下程序：

```
#include<iostream>
using namespace std;
int function(int n){
    if(n<=0) throw n;
    int result=1;
    for(int i=1;i<=n;i++)
        result *=i;
    return result;
}
int main(){
    try{
        int x=3;
        int y=-3;
        int z=0;
        cout<<x<<"!="<<function(x)<<endl;
        cout<<y<<"!="<<function(y)<<endl;
        cout<<z<<"!="<<function(z)<<endl;
    }catch(int n){
        cout<<n<<"的阶乘不存在！"<<endl;
    }
    return 0;
}
```

执行后的结果是________。

9. 有如下程序：

```
#include<iostream>
#include<string>
using namespace std;
class Exception{
```

```
public:
    Exception(){}
    string ErrorMsg;
    string ErrorCode;
};
class Exception1 : public Exception{
public:
    Exception1(){
        this->ErrorMsg = "Msg1";
        this->ErrorCode = 1;
    }
};
class Exception2 : public Exception{
public:
    Exception2(){
        this->ErrorMsg = "Msg2";
        this->ErrorCode = 2;
    }
};
void test_exception(int i){
    if(i)
        throw Exception1();
    else
        throw Exception2();
    return;
}
int main(){
    try{
        test_exception(0);
        test_exception(1);
    }
    catch(Exception ex){
        cout<<ex.ErrorMsg<<endl;
    }
    return 0;
}
```

执行后的结果是_______。

二、简答题

1. 什么叫异常？什么叫异常处理？C++提供了怎样的异常机制？有何优点？

2. 什么是堆栈展开？它与异常处理有何联系？

3. 什么是异常的重新抛出？在析构函数中重新抛出异常，为什么是一种错误设计行为？

4. 简述C++标准库的异常类层次结构。

5. 命名空间的主要作用是什么？什么是嵌套命名空间？内联命名空间与嵌套命名空间之间的异同点是什么？未命名的命名空间有何用途？

三、编程题

1. 编写一个将24小时制的时间转换为12小时制的程序，用异常处理可能出现的错误的输入(如 12:78、1q.3e 等)。

2. 定义一个名为 CheckedArray 的类。该类的对象与普通数组相似，但具有范围检查能力。要求在类中重载运算符[]，并用异常对越界访问进行处理。

3. 用 C++标准库的异常类处理第 11 章习题“三、编程题”第 4 题程序中可能出现的异常。例如，数据文件打开错误、手机号输入错误等情况。

第 13 章　C++/CLI 程序设计基础

Visual C++ 2017 不仅能用 ISO 标准 C++开发直接运行于 Windows 操作系统之上的应用程序，也能设计基于.NET 平台的应用程序。微软公司对标准 C++进行了扩展，专门为.NET 平台设计了 C++/CLI，目的是使广大 Visual C++程序员可以用 C++语言方便地创建运行于.NET 框架之上的应用程序。

本章重点介绍 C++/CLI 为.NET 平台上的程序设计对标准 C++所做的扩展，主要内容有值类型、引用类型、装箱与拆箱、托管数组、句柄、托管类、接口与多态、枚举、异常、模板与泛型、委托与事件等 C++/CLI 基础知识和.NET 托管代码编程技术。

学习目标：

- 掌握 C++/CLI 中的基本数据类型，以及句柄、装箱和拆箱等基本概念。
- 了解 C++/CLI 中的字符串类、数组、属性、接口、异常等基本概念与用法。
- 掌握委托与事件的概念，了解它们的用法。

13.1　概　　述

.NET 平台是微软公司为简化在第三代互联网的分布式环境下应用程序的开发，基于开放互联网标准和协议之上，实现异质语言和平台高度交互性而创建的新一代计算和通信平台。.NET 平台主要由 5 个部分构成：Windows .NET、.NET 企业级服务器、.NET Web 服务构件、.NET 框架和 Visual Studio .NET。

(1) Windows .NET 是可以运行.NET 程序的操作系统的统称，主要包括 Windows XP、Windows Server 2003、Windows 7 等操作系统和各种应用服务软件。

(2) .NET 企业级服务器是微软公司推出的进行企业集成和管理的所有基于 Web 的各种服务器应用的系列产品，包括 Application Center 2000、SQL Server 2008、BizTalk Server 2000 等。

(3) .NET Web 服务构件是保证.NET 正常运行的公用性 Web 服务组件。

(4) .NET 框架是.NET 的核心部分，是支持生成和运行下一代应用程序和 Web 服务的内部 Windows 组件。.NET 框架的关键组件为公共语言运行时(Common Language Runtime，CLR)和.NET 基础类库(Basic Class Library，BCL)，BCL 中包括了大量用于支持 ADO.NET、ASP.NET、Windows 窗体和 Windows Presentation Foundation 应用开发的类。

(5) Visual Studio .NET 是用于建立.NET Framework 应用程序而推出的应用软件开发工具，其中包含 C#.NET、C++.NET、VB.NET 和 J#等开发环境，支持多种程序设计语言的单独和混合方式的软件开发。

.NET 平台的整体环境结构如图 13-1 所示。

图 13-1　.NET 平台结构图

.NET Framework 提供了托管执行环境、简化的开发和部署以及与各种编程语言的集成。公共语言运行时是.NET 框架的基础，可以将其看作一个在执行时管理代码的代理，它提供内存管理、线程管理和远程处理等核心服务，并且还强制实施严格的类型安全以及可提高安全性和可靠性的其他形式的代码准确性。事实上，代码管理的概念是运行时的基本原则。以 CLR 为目标的代码称为托管代码，不以 CLR 为目标的代码称为非托管代码。.NET 框架的另一个主要组件是类库，它是一个综合性的面向对象的可重用类型集合，可以使用它开发多种应用程序，这些应用程序包括传统的命令行或图形用户界面(Graphical User Interface)应用程序，也包括基于 ASP.NET 的网络服务应用程序，如：Web 窗体和 XML Web Services。

.NET Framework 可由非托管组件承载，这些组件将公共语言运行时加载到它们的进程中并启动托管代码的执行，从而创建一个可以同时利用托管和非托管功能的软件环境。

公共语言运行时为多种高级语言提供了标准化的运行环境，在 Visual Studio .NET 中能用于开发的语言就有 Visual Basic、C#、C++和 J#。CLR 的规范是由公共语言基础结构(Common Language Infrastructure，CLI)描述，其中包括了数据类型、对象存储等与程序设计语言相关的设计规范。CLI 的标准化工作由欧洲计算机制造商协会(European Computer Manufacturers Association，ECMA)完成并成为 ISO 标准，它们分别是 EMCA-335 和 ISO/IEC 23271。

本质上，CLI 提供了一套可执行代码和它运行所需要的虚拟执行环境的规范，虚拟机运行环境能使用各种高级语言设计的应用软件不修改源代码即能在不同的操作系统上运行。CLR 是微软对 CLI 的一个实现，也是目前最好的实现，另一个实例是 Novell 公司的一个开放源代码的项目 Mono。

CLI 主要包括通用类型系统(Common Type System，CTS)、元数据(Metadata)、公共语言规范(Common Language Specification，CLS)、通用中间语言(Common Intermediate Language，CIL)和虚拟执行系统(Virtual Execution System，VES)几个部分。

通用类型系统是 CLI 的基础，它是一个类型规范，定义了所有 CLI 平台上可以定义的类型的集合，所有基于 CLI 的语言类型都是 CTS 的一个子集，目前 C++/CLI 是对 CTS 描述支持最好的高级语言。

元数据是描述其他数据的数据(Data About Other Data)，或者说是用于提供某种资源的有关信息的结构数据(Structured Data)。在 CLI 中用元数据描述和引用 CTS 定义的类型，元数据以一种独立于任何语言的形式存储，正是元数据赋予了组件自描述的能力。

公共语言规范是用以确保所有 CLI 语言能够互操作的一组规则，它定义了所有 CLI 语言都必须支持的一个最小功能子集。各 CLI 语言可以选择自己对 CTS 的一部分的映射，但是为了确保不同语言的交互，至少应该支持 CLS 所定义的最小功能集。

通用中间语言是一种中性语言，更准确地说是一套与处理器无关的指令集合。任何.NET 编程语言所编写的程序均被编译成通用中间语言指令集，程序运行时再通过 JIT(Just-In-Time)实时编译器映射为机器码。

虚拟执行系统为 CLI 程序提供了一个在各种可能的平台上加载和执行托管代码的虚拟机环境。它只是一个规范，.NET 框架和 Mono 就各有自己的实现。

Visual C++ 2017 开发平台支持 Windows 下多种应用程序的设计，如控制台应用程序、MFC 本地窗体应用程序、.NET 窗体应用程序、ActiveX 控件等。在 Visual C++ 2017 中，程序员既可以用 ISO 标准 C++开发能在 Windows 系统上直接运行的应用程序，也支持用 C++/CLI 设计的运行于.NET Framework 之上的托管应用程序。事实上，VC++的真正威力在于托管代码和非托管代码之间的互操作性。VC++并不强迫开发人员丢弃现有的代码，而是允许程序员在项目中的不同程序之间混合使用托管和非托管代码，甚至是在同一个文件中。

在 VC++ 6.0 中，开发 Windows 窗体应用程序通常采用微软开发的 MFC(Microsoft Foundation Classes)类库，生成的是本地代码，能在 Windows 系统中直接运行。在 Visual C++ 2017 中，依然支持用 MFC 编写 Windows 应用程序。

微软在 C++/CLI 中组合了本地 C++和 CLI，并且实现了 ISO 标准 C++和.NET 平台的无缝连接。C++/CLI 允许程序员访问.NET 框架所提供的新的数据类型，ISO 标准 C++的类型被映射到.NET 框架类型之上，C++/CLI 支持对本地 C++编程和.NET 托管编程的无缝集成。

13.2 C++/CLI 的基本数据类型

ISO 标准 C++中的基本数据类型(如 int、double、char 和 bool)在 C++/CLI 程序中可以继续使用，但是它们已被编译器映射到在 System 命名空间中定义的 CLI 值类型(Value Class Type)。

ISO 标准 C++基本类型名称是 CLI 中相对应的值类型简略形式。

表 13-1 给出了基本数据类型与对应的值类型，以及为它们分配的内存大小。

表 13-1 基本数据类型与对应的 CLI 中值类型

基本数据类型	CLI 值类型	内存大小(字节)
Bool	System::Boolean	1
char，singed char	System::SByte	1
unsigned char	System::Byte	1
Short	System::Int16	2

续表

基本数据类型	CLI 值类型	内存大小(字节)
unsigned short	System::UInt16	2
int，long	System::Int32	4
unsigned int，unsigned long	System::UInt32	4
long long	System::Int64	8
unsigned long long	System::UInt64	8
Float	System::Single	4
double，long double	System::Double	8
wchar_t	System::Char	2

在 C++/CLI 程序中，用基本数据类型定义变量与用 CLI 的简单值类型定义变量等价。例如：

```
double value=2.5;   //等价于 System::Double value=2.5;
```

在 Visual C++ 2017 中，创建 CLR 控制台应用程序的方法与 Win32 控制台应用程序创建的过程基本类似，主要不同点是在新建项目时从 Visual C++\CLR 中选择“CLR 控制台应用程序”模板。

在项目创建过程中，系统自动为新建项目添加了主函数。

【例 13-1】设计 CLR 控制台应用程序输出变量的类型信息。

程序代码：

```
#include "stdafx.h"
using namespace System;
int main(array<System::String ^> ^args) {
    int x = 100;
    Int32 y = 200;
    char ch = 'A';
    double PI = 3.14159;
    bool flag = true;
    unsigned long long bigValue = 18446744073709551615LL;
    Console::WriteLine(L"输出变量的数据类型和值：");
    Console::WriteLine(L"int x=100; \t类型：{0}\t值：{1}", x.GetType(), x); //①
    Console::WriteLine(L"Int32 y=200; \t类型：{0}\t值：{1}", y.GetType(), y);
    Console::WriteLine(L"char ch='A'; \t类型：{0}\t值：{1}", ch.GetType(), ch);
    Console::WriteLine(L"double PI=3.14159;\t类型：{0}\t值：{1}", PI.GetType(),PI);
    Console::WriteLine(L"x*PI \t\t\t类型：{0}\t值：{1}", (x*PI).GetType(), x*PI);
   Console::WriteLine(L"bool flag=true;\t类型：{0}\t值：{1}",flag.GetType(),flag);
    Console::WriteLine(L"unsigned long long
bigValue=18446744073709551615LL;\n类型：{0}\t值：{1}", bigValue.GetType(),
bigValue);
    Console::Read();                                          //②
   return 0;
}
```

运行结果：

```
输出变量的数据类型和值：
int x=100;      类型：System.Int32      值：100
```

```
Int32 y=200;        类型：System.Int32      值：200
char ch='A';        类型：System.SByte      值：65
double PI=3.14159;  类型：System.Double     值：3.14159
x*PI                类型：System.Double     值：314.159
bool flag=true;     类型：System.Boolean    值：True
unsigned long long bigValue=18446744073709551615LL;
                    类型：System.UInt64     值：18446744073709551615
```

程序说明：

① 在 CLR 控制台应用程序中，本地 C++的标准控制台输出与输入方法(cout 和 cin)已不能使用，取而代之的是用 Console 类进行标准输入与输出。Console 类定义在 System 命名空间，其中标准输出函数为 WriteLine()和 Write()，标准输入函数为 ReadLine()、Read()和 ReadKey()。

WriteLine(L"int x=100; 类型：{0}\t 值：{1}",x.GetType(),x)函数的花括号{0}表示输出 0 号参数 x.GetType()的值，花括号{1}表示输出 1 号参数 x 的值。在花括号中还可以指定参数的格式化方式，格式化参数的设置方法请查阅联机帮助。

② 该语句的作用是等待用户输入回车。如果没有该语句，在编程环境中运行程序，程序运行后窗口被立即关闭，用户不能观察输出结果。

13.3 C++/CLI 的句柄、装箱与拆箱

ISO 标准 C++使用关键字 new 和 delete 进行动态内存(堆)的分配与释放，动态内存的管理由程序员负责。虽然手工管理内存的灵活性和功能都非常好，但它是导致程序错误的主要原因之一。

与本地 C++不同，CLR 的托管内存堆是由垃圾回收器(Garbage Collector)管理。垃圾回收器使得程序员不必担心对象是否释放。CLR 的垃圾回收器会定期运行，观察托管堆中的对象，并判断它们是否仍然为程序所需。如果不再需要，该对象便被标记为垃圾，最终由垃圾回收器回收所占据的内存。垃圾回收器不仅用于收回已不再使用的内存空间，还负责内存“碎片”的整理，提高内存的使用效率。

由于垃圾回收器的执行，通常 CRL 程序的执行速度要稍慢于人工管理内存的程序。但是，这仅仅在实时性要求高的应用程序中才是问题，对于大多数对速度不是十分挑剔的程序，自动内存管理所带来的优势是十分明显的。

1. 句柄(Handle)

本地 C++用 new 关键字为对象在本地堆上分配内存，并且返回一个新分配内存的指针。类似地，托管 C++/CLI 用 gcnew 关键字为托管对象在托管堆上分配内存，并且返回一个指向这块新内存的句柄。如同 new 返回的地址需要一个指针变量保存它一样，gcnew 返回的句柄也需要有相应的变量进行存储。CLR 上的托管堆称为**垃圾回收堆**(Garbage-collected Heap)，在其上分配空间的关键字 gcnew 中的“gc”前缀的含义是指垃圾回收堆。

句柄类似于本地 C++指针，但也有很大区别。句柄确实存储着托管堆上某个对象的地址，但由于 CLR 的垃圾回收器会对托管堆进行压缩整理，可能移动存储在托管堆中的对

象，因此垃圾回收器会自动更新句柄所包含的地址。与本地指针不同的是句柄不能像本地指针那样执行地址的算术运算，也不允许对其进行强制类型转换。句柄的声明使用符号^(发音 hat)，也不同于指针的声明使用符号*。

与指针变量的定义类似，句柄变量的定义格式如下：

```
<数据类型> ^ <句柄变量名>;
```

例如：Date ^ myHandle=gcnew Date(2010,4,19);表示用 Date 类在托管堆上创建对象，并由句柄变量 myHandle 保存返回的句柄值。

在本地 C++中，&运算符返回一个指针。类似地，在 C++/CLI 中，%运算符把一个托管对象的内存地址返回给一个句柄。这里需要注意的是：只有当对象位于托管内存时，才能使用%运算符。下面的代码在编译时报告错误：

```
int ^ handle = nullptr;
    int x = 100;
handle = &x;      //错误
```

nullptr 是 C++/CLI 的一个关键字，表示向句柄赋空值。这里不能使用本地 C++为指针赋空值的 0 或 NULL。

C++/CLI 中，对句柄也可以使用运算符*和->进行间接访问。%与*运算符是互逆操作，以任意顺序将它们连续应用于同一个句柄，所产生的作用将相互抵消。

2. 值类型(Value Type)与引用类型(Reference Type)

在本地 C++中，所有的类型都是值类型，在默认情况下它们都是在函数调用堆栈(Stack)中分配内存的。堆栈内存在运行时是自动管理的，不需要删除其上所创建的对象、变量或数组。在堆栈中分配内存的另一个优点是速度比在堆上快，但是，堆栈通常空间较小，且不允许在运行时分配内存。而堆(Heap)内存的优势在于空间可根据运行时的需求进行动态分配。

区别于本地 C++的数据类型，C++/CLI 的数据类型称为**托管类型**。托管类型分为**值类型**和**引用类型**两类。.NET 框架结构本可以将所有类型设为引用类型，支持值类型的目的是避免处理整型和其他基本数据类型时产生不必要的开销。

值类型定义的变量默认情况下是在堆栈上分配空间，但也可以用 gcnew 操作符将其存储在托管堆上。引用类型的对象都在托管堆中分配内存空间，然而为引用这些对象所创建的变量都必须是句柄，这些句柄则是存储在堆栈上的。例如，String 类型是引用类型，引用 String 对象的变量必须是句柄。

在托管堆上分配的对象都不能在全局作用域内声明，也就是说，全局或静态变量的类型不能是托管类型。

```
int x=100;                //int 为简单值类型，默认在堆栈上分配空间
int ^ ihandle=gcnew int(123);//ihandle 句柄，本身在堆栈上，引用堆上的值类型对象
String  str;//错误! String 为引用类型，只能在堆上分配空间，正确格式：String ^ str="";
```

3. 装箱(Boxing)与拆箱(Unboxing)

在 C++/CLI 中，每种内置数据类型都对应一种简单值类型，如 int 对应 System::Int32。所有的值类型都继承于 System::ValueType 类，它是一种轻量级的 C++/CLI

类机制，非常适合于小型的数据结构，且从语义的角度来看，与数值类似。

由于 System::ValueType 类派生于 System::Object 类，而 System::Object 类是 C++/CLI 中所有类的基类，因此所有简单类型的值都可以赋值给一个 Object 类型的对象。

本质上，值类型无法转换成引用类型，但可以通过所谓的装箱操作在托管堆中创建值类型的引用类型副本。

装箱是将值类型的值赋给托管堆上新创建的对象，使该值类型的值可以按照 Object 类型的对象进行操作。装箱操作实现了值类型向引用类型的转换，这种转换有时是需要的。例如，当将堆栈上的实参变量传递给类类型的函数形参时，编译器在托管堆上生成含有实参值的对象供函数调用。装箱转换既可以显式地进行，也可以隐式地自动完成。

下面的例子给出隐式和显式装箱转换的方法：

```
int  x=15;                    //在堆栈上生成变量 x，其中值为 15
int ^ ihandle=x;              //隐式装箱，ihandle 引用托管堆中一个对象
Object ^ xhandle=static_cast<Object ^>(x); //显式装箱
```

拆箱转换是装箱的逆操作，拆箱转换可以把一个 Object 引用转换为一个简单值。拆箱操作就是在堆栈中复制引用类型。通用中间语言(CIL)包含装箱与拆箱的指令。例如：

```
int  y=static_cast<int>(ihandle);  //显式地拆箱
int  z=*ihandle;                   //隐式地拆箱，ihandle 是与 z 相同类型的句柄
```

如果一个 Object 句柄实际上并没有引用一个简单值类型的值，试图对其进行拆箱转换将会导致一个 InvalidCastException 异常。

值得注意的是，装箱转换可能会对性能产生明显的影响，尤其是当它出现在循环或反复调用的函数中时。另一方面，装箱有时还是很有用的，它允许在某些情况下值类型作为对象来处理。在使用接口和多态时，这个功能显得特别重要。

【例 13-2】 C++/CLI 的句柄、值类型与引用类型、装箱与拆箱等基本概念解析。

程序代码：

```
#include "stdafx.h"
using namespace System;
int main(array<System::String ^> ^args){
    int xStack = 210;
    int ^ intHandle = xStack;
    long long ^ number = gcnew long long(123456789);
    long long n = static_cast<long long>(number);
    Console::WriteLine(L"xStack={0}\t\tintHandle={1}", xStack,
intHandle);
    Console::WriteLine(L"number={0}\tn={1}", *number, n);
    Console::Read();
   return 0;
}
```

运行结果：

```
xStack=210          intHandle=210
number=123456789    n=123456789
```

跟踪与观察：

(1) 图 13-2(a)是开始跟踪运行程序时监视 1 窗口中变量的状况。从图中可见，与本地

C++类似，简单值类型变量(xStack 和 n)与句柄(intHandle 和 number)的地址前 4 位相同，表示存储在内存的同一块区域中。值类型 xStack 和 n 的值均为 0，句柄 intHandle 和 number 中的值是 nullptr，而&intHandle 和&number 项的类型均为 System::ValueType^。

(2) 图 13-2(b)是跟踪运行程序到最后一条语句时监视 1 窗口中变量的状况。其中 xStack 中的值被改为 234，但句柄 intHandle 所引用的托管堆中对象的值仍是 210。

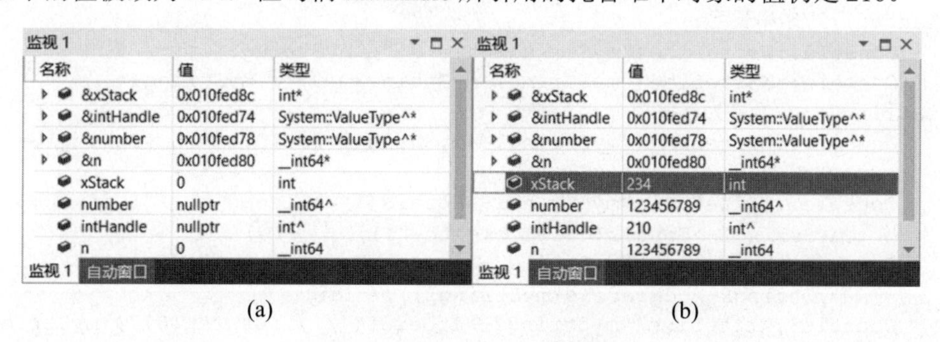

(a)　　　　(b)

图 13-2　例 13-2 内存跟踪窗口

13.4　C++/CLI 的字符串与数组

在 C++/CLI 中，字符串和数组均属于引用类型，它们都在托管堆上分配内存。字符串是 System::String 类的对象，所有的数组对象都是隐式地继承于 System::Array 类。

13.4.1　C++/CLI 中的 String 类

C++/CLI 中用 String 类类型说明字符串，所定义的字符串是 Unicode 字符的有序集合，用于表示文本。每个 Unicode 字符占用内存中的两个字节，String 对象是 System::Char 对象的有序集合。String 对象的值是不可变的，一旦创建了该对象，就不能修改该对象的值。看似修改了 String 对象的方法实际上是返回一个包含修改内容的新 String 对象。如果需要修改字符串对象的实际内容，应使用 System::Text::StringBuilder 类。

和本地 C++一样，C++/CLI 中的 String 对象是以 null 字符结尾，这使得 String 对象和本地 C++字符串和字符数组具有极强的互操作性。

与其他引用类型对象的声明相同，String 对象的定义方式如下：

```
String ^ msg="Wellcome to C++/CLI programming! ";
String ^ errorStr=gcnew String('输入错误! ');
```

String 类可以使用类似于本地字符数组的方法索引字符串中的元素。此外，还提供了许多成员函数和运算符重载函数实现字符串的复制、合并、比较、查找和替换等操作。下面通过示例演示 String 类的基本用法，更详细的用法请参考联机帮助。

【例 13-3】String 类的基本用法。

程序代码：

```
#include "stdafx.h"
using namespace System;
int main(array<System::String ^> ^args) {
```

```
    String ^ myString1 = "Wellcome to ";
    String ^ myString2, ^ myString3;
    myString2 = "C++/CLI programming!";
    myString3 = gcnew String("Huaiyin Normal University!");
    Console::WriteLine("myString1={0}\nmyString2={1}\nmyString3={2}",
        myString1, myString2, myString3);
    Console::WriteLine("Length of myString1 is{0}", myString1-
>Length);//求串长度
    Console::WriteLine("myString2[5]={0}", myString2[5]);//索引
    Console::WriteLine("myString1+myString2={0}", myString1 +
myString2);//合并为新串
    Console::WriteLine("myString1==myString2 is {0:B}", myString1 ==
myString2);//相等
    Console::WriteLine("myString1->Equals(\"Wellcome to \") is {0:B}",
        myString1->Equals("Wellcome to "));    //①
    Console::WriteLine("myString3->CompareTo(myString2) is {0}",
        myString2->CompareTo(myString3));//比较
    Console::WriteLine("myString2->IndexOf('/') return {0}", myString2-
>IndexOf('/'));
    Console::WriteLine("myString3->IndexOf(\"Normal\") is return {0}",
        myString3->IndexOf("Normal"));
    Console::WriteLine("myString2->Substring(9) is {0}", myString2-
>Substring(9));//求子串
    Console::WriteLine("myString3->Replace('i','I') return \"{0}\"",
        myString3->Replace('i', 'I'));         //②
    Console::WriteLine("myString3->ToLower() return \"{0}\"",
        myString3->ToLower());                 //小写字母
    Console::WriteLine("the myString3 is \"{0}\"", myString3);
    Console::ReadLine();
    return 0;
}
```

运行结果：

```
myString1=Wellcome to
myString2=C++/CLI programming!
myString3=Huaiyin Normal University!
Length of myString1 is12
myString2[5]=L
myString1+myString2=Wellcome to C++/CLI programming!
myString1==myString2 is False
myString1->Equals("Wellcome to ") is True
myString3->CompareTo(myString2) is -1
myString2->IndexOf('/') return 3
myString3->IndexOf("Normal") is return 8
myString2->Substring(9) is rogramming!
myString3->Replace('i','I') return "HuaIyIn Normal UnIversIty!"
myString3->ToLower() return "huaiyin normal university!"
the myString3 is "Huaiyin Normal University!"
```

程序说明：

① 该语句中{0:B}表示输出格式为布尔值。此处使用了.NET 框架的复合格式设置功能，将对象的值转换为其文本表示形式，并将该表示形式嵌入字符串中。

格式项的语法是 {索引[,对齐方式][:格式字符串]}，它指定了一个强制索引、格式化文

本的可选长度和对齐方式，以及格式说明符字符的可选字符串，其中格式说明符字符用于控制如何设置相应对象的值的格式。例如：

```
double value = 123.456;
Console::WriteLine("value={0:C2}",value);  //货币格式输出
Console::WriteLine("value={0:E}",value);   //科学记数法格式输出
```

输出内容为：

```
value=¥123.46
value=1.234560E+002
```

② 在该行和下一行语句中，用 String 类的 Replace 和 ToLower 成员函数对字符串的内容进行替换和变换，但这种修改不改变原有字符串中的信息，运行结果的最后一行验证了 myString3 的内容没有改变。

13.4.2 C++/CLI 中的数组

C++/CLI 数组与 String 一样是引用类型，在托管堆上程序可以定义一维数组、多维数组和不规则数组。与其他引用类型相同，托管堆中的数组也需要通过句柄来访问。

C++/CLI 中使用 array 关键字定义托管数组。一维数组的定义方式如下：

```
//定义有 10 个单元的整型数组,每个单元的值为 0
array<int>^ int1DArray=gcnew array<int>(10);
//定义有 5 个单元的整型数组，单元值依次为 1、3、5、7、9
array<int>^ values={1,3,5,7,9};
//定义有 20 个单元的实型数组，每个单元值为 0.0
array<double>^ doubleArray(gcnew array<double>(20));
```

多维数组的定义方法与一维数组类似。一维数组实际上是维数为 1 的多维数组，默认情况下，托管数组定义语句中的维数值即为 1。多维数组的最大维数值为 32。

下列语句演示了多维托管数组的定义方法：

```
//定义 4 行 5 列，共 20 个单元的二维整型数组
array<int,2>^ int2DArray=gcnew array<int,2>(4,5);
//定义 48 个单元的三维整型数组
array<int,3>^ int3DArray=gcnew array<int,3>(2,4,6);
```

一维数组存储单元的访问方式与本地 C++数组一样，以方括号中加索引值的方式引用存储单元，并且索引的初值也是 0。例如 int1DArray[0]和 int1DArray[3]表示访问数组的第 1 和第 4 个存储单元。

多维数组存储单元的访问方式与本地 C++数组不同，采用在一个方括号内用逗号分隔索引值的方法。例如 int2DArray[0,0]和 int3DArray[1,3,4]。

不规则数组有时又称为数组的数组、变长数组或正交数组。相对地，上面所讲的多维数组又称为矩形数组。不规则数组与本地 C++在堆上创建动态数组的方法相似，它是通过句柄、句柄数组和一维数组构建长度不等的托管数组。

下面的语句是在托管堆中建立了一个行长度不等的二维数组，其中第 0 行有两个元素，第 1 行有一个元素，第 2 行有三个元素：

```
array< array<int>^ >^  jagged = {
    gcnew array<int>{1,2},
    gcnew array<int>{3},
    gcnew array<int>{4,5,6}
};
```

jagged 是保存在堆栈中的句柄，它引用了托管堆上有 3 个元素的 array<int>类型句柄数组，该数组的每个单元存储了一个 array<int>类型的句柄，每个句柄所引用的一维数组的长度互不相同，分别为 2、1 和 3，故称为不规则数组。

所有数组若访问越界，则会引发异常。

例如，由于 int3DArray 数组中没有 int3DArray[2,3,4]单元，语句 int3DArray[2,3,4]=10;将导致 CLR 抛出 IndexOutOfRangeException 类型异常。类似地，语句 jagged[1][1]=10;也引发相同的异常。

for each 语句是 C++/CLI 引入的一种循环语句，这种语句可用于对整个数组或集合进行遍历。语法格式如下：

```
for each(<迭代变量数据类型> <迭代变量> in <数组或容器>)
    <循环体>
```

下面的程序段演示了用 for each 遍历数组元素的方法：

```
array<int>^ values={1,3,5,7,9};
int total=0;
for each( int number in values )
    total+=number;
```

for each 语句也可以对本地 C++数组或标准库的顺序容器进行迭代。

在 CLR 中，System::Array 类是所有数组的基类，并且其中定义了对数组进行排序和查找的方法，用户在程序中能非常方便地对托管数组进行排序或查找等操作。

【例 13-4】托管数组的应用示例。

程序代码：

```
#include "stdafx.h"
using namespace System;
int main(array<System::String ^> ^args) {
    //一维托管数组的应用
    array<double>^ values = gcnew array<double>(10);
    Random^ randGenerator = gcnew Random;
    for (int i = 0; i < values->Length; i++)
        values[i] = 100.0*randGenerator->NextDouble();
    Console::WriteLine("数组 values 中的值为：");
    for each(double index in values)
        Console::Write(L"{0,5:F1},", index);
    Array::Sort(values);                              //①
    Console::WriteLine("\n 执行 Array::Sort(values);后，数组 values 中的值为：
");
    for each(double index in values)
        Console::Write(L"{0,5:F1},", index);
    //多维托管数组的应用
    array<int, 2>^ matrix = gcnew array<int, 2>(4, 5);
    //4 行 5 列矩阵
```

```
    for (int i = 0; i < 4; i++)
        for (int j = 0; j < 5; j++)
            matrix[i, j] = (i + 1)*(j + 1);                    //②
    Console::WriteLine("\n二维托管数组matrix中的值为: ");
    for (int i = 0; i < 4; i++) {
        for (int j = 0; j < 5; j++)
            Console::Write(L"{0,8}", matrix[i, j]);
        Console::WriteLine();
    }
    //不规则数组的应用
    array< array< String ^>^ >^ grades = gcnew array<array< String ^>^>{
        gcnew array<String^>{"张三", "王五"},
            gcnew array<String^>{"李四", "马七", "孙九"},
            gcnew array<String^>{"赵大", "孙八"},
            gcnew array<String^>{"刘十", "丁一"},
            gcnew array<String^>{"李十八"},
    };
    array< String^ >^ gradeLetter = { "优","良","中","及格","不及格" };
    Console::WriteLine("《C++程序设计》课程考查成绩单: ");
    int i = 0;
    for each(array< String^ >^ grade in grades) {
        Console::WriteLine(L"成绩为{0}者:", gradeLetter[i++]);
        for each(String^ student in grade)
            Console::Write(L"{0,6}、", student);
        Console::WriteLine();
    }
    Console::ReadLine();
   return 0;
}
```

运行结果：

```
数组values中的值为:
 97.9, 34.7, 16.2, 59.5,  1.6, 83.1, 89.0, 11.2,  9.3, 35.1,
执行Array::Sort(values);后，数组values中的值为:
  1.6,  9.3, 11.2, 16.2, 34.7, 35.1, 59.5, 83.1, 89.0, 97.9,
二维托管数组matrix中的值为:
       1       2       3       4       5
       2       4       6       8      10
       3       6       9      12      15
       4       8      12      16      20
《C++程序设计》课程考查成绩单:
成绩为优者:
    张三、    王五、
成绩为良者:
    李四、    马七、    孙九、
成绩为中者:
    赵大、    孙八、
成绩为及格者:
    刘十、    丁一、
成绩为不及格者:
   李十八、
```

程序说明：

① 用 Array::Sort 函数可对数组进行排序。Array 中的 Sort 函数有个重载版本，具有对两个数组进行同步排序的功能。Array 中另一个有用的函数是 BinarySearch，其功能是在一维数组中搜索指定元素，并返回元素的索引位置。

② 二维数组 matrix 元素索引采用[i,j]方式，与本地 C++的[i][j]方式不同。托管多维数组的数据是依次连续地存储在一个段中，访问元素的速度可能要快于不规则数组。

13.5 C++/CLI 中的类与属性

C++/CLI 中可以定义两种结构或类类型：①数值类类型(Value Class Type)和数值结构类型(Value Struct Type)；②引用类类型(Ref Class Type)和引用类结构类型(Ref Class Struct Type)。与本地 C++一样，结构类型与类类型的区别在于 struct 类型的默认访问控制是公有的，而 class 类型的默认访问控制是私有的。本节主要讨论数值类和引用类。

双字关键字 value class 用于声明数值类类型，ref class 用于声明引用类类型。数值类类型定义的对象可以分配在堆栈、本地堆或托管堆中，引用类声明的对象只能在托管堆中分配空间。引用类的定义方式与本地 C++类基本相同，例如：

```
ref class Box{
public:
    Box();
    ......
private:
    double length;
    double width;
    double height;
};
```

C++/CLI 的类比本地 C++中的类增加了属性成员，语法上用 property 关键字声明类的属性。例如 property double value。

属性的引入省略了本地 C++类中为存取私有数据成员编写类似 set 或 get 的成员函数。属性提供了更方便、更清晰的语法来访问或修改类的数据成员。

在用法上，类中的属性与成员变量比较相似，其实它们有质的区别，主要区别在于：变量名引用了某个存储单元，而属性名则是调用某个函数。

属性拥有访问属性的 set()和 get()函数，并且函数名必须是 get 或 set。当使用属性名进行读取或赋值时，实际上在调用该函数的 get()或 set()函数。如果一个属性仅提供了 get()函数，则它是只读属性；如果一个属性仅提供 set()函数，则它是只写属性。

C++/CLI 的类可以有两种不同的属性：标量属性(Scalar Properties)和索引属性(Index Properties)。标量属性是指通过属性名来访问的单值；索引属性是利用属性名加方框号来访问的一组值。例如 String 类，其 Length 属性为标量属性，用 object->Length 来访问其长度，且 Length 是个只读属性。String 还包含了索引属性，可以用 object[idx]来访问字符串中第 idx 个字符。

属性可以与类的实例(类对象)相关，此时属性被称为实例属性(Instance Properties)，如 String 类的 Length 属性；如果用 static 修饰符指定属性，则属性为类属性，类的所有对象在该属性项上都具有相同的属性值。

【例 13-5】设计人民币数值类和商品引用类，在类中应用属性访问私有数据成员。

程序代码：

```
#include "stdafx.h"
using namespace System;
value class RMB {            //定义人民币数值类 RMB
public:
    RMB(int y, int j, int f) :yuan(y), jiao(j), fen(f) {}
    //①
    RMB(double rmb) {
        yuan = int(rmb);
        jiao = int(rmb * 10 - yuan * 10);
        fen = int(rmb * 100 - yuan * 100 - jiao * 10);
    }
    virtual String^ ToString() override {//重载System::Object中ToString函数
        return L"¥" + yuan + L"元" + jiao + L"角" + fen + L"分";
    }
    property double value {//属性
        double get() {
            return yuan + jiao * 0.1 + fen * 0.01;
        }
        void set(double rmb) {
            yuan = int(rmb);
            jiao = int(rmb * 10 - yuan * 10);
            fen = int(rmb * 100 - yuan * 100 - jiao * 10);
        }
    }
private:
    int yuan;
    int jiao;
    int fen;
};
ref class Goods {            //定义商品引用类 Goods
public:
    property String ^ Name;
    Goods(String ^ name, RMB p) :price(p) {
        Name = name;
    }
    property RMB Price {
        RMB get() { return price; }
    }
private:
    RMB price;
};
int main(array<System::String ^> ^args) {
    RMB myRMB(200.999);                                    //②
    RMB * rmbPtr = new RMB(100, 3, 4);
    RMB ^ rmbHandle = gcnew RMB(1999.78);
    myRMB.value = 2345.56;                                 //③
    Console::WriteLine(L"堆栈中对象 myRMB.value={0}", myRMB.value);
    Console::WriteLine(L"本地堆中对象*rmbPtr={0}", *rmbPtr);
    Console::WriteLine(L"托管堆中对象*rmbHandle={0}", *rmbHandle);
    Goods computer("联想 V470G-ISE", RMB(5148));      //定义商品对象
```

```
    Console::WriteLine(L"商品名称：{0}计算机,售价：{1}", computer.Name,
computer.Price);
    delete rmbPtr;
    Console::ReadLine();
    return 0;
}
```

运行结果：

```
堆栈中对象 myRMB.value=2345.56
本地堆中对象*rmbPtr=￥100 元 3 角 4 分
托管堆中对象*rmbHandle=￥1999 元 7 角 8 分
商品名称：联想 V470G-ISE 计算机,售价：￥5148 元 0 角 0 分
```

程序说明：

① C++/CLI 中的函数不能有默认参数。若为 RMB 类的构造函数指定默认参数，例如语句 RMB(int y,int j,int f=0)，在程序编译时报告错误信息如下：不允许的默认参数。

② 数值类 RMB 对象可以存储在堆栈、本地堆和托管堆上，而引用类 Goods 的对象只能存储在托管堆上。RMB myRMB 定义的对象保存在堆栈上，Goods computer(…)所定义的对象保存在托管堆中，computer 仅保存了它的引用地址。语句 Goods^ gHandle=gcnew Goods(…)能正确运行，而语句 Goods * goodsPtr=new Goods(…)将导致编译错误。

③ 语句 myRMB.value=2345.56;是通过属性设置类中私有数据，computer.Name 是读取属性 Name 中的值，computer.Price 是读取 Goods 类对象中私有数据 price 的值。

Goods 类中定义了属性 Name 和 Price。Name 属性没有定义 set 和 get，也没有与之对应的私有数据成员 name。Price 属性只定义 get 函数，没有定义 set 函数，为只读属性。下面为属性赋值的语句第一条能正常运行，第二条在编译时报错。

```
computer.Name="Dell vostro 3700";  //正确
computer.Price=8908.90;            //错误！因为 Goods::Price 没有定义 Set
```

以跟踪方式运行程序，观察 computer 对象，可见该对象中多了一个由系统为其添加的成员变量 Name，其中保存了 Name 属性值："联想 V470G-ISE"。

13.6 C++/CLI 中的多态与接口

C++/CLI 中的多态采用了与本地 C++相同的实现方式。在语法上，C++/CLI 要求显式地声明虚函数和抽象类。

C++/CLI 中的虚函数要求在派生类中用 virtual 关键字显式地声明，并用 override 关键字声明为重载函数。下面的代码段说明了虚函数的声明方法。Shape 类为基类，Circle 类为派生类，其中虚函数 draw 为重载函数：

```
ref class Shape{
public:
    virtual void draw();
};
ref class Circle : Shape{
public:
    virtual void draw() override;
```

```
}
```

派生类的函数还可以用 new 关键字指明没有重写这个函数的基类版本，它隐藏了基类的相同函数。例如，Circle 类中的 draw 函数声明为 new：

```
virtual void draw() new;
```

此时，下面的语句所调用的 draw 函数将来自不同的类：

```
Shape ^ shandle=gcnew Circle();
shandle->draw();          //调用 Shape 的 draw 函数
Circle circleObj;
circleObj.draw();         //调用 Circle 的 draw 函数
```

这里的 new 关键字是上下文敏感的，只在托管类型的函数声明中才充当该角色。

关键字 sealed 用于指明类或函数不能被重写。Shape 中的 draw 函数如果声明为 void draw() sealed;，则任何派生类都不允许重写 draw 函数。如果以 ref class Shape sealed{};方式声明 Shape 类，则 Shape 类不能作为基类，其所有成员函数都被隐式地声明为 sealed 函数。

抽象类在本地 C++中是指含有纯虚函数的类，纯虚函数的声明是在后面添加“=0”。

在 C++/CLI 中依然使用这种风格的声明，同时又添加了一个关键字 abstract 作为替代方案。下面的纯虚函数声明在 C++/CLI 中是等价的。

```
virtual void draw() abstract;
virtual void draw() =0;
```

程序员可以用 abstract 关键字声明类的抽象类，例如 ref class Shape abstract{…};。声明为 abstract 的托管类并不会隐式地将类中的任何函数声明为 abstract。与本地 C++不同，托管的抽象类并不一定要包含纯虚函数，可以为抽象类中的每个函数定义一个实现，供所有派生类使用。抽象类中的纯虚函数必须用 abstract 或“=0”进行声明。

C++/CLI 还支持名字重写。该技巧允许派生类重写它继承的虚函数，并为这个函数提供一个新的名称。例如，在 Circle 类中可以用一个新的函数 display 对 draw 函数进行重写。

```
ref class Circle : Shape{
public:
    virtual void display() = Shape::draw;
};
```

使用名字重写技巧对类层次结构高层的多个函数进行重写，在复杂的类层次结构中有时使用这个技巧会带来方便。

接口(Interface)是 C++/CLI 新引入的概念。虽然接口的定义方式与托管类的定义比较相似，但两者完全不同。接口本质上是一种类，其中声明了一组由其他类来实现的函数，数值类和引用类都能实现接口中的函数。接口不实现它的函数成员，而是在继承于该接口的派生类中定义它们。关键字 interface class 用于声明接口，无须声明，接口中的函数均是纯虚函数。接口声明方式如下，通常接口名用大写字母 I 开头：

```
interface class IMyInterface {
    void Test();
    void Show();
};
```

C++/CLI 不同于本地 C++，类的继承只支持单继承，并不支持类的多重继承，而接口支持多重继承，因此一个类可通过继承多个接口，实现与多重继承相似的功能。

接口中含有函数、事件和属性的声明，并且它们的访问权限均为公有的。接口中还可以有静态成员(数据成员、函数、事件和属性)，这些静态成员必须在接口中定义。

【例 13-6】接口及其实现示例。

程序代码：

```
#include "stdafx.h"
using namespace System;
const double PI=3.1415926;
interface class IShape{                                //定义接口 IShape
    void ShowMSG();                                    //显示对象基本信息
    property double Area{                              //属性成员，面积或表面积
        double get();
    }
};
public interface class IContainer{                     //定义接口 IConatiner
    virtual double Volume();                           //计算体积
};
ref class Circle : IShape{                             //引用类 Circle 实现接口
public:
    Circle(double r):radius(r){}
    property double Area{
        virtual double get(){
            return PI*radius*radius;
        }
    }
    virtual void ShowMSG(){                            //①
        Console::WriteLine(L"圆的半径为：{0}，面积为：{1}",radius,Area);
    }
private:
    double radius;
};
ref class Rectangle : IShape{                          //实现接口类
public:
    Rectangle(double l,double w):length(l),width(w){}
    property double Area{
        virtual double get(){
            return length*width;
        }
    }
    virtual void ShowMSG(){
        Console::WriteLine(L"矩形的长为：{0}，宽为：{1},面积为：
{2}",length,width,Area);
    }
private:
    double length;
    double width;
};
ref class Cuboid : IShape,IContainer{                  //②
public:
    Cuboid(double a,double b,double c):x(a),y(b),z(c){}
```

```
    property double Area{
        virtual double get(){
            return (x*y+y*z+z*x)*2;
        }
    }
    virtual void ShowMSG(){
        Console::WriteLine(L"长方体的三边分别为：{0}、{1}、{2}，表面积为：{3}，
体积为：{4}",x,y,z,Area,Volume());
    }
    virtual double Volume(){
        return x*y*z;
    }
private:
    double x,y,z;
};
int main(array<System::String ^> ^args){
    Circle myCircle(15);
   Rectangle myRectangle(34.5,54.5);
    Cuboid myCuboid(4,5,8);
    myCircle.ShowMSG();
    myRectangle.ShowMSG();
    myCuboid.ShowMSG();
    Console::ReadLine();
    return 0;
}
```

运行结果：

```
圆的半径为：15，面积为：706.858335
矩形的长为：34.5，宽为：54.5，面积为：1880.25
长方体的三边分别为：4、5、8，表面积为：184，体积为：160
```

程序说明：

① 接口中的函数默认为纯虚函数，IShape 和 IContainer 中函数均没有显式地声明为 virtual，但在实现接口函数的 Circle、Rectangle 和 Cuboid 类中需要显式地声明为虚函数。IShape 中声明了 Area 属性，接口中还可以声明事件，有关事件的概念参见 13.10 节。

② Cuboid 类实现了 IShape 和 IContainer 接口。引用类可以在继承另一个类的同时实现多个接口。例如，在本例程中可添加圆柱类如下：

```
ref class Cylinder : public Circle,IShape,IContainer{
public:
    Cylinder(double h,double r):hight(h),Circle(r){}
    property double Area{
        virtual double get() new{
            return 2*Circle::Area+hight*2*PI*Radius;
        }
    }
    virtual void ShowMSG() override{
        Console::WriteLine(L"圆柱体的底面半径为：{0}，高为{1}，表面积为：{2}，
体积为：{3}",Radius,hight,Area,Volume());
    }
    virtual double Volume(){
        return Circle::Area*hight;
    }
```

```
private:
    double hight;
};
```

13.7 C++/CLI 中的模板与泛型

在 C++/CLI 中，可以如同本地 C++一样创建并使用托管类模板和函数模板。例如，栈类在托管代码中可如下声明：

```
template <typename T>
ref class ManagedStack{
    ......
};
```

托管类模板完全支持本地类模板的所有特性，如非模板参数和显式实例化。与托管类一样，托管类模板也不能声明其他类或函数作为自己的友元，但可以被声明为本地类的友元。

在 C++/CLI 中，提供了一种与本地 C++模板非常相似的代码复用技术，称为**泛型**(Generic)。C++/CLI 中不仅能定义泛型数值类、泛型引用类和泛型函数，还能声明泛型接口类和泛型委托。声明泛型类的语法类似于托管类模板，关键字 template 用关键字 generic 替换。例如：

```
generic <typename T> ref class Stack{......};
```

泛型是由公共语言运行时(CLR)定义，具有跨程序集的能力，泛型类和泛型函数可被其他.NET 语言(如 C#)所编写的代码使用。

泛型与模板有许多相似之处，但它们实际上存在质的区别。主要区别如下：

- 泛型是在运行时实例化，而模板是在编译时实例化。
- 泛型类型无法作为模板类型参数，而模板类型可以作为泛型类型参数。
- 泛型使用类型约束限制在泛型代码中可以使用的类型。
- 泛型类型参数必须是引用类型的句柄、接口类型句柄或值类型，不支持非类型参数或默认值。

泛型类型约束是 C++/CLI 中用于说明并限制泛型类或泛型函数可以使用的类型。由于泛型类和泛型函数都是在运行时进行实例化，编译器并不知道什么类型将作为类型实参，指定类型约束的作用是帮助编译器检查泛型的类型实参是否满足约束要求。模板是在编译时实例化，编译器在无法匹配到相关操作函数时会报告编译错误，由程序员负责传递类型实参的正确性。指定泛型类型约束的目的是让编译器检查类型实参是否达到要求，确保泛型在运行时的实例化不会出现错误。

C++/CLI 提供了几种类型约束。类约束表示类型实参必须是一个特定基类或其子类的对象。接口约束表示类型实参必须已实现某特定的接口。

下面的代码声明了一个含有约束限制的泛型函数：

```
generic < typename T > where T : IComparable
T MaxElement(array < T > ^ x){
    T max(x[0]);
```

```
    for(int i = 1; i < x->Length; i++)
        if(max->CompareTo(x[i]) < 0)
            max = x[i];
    return max;
}
```

generic < typename T >后面的 where T : IComparable 是类型约束，指明 T 必须实现接口 IComparable。实现了 IComparable 接口的类型必须定义一个 CompareTo 成员函数，对同种类型的对象进行比较。泛型函数 MaxElement 中使用该函数来判定数组中第 i 个单元的元素是否大于 max。

如果在泛型声明时没有指定类型约束，默认的约束是 Object。泛型的一个类型参数可以应用多个约束，方法是在 where 分句中用逗号分隔多个约束形成约束列表。

【例 13-7】使用泛型技术设计链栈，并测试。

程序代码：

```
#include "stdafx.h"
using namespace System;
generic<typename T>
ref class Stack{
public:
    void Push(T % data){    //引用传递
        Top=gcnew Node(data,Top);
    }
    T Pop(){
        if(isEmpty())
            return T();
        T tmp=Top->Data;
        Top=Top->Next;
        return tmp;
    }
    bool isEmpty(){
        return Top?false:true;
    }
private:
    ref struct Node{                                              //①
        T Data;
        Node ^ Next;
        Node(T data,Node ^ next):Data(data),Next(next){}
    };
    Node ^ Top;
};
int main(array<System::String ^> ^args){
    array < double > ^ myData = {91.1,13.4,78.9,22.3,67.5};
    Stack < double > myStack;
    for each(double x in myData)
        myStack.Push(x);
    Console::WriteLine(L"以下为从栈中依次弹出的元素：");
    while(!myStack.isEmpty())
        Console::WriteLine(L"{0}",myStack.Pop());
   Console::ReadLine();
   return 0;
}
```

运行结果：

```
以下为从栈中依次弹出的元素:
67.5
22.3
78.9
13.4
91.1
```

程序说明：

Node 是嵌套于 Stack 类的结构类型，其可见性仅在 Stack 类中。在引用类或结构中，声明的引用类或结构称为嵌套(Nested)的类或结构。类的继承反映的是类与类之间存在 is a 的关系，而类的嵌套所显示的是类与类之间的 contains a 关系。在本例中，可以将 Node 结构体在 Stack 类外声明，两者之间的主要差别在于可见性。

13.8 C++/CLI 中的异常

C++/CLI 中的异常与本地 C++异常处理十分相似。在托管代码中，System::Exception 类是所有异常类的基类，系统只捕获并处理由 Exception 类及其子类抛出的异常。

基类 Exception 派生了两个重要的异常类：SystemException 类和 ApplicationException 类。SystemException 的派生类预定义了公共语言运行时异常类，例如：数组越界访问 CLR 抛出 IndexOutOfRangeException 类，引用不存在的对象时 CLR 抛出 NullReferenceException 异常类。ApplicationException 类是程序发生非致命应用程序错误时引发的异常类，系统用它区分应用程序定义的异常与系统定义的异常。

用户应用程序可定义并引发从 ApplicationException 类派生的自定义异常类。

Exception 异常类包含很多属性，可以帮助标识异常的代码位置、类型、帮助文件和原因。Exception 中的属性有 StackTrace、InnerException、Message、HelpLink、HResult、Source、TargetSite 和 Data 等。Message 属性存储了当前异常的错误消息。StackTrace 属性返回源于异常引发位置的调用堆栈的框架。当在两个或多个异常之间存在因果关系时，InnerException 属性会维护此信息。关于异常的补充信息可以存储在 Data 属性中。

try-catch 格式语句在 C++/CLI 中依然有效，此外，C++/CLI 还引入了新关键字 finally，支持 try-finally 和 try-catch-finally 两种格式的语句。

try-catch-finally 语句是在 try-catch 语句后加上 finally 代码段，其中 catch 语句同样可以有多个，但 finally 语句只能有一个并且在所有 catch 语句之后。try 语句抛出的异常依然由不同的 catch 语句捕获并处理。无论异常是否发生，finally 语句中的代码段总是被执行。finally 代码段中通常是程序必须执行的任务，如资源释放、关闭文件等。

finally 语句的优先级较高，即使之前的 try 或 catch 语句的代码段中使用了 break、continue 等跳转语句，finally 代码段都要被执行。此外，finally 代码段中不能使用 return 语句，break 和 continue 语句也只能在代码段中跳转，否则编译器将报告错误。

C++/CLI 的异常机制也是使用 throw 抛出异常。与本地 C++不同，C++/CLI 的 throw 语句只能抛出 Exception 及其派生类对象的引用。除此限制之外，用法与本地 C++抛出异常的方法相似。下面的语句给出了一个典型的异常抛出方法：

```
throw gcnew Exception("error! ");
```

【例 13-8】try-catch-finally 语句应用示例。

程序代码：

```
#include "stdafx.h"
using namespace System;
int main(array<System::String ^> ^args) {
    int sum=0,x;
    String ^ str="";
    bool isContinue=true;
    Console::WriteLine(L"**欢迎使用累加程序**");
    while(isContinue){
        try{
            Console::Write(L"请输入一整数：");
            x=int::Parse(Console::ReadLine());                //①
            sum+=x;
            str+=(str==""?"":"+")+x.ToString();
        }
        catch(ArgumentNullException ^ exp){
            Console::WriteLine(L"错误信息：{0}",exp->Message);
        }
        catch(FormatException ^ exp){
            Console::WriteLine(L"错误信息：{0}",exp->Message);
        }
        catch(OverflowException ^ exp){
            Console::WriteLine(L"错误信息：{0}",exp->Message);
        }
        finally{
            Console::Write("是否继续累加(Y/N)？");
            char key = Console::Read();
            if( key=='N' || key=='n')
                isContinue=false;
            Console::ReadLine();
        }
    }
    Console::WriteLine(str+"={0}",sum);
    Console::ReadLine();
    return 0;
}
```

运行结果：

```
**欢迎使用累加程序**
请输入一整数：324↙
是否继续累加(Y/N)？y↙
请输入一整数：544↙
是否继续累加(Y/N)？y↙
请输入一整数：12y↙
错误信息：输入字符串的格式不正确。
是否继续累加(Y/N)？y↙
请输入一整数：768↙
是否继续累加(Y/N)？n↙
324+544+768=1636
```

程序说明：

int::Parse 函数是将从键盘输入的数值内容的字符串转换为 int 类型整数。如果字符串内容为空，则抛出 ArgumentNullException 异常。如果字符串内容不是数值，则抛出 FormatException 异常。如果字符串内容超出 int 类型所能表示的值区间，则抛出 OverflowException 异常。

13.9 C++/CLI 中的枚举

C++/CLI 的托管枚举类型与本地 C++在声明和访问方式上有一些不同。用关键字 enum class 声明托管枚举类型。例如：

```
enum class Week{Mon=1, Tues, Wed, Thurs, Fri, Sat, Sun}
```

枚举类型中的枚举常量是对象，不再是本地 C++中使用的整数值。虽然在默认情况下，枚举常量是 Int32 值类型的对象，但 C++/CLI 不允许直接将枚举常量与整数或其他简单类型进行算术运算，除非用 safe_cast 显式地转换为整数。

在声明枚举类型时，允许修改枚举常量所封装的数据类型。下面的语句用 char 类型替换了默认的 Int32 类型，方法是在枚举类型名的后面加注:char：

```
enum class Suit:char {Clubs='C', Diamonds='D', Hearts='H', Spades='S'};
```

不同于本地 C++，托管枚举变量的赋值需要在枚举常量的前面加上枚举名和作用域解析运算符。例如：

```
Week today=Week::Fri;   //Week today=Fri;为错误!
```

可以用“++”和“--”运算符对枚举变量进行增加或减小：

```
toady++;                //today 中内容为 Week::Sat
```

用关系运算符(==，!=，<，<=，>，>=)可以对枚举变量进行逻辑运算：

```
today == Week::Mon      //若 today 中的值为 Week::Mon，表达式值为真，否则为假
```

枚举的一个重要用途是设置标志位，称为标志枚举。托管枚举变量同样能用于程序运行时状态的标志。与本地 C++相同，用&、|和~运算符也可以对标志位进行设置或清除。

下面的代码段给出了标志枚举类型的定义、位设置、位清除与标志位判别的方法：

```
enum class WindowStyle{     //窗口状态枚举类型
    MINIMUM_BUTTON = 1,     //十六进制表示为 0x0001
    MAXIMUM_BUTTON = 2,
    CLOSE_BUTTON = 4
}
//ws 变量记录窗口状态，窗口既有 MINIMUM_BUTTON 又有 CLOSE_BUTTON 按钮
WindowStyle ws = WindowStyle::MINIMUM_BUTTON | WindowStyle::CLOSE_BUTTON;
//窗口关闭 MINIMUM_BUTTON 按钮，清除 MINIMUM_BUTTON 标志位
ws = ws & ~ WindowStyle::MINIMUM_BUTTON
//判别窗口是否有 CLOSE_BUTTON 按钮
(ws & WindowStyle::CLOSE_BUTTON)== WindowStyle::CLOSE_BUTTON
```

【例 13-9】枚举类型变量应用示例。

程序代码：

```
#include "stdafx.h"
using namespace System;
public enum class Suit :char { Clubs = 'C', Diamonds = 'D', Hearts = 'H',
Spades = 'S' }; //①
[Flags] enum class FlagBits {                                       //②
    Ready = 1, ReadMode = 2, WriteMode = 4, EOF = 8, Disabled = 16
};
int main(array<System::String ^> ^args) {
    Suit suit = Suit::Clubs;
    FlagBits flags = FlagBits::Ready | FlagBits::WriteMode;
    Console::WriteLine(L"枚举变量suit的值：{0},转换为int类型的值：{1}",
        suit, safe_cast<int>(suit));
    Console::WriteLine(L"枚举变量flags的值：{0},转换为int类型的值：{1}",
        flags, safe_cast<int>(flags));
    Console::WriteLine(L"FlagBits::Ready位为{0}",
        ((flags & FlagBits::Ready) == FlagBits::Ready) ? 1 : 0);
    Console::WriteLine(L"FlagBits::ReadMode位为{0}",
        ((flags & FlagBits::ReadMode) == FlagBits::ReadMode) ? 1 : 0);
    Console::WriteLine(L"FlagBits::WriteMode位为{0}",
        ((flags & FlagBits::WriteMode) == FlagBits::WriteMode) ? 1 : 0);
    Console::WriteLine(L"FlagBits::Disabled位为{0}",
        ((flags & FlagBits::Disabled) == FlagBits::Disabled) ? 1 : 0);
    Console::ReadLine();
    return 0;
}
```

运行结果：

```
枚举变量suit的值：Clubs,转换为int类型的值：67
枚举变量flags的值：Ready, WriteMode,转换为int类型的值：5
FlagBits::Ready位为1
FlagBits::ReadMode位为0
FlagBits::WriteMode位为1
FlagBits::Disabled位为0
```

程序说明：

① 枚举类型Suit在声明时为每个枚举常量指定了一个字符值。程序运行结果的第一行输出的整型值为67，它是字母C的ASCII码值。

② 枚举类型FlagBits声明语句前的[Flags]是用于告知编译器枚举常量是位值。去除该项，程序运行结果的第2行将输出：

枚举变量flags的值：5,转换为int类型的值：5

13.10 .NET中的委托与事件

13.10.1 委托

委托(Delegate)是一种托管对象，其中封装了对一个或多个函数的类型安全的引用。委托是基于面向对象的封装思想，将一个或多个指向函数的指针封装在对象中。委托的功能

在某些方面类似于本地 C++的函数指针，但委托是面向对象的，并且是类型安全的。

委托的声明使用关键字 delegate 外加函数原型的方式。例如：

```
public delegate void FunDelegate(int);      //FunDelegate 为委托类型
```

每个委托实际上都是一个独立的类，它们派生于 System::MultiCastDelegate 类，而后者又是派生于 System::Delegate 类。所有委托最终都继承了 System::Delegate 类的成员函数，这些成员函数中有一个 Invoke 函数，该函数的返回类型和参数与委托所声明的函数相同。

与引用类相似，委托的使用也需要定义一个委托对象，并且也是用 gcnew 生成一个托管对象。委托对象定义方式如下：

```
FunDelegate ^ funHandler = gcnew FunDelegate(myClass::staticMbeFun);
    //定义委托
```

这里，funHandler 为委托句柄，引用了托管堆中的一个委托对象。委托封装了 myClass 类的静态成员函数 staticMbeFun，并且该函数的形参和返回类型与委托声明中的函数原型相一致。对于类的非静态成员函数，在定义委托时需要调用委托的双参构造函数，并传递预先已定义的类对象和类的成员函数。方法如下：

```
myClass ^ Obj = gcnew myClass;      //定义托管对象
FunDelegate ^ funHandler = gcnew FunDelegate(Obj, &myClass::mbFun);
```

其中，mbFun 为 myClass 类的成员函数，并且与委托声明中的函数原型匹配。

本地 C++的函数指针一次只能指向一个函数，而委托不受这种限制。MultiCastDelegate 类通过存储一个委托实例的链表(称为委托的调用列表)，允许一个委托同时封装多个函数。向调用列表添加委托实例的方法是使用已经重载的+=运算符，从调用列表删除委托实例的方法是使用重载的-=运算符。例如：

```
funHandler += gcnew FunDelegate(othObj, &OtherClass::fun);//添加委托实例
funHandler -= gcnew FunDelegate(Obj, &myClass::mbFun);     //删除委托实例
```

通过委托对象可以方便地调用封装于委托调用列表中的函数。调用方法有两种：一种是直接通过委托句柄调用；另一种是调用 Invoke 函数。如：

```
funHandler(100);                    //通过委托句柄调用
funHandler->Invoke(200);            //通过 Invoke 函数调用
```

在一次委托调用过程中，委托调用列表中所指向的函数均被调用执行。从功能上，委托似乎只是一种间接地调用函数的方法。事实上，委托在许多场合是十分有用的，委托既可以作为参数传递给函数，也可以用于将函数从一个类传递给另一个类。

委托是一个定义了方法的类类型，利用它可以将方法当作另一个方法的参数来进行传递，这种将方法动态地赋给参数的做法，可以避免在程序中大量使用分支语句，同时使得程序具有更好的可扩展性。

【例 13-10】委托声明、定义与调用方法示例。

程序代码：

```
#include "stdafx.h"
using namespace System;
```

```
delegate double sumDelegate();                                    //声明委托
ref class Circle {
public:
    Circle(double r) :radius(r) {}
    double sum() {
        double tmp = 3.1415926*radius*radius;
        Console::WriteLine(L"调用了 Circle 的 sum,返回值为{0}", tmp);
        return tmp;
    }
private:
    double radius;
};
ref class Rectangle {
public:
    Rectangle(double l, double w) :length(l), width(w) {}
    double area() {
        double tmp = length * width;
        Console::WriteLine(L"调用了 Rectangle 的 area,返回值为{0}", tmp);
        return tmp;
    }
private:
    double length, width;
};
double sum() {                                               //普通函数，计算三角形的面积
    double x = 3.4, y = 4.5, z = 5.1;
    double p = (x + y + z) / 2;
    double tmp = Math::Sqrt(p*(p - x)*(p - y)*(p - z));
    Console::WriteLine(L"调用了非成员函数 sum,返回值为{0}", tmp);
    return tmp;
}
int main(array<System::String ^> ^args) {
    Circle ^ myCircle = gcnew Circle(5.6);
    Rectangle ^ myRectangle = gcnew Rectangle(4, 9);
    sumDelegate ^ sumFun = gcnew sumDelegate(sum);                  //①
    sumFun += gcnew sumDelegate(myCircle, &Circle::sum);
    sumFun += gcnew sumDelegate(myRectangle, &Rectangle::area);
    sumFun();
    sumFun -= gcnew sumDelegate(myCircle, &Circle::sum);            //②
    Console::WriteLine(L"从调用列表中除去 Circle::sum 后，再调用 sumFun: ");
    sumFun->Invoke();
    Console::ReadLine();
    return 0;
}
```

运行结果：

```
调用了非成员函数 sum,返回值为 7.51132478328557
调用了 Circle 的 sum,返回值为 98.520343936
调用了 Rectangle 的 area,返回值为 36
从调用列表中除去 Circle::sum 后，再调用 sumFun:
调用了非成员函数 sum,返回值为 7.51132478328557
调用了 Rectangle 的 area,返回值为 36
```

程序说明：

① 用 sumDelegate 委托定义托管委托对象并由 sumFun 句柄引用，同时添加了委托

实例普通函数 sum，其后又添加了 myCircle 的 Circle::sum 和 myRectangle 的 Rectangle::area 函数。运行结果显示，先添加到调用列表中的函数先运行。

② 运行结果的后两行显示了从委托中删除指向 Circle::sum 的委托实例后，用 Invoke 函数调用委托的结果。

13.10.2 事件

事件(Event)是托管类的一种特殊成员，用于对外界发生的特定操作或信号做出响应。在图形用户界面的应用程序中，单击按钮、菜单，移动鼠标等交互操作均引发了相应的事件，软件通过事件调用相应的功能函数。程序对事件进行响应的整个过程称为**事件处理**，根据事件执行任务的函数被称为**事件处理函数**。事件不仅用于 GUI 应用程序的交互设计中，还适用于当对象执行了某操作时希望触发一些函数的场合。

事件在类中的定义格式是：

```
public event <委托类型> ^ <事件类型名>
```

例如：

```
public delegate void PhoneHandler(String ^ );  //声明委托类
ref class Cellphone{                           //声明引用类
public:
    event PhoneHandler ^ onCalling;            //定义事件 onCalling
……};
```

从语法上，如果去掉 event 关键字，onCalling 是委托 PhoneHandler 的实例。事件成员本质上是一个委托类型的成员。那么系统又为什么不直接在类中声明委托成员呢？这与.NET 的事件处理模型和面向对象的封装性有关。

在事件模型中，参与事件处理的成员分为事件发布者(Publisher)和订阅者(Subscriber)。事件是由发布者在内部状态发生了某些变化或者执行某些操作时，向外界发出的消息。发布者并不处理事件，事件处理操作由订阅者完成。订阅者需要事先“订阅”事件，建立事件与事件处理的关联。事件由发布者引发，订阅者在收到事件后执行事件处理函数。同一事件允许有多个订阅者订阅，因此一个事件的引发可能导致多个处理程序的执行。

事件只能由声明该事件的类的成员函数引发，类外不能直接引发事件。如果使用公有的委托成员处理事件，虽然订阅者也能订阅，但是由于委托能在类外被调用，导致事件的发布可以不是发布者对象。采用 event 而不直接采用委托，是为了封装性和易用性。

在事件处理对象订阅和取消事件的方法，与向委托添加和删除委托实例的方法相同，也是采用重载的+=和-=运算符。

C++/CLI 不仅能在类中定义事件，而且在接口类中也可以定义事件。

【例 13-11】事件处理机制演示程序。

程序代码：

```
#include "stdafx.h"
using namespace System;
public delegate void PhoneHandler(String ^);
ref class Cellphone {
public:
```

```
        event PhoneHandler ^ onCalling;                              //①
        void Call(String ^ name) {
            onCalling(name);
        }
    };
    ref class  Person {
    public:
        Person(String ^ n) :name(n) {}
        void Answer(String ^ callname) {                             //②
            Console::WriteLine(L"{0},您好！这里是{1},请问有何事？", callname,
    name);
        }
        void Refuse(String ^ callname) {
            Console::WriteLine(L"{0},您好！这里是{1},我正在开车,不能接你的电话！",
                callname, name);
        }
    private:
        String ^ name;
    };
    int main(array<System::String ^> ^args){
        Cellphone ^ cellphone_lisi = gcnew Cellphone;
        Cellphone ^ cellphone_wangwu = gcnew Cellphone;
        Person ^ person1 = gcnew Person("李四");
        Person ^ person2 = gcnew Person("王五");
        cellphone_lisi->onCalling += gcnew PhoneHandler(person1, &Person::Answer);
        cellphone_wangwu->onCalling += gcnew PhoneHandler(person2, &Person::Refuse);
        cellphone_lisi->Call("张三");
        cellphone_wangwu->Call("赵六");
        //cellphone_lisi->onCalling("Alice");                        //③
        Console::ReadLine();
        return 0;
    }
```

运行结果：

```
张三,您好！这里是李四,请问有何事？
赵六,您好！这里是王五,我正在开车,不能接你的电话！
```

程序说明：

① 利用委托 PhoneHandler 在 Cellphone 类中定义了事件 onCalling，它是 PhoneHandler 委托的实例。Cellphone 类的 Call 成员函数触发事件 onCalling，由于事件是委托的实例，Call 函数中的 onCalling(name);语句将被转换为对委托 onCalling 中封装函数的调用。

② Person 类中的 Answer 和 Refuse 函数分别模拟了电话呼入时“接听”和“拒接”两种操作。事件 onCalling 的处理函数在 Cellphone 类设计中没有直接指定，而是由程序员在应用时根据需要指定处理函数。

主函数中的 cellphone_lisi->onCalling += gcnew PhoneHandler(person1,&Person::Answer);语句为对象 cellphone_lisi 指定了事件 onCalling 的处理函数。当执行 cellphone_lisi->Call("张三");语句时，输出了运行结果中的第 1 行信息。而语句 cellphone_wangwu->Call("赵六");由于 cellphone_wangwu 对象向事件添加的是 Refuse 函数，则输出了拒接电话的信息。

③ 该行语句在 onCalling 被声明为委托时，能正常运行。如果 onCalling 为事件，程序在编译时报告候选函数不可访问的错误提示。

委托的动态函数调用机制为事件提供了灵活的指派事件处理函数的方法。

13.11 案 例 实 训

1. 案例说明

设计一个能对任何文档进行加密和解密的应用程序。程序运行后，提示功能选择。若选择加密功能，要求输入需要加密的文件名、加密后生成的文件名、密钥。若选择解密功能，要求输入需要解密的文件名、解密后生成的文件名、密钥。使用对称的 DES 算法加密和解密文件。

2. 编程思想

在.NET 中，系统已经集成了常用的密码算法，包括 DES、AES、RSA 等。应用程序需要对文档进行保护，可直接选用，极大地方便了应用程序开发人员。系统提供的对称加密类通常与 CryptoStream 类配合使用，可以用从 Stream 类派生的任何类初始化 CryptoStream 类，从而实现对各种流对象进行对称的加密和解密操作。

3. 程序代码

请扫二维码。

本章实训案例代码

13.12 本 章 小 结

本章重点介绍了 C++/CLI 进行程序设计的基本概念和技术，其中许多新的概念也出现在流行的现代高级语言(如 Java、C#)中，学好本章内容有利于学习和掌握 C#和 Java。

C++/CLI 语言编译产生的可执行代码是运行在 CLR 之上，不能在 Windows 操作系统上直接运行。托管 C++代码与本地 C++代码有本质的区别，前者生成的是通用中间语言，而后者产生的是机器指令集。事实上，中间语言最终由 JIT 实时编译器映射为机器指令。

C++/CLI 的数据类型分为值类型和引用类型两大类，其中值类型又分为简单类型、枚举类型、结构类型和可空类型，引用类型进一步划分为类类型、接口类型、数组类型和委托类型。值类型和 Object 类型之间可以进行转换，装箱和拆箱是实现转换的基本方法。

在 C++/CLI 中，字符串和数组均是引用类型，字符串是 String 类的对象，数组是 Array 类的对象。托管数组分为一维数组、多维数组和不规则数组。

C++/CLI 的类用 property 关键字声明类的属性。属性的引入省略了本地 C++类中为存取私有数据成员编写类似 set 或 get 的成员函数。如果一个属性仅提供了 get()函数，则它是只读属性；如果一个属性仅提供 set()函数，则它是只写属性。

C++/CLI 中的所有类都派生于 Object 基类，并且不支持多重继承，多重继承是通过接口实现的。接口类中通常声明了一组由派生类实现的函数，接口自身并不实现它。接口支持多重继承。

虚函数在 C++/CLI 中依然是实现动态多态性的基础，C++/CLI 中的抽象类可以用关键字 abstract 声明。抽象类中的纯虚函数必须用 abstract 或“=0”进行声明。与本地 C++不同的是托管的抽象类可以不包含纯虚函数，可以为抽象类中的每个函数定义一个实现，供所有派生类使用。

泛型是一种与模板十分相似的代码复用技术，但它具有跨程序集的能力，泛型类和泛型函数可被其他.NET 语言所编写的代码使用。

C++/CLI 的异常处理机制与本地 C++基本上相同。C++/CLI 的异常处理引入了新关键字 finally。finally 语句中的代码段，无论异常是否发生都被执行。

枚举类型中的枚举常量不再是整数值而是对象。枚举的一个重要用途是设置标志位，与本地 C++相同，可以用&、|和~位运算设置或清除标志位。

委托类型是一种继承于 System::Delegate 类的引用类型。委托对象中可以封装一个或几个函数的类型安全的引用，调用列表中添加和删除函数引用的方法是使用重载的+=和-=运算符。委托类似于本地 C++的函数指针，但委托是面向对象和类型安全的。

事件是托管类的一种特殊成员，用于对外界发生的特定操作或信号做出响应。事件实质上是委托的一个实例，类的其他函数成员可以通过调用委托的方法引发事件。事件响应函数通过订阅实现与事件的绑定。委托的调用列表为事件的多方响应提供了技术支持。

13.13　习　　题

一、填空题

1. CLI 提供了一套可执行代码和它运行所需要的虚拟执行环境的规范，主要包括______、______、______、______和______几个部分。

2. 标准 C++中的基本数据类型在 C++/CLI 程序中可以继续使用，但是它们已被编译器映射到在 System 命名空间中定义的______。区别于本地 C++的数据类型，C++/CLI 的数据类型称为______类型，分为______和______两类。

3. 在 CLR 的托管堆上分配空间的关键字是______，用______运算符可以获取一个托管对象的内存地址。

4. 装箱是将______类型的值赋给托管堆上新创建的对象，装箱操作实现了________类型向______引用类型的转换。拆箱转换是______的逆操作，拆箱转换可以把一个 Object 引用转换为一个______。

5. 在 C++/CLI 中，字符串和数组均属于引用类型，它们都在托管堆上分配内存。字符串是__________类的对象，所有的数组对象都是隐式地继承于___________类。数组分为_______、_______和_______。

6. C++/CLI 中，关键字_______用于声明数值类类型，_______用于声明引用类类型。C++/CLI 类增加了属性成员，语法上用关键字_______声明类的属性。用户可以在类中定义两种不同的属性：_______和_______，其中_______属性是指通过属性名来访问的

单值，_______属性是利用属性名加方框号来访问的一组值。

7. 接口是 C++/CLI 新引入的概念，接口通常声明了一组不_______的函数，而这些函数的定义是在继承于该接口的_______中。与 C++/CLI 中的类不同，接口支持_______。

8. 泛型是由公共语言运行时定义，具有_______的能力，泛型类和泛型函数可被其他.NET 语言所编写的代码使用。

9. C++/CLI 的 throw 语句只能抛出_______类及其派生类对象的引用。

10. 委托是一种托管对象，其中封装了对一个或多个函数的类型安全的_______。每个委托实际上都是一个独立的类，它们派生于_______类，而后者又是派生于 System::Delegate 类。MultiCastDelegate 类通过存储一个委托的调用列表，允许一个委托同时封装多个函数。向调用列表添加委托实例的方法是使用已经重载的_______运算符，从调用列表删除委托实例的方法是使用重载的_______运算符。

11. 在事件模型中，参与事件处理的成员分为事件_______和_______。事件是由_____在内部状态发生了某些变化或者执行某些操作时，向外界发出的消息。_______并不处理事件，事件处理操作由_______完成。

二、编程题

1. 设计一个有理数类，用整数分别保存其分子与分母，并为其设计进行有理数四则运算和大小比较的成员函数。

2. 设计一个简易的电梯运行仿真程序。假设模拟的电梯系统共有 6 层，由下至上依次称为地下层、第一层、第二层、第三层、第四层和第五层，其中第一层是大楼的进出层，电梯“空闲”时，将停留在该层。

乘客可随机地进出于任何层，并可以在任意楼层呼叫电梯。仿真开始时，电梯停在第一层楼，且为空电梯。电梯运行时，用指示灯提示当前电梯运行状况。仿真不考虑电梯能容纳的最多人数。

第 14 章　WinForm 应用程序设计

使用 Visual C++ 2017 不仅能开发基于本地 C++的 Windows 窗体应用程序，而且可以用其设计基于 C++/CLI 的运行于.NET 平台的窗体应用程序。在 CLR 窗体应用程序开发上，VC++ 2017 支持快速应用设计(RAD)，大大提高了开发效率。

本章通过几个简单的窗体应用程序的设计，学习基于 C++/CLI 和本地 C++开发 WinForm 应用程序的基本方法，为后继课程的学习奠定基础。

学习目标：

- 掌握创建 Windows 窗体应用程序的方法，能应用 C++/CLI 语言进行程序设计。
- 掌握添加控件、定义事件响应函数等常用的窗体程序设计方法。

14.1　鼠标坐标的显示

窗体应用程序有别于控制台应用程序，不是字符界面而是图形界面的应用程序。Windows 窗体应用程序是基于事件驱动的应用软件，事件驱动的程序相对于过程驱动程序具有明显的优势。

在传统的过程驱动的应用程序中，应用程序自身控制了执行哪一部分代码和按何种顺序执行代码。

在事件驱动的应用程序中，代码不是按照预定的路径执行，而是在响应不同的事件时执行不同的代码片段。事件可以由用户操作触发，也可以由来自操作系统或其他应用程序的消息触发，甚至由应用程序本身的消息触发。这些事件的顺序决定了代码执行的顺序，因此应用程序每次运行时所经过的代码的路径都是不同的。

事件驱动程序设计中，鼠标的单击是一个极为常见的事件。下面的简单例程介绍了用 C++/CLI 设计.NET 平台上窗体应用程序的基本方法。

【例 14-1】鼠标单击的捕获与坐标位置的显示。

设计要求：

在窗体上单击，鼠标单击位置显示坐标值，如图 14-1 所示。

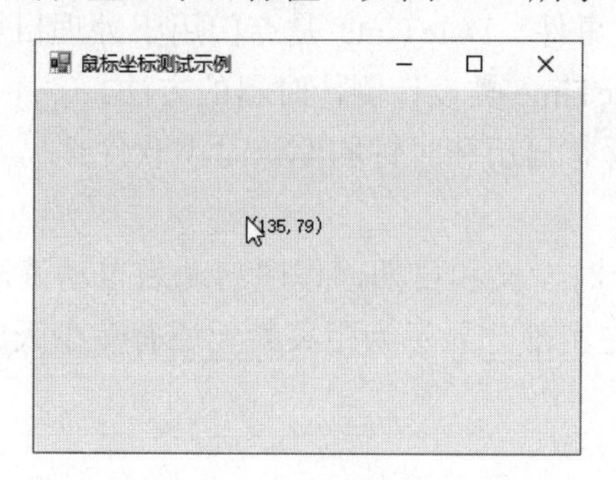

图 14-1　例 14-1 运行时窗口截图

设计步骤如下。

(1) 在 Visual C++ 2017 开发工具中，选择“新建项目”。从弹出窗口中，展开 Visual C++模板项，选择“联机”→“模板”→Visual C++，再从窗口中间选择 C++/CLR Windows Forms for Visual Studio 2017 项(注：首次选用需要安装该模板)。另外，Windows 窗体应用程序的创建也可以参考 1.3.5 节的方法。

输入新建项目名称 Example14_1，单击“确定”按钮。

(2) 从“解决方案资源管理器”中，展开 Headerdateien 项，双击 Form1.h 项，出现窗体设计窗口。

单击“Form1.h [设计]”窗口中的窗体。在属性窗口中，修改 Text 项内容为“鼠标坐标测试示例”。单击属性窗口中图标为“闪电”形状的事件按钮，双击 MouseClick 项右边的空白区域，系统自动在 Form1.h 窗口中生成鼠标单击事件处理函数 Form1_MouseClick。

(3) 从工具箱窗口中拖曳 Label 控件于设计窗体，在 Form1_MouseClick 函数体中添加两行语句如下：

```
private: System::Void Form1_MouseClick(System::Object^  sender,
                        System::Windows::Forms::MouseEventArgs^  e) {
        label1->Text = "(" + e->X + "," + e->Y + ")";
        label1->Location = Point(e->X, e->Y);
}
```

(4) 按 F5 或 Ctrl+F5 键，即可运行程序。

程序说明：

① 窗口坐标系的设置是以左上角为原点坐标(0,0)。以原点为基准，自左向右为 x 轴，自上向下为 y 轴。每一点的坐标值均为大于等于零的整数。

② Point 是 C++/CLI 中定义的值类型，程序中利用 MouseEventArgs 对象 e 中的 X 和 Y 构造 Point 对象并赋值给 lable1 的 Location 属性项。程序运行时，鼠标单击窗体后，label1 的位置被设置，产生坐标值跟随鼠标移动的效果。

14.2 倒计时器

VC++ 2017 开发平台的工具箱中，Label 控件用于显示字符信息，Timer 控件能根据用户定义的时间间隔自动引发事件。DateTime 是专门用于处理日期和时间的类，本节介绍利用 Lable、Timer 控件和 DateTime 类设计倒计时器的方法。

【例 14-2】设计一个含有日历和时钟的倒计时小软件。

设计要求：

在文本文件中设置倒计时含义和日期，程序启动后自动读取设置信息。倒计时器的界面设计如图 14-2，窗口的左半部分显示为距离某天还有多少天的信息，右半部分为系统当前的日期和时间。

图 14-2　例 14-2 运行时窗口截图

设计步骤如下。

(1) 创建 CLR 窗体应用程序项目。设置窗体的 Text 属性值为倒计时器，选择 MaximizeBox 属性的值为 False，FormBorderStyle 属性的值为 FixedSingle。用此法设置的窗体，在运行时窗口的最大化按钮和通过边框缩放窗体的功能均被禁用。

(2) 从工具箱拖曳 2 个 Panel 控件于窗体，并设置 BorderStyle 属性为 FixedSingle。从工具箱拖曳 7 个 Lable 控件于 Panel 之上，其中 label1 用于显示倒计时的内容，label2 显示倒计时的日期，label3 用红色显示还有多少天，label4 显示当前年信息，label5 显示今天是星期几，label6 显示系统当前日期，label7 显示系统的时间。设置所有 Label 控制的 AutoSize 属性为 False，根据需要设置 Font 属性，选择合适的字体与大小。

(3) 从工具箱拖曳一个 Timer 控件于窗体，在 Form1.h 设计窗口的下方出现控件对象 timer1，设置 Interval 属性值为 1000。在项目文件夹下创建一个 data.txt 文本文件，输入倒计时内容字符串和日期。日期的书写可以用以下几种格式：2012 年 6 月 7 日、2012/06/07 或 2012-6-7。

(4) 编写代码。为支持文本文件的读取，选中 Form1.h 代码窗口，在系统生成的 using namespace 之后插入 using namespace System::IO;。在 ref class Form1 类中添加 private: DateTime^ someday;代码，someday 用于存储倒计时的日期。

(5) 为 Form1 窗体的 Load 事件添加代码如下：

```
Void Form1_Load(System::Object^  sender, System::EventArgs^  e) {
    String^ path = ".\\data.txt";
    if( !File::Exists(path) ){//文件不存在，报错
        MessageBox::Show("不存在 Data.txt 文件！","错误提示",
MessageBoxButtons::OK, MessageBoxIcon::Warning);
        return ;
    }
    StreamReader^ reader = gcnew
StreamReader(path,System::Text::Encoding ::UTF8);
    label1->Text=reader->ReadLine();        //读取 Data.txt 文件第一行内容
    someday = DateTime::Parse(reader->ReadLine()); //读取日期字符串，设置
someday
    label2->Text=someday->ToString("(yyyy 年 M 月 d 日)");
    showSpan();                             //自定义私有函数，显示还有多少天
    showNow();                              //自定义私有函数，显示日期
    timer1->Enabled=true;                   //让定时器开始工作
}
```

(6) 定义私有函数 showSpan 和 showNow：

```
Void showSpan(){
    TimeSpan ts = DateTime::Now - someday->Date;
    label3->Text = Convert::ToString( -ts.Days );
}
Void showNow(){
    DateTime ^ dt=DateTime::Now;
    String^ weekday;
    switch( (int)dt->DayOfWeek ){          //根据枚举值产生中文星期字符串
    case 1:
        weekday = "星期一";
        break;
    case 2:
        weekday = "星期二";
        break;
    case 3:
        weekday = "星期三";
        break;
    case 4:
        weekday = "星期四";
        break;
    case 5:
        weekday = "星期五";
        break;
    case 6:
        weekday = "星期六";
        break;
    case 0:
        weekday = "星期日";
        break;
    }
    label4->Text=dt->ToString("yyyy年M月");
    label5->Text = weekday;
    label6->Text=dt->ToString("dd");
    label7->Text="00:00:00";
}
```

(7) 为 timer1 控件的 Tick 事件添加代码：

```
Void timer1_Tick(System::Object^  sender, System::EventArgs^  e) {
    DateTime ^ dt=DateTime::Now;
    if(dt->Hour==0 && dt->Second==0 ){//零点时刷新倒计时和日历信息
        showSpan();
        showNow();
    }
    label7->Text = dt->Hour.ToString("00") + ":" + dt-
>Minute.ToString("00")
              + ":" + dt->Second.ToString("00");
}
```

程序说明：

① Timer 是一个非常有用的控件，它能根据设定的时间间隔执行 Tick 事件所对应的代码，因而可以用其实现动画、自动演示等功能。

② 在 showSpan 函数定义中，使用了 TimeSpan 对象，用该对象可计算时间间隔或持续时间，度量方法是按正负天数、小时数、分钟数、秒数以及秒的小数部分。度量持续时间的最大时间单位是天。例程中语句 TimeSpan ts = DateTime::Now – someday->Date;是用当前系统日期减去设定的倒计时日，所得结果为负数。

14.3　简易计算器

本节设计的简易计算器模仿了 Windows 7 操作系统中提供的计算器。计算器的输出界面上不仅有计算结果，还有计算公式。虽然用计算机实现算术运算是比较简单的任务，但由于简易计算器要求模仿真实计算器的操作方法，并且还应支持键盘操作，使得数据的显示与输入操作功能部分的设计相对复杂，有一定难度。

【例 14-3】设计一个简易计算器。

设计要求：

如图 14-3 所示，窗体上有 4 行 5 列功能按钮，使用方法为单击按钮或键盘上对应按键。按钮 C 的功能是清空，还原到初始状态。按钮←的功能是删除输入的字符，等同于键盘上的退格键。按钮±的功能是改变输入数的正负号。按钮=的功能是计算结果并清空显示窗口的表达式。

图 14-3　例 14-3 运行时窗口截图

设计步骤如下。

(1) 从工具箱拖曳 20 个 Button 按钮于窗体，或者先拖曳 1 个并设置属性，而其余按钮采用复制粘贴的方法产生。每个按钮的详细设置见表 14-1。

表 14-1　简易计算器的控件与属性设置

控　件	名　称	属性设置	响应事件	备　注
Form	Form1	Text=简明计算器;KeyPreview=True	KeyPress	
Button	buttonX	TabStop=False;Text=X	Click	X 为 0～9，分别表示 10 个数字按钮
	btnSign	TabStop=False;Text=±		
	btnDot	TabStop=False;Text=.		
	btnDiv	TabStop=False;Text=/		
	btnMul	TabStop=False;Text=*		
	btnPlus	TabStop=False;Text=+		
	btnSub	TabStop=False;Text=−		
	btnClr	TabStop=False;Text=C		
	btnBS	TabStop=False;Text=←		
	btnRecip	TabStop=False;Text=1/x		
	btnEqu	TabStop=False;Text==		

续表

控　件	名　称	属性设置	响应事件	备　注
Panel	panel1	BackColor=White;BorderStyle=FixedSingle		
Label	labCalc	TextAlign=MiddleRight;Location=36,47		
	labExpre	TextAlign=MiddleRight;Location=3,18	TextChanged	

表 14-1 中的属性设置栏仅列出了主要属性的设置值。两个 Lable 控件均拖曳于 panel1 控件之中，其中 labCalc 控件用于显示计算结果和数值输入，labExpre 控件用于显示计算表达式。

(2) 在 Form1 类中添加 5 个私有数据成员，分别定义为：private:double x;、private:double y;、private:char op;、private: bool OpOnTop;和 private: int inputState;。变量 x 为参加运算的左操作数并保存了先前计算结果；变量 y 为双目运算的右操作数；op 用于保存将进行的运算的运算符；布尔型变量 OpOnTop 用于记录当前的输入是否运算符，若为真，表示运算符还可以修改。

算术运算式的表达式为 x op y。为能记录当前输入的状态，程序中用整型变量 inputState 记录当前的输入状态。inputState 的值为 0 表示 x 的值还没有输入完毕；为 1 表示 x 已输入正等待输入运算符；为 2 表示 y 已输入结束，已可以实施算术运算。

(3) 成员函数的设计。为响应键盘或按钮的输入操作，在程序中添加下列成员函数：

```
private: Void Clear(){//清空所有内容,回到初始状态
        x=y=0.0;
        op=0;
        OpOnTop=false;
        inputState=0;
        labCalc->Text="0";
        labExpre->Text=" ";
    }
private: Void BackSpace(){//响应退格键
         if(labCalc->Text->Length>0)
             labCalc->Text=labCalc->Text->Remove(labCalc->Text->Length-1);
         if(labCalc->Text->Length == 0)
             labCalc->Text="0";
    }
private: Void InputNum(char ch){//处理数字键和按钮
         if(inputState==1){
             labCalc->Text = "0";
             inputState=2;
         }
         if(labCalc->Text == "0")
            labCalc->Text=Char::ToString(ch);
         else
            if(labCalc->Text->Length<20){
                labCalc->Text+=Char::ToString(ch);
            }
    }
private: Void InputDot(){//处理小数点键和按钮
         if(inputState==1){
             labCalc->Text = "0";
             inputState=2;
```

```
            }
            if( labCalc->Text->IndexOf(".",0)<0 ){
                if(labCalc->Text=="0")
                    labCalc->Text="0.";
                else
                   if(labCalc->Text->Length<20)
                       labCalc->Text+=".";
            }
            else
                System::Media::SystemSounds::Beep->Play();
        }
private: Void InputOperator(char newOp){//处理四则运算
            char oldOp=op;
            op=newOp;
            switch(inputState){
            case 0:
                x=Convert::ToDouble(labCalc->Text);
                labExpre->Text=Convert::ToString(x);
                labExpre->Text += " "+ Char::ToString(op);
                OpOnTop=true;
                inputState=1;
                break;
            case 1:
                if(labExpre->Text==" ")//处理等号和回车符后字符串为空的情况
                    labExpre->Text=Convert::ToString(x)+" "+Char::ToString(op);
                else{
                    if(!OpOnTop){
                        labExpre->Text += " "+ Char::ToString(op);
                        OpOnTop=true;
                    }
                    if(op != oldOp && OpOnTop)
                            labExpre->Text=labExpre->Text->Remove(
                                labExpre->Text->Length-1)+Char::ToString(op);
                }
                break;
            case 2:
                y=Convert::ToDouble(labCalc->Text);
                labExpre->Text+=" "+Convert::ToString(y)+" "+Char::ToString(op);
                switch(oldOp){
                    case '/':
                        x/=y;
                        break;
                    case '*':
                        x*=y;
                        break;
                    case '+':
                        x+=y;
                        break;
                    case '-':
                        x-=y;
                        break;
                }
                labCalc->Text=Convert::ToString(x);
                inputState=1;
                break;
```

```
            }
        }
private: Void InputRecip(){//处理按钮 1/x
            if(inputState==0 || inputState==2)
                x=Convert::ToDouble(labCalc->Text);
            inputState=1;
            labExpre->Text=Convert::ToString(x)+" 的倒数";
            OpOnTop=false;
            x=1/x;
            labCalc->Text=Convert::ToString(x);
        }
private: Void InputEqual(){//处理回车符和等号
             if(inputState==2){
                y=Convert::ToDouble(labCalc->Text);
                switch(op){
                case '/':
                    x/=y;
                    break;
                case '*':
                    x*=y;
                    break;
                case '+':
                    x+=y;
                    break;
                case '-':
                    x-=y;
                    break;
                }
                inputState=1;
                labExpre->Text=" ";
                labCalc->Text=Convert::ToString(x);
                OpOnTop=true;
            }
        }
```

(4) 为控件的响应事件添加功能代码如下：

```
private: System::Void button0_Click(System::Object^  sender,
System::EventArgs^  e) {
            InputNum('0');
            labCalc->Focus();
        }
private: System::Void button1_Click(System::Object^  sender,
System::EventArgs^  e) {
            InputNum('1');
            labCalc->Focus();
        }
private: System::Void button2_Click(System::Object^  sender,
System::EventArgs^  e) {
            InputNum('2');
            labCalc->Focus();
        }
private: System::Void button3_Click(System::Object^  sender,
System::EventArgs^  e) {
            InputNum('3');
            labCalc->Focus();
```

```
        }
private: System::Void button4_Click(System::Object^  sender,
System::EventArgs^  e) {
            InputNum('4');
            labCalc->Focus();
        }
private: System::Void button5_Click(System::Object^  sender,
System::EventArgs^  e) {
            InputNum('5');
            labCalc->Focus();
        }
private: System::Void button6_Click(System::Object^  sender,
System::EventArgs^  e) {
            InputNum('6');
            labCalc->Focus();
        }
private: System::Void button7_Click(System::Object^  sender,
System::EventArgs^  e) {
            InputNum('7');
            labCalc->Focus();
        }
private: System::Void button8_Click(System::Object^  sender,
System::EventArgs^  e) {
            InputNum('8');
            labCalc->Focus();
        }
private: System::Void button9_Click(System::Object^  sender,
System::EventArgs^  e) {
            InputNum('9');
            labCalc->Focus();
        }
private: System::Void btnSign_Click(System::Object^  sender,
System::EventArgs^  e) {
            if(labCalc->Text->IndexOf("-")<0 && labCalc->Text!="0"
                && labCalc->Text->Length<20)
                labCalc->Text="-"+labCalc->Text;
            else
                labCalc->Text=labCalc->Text->Replace("-","");
            inputState=2;
            OpOnTop=true;
            if(labExpre->Text==" "){
                x=Convert::ToDouble(labCalc->Text);
                inputState=1;
                OpOnTop=false;
            }
            labCalc->Focus();
        }
private: System::Void btnDot_Click(System::Object^  sender,
System::EventArgs^  e) {
            InputDot();
            labCalc->Focus();
        }
private: System::Void btnDiv_Click(System::Object^  sender,
System::EventArgs^  e) {
            InputOperator('/');
```

```
            labCalc->Focus();
        }
private: System::Void btnMul_Click(System::Object^  sender,
System::EventArgs^  e) {
            InputOperator('*');
            labCalc->Focus();
        }
private: System::Void btnPlus_Click(System::Object^  sender,
System::EventArgs^  e) {
            InputOperator('+');
            labCalc->Focus();
        }
private: System::Void btnSub_Click(System::Object^  sender,
System::EventArgs^  e) {
            InputOperator('-');
            labCalc->Focus();
        }
private: System::Void btnClr_Click(System::Object^  sender,
System::EventArgs^  e) {
            Clear();
            labCalc->Focus();
        }
private: System::Void btnRecip_Click(System::Object^  sender,
System::EventArgs^  e) {
            InputRecip();
            labCalc->Focus();
        }
private: System::Void btnEqu_Click(System::Object^  sender,
System::EventArgs^  e) {
            InputEqual();
            labCalc->Focus();
        }
private: System::Void btnBS_Click(System::Object^  sender,
System::EventArgs^  e) {
            BackSpace();
            if(inputState==1 && OpOnTop)
                inputState=2;
            labCalc->Focus();
        }
private: System::Void Form1_KeyPress(System::Object^  sender,
System::Windows::
                                Forms::KeyPressEventArgs^  e) {
            char ch=(char)e->KeyChar;
            switch(ch){
            case '0':
                if(labCalc->Text != "0")
                    InputNum('0');
                break;
            case '1':case '2':case '3':case '4':case '5':case '6':case
'7':case '8':case '9':
                InputNum(ch);
                break;
            case '.':
                InputDot();
                break;
```

高等学校应用型特色规划教材

```
                case '/':case '*':case '+':case '-':
                    InputOperator(ch);
                    break;
                case '\r':case '=':// 按回车键或等号键
                    InputEqual();
                    break;
                case 'c':case 'C':
                    Clear();
                    break;
                case '\b':              // 按退格键
                    BackSpace();
                    break;
                default:
                    System::Media::SystemSounds::Beep->Play();
                    break;
                };
            }
    private: System::Void labExpre_TextChanged(System::Object^sender,
    System::EventArgs^e) {
                if(labExpre->Text->Length>35)
                    labExpre->Text=labExpre->Text->Substring(labExpre->Text-
    >Length-30);
            }
```

(5) 在 Form1 的构造函数中调用 Clear 成员函数。

14.4　循环队列原理演示

队列是一种操作受限的线性表，也是一种常用的数据结构。它只允许在线性表的一端进行插入(入队)操作，而在另一端进行删除(出队)操作。与现实世界中的队列类似，允许插入的一端称为队尾(rear)，而队头(front)是指允许删除的一端。队列的特性是“先进先出”(first in first out)，与栈的“先进后出”正好相反。

队列可采用数组存储其中的元素，数组的前(下标为 0)端为队头，另一端为队尾。元素从前端出队，从后面插入。队头元素出队后，队列中其余元素需要依次向前移动，元素的移动会带来额外的开销。为避免队列中元素的移动，常采用循环队列。

循环队列是从逻辑上将数组的首尾相连接，形成一个环形结构，并用两个整型变量记录队列头和尾的位置。用于记录队头和队尾位置的变量分别称为队头指针和队尾指针。

队列为空时，队头和队尾指针指向数组的同一个单元，最初它们均为 0。

元素入队时，先将元素存入队尾指向的存储单元，队尾指针再向后移动一个单元。元素出队时，先取出队头指针所指向的元素，再将队头指针向后移动一位。由于循环队列是环形结构，队头和队尾指针变量的后移与钟表指针的移动类似，从数组中最后一个单元后移的结果是指向数组的第一个单元，所以指针后移表达式是：

```
rear=(rear+1)%maxSize; //或
front=(front+1)%maxSize;
```

其中：rear 和 front 为 int 型的队头和队尾指针变量，maxSize 为数组的大小。

如果将数组的每个单元都存放元素，则存在队列空和队列满的条件都是 front==rear 的问题。为能区分循环队列的空与满两种不同的状态，通常采用浪费一个存储单元的方法，即少存储一个元素。如此，判别队列是否空的关系表达式为 front==rear，判定队列是否满的关系表达式为(rear+1)%maxSize==front。

【例 14-4】循环队列原理演示程序。

设计要求：

如图 14-4 所示，用直观的图形演示循环队列的工作原理。单击“入队”按钮，入队元素文本框中的第一个元素被插入队列。当队列满时，再单击“入队”按钮则弹出错误提示窗口。单击“出队”按钮，队列中的头元素被移到出队元素文本框中。当队列空时，再单击“出队”按钮将弹出错误提示窗口。

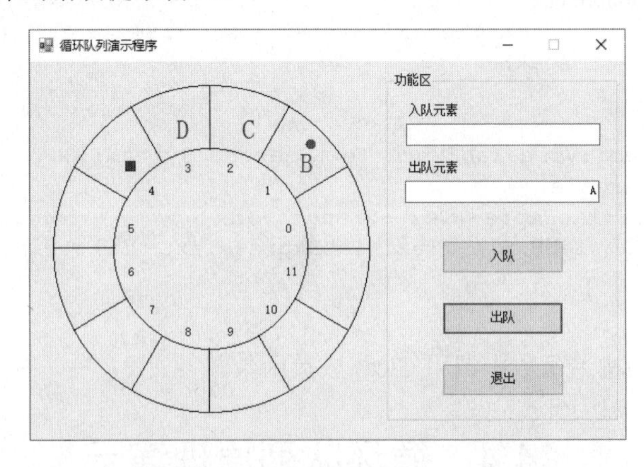

图 14-4 例 14-4 运行时窗口截图

循环队列图形中的小圆点表示队头指针指向的位置，小方块表示队尾指针中记录的位置。单击“退出”按钮(或者窗口右上方的红色关闭按钮)，弹出是否关闭应用程序对话框。

例程中的循环队列用本地 C++的类模板设计，窗口界面用 C++/CLI 语言开发。

设计步骤如下。

(1) 主窗体界面控件和属性的设计如表 14-2 所示。

表 14-2 循环队列原理演示程序的控件与属性设置

控件类型	名 称	属性设置	响应事件
Form	Form1	Text=循环队列原理演示;MaxisizeBox=false	FormClosing
Button	button1	Text=入队	Click
	button2	Text=出队	
	button3	Text=退出	
PictureBox	pictureBox1	Size=330,330	Paint
TextBox	textBox1		
	textBox2	TextAlign=Right	
Label	label1	Text=入队元素	
	label2	Text=出队元素	

(2) 循环队列类模板的设计。在开发平台的解决方案资源管理器中，右击“头文件”

项，从弹出的快捷菜单中添加新建项，创建文件名为 CirQueue.h 的头文件如下：

```
#ifndef CIRQUEUE_H
#define CIRQUEUE_H
#include<iostream>
using namespace std;
class FullQueue{
};
class EmptyQueue{
};
template <typename T>
class CirQueue{
    template <typename T>
    friend ostream & operator<<(ostream & os,CirQueue<T> & queue);
public:
    CirQueue(int max=10);
    CirQueue(const CirQueue & queue);
    ~CirQueue();
    void makeEmpty();              //置空
    bool isEmpty() const;          //判别是否空
    bool isFull() const;           //判别是否满
    void Enqueue(T newItem);       //入队
    void Dequeue(T & item);        //出队
    int getFront(){ return front;} //返回队头指针的值
    int getRear(){  return rear; } //返回队尾指针的值
    T getElement(int idx);         //返回数组下标为 idx 单元的值
    bool isElement(int loc);       //判别 loc 单元内容是否队列中的元素
private:
    T * ptr;                       //堆上数组指针
    int front;                     //队头指针
    int rear;                      //队尾指针
    int maxSize;                   //数组大小
};
template <typename T>
CirQueue<T>::CirQueue(int max){
    maxSize=max;
    ptr=new T[maxSize];
    front=0;
    rear=0;
}
template <typename T>
CirQueue<T>::CirQueue(const CirQueue & queue){
    maxSize=queue.maxSize;
    ptr=new T[maxSize];
    front=queue.front;
    rear=queue.rear;
}
template <typename T>
CirQueue<T>::~CirQueue(){
    delete [] ptr;
}
template <typename T>
void CirQueue<T>::makeEmpty(){
    front=rear=0;
}
```

```
template <typename T>
bool CirQueue<T>::isEmpty() const{
    return (rear==front);
}
template <typename T>
bool CirQueue<T>::isFull() const{
    return ((rear+1)%maxSize==front);
}
template <typename T>
void CirQueue<T>::Enqueue(T newItem){
    if(isFull())
        throw FullQueue();
    else{
        ptr[rear]=newItem;
        rear=(rear+1) % maxSize;
    }
}
template <typename T>
void CirQueue<T>::Dequeue(T & item){
    if(isEmpty())
        throw EmptyQueue();
    else{
        item=ptr[front];
        front=(front+1)%maxSize;
    }
}
template <typename T>
T CirQueue<T>::getElement(int idx){
    idx%=maxSize;
    return ptr[idx];
}
template <typename T>
bool CirQueue<T>::isElement(int loc){
    if(front<=rear)
        return (loc>=front && loc<rear);
    else
        return (loc>=front || loc<rear);
}
template <typename T>
ostream & operator<<(ostream & os,CirQueue<T> & queue){
    int p=queue.front;
    while(p!=queue.rear){
        os<<queue.ptr[p++]<<"<-";
        p=p%queue.maxSize;
    }
    return os;
}
#endif
```

(3) CirQueue 模板的使用。首先选择 Form1.h 的代码窗口，在文件的开始处添加包含语句 #include"CirQueue.h"，再在 ref class Form1 之前插入语句 CirQueue<char> myQueue(12);。

经添加包含文件和对象定义之后，在 CLR 窗体程序中即可像本地控制台程序一样使用模板类 CirQueue<char>的对象 myQueue。

(4) 窗体控件事件响应程序的设计。

```
    private: System::Void pictureBox1_Paint(System::Object^  sender,
System::Windows::Forms ::PaintEventArgs^  e) {
                double x,y;
                String ^ str;
                char ch;
                //在 pictureBox1 中绘环形
                e->Graphics->DrawEllipse(gcnew Pen(Color::Black),10,10,310,310);
                for(int i=0;i<360;i+=30)
                {
                    x=(Math::Cos(i*Math::PI/180)*155+165);
                    y=(165-Math::Sin(i*Math::PI/180)*155);
                    e->Graphics->DrawLine(gcnew Pen(Color::Black),x,y,165,165);
                }
                e->Graphics->DrawEllipse(gcnew Pen(Color::Black),70,70,190,190);
                e->Graphics->FillEllipse(gcnew SolidBrush(pictureBox1->BackColor),
                                        71,71,188,188);
                SolidBrush^ myBrush = gcnew SolidBrush(pictureBox1->BackColor);
                int j=0;
                for(int i=0;i<360;i+=30)
                {
                    str=Convert::ToString(j)+"\n";
                    x=(Math::Cos((i+15)*Math::PI/180)*80+160);
                    y=(160-Math::Sin((i+15)*Math::PI/180)*80);
                    myBrush->Color=Color::Blue;
                    e->Graphics->DrawString(str,this->pictureBox1->Font,myBrush,x,y);

                    if(myQueue.getFront()==j){//绘小圆点
                        x=(Math::Cos((i+15)*Math::PI/180)*140+160);
                        y=(160-Math::Sin((i+15)*Math::PI/180)*140);
                        myBrush->Color=Color::Green;
                        e->Graphics->FillPie(myBrush,x,y,10,10,0,360);
                    }
                    if(myQueue.getRear()==j){//绘小方块
                        x=(Math::Cos((i+15)*Math::PI/180)*110+160);
                        y=(160-Math::Sin((i+15)*Math::PI/180)*110);
                        myBrush->Color=Color::Red;
                        e->Graphics->FillRectangle(myBrush,x,y,10,10);
                    }
                    if(myQueue.isElement(j)){//写队列中字符
                         x=(Math::Cos((i+15)*Math::PI/180)*125 +160);
                         y=(160-Math::Sin((i+15)*Math::PI/180)*125);
                         myBrush->Color=Color::Red;
                         ch=myQueue.getElement(j);
                         str=Convert::ToChar(ch)+"\n";
                         e->Graphics->DrawString(str,
                             gcnew  System::Drawing::Font(label1->Font->Name,
                                  label1->Font->Size+10,label1->Font->Style),
                              myBrush,x,y);
                    }
                    j++;
                }
```

```
                }
private: System::Void button1_Click(System::Object^  sender,
System::EventArgs^  e) {
                if(textBox1->Text==""){
                    MessageBox::Show("请在入队元素文本框中输入字符！","出错！",
MessageBoxButtons::OK,MessageBoxIcon::Error);
                    textBox1->Focus();
                    return;
                }
                if(myQueue.isFull())
                    MessageBox::Show("循环队列已满！","出错！",
                    MessageBoxButtons::OK,MessageBoxIcon::Error);
                else{
                    char ch=(char)textBox1->Text->ToCharArray()[0];
                    textBox1->Text=textBox1->Text->Substring(1);
                    myQueue.Enqueue(ch);
                    pictureBox1->Refresh();
                }
            }
private: System::Void button2_Click(System::Object^  sender,
System::EventArgs^  e) {
                char ch;
                if(myQueue.isEmpty())
                    MessageBox::Show("循环队列空！","错误信息",
                    MessageBoxButtons::OK,MessageBoxIcon::Error);
                else{
                    myQueue.Dequeue(ch);
                    textBox2->Text+=Convert::ToChar(ch)+"\n";
                    pictureBox1->Refresh();
                }
            }
private: System::Void button3_Click(System::Object^  sender,
System::EventArgs^  e) {
                this->Close();
            }
private: System::Void Form1_FormClosing(System::Object^  sender,
System::Windows::Forms::
                                FormClosingEventArgs^  e) {
              System::Windows::Forms::DialogResult result;
                result = MessageBox::Show("真要关闭应用程序吗？","提示",
                    MessageBoxButtons::YesNo,MessageBoxIcon::Question,
                    MessageBoxDefaultButton::Button1);
                if ( result == System::Windows::Forms::DialogResult::No )
                    e->Cancel=true;
            }
```

14.5 随机运动的小球

本节通过设计一个多个小球在窗体中自行运动的程序，学习简易动画的设计方法。

动画设计的主要思想是：触发 Timer 控件的 Tick 事件，不断地在窗体上绘制小球，并且每次绘制的位置不同，从而形成小球自行运动的效果。

【例 14-5】简易动画的制作——自行运动的小球。

设计要求：

如图 14-5 所示，在窗口中有多个彩色小球做不规则的运动。当小球遇到窗口边界后，以光反射规律改变运动方向。

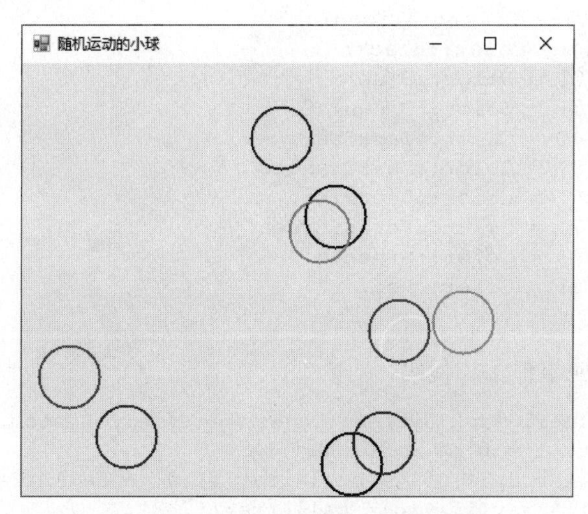

图 14-5　例 14-5 运行时界面截图

在窗体上单击鼠标右键，弹出菜单。菜单上有四个选项，分别是“启动”“停止”“加速”和“减速”。

设计步骤如下。

(1) 添加控件与属性设置。从工具箱中拖曳 Timer 和 ContextMenuStrip 控件，设置属性并添加响应事件，如表 14-3 所示。

表 14-3　随机运动的小球程序的控件与属性设置

控件类型	名　称	属性设置	响应事件
Form	Form1	Text=随机运动的小球; ContextMenuStrip=contextMenuStrip1	Load Paint
Timer	timer1	Enabled=True	Tick
ContextMenuStrip	contextMenuStrip1		
ToolStripMenuItem	toolStripMenuItem1	Text=启动	Click
	toolStripMenuItem2	Text=停止	
	toolStripMenuItem3	Text=加速	
	toolStripMenuItem4	Text=减速	

注：表中 ToolStripMenuItem 控件是在设计模式下为 ContextMenuStrip 添加菜单项时，由系统自动添加的控件。

(2) 在 Form1 类中添加数据成员如下：

```
private: array<int,2>^ ballArray;
private: array<Color>^ ballColor;
```

在构造函数中添加对数据成员进行初始化的代码如下：

```
Form1(void)
{
    InitializeComponent();
    ballArray = gcnew array<int,2>(10,4);
    ballColor = gcnew array<Color>(10);
    ballColor[0] = Color::AliceBlue;
    ballColor[1] = Color::Black;
    ballColor[2] = Color::Blue;
    ballColor[3] = Color::Brown;
    ballColor[4] = Color::DarkGray;
    ballColor[5] = Color::DarkOrange;
    ballColor[6] = Color::DeepPink;
    ballColor[7] = Color::ForestGreen;
    ballColor[8] = Color::Green;
    ballColor[9] = Color::Red;
}
```

(3) 为控件的响应事件添加代码：

```
System::Void timer1_Tick(System::Object^  sender, System::EventArgs^  e) {
        for (int i = 0; i < 10; i++){
            ballArray[i, 0] = ballArray[i, 0] + ballArray[i, 2];
            ballArray[i, 1] += ballArray[i, 3];
            if (ballArray[i, 0] + 50 >= ClientSize.Width){
                ballArray[i, 0] = ballArray[i, 0] - ballArray[i, 2];
                ballArray[i, 2] = -ballArray[i, 2];
            }
            if (ballArray[i, 0] <= 1){
                ballArray[i, 0] = ballArray[i, 0] - ballArray[i, 2];
                ballArray[i, 2] = -ballArray[i, 2];
            }
            if (ballArray[i, 1] + 50 >= ClientSize.Height){
                ballArray[i, 1] = ballArray[i, 1] - ballArray[i, 3];
                ballArray[i, 3] = -ballArray[i, 3];
            }
            if (ballArray[i, 1] <= 1){
                ballArray[i, 1] = ballArray[i, 1] - ballArray[i, 3];
                ballArray[i, 3] = -ballArray[i, 3];
            }
        }
        this->Refresh();
    }
System::Void Form1_Paint(System::Object^  sender, System::Windows::Forms::
                        PaintEventArgs^  e) {
        for (int i = 0; i < 10; i++){
            e->Graphics->DrawEllipse(gcnew Pen(ballColor[i], 2),
                    ballArray[i, 0], ballArray[i, 1], 50, 50);
        }
    }
System::Void Form1_Load(System::Object^  sender, System::EventArgs^  e) {
        Random^ r = gcnew Random();
        for (int i = 0; i < 10; i++){
            ballArray[i, 0] = r->Next(100) + 1;
            ballArray[i, 1] = r->Next(100) + 1;
            ballArray[i, 2] = r->Next(10) + 1;
```

```
            ballArray[i, 3] = r->Next(10) + 1;
        }
    }
System::Void toolStripMenuItem1_Click(System::Object^  sender,
System::EventArgs^  e) {
         timer1->Start();
    }
System::Void toolStripMenuItem2_Click(System::Object^  sender,
System::EventArgs^  e) {
         timer1->Stop();
    }
System::Void toolStripMenuItem3_Click(System::Object^  sender,
System::EventArgs^  e) {
         if(timer1->Interval > 20)
             timer1->Interval -= 20;
    }
System::Void toolStripMenuItem4_Click(System::Object^  sender,
System::EventArgs^  e) {
         if(timer1->Interval < 180)
             timer1->Interval += 20;
    }
```

程序说明：

① ballColor 一维数组中保存了 10 个球的颜色信息。

② ballArray 二维数组的结构为 10 行 4 列，每一行记录一个小球的绘图位置。ballArray[i,0]为绘制小球时水平方向的坐标，ballArray[i,1]为绘制小球时垂直方向的坐标，小球的大小为 50。

timer1 控件的 Tick 事件响应函数运行时会修改 ballArray[i,0]和 ballArray[i,1]的值，其中 ballArray[i,0]是在原值上加 ballArray[i,2]的值，ballArray[i,1]是在原值上加 ballArray[i,3]的值。ballArray[i,2]和 ballArray[i,3]分别保存了小球每次移动在水平和垂直方向上的增加量，它们的值在程序加载时被赋小于 10 的正整数，运行过程中它们将根据运行状态被设置为正数或负数，但大小不变。

ClientSize.Width 和 ClientSize.Height 分别保存了程序运行时窗体的宽度和高度。

14.6　案 例 实 训

1. 案例说明

设计一个简易的文本阅读器。窗口中显示文本文件的内容，单击阅读菜单项，程序依次选中文本并阅读。文本选择的规则是以句号为结束符，每次选中一句文本。单击暂停项，暂停阅读。单击继续项，接暂停处继续阅读。

2. 编程思想

语音识别和语音合成技术在软件开发中具有广泛的应用。语音识别用于告诉计算机我们想做什么，而语音合成用于计算机告诉我们它想让我们知道什么。利用这两项技术即可完成人机交互。

为支持语音开发，微软公司推出了一组新的应用程序编程接口 SAPI(The Microsoft Speech API)，让软件设计者利用此 API 编写语音软件。SAPI 只提供了一系列接口，它本身不做任何事情，利用 SAPI 编写的程序需要语音引擎的支持才能运行。Speech SDK 是微软推出的语音开发工具，它能帮助软件开发人员使自己的程序既能说又能听。

文本到语音(Text To Speech)是语音合成应用的一种，它能将文本转换成自然语音输出。使用 VC++ 2017 开发语音应用软件需要下载并安装微软的 Speech SDK 工具包和语言包，对于 Windows 7 及以后的操作系统不需要安装语言包。由于工具包是以 COM 组件的形式提供给开发人员的，因此在开发时必须引入 Interop.SpeechLib.dll 文件。

开发包中的 SpVoiceClass 类是支持语音合成的核心类。应用软件可通过 SpVoiceClass 对象调用 TTS 引擎，实现文本朗读功能。

(1) SpVoiceClass 类中的主要属性如下。

- Voice：表示发音类型。
- Rate：为语音朗读速度。
- Volume：表示音量。
- Status：存储了当前语音阅读状态。

(2) SpVoiceClass 中常用的功能函数如下。

- Speak：该函数将文本信息转换为语音并按照指定的参数进行朗读，其有 Text 和 Flags 两个形参，用于传递朗读的文本和指定朗读方式(同步或异步等)。
- Pause：该函数暂停使用该对象的所有朗读进程。
- Resume：该函数恢复对象所对应的被暂停的朗读进程。

Speech SDK 开发工具包安装之后，在安装文件夹下包含一个 sapi.chm 帮助文件和一些设计例程。许多技术问题能在开发包的帮助文件中找到解决方法。

3. 程序代码

请扫二维码。

本章实训案例代码

14.7 本章小结

本章通过几个编程实例，介绍了 Windows 窗体程序设计的基础知识和方法。因篇幅所限内容不是十分全面和翔实，本章的主要目标是让学习者在完成 C++语言学习后能设计一些简单的窗体应用程序，这是许多初学者的愿望。本章的另一个作用是为计算机专业后继课程(如数据结构、操作系统等)的学习奠定较好的基础，使学习者能设计界面友好的 WinForm 窗体程序。

例 14-1 非常简单，主要是学习事件响应函数的设计方法。例 14-2 介绍了系统时间获取、Timer 组件和 Label 控件的用法。例 14-3 的功能相对复杂些，主要学习了按钮和键盘操作的响应方法。例 14-4 主要介绍了在窗体中绘图的基本方法和本地 C++与托管 C++混合开发应用程序的基本方法。例 14-5 通过一个简单的动画学习了动画设计的基本方法，同时也介绍了弹出式菜单的设计方法。

14.8　习　　题

1. 编写一个 WinForm 程序。通过 TextBox 控件输入三角形的三边，单击“计算”按钮，显示结果在 Label 控件上。

2. 设计一个在窗体上绘制简单的几何图形的程序。

3. 模仿例 14-4，编写一个演示栈工作原理的应用程序。

4. 设计一个数字式时钟，时间与系统的时间同步。

5. 设计一个 18 位身份证号码正误验证程序。18 位身份证标准在国家质量技术监督局于 1999 年 7 月 1 日实施的 GB 11643—1999《公民身份号码》中做了明确规定。公民身份号码是特征组合码，由 17 位数字本体码和 1 位校验码组成。排列顺序从左至右依次为：6 位数字地址码、8 位数字出生日期码、3 位数字顺序码和 1 位校验码。其含义如下。

- 地址码：表示编码对象常住户口所在县(市、旗、区)的行政区划代码，按 GB/T 2260 的规定执行。
- 出生日期码：表示编码对象出生的年、月、日，按 GB/T 7408 的规定执行，年、月、日分别用 4 位、2 位、2 位数字表示，之间不用分隔符。
- 顺序码：表示在同一地址码所标识的区域范围内，对同年、同月、同日出生的人编定的顺序号。顺序码的奇数分配给男性，偶数分配给女性。
- 校验的计算方式：对前 17 位数字本体码加权求和，公式为：$S=\sum_{i=1}^{17} A_i \times W_i$，其中 A_i 表示第 i 位置上的身份证号码数字值(从左到右)，W_i 表示第 i 位置上的加权因子，其各位对应的值依次为 7 9 10 5 8 4 2 1 6 3 7 9 10 5 8 4 2。再以 11 对计算结果 S 取模 $y = S\bmod 11$。根据模的值得到对应的校验码，对应关系如下。

  Y 值:　　0 1 2 3 4 5 6 7 8 9 10

  校验码:　1 0 X 9 8 7 6 5 4 3 2

6. 编写一个学生成绩管理程序，要求用二进制文件保存数据。

7. 编写一个洗牌程序。共有东、南、西、北四家，将 52 张牌分发给四家，结果以图片方式显示在窗口中。

8. 编写一个老鼠走迷宫小游戏程序。有一个迷宫，在迷宫的某个出口放着一块奶酪。将一只老鼠由某个入口处放进去，它必须穿过迷宫，找到奶酪。要求老鼠能从入口自行走到出口。

第15章 项 目 实 践

本章通过模拟手机中的联系人程序演示如何综合运用前面所学的知识，设计并实现一个简易的通信录管理控制台应用程序。

本章项目所运用的面向对象程序设计思想和方法，可供读者在 C++课程设计和应用程序开发中参考。

学习目标：

- 理解数据表的概念，掌握实体类的设计方法。
- 理解数据类、菜单类的设计方法。
- 理解应用程序类的设计方法，掌握应用程序分层设计的思想方法。

15.1 系 统 概 述

通信录管理系统是以管理联系人个人资料为目的的信息管理系统，其应用范围十分广泛。通常一个通信录管理系统需要管理的主要信息有：联系人姓名、所在单位、固定电话、移动手机、群组、E-mail、QQ、通信地址、邮政编码等。

一个通信录系统所具有的主要功能如下：

- 维护功能。包括联系人和群组信息的输入、修改、删除等通信录信息的更新。
- 显示功能。联系人信息的多种方式显示，如分组显示、分屏显示等。
- 查找功能。提供按姓名、手机号、拼音等多种方式的查找。
- 输出功能。打印输出、复制备份等。

15.2 功 能 设 计

限于篇幅，本项目所设计的通信录管理系统演示性地实现了下列主要功能。

- 输入新联系人。用户可以新增联系人，并输入基本信息。
- 删除已有联系人。从文件中删除指定联系人的基本信息，并删除其在群组中的信息。
- 创建新群组。允许用户创建新的群组。
- 删除已有群组。不仅要删除群组名称，还要删除联系人与该群组所关联的信息。
- 群组添加成员。为已有的群组添加联系人。
- 按姓名查找。输入姓名，如果是管理系统中的联系人，则显示联系人的基本信息。
- 按群组查找。输入群组名，输出群组的成员信息。
- 分屏显示。以一屏 5 行的方式输出联系人信息。

信息管理系统还应具有的功能，如联系人信息修改、删除组中成员、打印输出等，这些留给读者练习。

15.3 系统设计

通信录管理系统的设计主要包括数据表设计和界面设计。

15.3.1 数据表设计

数据表的设计在信息管理系统的开发中占有重要的地位，关系数据库理论是设计数据表的理论依据。本项目中，需要处理的实体数据有联系人信息、群组信息以及它们之间的联系信息。用实体-关系图表示，如图 15-1 所示。

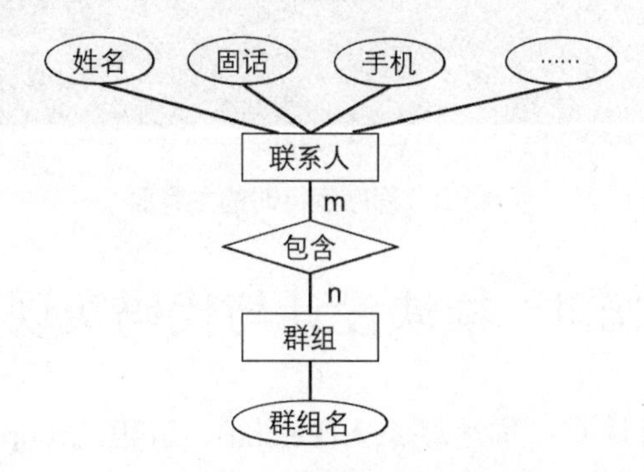

图 15-1 联系人和群组之间的实体-关系图

联系人实体包含的数据项有：姓名、固话号码、手机号码、邮箱地址、QQ 号、地址、邮政编码、公司名称等，其中姓名为关键字，用于区别不同的记录。

注意： 为简化设计，这里假设系统中不存在同姓名的联系人。

群组实体包含的数据项只有群组名称，同时也是关键字。

包含关系包含的数据项有：联系人姓名和群组名。

联系人和群组之间的关系是多对多关系，即：一个联系人可以是多个群组的成员，一个群组可以包含多个联系人。

联系人、群组以及它们之间的联系的数据被分别保存到 person.dat、group.dat 和 relation.dat 这 3 个文件中，并采用二进制文件格式存储。

程序运行时，先从文件中读入数据，并存储到顺序容器 vector 和关联容器 multimap 定义的对象中，运行结束时，再将容器中的数据回写到文件中。C++开发工具所包含的工业级的标准模板库是 C++的特色之一，利用它能加快软件的开发速度，提升稳健度。

15.3.2 界面设计

受控制台应用程序运行平台的限制，通信录管理系统的界面采用文本方式。用户根据程序界面的按键提示，选择相应的功能。

程序的主界面参见图 15-2。

控制台的清屏可通过调用 system(“cls”) 函数实现，让屏幕显示暂停可利用

system("pause")完成。

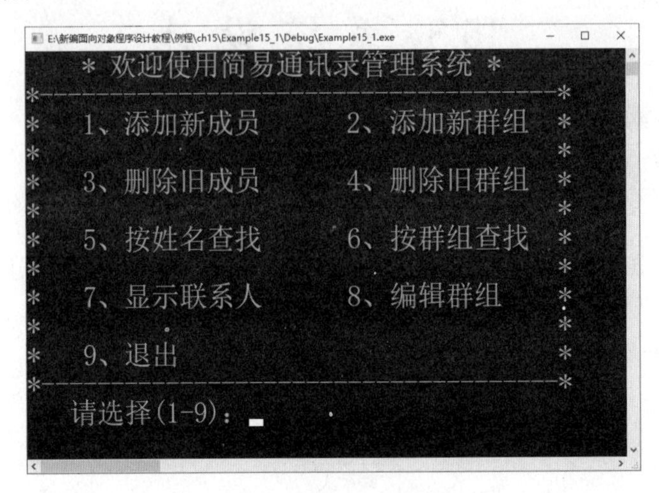

图 15-2　程序运行时的主界面

15.4　模块设计与代码实现

通信录管理系统的模块有：描述联系人(Person)、群组(Group)和关系(Relation)的实体类；支持文件中数据加载与回写、信息插入和删除操作的数据(Data)类；支持交互操作与显示的菜单(Menu)类；支持主程序运行的应用程序(Application)类。

15.4.1　实体类的实现代码

通信录中需要存储和处理的信息有联系人、群组以及它们之间的关系。在程序中，分别设计了 Person 类、Group 类和 Relation 类，详细代码见例 15-1。

【例 15-1】Person 类、Group 类和 Relation 类的实现代码。

请扫二维码。

本例实现代码

15.4.2　数据类的实现代码

数据类是对联系人、群组等数据进行处理的重要模块。它负责磁盘文件的读与写，通过成员函数提供插入、删除等基本的操作。数据类中用标准模板库中的容器对数据进行管理和维护。数据类通过成员函数屏蔽了对数据进行各种操作的实现细节，有利于数据的管理、维护和功能扩展。详细代码见例 15-2。

【例 15-2】Data 类的实现代码。

请扫二维码。

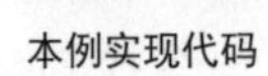

15.4.3　菜单类的实现代码

控制台应用程序的界面远不及窗体应用程序美观，通常是通过选择数字键调用相应的功能函数。由于项目没有使用二级菜单，菜单类仅封装了实现主菜单界面的函数，读者不难在此基础上实现二级菜单。详细代码见例 15-3(运行效果见图 15-2)。

【例 15-3】Menu 类的实现代码。

请扫二维码。

本例实现代码

15.4.4　应用程序类的实现代码

应用程序类是在封装数据类和菜单类对象的基础上，设计了一组成员函数分别实现菜单项中的各种功能。详细代码见例 15-4。

【例 15-4】应用程序类和主函数的实现代码。

请扫二维码。

本例实现代码

15.5　本 章 小 结

本章以一个小型的应用项目通信录管理系统为背景，重点介绍了综合运用前面章节所学的 C++程序设计知识开发应用程序的方法。

项目设计过程中，充分利用了面向对象的设计思想和技术，使程序的结构清晰、层次分明，便于维护和扩充。

15.6　习　　题

1. 在 Data 类中添加两个 replace 函数，分别实现对联系人和群组信息的修改。在 Application 类中增加实现修改功能的函数，并将修改功能加入到主界面中。

2. 编写一个将已有联系人数据文件导入至通信录中的功能函数，并添加该功能到主界面中。

3. 设计一个基于窗体的通信录管理程序，数据处理层依然使用项目中的 Data 类、Person 类、Group 类和 Relation 类。

附录 A　ASCII 码字符表

表 A-1　ASCII 码表

ASCII 码	字　符	ASCII 码	字　符	ASCII 码	字　符	ASCII 码	字　符
0	NUL	32	(空格)	64	@	96	`
1	SOH	33	!	65	A	97	a
2	STX	34	“	66	B	98	b
3	ETX	35	#	67	C	99	c
4	EOT	36	$	68	D	100	d
5	ENQ	37	%	69	E	101	e
6	ACK	38	&	70	F	102	f
7	BEL	39	‘	71	G	103	g
8	BS	40	(	72	H	104	h
9	HT	41	)	73	I	105	i
10	LF	42	*	74	J	106	J
11	VT	43	+	75	K	107	k
12	FF	44	,	76	L	108	l
13	CR	45	−	77	M	109	m
14	SO	46	.	78	N	110	n
15	SI	47	/	79	O	111	o
16	DLE	48	0	80	P	112	p
17	DC1	49	1	81	Q	113	q
18	DC2	50	2	82	R	114	r
19	DC3	51	3	83	S	115	s
20	DC4	52	4	84	T	116	t
21	NAK	53	5	85	U	117	u
22	SYN	54	6	86	V	118	v
23	ETB	55	7	87	W	119	w
24	CAN	56	8	88	X	120	x
25	EM	57	9	89	Y	121	y
26	SUB	58	:	90	Z	122	z
27	ESC	59	;	91	[	123	{
28	FS	60	<	92	\	124	|
29	GS	61	=	93	]	125	}
30	RS	62	>	94	^	126	~
31	US	63	?	95	_	127	DEL

表 A-2　ASCII 控制符

ASCII 码	字符	全　称	含　义	转义符	输入法
0	NUL	Null Char	空字符	\0	
1	SOH	Start of Header	标题起始		Ctrl+A
2	STX	Start of Text	文本起始		Ctrl+B
3	ETX	End of Text	文本结束		Ctrl+C
4	EOT	End of Transmission	传输结束		Ctrl+D
5	ENQ	Enquiry	询问		Ctrl+E
6	ACK	Acknowledgement	应答		Ctrl+F
7	BEL	Bell	响铃	\a	Ctrl+G
8	BS	Backspace	退格	\b	Ctrl+H
9	HT	Horizontal Tab	水平制表	\t	Ctrl+I
10	LF	Line Feed	换行	\n	Ctrl+J
11	VT	Vertical Tab	垂直制表	\v	Ctrl+K
12	FF	Form Feed	换页	\f	Ctrl+L
13	CR	Carriage Return	回车	\r	Ctrl+M
14	SO	Shift Out	移出		Ctrl+N
15	SI	Shift In	移入		Ctrl+O
16	DLE	Data Link Escape	数据链丢失		Ctrl+P
17	DC1	Device Control 1	设备控制 1		Ctrl+Q
18	DC2	Device Control 2	设备控制 2		Ctrl+R
19	DC3	Device Control 3	设备控制 3		Ctrl+S
20	DC4	Device Control 4	设备控制 4		Ctrl+T
21	NAK	Negative Acknowledgement	否定应答		Ctrl+U
22	SYN	Synchronous Idle	同步闲置符		Ctrl+V
23	ETB	End of Trans. Block	传输块结束		Ctrl+W
24	CAN	Cancel	取消		Ctrl+X
25	EM	End of Medium	媒介结束		Ctrl+Y
26	SUB	Substitute	替换		Ctrl+Z
27	ESC	Escape	退出，Esc 键		
28	FS	File Separator	文件分隔符		
29	GS	Group Separator	组分隔符		
30	RS	Record Separator	记录分隔符		
31	US	Unit Separator	单元分隔符		

附录B IEEE 浮点数表示

Microsoft Visual C++的浮点数采用 IEEE 754 标准，是一种使用最为广泛的浮点数运算标准。IEEE 754 规定了三种浮点数格式：单精度(4 字节)、双精度(8 字节)和扩展精度(10 字节)。在表示浮点数时，从高位到低位由三个部分组成：符号位 S、指数部分 E 和尾数部分 M。表 B-1 列出了三种不同精度浮点数的各部分的大小。

表 B-1 不同浮点数各部分所占位元

精 度	符号位 S	指数部分 E	尾数部分 M
单精度	1	8	23
双精度	1	11	52
扩展精度	1	15	64

在单精度和双精度格式中，尾数部分有一个假定的前导 1，并且不对该值进行存储，因此，23 位或 52 位的尾数实际上是 24 位或 53 位。在扩展精度格式中，则在尾数部分实际存储了前导，值为 1。

在 Visual C++中，单精度用关键字 float 声明，双精度用关键字 double 声明。在 Windows 32 位编程中，long double 数据类型映射为 double 类型。下面以单精度格式(4 字节)为例说明浮点数的表示。

字节 1	字节 2	字节 3	字节 4
SEEEEEEE	EMMMMMMM	MMMMMMMM	MMMMMMMM

其中，S 是符号位，占用第 31 位，用 0 表示正数，1 表示是负数；E 是指数位，占 31~23 位，共 8 位；M 是尾数位，占 22～0 位，共 23 位。

由于尾数有 1 位前导 1，因而它是 1.MMM…形式的二进制小数，是一个大于等于 1 且小于 2 的值。这里，二进制的实数总是采用整数部分为 1 的规范格式，即，如果实数值小于 1，尾数左移，使得小数点左边的位为 1。

指数的计算方法是用存储的指数值减去偏离量 127，因而，若存储的指数值小于 127，则它实际上是负指数。偏离量对于双精度格式其值是 1023，对于扩展精度格式其值是 16383。

例如，十进制数-0.75 表示成单精度格式的方法如下：

十进制数-0.75 的二进制值为-0.11，规范化表示为-1.1×2^{-1}。用单精度格式存储时，其符号位 S=1，尾数 M=10000000000000000000000，指数是在-1 上加 127，为 126，即 E=01111110。-0.75 的单精度浮点数表示为 1 01111110 10000000000000000000000。

对于单精度的浮点数 0100 0010 1110 0100 1000 0000 0000 0000，其符号位 S=0，指数 E=10000101，尾数 M=11001001。不难算出，E 的十进制数值为 133，133-127=6，浮点数的二进制值为 1.11001001×2^{6}=1110010.01，等于十进制数 114.25。

双精度与扩展精度浮点数的表示与换算方法类似。